国外油气勘探开发新进展丛书

GUOWAIYOUQIKANTANKAIFAXINJINZHANCONGSHU

二十二

NATURAL GAS
A BASIC HANDBOOK

SECOND EDITION

天然气基础手册

（第二版）

〔美〕James G. Speight　著

霍　瑶　方建龙　庚　勖　译

石油工业出版社

内 容 提 要

本书系统梳理了天然气的成因与性质、天然气加工以及能源安全与环境等内容，涵盖了天然气的全产业链与全生命周期。

本书可为天然气行业工作者提供理论依据和参考，包括天然气的开发生产、炼化处理及终端销售等各个环节的工作者，并可供高等院校师生参考阅读。

图书在版编目（CIP）数据

天然气基础手册：第二版 /（美）詹姆斯·G. 斯佩特（James G. Speight）著；霍瑶等译. — 北京：石油工业出版社，2020.12

书名原文：Natural Gas：A Basic Handbook，Second Edition

ISBN 978-7-5183-4324-9

Ⅰ.①天… Ⅱ.①詹… ②霍… Ⅲ.①天然气-手册 Ⅳ.①TE64-62

中国版本图书馆 CIP 数据核字（2020）第 234005 号

Natural Gas：A Basic Handbook，Second Edition
James G. Speight
ISBN：9780128095706
Copyright © 2019 Elsevier Inc. All rights reserved.
Authorized Chinese translation published by Petroleum Industry Press.
《天然气基础手册（第二版）》（霍瑶 方建龙 庚勐 等译）
ISBN：9787518343249
Copyright © Elsevier Inc. and Petroleum Industry Press. All rights reserved.

北京市版权局著作权合同登记号：01-2020-7118

出版发行：石油工业出版社
　　　　　（北京安定门外安华里 2 区 1 号　100011）
　　　　　网　　址：www. petropub. com
　　　　　编辑部：(010) 64523537　图书营销中心：(010) 64523633
经　　销：全国新华书店
印　　刷：北京中石油彩色印刷有限责任公司

2020 年 12 月第 1 版　2020 年 12 月第 1 次印刷
787×1092 毫米　开本：1/16　印张：18.75
字数：460 千字

定价：150.00 元
（如发现印装质量问题，我社图书营销中心负责调换）
版权所有，翻印必究

序

"他山之石，可以攻玉"。学习和借鉴国外油气勘探开发新理论、新技术和新工艺，对于提高国内油气勘探开发水平、丰富科研管理人员知识储备、增强公司科技创新能力和整体实力、推动提升勘探开发力度的实践具有重要的现实意义。鉴于此，中国石油勘探与生产分公司和石油工业出版社组织多方力量，本着先进、实用、有效的原则，对国外著名出版社和知名学者最新出版的、代表行业先进理论和技术水平的著作进行引进并翻译出版，形成涵盖油气勘探、开发、工程技术等上游较全面和系统的系列丛书——《国外油气勘探开发新进展丛书》。

自 2001 年丛书第一辑正式出版后，在持续跟踪国外油气勘探、开发新理论新技术发展的基础上，从国内科研、生产需求出发，截至目前，优中选优，共计翻译出版了二十一辑 100 余种专著。这些译著发行后，受到了企业和科研院所广大科研人员和大学院校师生的欢迎，并在勘探开发实践中发挥了重要作用，达到了促进生产、更新知识、提高业务水平的目的。同时，集团公司也筛选了部分适合基层员工学习参考的图书，列入"千万图书下基层，百万员工品书香"书目，配发到中国石油所属的 4 万余个基层队站。该套系列丛书也获得了我国出版界的认可，先后四次获得了中国出版协会的"引进版科技类优秀图书奖"，形成了规模品牌，获得了很好的社会效益。

此次在前二十一辑出版的基础上，经过多次调研、筛选，又推选出了《寻找油气之路——油气显示和封堵性的启示》《油藏建模与数值模拟最优化设计方法》《油藏工程定量化方法》《页岩科学与工程》《天然气基础手册（第二版）》《有限元方法入门（第四版）》等 6 本专著翻译出版，以飨读者。

在本套丛书的引进、翻译和出版过程中，中国石油勘探与生产分公司和石油工业出版社在图书选择、工作组织、质量保障方面积极发挥作用，一批具有较高外语水平的知名专家、教授和有丰富实践经验的工程技术人员担任翻译和审校工作，使得该套丛书能以较高的质量正式出版，在此对他们的努力和付出表示衷心的感谢！希望该套丛书在相关企业、科研单位、院校的生产和科研中继续发挥应有的作用。

中国石油天然气股份有限公司副总裁　李鹭光

译者前言

天然气开发与利用是一个庞杂的系统工程，本着实用、有效的原则，优选了本书进行翻译和出版。

《天然气基础手册（第二版）》从天然气的成因、性质，天然气类型，开采与储运，加工与利用等各方面给出了详细的说明。本书是一本全面了解天然气工业全产业基础知识的手册。不论是天然气开发现场工作人员，还是科研院校研究人员，抑或天然气销售人员，都可以用到其中的知识，帮助其更好地开展工作。

本书第一部分天然气成因与性质，以时间为轴，详细地介绍了天然气的利用与发展，让读者清晰地了解天然气工业发展脉络；从理论上深入浅出地说明了天然气的有机和无机两种成因学说，即使是一名初学者也能够完全看懂并掌握；详细介绍了天然气的分类，不同类型天然气的性质、特征以及用途；当前已发现的天然气水合物等特殊类型天然气的性质，开发与应用；天然气成因与天然气性质的内在联系；最后对天然气开发、存储与运输从方式及当前技术状况做了全面的介绍。

第二部分天然气加工，集中介绍了天然气加工发展史，原料气分类；在天然气加工工艺的分类与技术上，全面梳理了天然气加工工艺流程、杂质清除以及天然气脱水、脱硫、脱碳等技术，全面介绍了已有天然气气体净化工艺技术；对于天然气加工中特殊类型的凝析油的处理技术与工艺进行了专门阐述。

第三部分能源安全与环境，全面综述天然气能源安全问题，天然气对环境保护的作用，加工利用过程对环境可能存在的污染，可能形成的酸雨等有害物质，阐述了天然气安全法案及其开发监管的发展及主要内容。

本书旨在梳理最基本的天然气基本概念与常识性知识，为天然气从业人员提供一本手边工具书。本书由霍瑶、方建龙、庚勐、苏云河、孔金平、李俏静等翻译，由于译者水平有限，在翻译过程中难免有表达不当之处，敬请读者提出宝贵意见。

前　　言

　　天然气（旧文献中称为沼气和沼泽气）是一种存在于油田和气田中的气体化石燃料。虽然它通常与其他化石燃料和能源一起存在，但天然气有许多特有的性质。天然气一词通常扩展到近年开发的页岩地层中的气体和液体，以及生物沼气产生的气体。在本书中，石油天然气被归为常规天然气，而致密地层中的含油气和非石油气（如沼气和填埋气）被归入非常规天然气。

　　在20世纪的最后40年里，不仅能源供应系统受到干扰，而且政府和民众对环境问题的态度也发生了变化。因此，只要我们砍伐树木、制造消费品、燃烧化石燃料，环境问题就会一直伴随着我们。这也是本文的主题。

　　北美的原油供应持续减少，从致密地层开采原油和开发新能源是必然趋势。一般来说，煤和天然气是持续的能源，但需要可再生能源。在实现可再生能源替代化石能源之前，环境将继续受到影响。环境影响是需要不断解决的重大问题。

　　继续使用煤炭和天然气作为燃料是现实，产生大量的气体排放到空气中，对周围的动物和植物产生很大的影响。而且也必须考虑它们引起地球大气层温度的逐渐上升，在过去四十年中已经变得很明显。这种温室效应有许多支持者和反对者，有许多争论的主题。这个问题能否在未来十年得到解决，仍值得怀疑。

　　众所周知，化石燃料尤其是煤的燃烧会产生大量的二氧化碳排放到大气中。人们认为，为了防止二氧化碳的产生，迫切需要使用更高的氢/碳化石燃料。所以，需要推进天然气作为燃料，因为天然气每单位燃料产生的二氧化碳较少，而且还需要研究矿物燃料燃烧的化学和物理过程，以及产生气态污染物的过程。在此基础上，可以设计出新方法减少污染物的排放，而且可以完全减轻排放。本书的目的是概述当前的方法和已知的技术，这些方法和技术将有助于开发实现这一目标的过程。

　　通常，气体处理可以利用化学或物理原理，但需要试图减轻因为术语不确定性引起的一些混乱。本书纠正了这种不确定性。

　　本书第一版在欧洲国家的成功促使了第二版的出版。然而，本文几乎完全重写。不把责任归咎于任何特定行业，重点放在化石燃料行业和许多天然气生产行业上，在第一版中并不明显。为了教学和解决实际问题，本书描述更加详细。

　　本书的第一版，第一部分涉及气体处理的起源，也包括回收、性质和成分的章节。第二部分涉及化学和工程方面的方法和原理，通过这些方法，可以清除工业生产过程中的气流的有害成分。

　　尽管气体处理采用不同的工艺类型，但各种概念之间总是存在重叠。因此，有必要采用交叉引用，以便读者不会错过任何特殊处理过程。

　　与试验有关的章节包含了相关标准试验方法。有些情况下需要参考旧方法和当前方法。尽管一些较旧的测试方法不再使用，但是它们在新方法的发展过程中发挥了重要作用。事实上，许多实验室仍然偏爱一些较老的方法。

本书也提出了一些分析天然气和其他气态产品的方法。当然，有许多分析方法可以用于分析天然气和其他燃料气体，但它们随样品和成分的不同而不同。确切地说，本书引用了更常用的方法来定义样品的化学和物理性质。此外，本文所述的任何方法也可用于环境保护的样品分析。

本文引用的任何一种或多种标准试验方法得到的数据指示了天然气（或凝析油）和产品的特性，以及气体处理的选择和产品性能的预测。对天然气进行更详细的评价以及对气态原料和产量/性能进行比较，可能还需要其他性能，尽管这些性能在气体加工方面没有发挥任何作用。

然而，从原始数据评估到全面生产并不是首选步骤。天然气处理能力的进一步评估通常是通过小规模试生产，然后扩大到示范规模的工厂。然后利用从实际工厂中获得的数据来建立准确和现实的关系。在此之后，原料绘图可以发挥重要作用，协助各种调整，以维持健康的工艺，生产出具有必要性能的可销售产品。

实际上，炼油厂和工艺研究实验室一直在使用物理性质评估原料和生产计划，并将持续一段时间。当然，选择相关的有意义的属性满足生产任务。

最后，我们尝试将每一章都作为本书的独立部分。在尽力确保充分的交叉引用的同时，每一章都为读者提供了足够的背景知识。我们必须认识到碳氢化合物分子（烃油）只包含碳原子和氢原子。

总而言之，这个版本还将提供易于使用的参考资料来源，以对比气体处理作业中的科学技术操作以及保护环境的方法。

目　　录

第一部分　天然气成因与性质

1 天然气发展历程和应用 ··· （3）
　1.1　简介 ·· （3）
　1.2　发展历程 ··· （5）
　1.3　常规气 ·· （8）
　1.4　应用 ··· （12）
　参考文献 ·· （15）
2 天然气成因和开采 ·· （18）
　2.1　简介 ··· （18）
　2.2　成因 ··· （18）
　2.3　勘探 ··· （20）
　2.4　油气藏 ··· （23）
　2.5　油气藏流体 ·· （29）
　2.6　开采 ··· （32）
　参考文献 ·· （37）
3 非常规天然气 ··· （39）
　3.1　简介 ··· （39）
　3.2　天然气水合物 ··· （39）
　3.3　其他类型气体 ··· （47）
　3.4　烯烃与二烯烃 ··· （61）
　参考文献 ·· （63）
　延伸阅读 ·· （66）
4 天然气成分和性质 ·· （67）
　4.1　简介 ··· （67）
　4.2　气体类型 ··· （68）
　4.3　成分和化学性质 ·· （70）
　4.4　物理性质 ··· （76）
　参考文献 ··· （100）
　延伸阅读 ··· （101）
5 天然气开采、储存和运输 ·· （102）
　5.1　简介 ··· （102）
　5.2　开采 ··· （103）
　5.3　储存 ··· （105）

   5.4 储存设施 ……………………………………………………………………………（108）

   5.5 运输 ………………………………………………………………………………（111）

   参考文献 ………………………………………………………………………………（125）

   延伸阅读 ………………………………………………………………………………（127）

第二部分　天然气加工

6　天然气加工历史 ……………………………………………………………………（131）

   6.1 简介 ………………………………………………………………………………（131）

   6.2 煤气 ………………………………………………………………………………（132）

   6.3 天然气 ……………………………………………………………………………（145）

   参考文献 ………………………………………………………………………………（149）

   延伸阅读 ………………………………………………………………………………（151）

7　天然气加工工艺分类 ………………………………………………………………（152）

   7.1 简介 ………………………………………………………………………………（152）

   7.2 气体 ………………………………………………………………………………（153）

   7.3 工艺变化 …………………………………………………………………………（159）

   7.4 固相清除 …………………………………………………………………………（162）

   7.5 脱水 ………………………………………………………………………………（164）

   7.6 液体脱除 …………………………………………………………………………（172）

   7.7 脱氮 ………………………………………………………………………………（177）

   7.8 酸性气体脱除 ……………………………………………………………………（178）

   7.9 富集 ………………………………………………………………………………（183）

   7.10 其他成分 ………………………………………………………………………（183）

   7.11 硫化氢转化 ……………………………………………………………………（186）

   参考文献 ………………………………………………………………………………（187）

   延伸阅读 ………………………………………………………………………………（190）

8　天然气净化工艺 ……………………………………………………………………（191）

   8.1 简介 ………………………………………………………………………………（191）

   8.2 乙二醇工艺 ………………………………………………………………………（191）

   8.3 乙醇胺工艺 ………………………………………………………………………（193）

   8.4 物理溶剂工艺 ……………………………………………………………………（197）

   8.5 金属氧化物工艺 …………………………………………………………………（200）

   8.6 甲醇基工艺 ………………………………………………………………………（208）

   8.7 碱洗工艺 …………………………………………………………………………（209）

   8.8 膜工艺 ……………………………………………………………………………（213）

   8.9 分子筛工艺 ………………………………………………………………………（214）

   8.10 硫回收工艺 ……………………………………………………………………（215）

   8.11 工艺选择 ………………………………………………………………………（222）

参考文献 ……………………………………………………………… (223)
延伸阅读 ……………………………………………………………… (225)

9 凝析油 …………………………………………………………… (226)
9.1 简介 …………………………………………………………… (226)
9.2 凝析油类型 …………………………………………………… (229)
9.3 生产 …………………………………………………………… (231)
9.4 凝析油稳定性 ………………………………………………… (233)
9.5 属性 …………………………………………………………… (234)
参考文献 ……………………………………………………………… (246)
延伸阅读 ……………………………………………………………… (249)

第三部分　能源安全与环境

10 能源安全与环境 ……………………………………………… (253)
10.1 简介 ………………………………………………………… (253)
10.2 天然气和能源安全 ………………………………………… (254)
10.3 排放和污染 ………………………………………………… (256)
10.4 烟雾和酸雨 ………………………………………………… (263)
10.5 天然气监管 ………………………………………………… (266)
参考文献 ……………………………………………………………… (271)
附录　适用于燃气和凝析油的标准试验方法示例 ………………… (272)

第一部分
天然气成因与性质

1 天然气发展历程和应用

1.1 简介

天然气是在油气田开发中获取的一种气态化石燃料,在一些历史文献中也称为沼气(Kundert 和 Mullen,2009;Aguilera 和 Radetzki,2014;Khosrokhavar 等,2014;Speight,2017b)和沼泽气,归属为化石能源,它具有许多自身的特性。广义"天然气"包含页岩气和生物气(John 和 Singh,2011;Ramroop Singh,2011;Singh 和 Sastry,2011)。本书从研究角度出发,将天然气划分为两大类:一是常规油气田开发的常规天然气;二是致密油气层或非常规储层(如生物气)开发的非常规天然气。

尽管现在天然气相关的术语和定义已经非常简洁,但一定程度上仍存在某些混淆,为了方便信息的交流与传递,本书做以下说明。

天然气相关术语和定义如下。

(1)常规天然气:伴生气、非伴生气、凝析气。

(2)非常规气:天然气水合物、生物气、煤层甲烷、煤气、烟道气、异常地层压力区内天然气、致密气、填埋气、人造气、炼厂气、页岩气、合成煤气。

将非常规气中属于在制造过程中产生的气体进一步划分为人造气,则新的分类如下。

(1)常规气:伴生气、非伴生气、凝析气。

(2)非常规气:天然气水合物、煤层甲烷、异常地层压力区内天然气、致密气、页岩气。

(3)人造气:沼气、煤气、烟道气、填埋气、炼厂气、合成气。

上述基于气体来源或生产方法的分类,也与气体成分相关。天然气和其他燃料气是世界能源供应的重要组成,形成的能源供应链为:天然气储量—天然气开发—天然气运输—天然气存储—天然气销售。

"天然气"是一个通用术语,用于表述含油气地层的气态烃衍生物和低沸点液态烃衍生物的混合物[如正辛烷、$CH_3(CH_2)_6CH_3$、沸点 125.1~126.1℃,257.1~258.9℉](表 1.1 和表 1.2)(Mokhatab 等,2006;Speight,2014a)。

表 1.1 天然气组分

组分	化学式	体积分数,%
甲烷	CH_4	>85
乙烷	C_2H_6	3~8
丙烷	C_3H_8	1~5
正丁烷	C_4H_{10}	1~2
异丁烷	C_4H_{10}	<0.3
正戊烷	C_5H_{12}	1~5

续表

组分	化学式	体积分数，%
异戊烷	C_5H_{12}	<0.4
己烷、庚烷、辛烷[1]	C_nH_{2n+2}	<2
二氧化碳	CO_2	1~2
硫化氢	H_2S	1~2
氧气	O_2	<0.1
氮气	N_2	1~5
氦气	He	<0.5

[1] 己烷（C_6H_{14}）和高分子碳氢化合物衍生物，如辛烷以及苯（C_6H_6）和甲苯（$C_6H_5CH_3$）。

表 1.2　天然气组分分类

烃 类		
干气或天然气	甲烷（CH_4）	
	乙烷（C_2H_6）	
液化石油气	丙烷（C_3H_8）	
	正丁烷（C_4H_{10}）	
	异丁烷（C_4H_{10}）	
天然气凝液（NGL）	戊烷同分异构体（C_5H_{15}）	
	己烷同分异构体（C_6H_{14}）	
	庚烷同分异构体（C_7H_{16}）	
	辛烷同分异构体（C_8H_{18}）	
	凝析液（$\geqslant C_5H_{12}$）	
	天然汽油（$\geqslant C_5H_{12}$）	
	石脑油（$\geqslant C_5H_{12}$）	
非烃类		
	二氧化碳（CO_2）	
	硫化氢（H_2S）	
	水（H_2O）	
	氮气（N_2）	
	羰基硫（COS）	

从化学角度来说，天然气是碳氢化合物和非碳氢化合物的混合物，原油组成比天然气更加复杂（Mokhatab 等，2006；Speight，2012，2014a）。石油和天然气燃料供应占世界能源供应总量的 1/4 以上，至少未来 50 年，石油与天然气开发将向世界提供能源，直到替代能源（如沼气和其他非烃燃料）能满足使用（Boyle，1996；Ramage，1997；Rasi 等，2007，2011；Speight，2011a，2011b，2011c，2008）。更加高效地利用天然气显得十分重要，用于销售的工业用气或民用气必须符合天然气应用标准规范。

在现场作业中，天然气的组分通常会随着井口生产条件和开采压力的变化发生显著变化（Burruss 和 Ryder，2003，2014），尤其是伴生气，生产过程中，液相组分随着压力降低而恢复到气相。

在天然气生产、井口处理、运输和加工的各个阶段，应用标准试验方法对其进行分析，以确定其成分和性质，这是天然气化学技术的重要组成部分。分析方法能够提供（Speight，2018）天然气在井筒生产、井口处理、运输、天然气处理和使用过程中的重要信息（图 1.1）。获取的试验数据将成为气体适用性和对环境影响的标准。

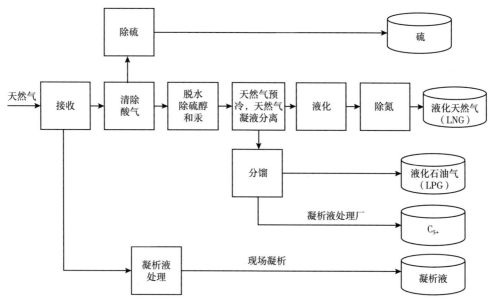

图 1.1　典型的天然气处理过程

1.2　发展历程

天然气是一种天然气态化石燃料，存在于含气地层和含油地层中，由于术语缺乏标准化，煤层甲烷常被误称为天然气或者煤气（Levine，1993；Speight，2013b，2014a）。

城市煤气是一个通用定义，是指供给消费者和市政的煤制成品气。煤气、人工煤气、发生炉煤气和合成天然气（SNG）等术语都可用于从煤中制成的气。城市煤气由煤的破坏性蒸馏制成，含有多种气体，主要为氢、一氧化碳、甲烷和挥发性的碳氢化合物的混合物，以及少量二氧化碳和氮气。城市（家用）煤气在美国没有被大范围应用，但在其他一些国家被生产和使用，该技术是一项历史性技术，与当前天然气资源之间没有经济和环境竞争。

美国东部的大部分城市煤气发电厂建于 19 世纪末和 20 世纪初。在密封锅炉内加热烟煤，通过碳化过程产出焦炭。从煤中排出的气体通过管道网络被收集和分配到住宅和其他建筑，供应给工业和家庭用户。在煤气制造厂锅炉底部收集的焦油常用作房屋建筑材料和其他防水材料。煤焦油和砂砾混合可用于街道铺路（道路沥青）。

直至 20 世纪 50 年代后，天然气才被大规模使用，煤焦油沥青被原油产出的沥青取代（Speight，2014a，2015，2018；ASTM，2017），因此，在天然气资源开发之前，所有的燃料和照明气都是从煤炭中产出，所以说天然气发展源于城市煤气的生产和应用（Speight，2013b）。在二次世界大战之后的工业发展开始后，天然气成为现代工业中最重要的原料之一，为常用塑料和其他制品提供原材料，并成为能源和运输行业的主要燃料来源。

1.2.1 时间表

许多世纪以来人类已经知道天然气，但它最初用途多是出于宗教目的而不是作为燃料。例如，在古代波斯，由于他们的宗教中火的重要性，气井是宗教生活的一个重要方面；在古典时期，天然气井常被点燃，让人敬畏（Forbes，1964）。

在印度、希腊和波斯的宗教中，天然气显得十分重要，当地的居民无法解释火焰的成因，并认为这些火焰是神圣的、超自然的，或两者兼而有之，因此并没有认识到它的能源价值，直到公元前900年左右才被中国认识。公元前211年，中国人钻成了第一口天然气井，并采用竹子建造的管道用于输送天然气（可能是当时最先进的管道），采集的天然气用于煮沸海水，制作用于饮用的蒸馏水，同时获得剩余产品海盐（Abbott，2016）。

天然气的应用与它的发现并不同步。天然气发现的历史可以追溯至古代的中东地区。史料记载中人们很少或根本不了解天然气是什么，天然气对人类来说有些神秘。有时雷击点燃从地壳内逸散出来的天然气，形成地表的火焰，这些大火使大多数早期文明感到困惑，是很多神话和迷信的根源。其中最著名的火焰发现于古希腊的帕纳索斯山上，大约公元前1000年，一名牧羊人经过一个像燃烧的泉水的地方，火焰从岩石的裂缝中升起，希腊人相信这是神圣的起源，在火焰上建造了一座神庙，寺庙里住着德尔菲神谕女祭司，她受到火焰的启发能进行预言。

直至1659年，在欧洲英国才发现天然气，也成为首个商业化应用天然气的国家。1785年，煤制气被用于室内和道路照明，1816年煤制气首次输送到美国，用于马里兰州巴尔的摩市的道路照明。与地下采出的天然气相比，煤制气的效率要低得多，也不利于环保。

1626年，美国发现天然气。在伊利湖（Lake Erie）内和周围逸散出的天然气体被原住民点燃，并被法国探险队发现（表1.3）。

表1.3 天然气应用的简略时间表

时间	天然气应用
1620年	法国探险队记录了印第安人在伊利湖附近点燃气体的情形
1785年	引入煤制气用于房屋和街道照明
1803年	Frederick Winsor 在伦敦获得天然气照明系统专利
1812年	在伦敦成立首家天然气公司
1815年	Samuel Clegg 在1815年发明了家庭测量计
1816年	在巴尔摩尔（Baltimore）成立了美国第一家天然气公司（采用煤制气）
1817年	纽约州 Fredonia 市首次采用井口采出天然气用于房屋照明
1840年	超过50个美国城市燃烧天然气用于公共事业
1850年	托马斯爱迪生提出电力照明取代天然气照明假设
1859年	Carl Auer von Welsbach 在德国研发一种实用性气罩
1885年	衰竭油气藏首次用作储气库

1821 年，在美国弗雷德尼亚，人们观察到有气泡从一条小溪上升到水面，威廉·哈特（William Hart）在那里挖掘了北美第一口天然气井，他后被称为美国天然气之父（Speight，2014a）。

1859 年埃德温·德雷克（Edwin Drake）上校钻成了第一口油气井，在地表下 69ft 处发现了原油和天然气。因为在原油勘探时发现天然气，将不得不中断钻井作业将气体排放掉，因为那时天然气是不受欢迎的副产品。

随着时间推移，特别是在 20 世纪 70 年代经历原油短缺之后，天然气已成为世界上重要的能源。

整个 19 世纪，天然气几乎只应用于照明光源。因为难以长距离运输，天然气只能应用于局部地区。1890 年，防漏管道接头的发明使天然气的应用发生了重大变化，但直到 20 世纪 20 年代，由于管道技术的进步，向远程用户输送天然气才成为现实。在第二次世界大战后，管网和储存系统的发展使得天然气的应用快速发展起来。

1.2.2　形成

天然气的详细成因见第 2 章。

正如原油是分解有机物（通常被称为有机碎片或碎屑）的产物，天然气也是有机物组成的产物。有机质是在过去 5.5 亿年中沉积下来的古代动植物的遗骸。这些有机碎片与海床上的泥、淤泥和沙子混合，随着时间的推移逐渐被掩埋。在无氧（厌氧）环境中密封，暴露在增大的压力和未知的热量下，有机物经历分解，转化为烃类和非烃类组分。这些最低沸点的碳氢化合物在常温常压下以气态存在，统称为天然气。纯净的碳氢化合物中，天然气是无色无气味的气体，主要由甲烷组成。这些碳氢化合物是易燃化合物。天然气经常与原油一起出现，由深层的烃源岩在地质时期产生，该烃源岩含有有机岩屑，然而，有机碎片成熟过程中所涉及的实际化学途径在很大程度上是未知的，因此，只能推测。

人们推测，越深和越热的烃源岩产生气体的可能性越大，但这个观点并没有被完全认可（Speight，2014a）。关于有机前体物受热有相当多的讨论，认为裂解温度（≥300℃，≥572℉）在天然气形成过程中并未起到多大作用。目前尚不能提供确凿证据认为高温促使天然气（和原油）形成（Speight，2014a）。天然气一旦形成，其存储取决于围岩的两个关键特征：孔隙度和渗透性。

孔隙度是指单位岩石颗粒内包含的空隙空间。孔隙度高的岩石，例如砂岩地层，一般的孔隙度为 5%~25%（岩石体积分数），这给地层提供了大量的储集流体空间，储层流体包括天然气、原油和水。渗透率是衡量岩石中孔隙空间相互连接的程度的指标，因此可以用来衡量流体的流动能力，高渗透率岩层允许气体和液体容易通过，而低渗透率岩层中流体流动性差，页岩地层和致密地层的渗透率就很低。

天然气形成后，由于其低密度特征，它会通过岩石中的孔隙向地表运移。因此，在形成过程中或成熟后的一段时间，天然气和原油通过裂缝和断层从烃源岩向上或侧向或双向（取决于伴生和上覆地质构造的结构）迁移，直到进入地质构造或储层，通过非渗透性基岩和盖层保存天然气，形成天然气藏。如果没有遇到封闭条件，大部分天然气可能通过地表岩层散逸到大气中。

烃源岩和储层在同一地层的情况很少见，一般储层可能距烃源岩较远。因此，一个气田可能有多个油气藏。在某些情况下，因为天然气和原油是分开的，所以出现了只含天然气（非伴生天然气）的储层。

天然气勘探技术和原油勘探技术一样（Speight，2014a）。使用地震技术时，气体会降低地震波波速，从而产生更有特性和更强的反射。随着时间推移，人们对油气区了解的越来越多，对天然气地震反射特征和振幅有了更多更好的认识，从而提高了勘探成功率。

可以用地震测试方法来定位潜在的天然气藏（Speight，2014a）。在勘测中，天然气勘探工作者使用地震卡车或更多先进的三维工具，包括在地表附近发射一系列小电荷，在地下岩层中数千英尺深处产生地震波，借助声波接收器（检波器），测量地震波通过大地的时间，地球物理学家能建立地下构造的图像，并识别可能的含气沉积地层。为了验证岩层是否含有经济可采的天然气或其他碳氢化合物，必须打探井，一旦确定钻探可行，探井将穿透上覆的盖层，到达储层，天然气在储层压力下通过井筒上升到地面，在地面经过处理，输送给用户。

1.3 常规气

天然气一般分为两类：常规气和非常规气（Mokhatab 等，2006；Islam，2014；Speight，2014a；AAPG，2015）。本书中非常规天然气资源包括煤层甲烷和页岩气及致密气，还包括生物气和填埋气（Brosseau，1994；Briggs，1988；Rice，1993；John 和 Singh，2011；Ramroop Singh，2011；Singh 和 Sastry，2011；Speight，2011a，2017b）。常规天然气储层通常渗透率高于1mD，可通过传统方法采出。非常规天然气储层渗透率相对较低（<1mD），因此不能采用常规方法采出（Speight，2016a，2016b）。

1.3.1 伴生气

伴生气或溶解气以游离或溶解的形式存在于石油中。溶解在石油中的气体是溶解气，与石油（气顶）接触的气体是伴生气（图 1.2）。

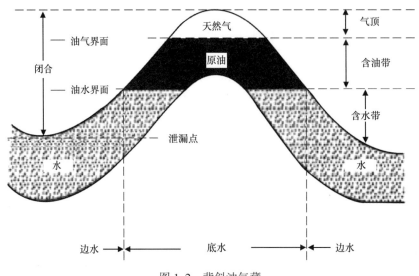

图 1.2 背斜油气藏

原油生产中必然产出伴生气，随着压力降低至地面压力，原油内溶解的低沸点烃类组分不断释放，形成伴生气。完井设计和储层开发方案包括降低伴生气产量，以保持储层能量，从而提高原油采收率（Parkash，2003；Gary 等，2007；Hsu 和 Robinson，2017；Speight，2014a，2017a）。含少量或不含溶解伴生气的原油是罕见的，通常称为死原油或死油，因其储层能量低，通常很难开采。

在生产流体到达地面后，对气体进行处理，分离出分子量较高的天然气凝液（NGL），然后在液化石油气（LPG）处理厂（炼油厂）中进行处理，得到丙烷和丁烷，或两者的混合物。根据定义，天然气凝液（NGL）成分包括乙烷、丙烷、丁烷和戊烷以及高分子量的烃类衍生物（C_{6+}）。

虽然 NGL 在地层压力下是气态的，但这些组分在大气压力下凝结成液体。天然气的成分可能因地理区域、矿床地质年代、埋藏深度和许多其他因素而不同。含有大量 NGL 和冷凝物的天然气被称为湿气，主要成分为甲烷，含极少或不含液体的天然气被称为干气。

这些液体是烃类衍生物，从通常处于气态的烃流中被去除，以液态形式进行储存、运输和消费。天然气是以液体的形式从气态分离出来的，依据蒸气压，对天然气组分进行分类：（1）低蒸气压力——凝析油；（2）高蒸气压力——液化天然气和（或）液化石油气。这些更高分子量的烃类衍生物混合物常常作为凝析气或天然汽油。混合物是炼油厂分馏和裂解过程产出的低沸点石脑油（Parkash，2003；Gary 等，2007；Hsu 和 Robinson，2017；Speight，2014a，2017a）。储存的液化石油气可用于运输，不挥发的剩余物在去除丙烷和丁烷后是凝析液，可与原油混合或作为单独产品出口（Mokhatab 等，2006；Speight，2014a）。

因此在有伴生气的情况下，原油可通过气举进入井筒采出（Mokhatab 等，2006；Speight，2014a），气体被压缩到井筒中，然后通过井底部的气举阀注入油管内的原油柱中。在井口附近，原油和天然气混合物进入一个高压和低压分离装置，气体压力分两个阶段大幅降低。原油和水从低压分离器的底部泵入罐中进行油水分离。分离器产生的气体被重新压缩，然后，从原油溶液中产生的气体（多余的气体）经过处理，分离出天然气凝液（NGL），天然气凝液再经过处理厂产生丙烷和丁烷或两者的混合物（LPG）。丙烷和丁烷脱除后，高的沸腾残渣被冷凝，与原油混合或作为单独产品出口。在井口处理过程中，需时时监测气体和液体产品的成分，以确定分离器效率以及安全性（Colborn 等，2011）。

天然气干燥压缩后注入天然气系统，可替代非伴生气，其他气田的预处理伴生气也可进入天然气系统。天然气的另一个用途是作为现场燃气轮机的燃料。这种气体在燃料气厂进行处理，以确保其清洁并处于合理的压力下。

天然气中可能存在其他组分，诸如二氧化碳（CO_2）、硫化氢（H_2S）、硫醇（RSH）和其他微量组分。由于不同气藏，甚至同一气藏内不同单井中天然气组分也不同，因此没有单一组分天然气存在。大部分可燃组分由甲烷和乙烷构成，主要的惰性组分是二氧化碳（CO_2）和氮气（N_2）。

1.3.2　非伴生气

除了在油藏内发现的天然气之外，也有一些储层中只有天然气（无原油），被称为非伴生气，其主要组分仍是甲烷，也可能存在更高分子量的烃类衍生物，但数量比伴生气中的要少。二氧化碳也是非伴生气中的常见组分，还含有一些微量稀有气体，例如氦气，一些天然气藏是这些稀有气体的来源。

非伴生气一般不含原油和更高沸点的烃类衍生物,只含甲烷。与伴生气相比,开采系统在一定程度上更简单。在自身能量下,气流沿井筒向上流动,通过井口控制阀并沿着流线进入处理装置。

非伴生气处理在一定程度上比伴生气处理更简单。一般来说,非伴生气在储层能力下在生产井内向上流动,然后通过井口控制阀并沿着流线到达井口处理装置。在这一阶段中,第一项处理是将天然气温度降至某点(取决于管线内的压力),更高分子量的组分在管道温度和压力下冷凝为液态,并被分离。通过焦耳-汤姆逊(Joule-Thomson)阀门使气体膨胀来降低温度,也存在其他的清除方法(Mokhatab 等,2006;Speight,2014a)。简言之,焦耳-汤姆逊(Joule-Thomson)效应[也被称为焦耳-凯文(Joule-Kelvin)效应、凯文-焦耳(Kelvin-Joule)效应或焦耳-汤姆逊(Joule-Thomson)膨胀]与气体或液体在保持绝缘的情况下通过阀门时的温度变化有关,这样就不会与环境交换热量。

清除气流中的水以防止形成天然气水合物。天然气水合物将会堵塞管线并可能导致爆炸(Gornitz 和 Fung,1994;Collett,2002;Buffett 和 Archer,2004;Collett 等,2009;Demirbas,2010a,2010b,2010c;Boswell and Collett,2011;Chong 等,2016)。从气流中去除水的一种方法是注入乙二醇(也被称为甘醇),因为乙二醇与水结合,然后在乙二醇装置中被回收。经过处理的天然气从分离容器顶部进入管线。水在乙二醇装置中进行处理,以回收乙二醇。已分离出的天然气液作为额外的原料输送到液化石油气装置;天然气凝液的低沸点组分可以用作石化产品的原料。(Parkash,2003;Gary 等,2007;Hsu 和 Robinson,2017;Speight,2014a,2017a)。

最后,天然气处理的另一值得关注的是天然气脱硫(第 3 章 非常规天然气)。含硫成分[如硫化氢(H_2S)和硫醇(RSH)]对运输设备(如管道)的腐蚀潜力很大,尤其是在有水的情况下(Speight,2014b)。通过适当的井口处理工艺去除硫化氢,不需要燃烧硫化氢。当气体中含有大量硫化氢时,可以将其转化为单质硫,以及用于制造硫酸和其他产品(第 3 章 非常规天然气)。硫黄可以作为液体,在 120℃(248℉)的温度下,通过绝缘管道进行长距离输送,该管道通过高压热水逆流保持在该温度。

1.3.3 凝析气

凝析气有时被称为凝析液,是低沸点烃类液体混合物。凝析油是从井内或气流中的碳氢化合物冷凝形成。凝析气主要是戊烷(C_5H_{12}),包括不同含量的高沸点烃类衍生物(可达 C_8H_{18}),但甲烷或乙烷的含量相对很低。丙烷(C_3H_8)、丁烷(C_4H_{10})可能通过溶解在液体中而存在于冷凝液中,取决于凝析液来源,凝析气内也可能含有苯(C_6H_6)、甲苯($C_6H_5CH_3$)、同分异构二甲苯($CH_3C_6H_4CH_3$)和乙苯($C_6H_5C_2H_5$)(Mokhatab 等,2006;Speight,2014a)。

凝析液和馏出液在描述储罐中产出的液体时常常混淆,但是它们代表着不同的材料。伴随着大量天然气,一些井内采出白色或浅黄色液体,与低沸点的石脑油相似(Mokhatab 等,2006;Speight,2014a)。由于这种液体和原油在炼油厂分馏出的挥发性组分产品相似,已被称为分馏油。

伴生气凝析油从油井或气井采出,也是最常见的凝析气类型,一般是透明或半透明的流体。伴生气凝析油的 API 重度为 45~75°API，但是从另一方面来看，具有更低 API 重度的伴生气凝析油呈黑色或近似黑色，与具有更高浓度的更高分子量组分的原油相似。这种凝析油一般在大气压和温度下从井口采出，可伴随着大量天然气采出。具有更高 API 重度的伴生气凝析油含有更多的天然气液，其中包括乙烷、丙烷和丁烷，但是并无大量更高分子量的烃类衍生物。

1.3.4 其他定义

除了前面提到的定义外，还有其他几个定义也适用于常规地层的天然气，这些定义也适用于任何来源的天然气。

富气是指具有含热值高和烃类露点高的天然气；贫气则相反，主要指以甲烷为主，其他烃类组分含量低的天然气。富气和贫气的定义用于天然气处理行业，不能准确说明天然气质量，只是表明天然气凝液的相对数量。湿气是指比干气含有更多高分子量烃类衍生物的天然气（表 1.4）。用 $gal/10^3ft^3$ 来衡量天然气凝液中碳氢化合物的丰度。

表 1.4　干气、湿气和凝析油组分　　　　　　　　　单位：$gal/10^3ft$

组分	干气	湿气	凝析气
二氧化碳（CO_2）	0.10	1.41	2.37
氮气（N_2）	2.07	0.25	0.31
甲烷（CH_4）	86.12	92.46	73.19
乙烷（C_2H_6）	5.91	3.18	7.80
丙烷（C_3H_8）	3.58	1.01	3.55
正丁烷（nC_4H_{10}）		0.24	1.45
异丁烷（iC_4H_{10}）	1.72	0.28	0.71
正戊烷（nC_5H_{12}）	—	0.08	0.68
异戊烷（iC_5H_{12}）	0.50	0.13	0.64
己烷同分异构体（C_6H_{14}）	—	0.14	1.09
己烷同分异构体+[①]（$\geq C_7H_{16}$）	—	0.82	8.21

①表示分子量更高的烃类。

酸气内含硫化氢和硫醇，甜气中硫化氢或硫醇含量极低；残气是指提取过更高分子量烃类衍生物的剩余天然气；套管气是在井口分离装置从原油中分离出来的天然气。

在炼油中，残留物是指已清除更低分子量组分的残余原油。而天然气的残余气是指已清除更高分子量组分而余下甲烷（更低沸点的组分）作为残气（第 3 章 非常规天然气和第 7 章 天然气加工工艺分类）。

还有一些应用术语用来表述天然气成因，以此解释天然气产生的各种原因：（1）有机质一次热解；（2）油气二次热解；（3）有机质生物降解。在同一储层内可能存在热解成因和生物成因两种方式。

天然气生成后，以三种不同的方式赋存于储层中：（1）吸附气，以物理或化学方式吸附到有机物或黏土矿物上；（2）游离气，赋存于储层岩石的孔隙或裂缝的空间内；（3）溶解气,也称伴生气,是指存在于石油、重油等液体中的气体,以及一些致密储层中凝析气(Speight,2014a)。

吸附气(一般是甲烷)含量随着有机质或黏土表面积增加而增加。游离气存在于裂缝和孔隙中,当开始生产时,吸附气更容易通过裂缝流动,非常规致密气藏内游离气含量越高,气井初始产量越高。但随着非伴生气的开采,气井的流速从初始状态的高流速迅速下降到稳定的低流速状态,吸附气从储层中缓慢释放流向井底。

1.4 应用

天然气是一种多用途、清洁和高效的燃料,在各种应用中被广泛使用,如各种化学品的生产,特别是天然气作为生成合成气(氢和一氧化碳的混合物)的起点用于生产各种化学制剂(表1.5)。

表1.5 通过合成气从天然气到化学制剂示例

开始材料	中间材料	产品
甲烷	合成气	羰基合成
		乙醇
		醛
		Fischer-Tropsch 合成
		石脑油
		柴油
		煤油
		润滑油
		蜡类
		羰基化
		甲酸
		甲醇
		乙酸
		二甲醚
		甲醛

2000 多年前中国发现天然气能够加热并作为热源,天然气应用开始增加(Mokhatab 等,2006;Speight,2014a)。在 19 世纪末和 20 世纪初,天然气只是一种副产品,主要用于煤气灯为道路和建筑物照明(Mokhatab 等,2006;Speight,2013b)。但是随着 20 世纪的发展,21 世纪后,多个国家发现了大量的天然气储量,天然气的分布范围增加,使得天然气在居民、企业、工厂和发电厂中广泛使用成为可能,天然气正在成为全球性能源(Nersesian,2010;Hafner 和 Tagliapietra,2013)。

然而,天然气的应用与其发现时间并不对等。在历史记载中,人们对天然气知之甚少,甚至完全不知道它是什么。20 世纪四五十年代,美国天然气开发应用之前,几乎所有的燃料和照明气都是通过煤制造出来的，副产品煤焦油是化工业重要的原料，人造煤气的发展与工业革命和城市化进程是同步的。

然而，就目前而言，考虑对环境的影响不可预测，考虑 20 世纪其他化石燃料煤和石油的使用历史，很多国家都使用天然气代替了煤和石油，这也是让人敬佩的。那时，天然气被限制只作为燃料使用，直至 20 世纪末，人类担心原油储量衰竭，天然气才得以被关注（Speight，2011a，2014a；Speight 和 Islam，2016）。

一旦天然气远距离运输成为可能，天然气使用的增长使其用途不断创新，包括工业领域。天然气增长最快的用途是发电，在很大程度上，它已经替代了许多以前的燃煤和燃油发电厂的燃料。天然气发电厂通常使用燃气轮机发电。

随着天然气用途多样化，也增加了对天然气成分认知的需求（Mokhatab 等，2006；Speight，2018）。天然气有许多用途：家用、工业和运输。此外，天然气也是许多常见产品的原料，如油漆、化肥、塑料、防冻剂、染料、照相胶片、药品和炸药。随着这些新用途的出现，不仅需要对天然气进行成分分析，还需要提供有关天然气性质的数据分析。

目前，天然气发电厂是建造成本最低的发电厂，与过去正好相反，过去由于天然气成本相对较高，天然气发电厂运营成本普遍高于燃煤发电厂。另外，天然气发电厂可快速启动和关闭，具有比燃煤发电厂更好的运营灵活性，因此，当电力需求量特别高（例如夏季空调大量使用时）时，美国很多天然气发电厂可多次提供增发电量（高峰发电量）。一年的大部分时间，这些天然气高峰发电设施是闲置的，此时一般由煤电厂提供基本负载电力。但是，从 2008 年，美国天然气价格下跌，在很多城市，天然气电厂逐渐用作基本载荷和中间载荷发电来源。天然气也可同时用于发电和加热。电热联产系统效率很高，可将天然气的 75%~80% 的能量投入使用。电力、供暖和制冷的三联产系统可使天然气的利用效率更高。

天然气在工业上不仅作为热能和动力的来源，还有着广泛的其他用途，是原油炼制、塑料生产以及化学制剂所需宝贵的氢的重要来源。如大部分氢气（H_2）生产来自高温水蒸气和甲烷反应，蒸汽—甲烷重整反应后是水—煤气转换反应：

$$CH_4+H_2O \longrightarrow CO+3H_2 \quad (蒸汽—甲烷重整)$$

$$CO+H_2O \longrightarrow CO_2+H_2 \quad (水—煤气转换)$$

与煤电相比，天然气发电具有以下优点：（1）丰富的天然气资源；（2）天然气价格更低；（3）天然气更加环保。在很多地区，用于基础负荷和中间负荷发电的天然气需求正在增长。

综合气化联合循环发电是燃气发电的一个例子。天然气在连接发电机的燃气轮机内燃烧，然后热的废气通过热交换器为蒸汽轮机产生所需蒸汽。通过这种方法，天然气联合循环发电机的效率至少达到 50%，而相似容量煤电厂的效率仅为 30%~35%。

另外，从天然气中产生的氢本身可作为燃料。将氢转化为电的最高效方法是燃料电池，将氢和氧相结合产生电、水和热量。尽管天然气产出氢的过程仍会排放二氧化碳，但每单位发电量的排放量要比燃烧式涡轮机低得多。

在工业应用和家庭用户使用之前，对天然气（本书中是指气体产品）进行必要的分析，这也是天然气工业重要的一部分。即使气体检测出含少量的杂质，也可能表明工艺效率低下，以及气体未必符合设计用途。与石油相关的天然气中，确定纯净低沸点烃类衍生物及其混合物的体积和热力学性质的可靠数值，是天然气相关技术中最重要的任务之一，这些性质在许多加工设备的设计和操作中很重要（Poling 等，2001）。

例如，油藏工程师和采气工程师会使用压力—体积—温度关系和流体相态特征来进行如下研究：（1）估算油气藏内原油或天然气储量；（2）为油气田开发设计开采方案；（3）确定气液分离装置的最佳作业条件；（4）确定井口处理系统管道防腐的需求；（5）设计天然气处理方案。在物理性质未知的情况下，即使采用最先进的设计方法或最复杂的模拟实验，也无法保证装置（或管道保护）的最佳设计或运行。因此准确认识天然气性质在天然气技术方面非常重要。

天然气的其他工业用途也很广泛，除了作为热量和电力的来源，也可作为塑料生产和化学制品的原料。例如，大部分氢生产来自高温水蒸气和甲烷的反应。氢元素在原油炼制方面有被广泛应用，可用于从稠油、超稠油、焦油和沥青内产出可销售的油品（Speight，2014a，2017a），以及化肥生产所需的氨。

产自天然气中的氢本身可用作燃料。燃料电池是将氢气和氧气相结合产生电、水和热，是将氢气转化为电力的最高效方式。

$$2H_2+O_2 \longrightarrow 2H_2O+热量$$

压缩天然气（CNG）已作为运输燃料（第 5 章 天然气开采、储存和运输），主要用于公共交通。在大于 3000psi 压力下，天然气被压缩至正常压力下体积的 1%，可用于专用内燃机燃烧。美国天然气消费量约 0.1%（体积分数）用于交通运输，相当于 $500×10^4$bbl 以上的原油能量（EIA，2012）。

与汽油相比，由 CNG 驱动的车辆排放的一氧化碳、氮氧化物（NO_x）和颗粒物更少。但是与高能量密度的汽油相比，CNG 的缺点是能量密度较低，1gal 的压缩天然气的能量约为 1gal 汽油的 1/4。因此，与液体燃料车辆相比，天然气燃料车辆需要更大的油箱。

因此，在运输行业中，天然气最适合的用途是为电动汽车或燃料电池车提供能源，这样可减少 40% 以上的尾气排放量。

根据定义，天然气凝液是碳氢化合物衍生物，由于其烃类组分不仅仅作为燃料应用（表 1.6），因此，天然气液用途广泛，几乎覆盖了所有工业化学领域。液化天然气可用作石油化工厂的原料，用于加热、烹饪和汽车燃料。

不同气源的天然气凝液组分相似，应用范围广泛。在天然气凝液中乙烷占比最大，几乎全部用于乙烯生产，然后转化为塑料制品。相比之下，虽然大量的丙烷用作石油化工原料，但大多被用于燃烧加热。丙烷和丁烷混合物有时被称为车用汽油，在欧洲、土耳其和澳大利亚的一些地区被普遍应用。天然汽油（戊烷+）可以混合到各种内燃机燃料中，用于从油井和沥青砂（油砂）沉积物中回收能源。

天然气凝液应用面临以下挑战：（1）处理成本高；（2）储存成本高；（3）运输成本高。天然气凝液需要高压或低温保持其液态，以便存储和运输。同时它也是高度易燃品，需要使用特殊的卡车、船只和储罐进行存储和运输。

表 1.6 天然气凝液、用户、产品和消费者

天然气凝液	化学式	应用	其他应用
乙烷	C_2H_6	生产乙烯 发电	塑料 防冻剂 洗涤剂
丙烷	C_3H_8	加热燃料 交通运输 石油化工原料	塑料
丁烷：正丁烷和异丁烷	C_4H_{10}	石油化工原料 炼油原料 汽油混合燃料	塑料 合成橡胶
凝析油	C_5H_{12} 更高沸点 烃类	石油化工原料 汽油添加剂 稠油稀释剂	溶剂

参 考 文 献

AAPG, 2015. Unconventional energy resources：2015 Review. Nat. Resour. Res. 24 (4), 443-508. American Association of Petroleum Geologists, Tulsa Oklahoma.

Abbott, M., 2016. The Economics of the Gas Supply Industry. Routledge Publishers, Taylor & Francis Group, New York.

Aguilera, R. F., Radetzki, M., 2014. The shale revolution：global gas and oil markets under transformation. Miner. Econ. 26 (3), 75-84.

ASTM, 2017. Annual Book of Standards. ASTM International, West Conshohocken, PA. Boswell, R., Collett, T. S., 2011. Current perspectives on gas hydrate resources. Energy Environ. Sci. 4, 1206-1215.

Boyle, G. (Ed.), 1996. Renewable Energy：Power for a Sustainable Future. Oxford University Press, Oxford.

Briggs, J., February 1988. Municipal Landfill Gas Condensate. Report No. EPA/600/S2-87/090. Environmental Protection Agency Hazardous Waste Engineering Research Laboratory, Cincinatti, OH.

Brosseau, J., 1994. Trace gas compound emissions from municipal landfill sanitary sites. Atmos. Environ. 28 (2), 285-293.

Buffett, B., Archer, D., 2004. Global inventory of methane clathrate：sensitivity to changes in the deep ocean. Earth Planet. Sci. Lett. 227 (3-4), 185.

Burruss, R. C., Ryder, R. T., 2003. Composition of Crude Oil and Natural Gas Produced from 14 Wells in the Lower Silurian "Clinton" Sandstone and Medina Group, Northeastern Ohio and Northwestern Pennsylvania. Open-File Report 03-409, United States Geological Survey, Reston, VA.

Burruss, R. C., Ryder, R. T., 2014. Composition of natural gas and crude oil produced from 10 wells in the lower Silurian "Clinton" sandstone, Trumbull County, Ohio. In：Ruppert, L. F., Ryder, R. T. (Eds.), Coal and Petroleum Resources in the Appalachian Basin；Distribution, Geologic Framework, and Geochemical Character. United StatesGeological Survey, Reston, VA, Professional Paper 1708.

Chong, Z. R., Yang, S. H. B., Babu, P., Linga, P., Li, X. S., 2016. Review of natural gas hydrates as an energy resource：prospects and challenges. Appl. Energy 162, 1633-1652.

Colborn, T., Kwiatkowski, C., Schultz, K., Bachran, M., 2011. Natural gas operations from a public health perspective. Hum. Ecol. Risk Assess. 17, 1039-1056.

Collett, T. S. , 2002. Energy resource potential of natural gas hydrates. Am. Assoc. Pet. Geol. Bull. 86, 1971-1992.

Collett, T. S. , Johnson, A. H. , Knapp, C. C. , Boswell, R. , 2009. Natural gas hydrates: a review. In: Collett, T. S. , Johnson, A. H. , Knapp, C. C. , Boswell, R. (Eds.), Natural Gas Hydrates — Energy Resource Potential and Associated Geologic Hazards. American Association of Petroleum Geologists, Tulsa, OK, pp. 146-219. , AAPG Memoir No. 89.

Demirbas, A. , 2010a. Methane from gas hydrates in the Black Sea. Energy Sources Part A 32, 165-171.

Demirbaş, A. , 2010b. Methane hydrates as potential energy resource: Part 1—Importance, resource and recovery facilities. Energy Convers. Manage. 51, 1547-1561.

Demirbaş, A. , 2010c. Methane hydrates as potential energy resource: Part 2—Methane production processes from gas hydrates. Energy Convers. Manage. 51, 1562-1571.

Forbes, R. J. , 1964. Studies in Ancient Technology. E. J. Brill, Leiden.

Gary, J. G. , Handwerk, G. E. , Kaiser, M. J. , 2007. Petroleum Refining: Technology and Economics, fifth ed. CRC Press, Taylor & Francis Group, Boca Raton, FL.

Gornitz, V. , Fung, I. , 1994. Potential distribution of methane hydrate in the world's oceans. Glob. Biogeochem. Cycles 8, 335-347.

Hafner, M. , Tagliapietra, S. , 2013. The Globalization of Natural Gas Markets: New Challenges and Opportunities for Europe. Claeys&Casteels Law Publishers, Deventer, International Specialized Book Services, Portland Oregon.

Hsu, C. S. , Robinson, P. R. (Eds.), 2017. Handbook of Petroleum Technology. Springer International Publishing AG, Cham.

Islam, M. R. , 2014. Unconventional Gas Reservoirs. Elsevier, Amsterdam.

John, E. , Singh, K. , 2011. Production and properties of fuels from domestic and industrial waste. In: Speight, J. G. (Ed.), The Biofuels Handbook. Royal Society of Chemistry, London, pp. 333-376.

Khosrokhavar, R. , Griffiths, S. , Wolf, K. -H. , 2014. Shale gas formations and their potential for carbon storage: opportunities and outlook. Environ. Processes 1 (4), 595-611.

Kundert, D. , Mullen, M. , April 1416, 2009. Proper evaluation of shale gas reservoirs leads to a more effective hydraulic-fracture stimulation. Paper No. SPE 123586. In: Proceedings. SPE Rocky Mountain Petroleum Technology Conference, Denver, Colorado.

Levine, J. R. , 1993. Coalification: the evolution of coal as a source rock and reservoir rock for oil and gas, Stud. Geol. , 38. Am. Assoc. Petrol. Geol. , pp. 39-77.

Mokhatab, S. , Poe, W. A. , Speight, J. G. , 2006. Handbook of Natural Gas Transmission and Processing. Elsevier, Amsterdam.

Nersesian, R. L. , 2010. Energy for the 21st Century, second ed. M. E. Sharpe, Armonk, NY.

Parkash, S. , 2003. Refining Processes Handbook. Gulf Professional Publishing, Elsevier, Amsterdam.

Poling, B. E. , Prausnitz, J. M. , O' Connell, J. P. , 2001. The Properties of Gases and Liquids, fifth ed. Mc Graw-Hill, New York.

Ramage, J. , 1997. Energy: A Guidebook. Oxford University Press, Oxford.

Ramroop Singh, N. , 2011. Biofuels. In: Speight, J. G. (Ed.), The Biofuels Handbook. Royal Society of Chemistry, London, pp. 160-198.

Rasi, S. , Veijanen, A. , Rintala, J. , 2007. Trace compounds of biogas from different biogas production plants.

Energy 32, 1375-1380.

Rasi, S., Lantela, J., Rintala, J., 2011. Trace compounds affecting biogas energy utilization—a review. Energy Convers. Manage. 52 (12), 3369-3375.

Rice, D. D., 1993. Composition and origins of coalbed gas, Stud. Geol., 38. Am. Assoc. Petrol. Geol., pp. 159-184.

Singh, K., Sastry, M. K. S., 2011. Production of fuels from landfills. In: Speight, J. G. (Ed.), The Biofuels Handbook. Royal Society of Chemistry, London, pp. 408453.

Speight, J. G., 2008. Synthetic Fuels Handbook: Properties, Processes, and Performance. Mc Graw-Hill, New York.

Speight, J. G., 2011a. The Refinery of the Future. Gulf Professional Publishing, Elsevier, Oxford.

Speight, J. G., 2011b. An Introduction to Petroleum Technology, Economics, and Politics. Scrivener Publishing, Salem, MA.

Speight, J. G. (Ed.), 2011c. The Biofuels Handbook. Royal Society of Chemistry, London.

Speight, J. G., 2012. Crude Oil Assay Database. Knovel, New York. Available at: http://www.knovel.com/web/portal/browse/display? _ EXT_ KNOVEL_ DISPLAY_ bookid55485&VerticalID=0.

Speight, J. G., 2013a. Shale Gas Production Processes. Gulf Professional Publishing, Elsevier, Oxford.

Speight, J. G., 2013b. The Chemistry and Technology of Coal, third ed. CRC Press, Taylor & Francis Group, Boca Raton, FL.

Speight, J. G., 2014a. The Chemistry and Technology of Petroleum, fifth ed. CRC Press, Taylor & Francis Group, Boca Raton, FL.

Speight, J. G., 2014b. Oil and Gas Corrosion Prevention. Gulf Professional Publishing, Elsevier, Oxford.

Speight, J. G., 2015. Handbook of Petroleum Product Analysis, second ed. John Wiley & Sons Inc, Hoboken, NJ.

Speight, J. G., 2016a. Introduction to Enhanced Recovery Methods for Heavy Oil and Tar Sands, second ed. Gulf Publishing Company, Taylor & Francis Group, Waltham MA.

Speight, J. G., 2016b. Handbook of Hydraulic Fracturing. John Wiley & Sons Inc, Hoboken, NJ.

Speight, J. G., 2017a. Handbook of Petroleum Refining. CRC Press, Taylor & Francis Group, Boca Raton, FL.

Speight, J. G., 2017b. Deep Shale Oil and Gas. Gulf Professional Publishing, Elsevier, Oxford.

Speight, J. G., 2018. Handbook of Natural Gas Analysis. John Wiley & Sons Inc, Hoboken, NJ.

Speight, J. G., Islam, M. R., 2016. Peak Energy—Myth or Reality. Scrivener Publishing, Beverly, MA.

US EIA, 2012. Natural Gas Consumption by End Use. United States Energy Information Administration. Washington, DC. Available at: https://www.eia.gov/dnav/ng/ng_cons_sum_dcu_nus_a.htm.

2 天然气成因和开采

2.1 简介

天然气埋藏深度大,主要组分是甲烷,含少量气、液态烃类和非烃类气体(Speight,2014a,2017a;Faramawy 等,2016)。不同来源的天然气可能具有相似特征,但不同的组分需要通过分析来确定(Esteves 等,2016)。实际上,根据处理环节的不同,生产中的每一步环节都可能导致组分发生变化。

储层气→开采气→井口气→运输气→存储气→销售气

不同的地区有不同天然气供应系统,任意点的天然气确切组分随时间和区域的不同而不同。例如发热量将取决于天然气组分。对组分差异的预测还必须考虑由于不同地区成熟过程的差异而导致的储层气体差异(Speight,2014a;Faramawy 等,2016)。因此在天然气定义方面,有三种基本方法:(1)基于天然气成因、类型和组分的定性描述;(2)基于测试过程的特征进行分类;(3)基于特定组分浓度高于其他组分进行分类。另外,由于水平井钻井和水力压裂技术的发展,国内天然气供应量大幅增长,能源公司可开发那些之前无法开采的天然气资源(Speight,2016)。

了解天然气在储层内的赋存或井口的采出情况,了解天然气的成因可以为天然气科学家和工程师提供关于天然气的性质和行为,以及天然气成因的方法指导。关键要认识到,天然气成分的变化不仅取决于天然气所处的储层,而且还取决于储层内井的相对位置。

以下内容将介绍天然气从成因到开采的过程,进而确定天然气组分变化。组分变化会影响其性质和特征,还影响着天然气处理(天然气净化)流程的选择(第4章 天然气成分和性质,第7章 天然气加工工艺分类,第8章 天然气净化工艺)。

2.2 成因

关于不同的化石能源成因有多种不同理论(Speight,2014a;Faramawy 等,2016)。最常见且已被接受的理论是:当有机质或有机碎屑(例如动植物遗体)在地下被压实,在非常高的压力下,经过数百万年地质时期,形成油气(表2.1)。在油气生成初期,动植物遗体腐烂,堆积成厚厚的一层,随着时间的推移,沉积物、泥土和其他碎片堆积在有机物之上,有机物发生了质变。结果,沉积物、泥浆和其他无机碎屑变成岩石,给有机物施加了加压。不断增大的压力压缩了有机质,并与其他地下效应一起,把一些特殊组分分解成天然气和原油(表2.1)。

含有机质前身的深处烃源岩常常被称为烃灶(Speight,2014a)。从理论上讲,烃灶埋深越大且温度越高,从前驱物质中产生气体的可能性越大。由于存在地温梯度,热量会随深度增加。地温梯度一般为 $25 \sim 30 \, ℃/km$($0.008 \sim 0.009 \, ℃/ft$ 深度),约等于地面以下每100ft增加1℃。但是这并不意味着会在更深位置发现非伴生气而不是原油。来自烃灶的油气运移方向是侧向和（或）向上，直至油气在储层内形成圈闭。因此，油气田内可能含有一系列的天然气—原油组合层，（非伴生）天然气储层深度可达 3000ft，甚至更深。

表 2.1　天然气成因时间表

大致时间范围	事件
3 亿~4 亿年前	微小的海洋动植物死亡并在洋底埋藏，随着时间变化被粉砂层覆盖
1 亿~3 亿年前	通过简单的化学反应，有机碎屑开始变化
5000 万年至 1 亿年前	有机碎屑埋藏越来越深；压力增加且（可能）温度增加（但如之前所述，温度水平在很大程度上未知，最理想的假设情况是增加）
100 万~5000 万年前	在常规地下条件下，有机碎屑发生反应产出甲烷及其他烃类产物，最终通过天然气运移至油气藏，在储层岩石内形成圈闭

基于假设压力效应和前驱体深度增加（包括热影响）可将有机质转化为油气，将这种方式形成的甲烷（天然气）称为热成因甲烷（热成因气）。但是，由于未知真实温度，因此由热成因理论得到的只是推测的结果。

在 300~350℃（570~650℉）特定温度中，有机化学家在实验室成功地将有机质转化为甲烷和其他烃类气体。用实验室内的温度来证明高温替代实验，因为缺少地质时间，仅仅是一种推测性思维，而且很可能是一种错误的推测思维。很多实验人员常常忽视的事实是：高温会改变化学反应的过程，而且这些发现可能并不完全正确，事实上，天然气和其他化石燃料的热成因所涉及的高温并没有得到最终证明。

通过微生物作用，有机质也能生成甲烷（天然气）。这种类型的甲烷被称为生物成因甲烷（生物成因气）。在此过程中微生物（产甲烷菌）可通过化学反应，将有机质分解产生甲烷，这种微生物一般是在近地表缺氧区域发现，产出的甲烷通常逸散进入大气，可视为一种环境问题。但在一些环境中，这类甲烷可在地下封存，成为可采的天然气。生物成因甲烷的一种来源是填埋气，填埋废弃物可通过分解产生较大数量的天然气。不断发展的新技术正在被用于收集这些气体以增加天然气的供应，特别是生物成因甲烷（John 和 Singh，2011；Ramroop Singh，2011；Singh 和 Sastry，2011）。

第三种可能形成甲烷（天然气）的方式是非生物过程。在地壳之下极深处，存在富含氢气的气体，当这些气体向地表移动，可能在缺氧条件下通过矿物催化活动而相互反应（Speight，2013a，2017b）。这种相互反应的产物可能是大气层内发现的物质（包括氮气、氧气、二氧化碳、氩气和水）。如果这些气体处在极端高压下，向地面移动时很可能形成甲烷（非生物成因），与热成因甲烷相似。无论是哪种甲烷形成方式，标准的测试方法都是相同的（ASTM，2017）。

由于天然气成因的多样性，除了甲烷之外的其他组分都会影响天然气的组分和性质（表 2.2）。虽然主要组分是甲烷，也有饱和烃类衍生物（C_nH_{2n+2}）、低沸点芳香烃类衍生物（苯衍生物）、氮气、二氧化碳（CO_2）、硫化氢（H_2S）、硫醇衍生物（RSH，也被称为硫醇类衍生物），以及微量的其他成分（有价值的氦气和氩气）。曾经认为天然气内不含硫化氢就可能缺少二氧化碳，这一观点已经在煤层或其他生物类型产生的气体中证明是错误的（Speight，2011，2013b）。

表 2.2　未炼制天然气和炼制天然气性质

天然气性质	未炼制	炼制后
相对摩尔质量	20	16
含碳量,%（质量分数）	73	75
含氢量,%（质量分数）	27	25
含氧量,%（质量分数）	0.4	0
氢—氢原子比	3.5	4.0
相对于空气的密度（15℃）	1.5	0.6
沸点（1atm）,℃	—	162
自燃点,℃	540	560
辛烷值	120	130
甲烷值	69	99
蒸汽可燃极限,%（体积分数）	5	15
可燃极限	0.7	2.1
较低发热量/热值，Btu/lb	900	
甲烷含量,%（体积分数）	100	80
乙烷含量,%（体积分数）	5	0
氮气含量,%（体积分数）	15	0
二氧化碳含量,%（体积分数）	5	0
含硫量，ppm（质量分数）	5	0

资料来源：http：//www. visionengineer. com/env/alt_ ng_ prop. php.

2.3　勘探

天然气的发现是原油勘探的结果，发现天然气的方法实质上就是原油勘探的方法。另外，在天然气工业早期，确定气藏的唯一方法是：寻找地下含气储层的地表证据，例如地层内泄漏的油气，也成为中东一些国家地下油气藏存在的证据（第1章 天然气发展历程和应用）。

但是，确定气藏存在的唯一方法是钻勘探井，包括向地下钻井和地质学家对地下岩层组分的详细研究（Burnett，1995）。除了通过勘探钻井寻找气藏之外，地质学家也通过检查钻屑和地下流体来更好地认识区域地质特征。但是钻勘探井是一项昂贵且费时的工作，因此探井只在其他数据显示地层含气可能性很高的地区钻探。

预测准确的井位离不开地震勘探工作，采用来自地面振动震源的回声（通常在地震车下放置振动板）来采集地下储层信息，有时会采用炸药来提供必要的震源。

即便技术进步已经大大提高了气藏定位的成功率，但勘探过程仍充满着不确定性，也存在着大量试错。现实的气藏勘探会遇到不含气的情况，且数千英尺的深度也增加了勘探复杂性。

2.3.1 地质勘查

天然气勘探工作通常开始于地质调查地表结构（地质勘查），并确定高概率的含气藏区域。实际上早在19世纪中期，学者已发现背斜斜坡内含天然气的概率特别高，这些背斜斜坡是由大地自身褶皱形成的穹窿构造，特点是含有大量油气藏。

通过对特定区域内地表和地下特征的勘查和制图，地质学家可推断出最可能含气藏的区域。地质学家从地表或峡谷内的岩石露头和钻井内收集的岩屑和样品中得出地质信息，将这些信息相结合，用于推测特定地区地下储层的流体含量、孔隙度、渗透率、地质年代和形成序列。

确定含气和（或）含油的地层后，地球物理学家通过进一步测试来获得更多的潜在油气藏区域的详细数据，并对地下地层精确作图。

2.3.2 地震勘探

地震学的应用是天然气勘探中的最大突破。

地震学主要研究能量以地震波形式穿过地壳并与不同类型的地层发生的差异性相互作用。地震检波器是一种用于识别和记录地震数据的工具，可以探测和记录发生地震期间的大地振动。地震学在天然气勘探中的应用是研究从震源释放的地震波输送进入大地，地震波与地层（具有不同的性质）发生不同的相互作用。地震波会被每个地层层段反射回来，可采用地震学方法研究这种反射波，进而发现地层的特征和性质，找到一个或多个潜在含气地层。

在早期地震勘探中，采用炸药爆破来形成地震波。这些经过精密设计的小型爆破会形成需要的地震波，然后由检波器拾取，地球物理学家、地质学家和油藏工程师会解释拾取的数据。

陆上地震勘探采用人工制造地震波和地面上嵌入的设备敏感件（地震检波器）来拾取地震波反射。震源（一般是地下爆破点）制造了振动，地震波可在地球不同层位反射，通过地面检波器拾取地震反射波，并转换为地震记录道，用于解释和记录。

由于环保问题和技术进步，如今不再经常使用爆破来产生所需的地震波。替代方案是在大部分地震作业中采用非爆破的地震技术来产生所需的数据。这项非爆破技术一般采用大型重型车轮或履带式车辆装载特种设备，可以产生大型撞击或一系列振动。这些撞击或振动可形成与甘油炸药相似的地震波。在地震卡车中，车上安装的大型活塞可在地面产生振动，输送地震波，得出有用数据。

同样过程可用于海上地震勘探作业。采用略有不同的地震方法来勘探海面之下数千英尺深度处可能存在的气藏。地震勘探船代替了卡车和地震检波器，用于拾取地震数据，同样海上检波器用来拾取水下地震波。这些海上检波器由地震勘探船牵引，其形状取决于地球物理学家的需求。地震船采用了大的空气枪来代替海底甘油炸药或冲击器，可在水下释放压缩空气爆裂，形成可穿过地壳的地震波并得到需要的地震反射。

三维地震成像技术的发展大大改变了天然气勘探的性质。这项技术采用常规的地震成像技术，与大型计算机和处理器相结合，建立地下地层的三维模型。通过增加时间维度，四维地震扩展了三维地震技术，使得勘探团队可观察到地下地层特征是如何随着时间发生变化。勘探团队可更容易识别天然气勘探区、更高效布井、减少干井数量、降低钻井成本和减少勘探时间。

在最近 20 年中，计算机已可相对简单地处理来自现场收集的三维地震成像数据，可处理更大量级的数据并提高地震模型的稳定性和信息量。计算机辅助的勘探模型主要有以下三种类型：二维、三维和最新的四维。逐渐成熟的成像技术主要依靠现场采集的地震数据。目前已改进的计算机技术可与不同类型测试数据相结合（例如测井、市场数据和重力测量测试），实现地下地层的"可视化"。通过这种方式，地质学家和地球物理学家可将所有来源的数据进行整合，得出清晰且全面的地下地质图像。在实例中，地质学家采用交互式计算机实现了地震数据可视化，用于勘探地下地层。

二维地震成像技术采用从地震勘探作业中收集的数据，开发得出地下地层的横断面图。采用地震检波器的振动记录得出现场采集的地震数据，经地球物理学家解释，利用模型可开发不同岩层组分和厚度的气藏。这个过程一般用于地下地层作图和基于地震构造进行的估算，用于确定油气藏最可能存在的位置。

还有一种直接方式识别已知的基本地震数据，白色条带（亮点）在地震记录中常常用来显示油气藏。含气多孔岩层常常形成比一般含水地层更强的地震反射。因此在这些情况下，可直接通过地震数据来识别真实气藏。但是，由于很多亮点中并不含油气，而且很多油气藏并不在地震数据中显示为亮点，因此这一概念并不能广泛应用。

在计算机辅助的勘探技术中，最大的创新技术之一是三维地震成像技术的研发。三维成像技术采用了现场地震数据来得出地下地层和地质特征的三维图像。实质上这项技术可为地球物理学家和地质学家提供特定区域内地壳组成的清晰图像，因此在天然气勘探过程中，图像可用于估算特定区域内地层含气概率，以及确定潜在含气地层的特征。这项技术在提高勘探成功率方面的应用非常成功，预计三维地震成像技术的应用可将气藏发现成功率提高 50%。

虽然这项技术很有用，但成本很高。形成三维图像需要从数千个位置采集数据，而二维成像仅需要数百个数据点。另外，三维成像是一个更加复杂且耗时的过程，因此常用于与其他勘探技术相结合。例如，地球物理学家可能采用常规的二维建模和检查地质特征来确定天然气存在的概率。一旦采用这些基本技术，三维地震成像可能仅用于确定含油气藏概率高的区域。除了广泛用于确定天然气和油藏位置之外，三维地震成像还能更准确地确定待钻井位，可提高生产井成功率，使更多的天然气和原油从地下采出。

地震勘探和地下岩层建模的最新技术突破之一是引入了四维地震成像技术。这种成像技术是三维成像技术的延伸。但在四维成像中，可观察地下地层构造和性质随着时间变化，而不是仅得到简单且静态的地下图像，因此这项技术也被称为四维时延成像。

在不同的时期对特定地区进行不同的地震记录，将这些数据按序输入计算机中，把不同图像相结合，得出地下正在发生的"影像"，通过研究地震图像如何随时间变化，地质学家可更好地认识岩石性质，包括地下流体流动、黏度、温度和饱和度；地质学家也可采用四维地震图像来评价储层性质，包括开采后的天然气衰竭速率。

2.3.3 磁力仪

除了采用地震方法收集地壳组成的相关数据之外，还可通过测量地层磁性得出地质和地球物理数据，这种方法主要采用磁力仪来测量地球磁场的细微差异。

磁力仪是一种科学仪器，可用于测量仪器周围磁场的强度和（或）方向。不同地区的大地磁场活动不同，导致大地磁场（磁性层）差异的原因可能有以下两点：（1）不同的地下岩层特征；（2）来自太阳的带电粒子和磁性层之间的相互作用。地层不同矿物组分会对地球重力场产生不同的影响，这对油气勘探（Ballard，2007）具有重要的意义。

早期的磁力仪很大且笨重，一次仅能勘查很小面积。现代的磁力仪在操作上要精细得多，可以用非常灵敏的设备精确地测量地层之间的细微差别，使地球物理学家能够估计地下地层的结构，以及这些地层是否具有蕴藏天然气的潜力。

2.3.4　测井

测井方法可记录岩石和流体性质，目的是发现地层内的含油气层段。

通过钻取勘探井或开发井，地质学家第一次接触地下实际地质情况，利用测井可让地质学家对地下的真实情况有一个全面的了解。除提供特定井的特定信息之外，对某一地区或类似地区感兴趣的地质学家来说，还有大量的历史测井档案。测井作业步骤包括：将电缆底部的测井工具下入天然气井或油井中；测量地下岩石和流体性质；解释测量数据；得出含油气的潜在层段的位置和定量研究结果。

长期以来研发的测井工具可测量岩层及所含流体的电学、声学、放射性、电磁和其他性质。在钻井期间和到达完钻深度时，对不同层段进行测井作业，深度范围为1000～25000ft，甚至更深。通过现代计算机将这些数据标记为测井记录，再通过数字传输到其他需要的场所。两种最常用的测井方法是标准测井和电测井。

标准测井包括检查和记录井的物理性质。例如地质学家通过检查和记录钻井期间由钻井液携带出的所有钻屑，可明确地下岩石的物理性质；还可检查取出到地面的岩石样品；检查岩石界面、类型和厚度。地质学家常采用显微镜放大并检查这些钻屑和岩心，可研究地下岩石的孔隙度和流体饱和度，更好地认识所钻油气井的情况。

电测井主要包括下入设备，测量井下岩层的电阻率，可通过测量电流穿过地层的电阻率来实现。根据测量结果，地质学家可认识流体含量和特征。新型电测井技术（诱导电测井）提供同类型的记录，但作业过程更简单，提供的数据更容易解释。

近年来已引入随钻测井新技术（也被称为随钻测量），传感器与钻柱相结合，在钻井的同时进行测量，取代了以往的通过底部电缆盒下入井内的传感器。相比从井内起出钻柱之后再进行测井作业，随钻测井可在钻井的同时提供地质参数。但由于可用遥测录井带宽有限，测量数据需在钻柱从井内起出过程中记录并收回，或通过井内钻井液液柱中的压力脉冲来传输。

随钻测井方法可在钻井过程中采集井底数据，钻井队可在钻头钻遇岩层的同时获得岩层准确特征信息，可对钻头钻遇地层进行更好的地层评价，进一步减少地层伤害，降低井喷发生概率。

2.4　油气藏

油气藏是一种地下岩石构造，具有足够的体积和闭合程度，包含相互连通的空隙（孔隙）空间的三维网络且上面覆盖有饱含水的致密岩层。天然气一般赋存在多孔岩层（常常是砂岩）储层内，围岩是不渗透岩层和含水层。一些油气藏埋深可达2mile，甚至可能深达

5mile，还有一些水下油气藏，也就是位于海洋底下的油气藏（Max，2000）。

表 2.3　天然气资源安全开发所需的信息

开发阶段	所需信息	注释
初期	地层矿物组分	识别气体吸附潜力
勘探	天然气性质	识别天然气处理潜力
	天然气储量	识别资源开发经济性
储层	储层矿物组分	气体组分吸附或与矿物反应的趋势
开采	天然气性质	明确运输前的井口处理需求
运输	天然气组分	明确运输期间的腐蚀可能性

无论储层的位置如何，必须采用确保最大限度地回收天然气的方法来开采天然气。最近，已在致密地层内发现了大量的天然气储量，如渗透率极低的页岩。天然气开采方法的选择将随着气藏甚至钻井差异而变化，例如储层厚度、储层范围、气藏压力、储层深度、储层矿物组分、天然气组分和含水率，需要了解所有以上内容，才能保证项目成功率（表 2.3）（Speight，2018）。

在沉积、转化、运移和圈闭形成的不同阶段形成这些岩体或地层，具有多孔和可渗透性，可以储存和输送流体（油气水），其中孔隙度和渗透率是储层的关键特征，也是油气藏开采的重要因素。

天然气来自数百万年前的水生植物和动物。在层状地层内，这些残留混合泥砂，经历数百万年的地质转化，逐步形成沉积岩，埋藏的有机质逐步分解并最终形成油气。油气可从原始的烃源岩中运移到孔隙度更高且可渗透岩层内，例如砂岩和粉砂岩，最终形成圈闭，成为油气藏。同一个岩石构造内的系列油气藏，或相互分隔开但位置相邻的系列油气藏，通常被称为一个油田或气田（本书采用）。在单一地质环境内发现的一群油气田，被称为一个沉积盆地或含油气区。识别油气藏时，关键是识别其流体类型以及主要的物理化学特征（图 2.1）。一般来说，可通过对油气藏内的流体样品进行压力—体积—温度分析得出信息。

获得初步的性能值，对于凝析气藏开发至关重要，包括庚烷和更重组分（C_{7+}）的摩尔分数、原始流体的分子量、最高反凝析（MRC）和露点压力（p_d），早期可用这些数据启动储层研究，保证高效开发，实现油气藏内流体的最终采收率最大化。

2.4.1　天然气藏

通常来说，储层是一种由多孔地层和沉积岩（例如砂岩）组成的地层，内部富含天然气。但是为了保存圈闭内的天然气，必须要有不透水的基岩和盖层来阻止天然气进一步运移。一些储层，也就是气藏或圈闭（例如天然储存区）随着体量变化，所储存的天然气数量也变化。储层有很多不同的类型，但是最常见是典型的褶皱地层，例如许多天然气和原油储层中的背斜（图 2.1）。从另一方面来看，当正常的沉积地层部分发生垂向破裂时，可形成断层，而这些断层可能形成气藏。因此不渗透岩层下移至渗透率更高的石灰岩或砂岩盐层内，形成天然气圈闭。实质上，当不渗透岩层覆盖在多孔岩层上时，富含油气的沉积地层可能形成油气藏。

正如天然气形成过程在决定天然气的组分和类型中所起的作用一样，储层（特别是储

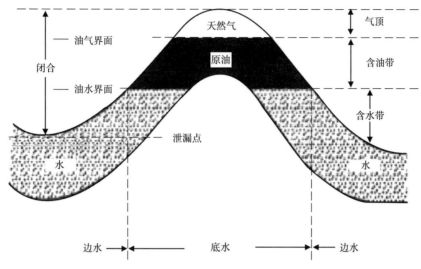

图 2.1　识别油气藏构造的必需参数
以含油气背斜油气藏为例（见表 2.2 和表 2.5）

层矿物组分）在确定天然气组分和行为中也起了主要作用。由于不同矿物吸附天然气的速率不同，需要确定储层内矿物组分（Ballard，2007）。矿物组分相关数据可用于估算未采出的天然气组分和气藏内赋存组分。另外，气藏压力可能也是影响井口天然气性质的主要因素。例如，储层内的压力随深度而变化，由于压力的关系，天然气的一些典型气体成分（在标准温度和压力处）可能是液态的，因此在表面呈液态（凝析油）。

　　由于含气地层的矿物组分不同，想要高效且经济地采出天然气，需有丰富的专业知识和经验。因此，随着天然气开发启动，特别是遇到高吸附性黏土矿物时，研究储层结构和矿物组分日益重要（图 2.1）。在储层矿物组分分析中，最重要的 4 个事项包括：（1）储层岩石的特定元素；（2）这些元素的特征，例如分子量和分子数；（3）元素含量［质量分数（%或 ppm）］；（4）元素伴生的矿物。这些数据对于地下储层和天然气分析特别重要。气藏内相关系（涉及确定天然气露点）是天然气资源开发的首要控制因素。另外，地质数据可描述储层横向和纵向特征的任何变化（Chopra 等，1990；Damsleth，1994），以及这些特征是如何影响开采方法和采出天然气组分的。

　　一般来说，无论是非伴生天然气藏或伴生天然气藏，储层都是一种多孔介质，岩石内不规则形状孔隙的长度和直径在 $1\sim100\mu m$，可能与多达 6 个其他孔隙相连。在 $1ft^3$ 岩石中可能含有数百万个孔隙，也可能在典型储层内含有超过 10^{22} 个孔隙。

　　岩石矿物组分决定了其物理和化学性质。在储层岩石中，物理性质（诸如密度、声波速度、可压缩性和润湿性质）确定了储层孔隙度、渗透率和流体饱和度。另外，储层岩石的化学性质对于钻井和开采特别重要，可以预测当储层与外来材料（例如钻井液和开采化学剂）接触时将发生哪些反应。认识矿物组分可得出储层岩石沉积和成岩作用的相关信息，进一步认识储层内的流动特征。

　　另外，识别岩性（如岩石类型）是所有储层特征研究的基础工作，原因是含油气和

（或）水的岩石物理和化学性质会影响测量工具对地层性质的响应。实际上，储层岩性从多种方式影响着岩石物理计算，沉积环境和沉积物决定着岩石的粒度、分选程度和其在储层内的分布情况。在大部分砂岩储层内，沉积环境控制着孔隙度和渗透率，而这两种要素又确定了从天然气储层到生产井内的流动。

和油藏一样，气藏以很多种形式存在，例如穹隆状（向斜—背斜）构造（图2.1），含有底水，或带含油环和底水的天然气穹隆。当水和天然气直接接触时，压力效应会让相当一部分天然气（20%甚至更高）溶解在原油和水中。如果从这种气藏内采出天然气，气藏压降将使得溶解气变成气相。另外，由于气藏构造发生变化，这期间天然气会通过储层的长度、宽度和深度方向变化着流向井内。生产井必须广泛分布在全气藏内，尽可能高效采出更多的天然气。

对于碳酸盐岩地层，岩层一般由碳酸盐岩、白云岩、硬石膏、盐层和页岩层互层序列组成。碳酸盐岩地层内气藏开发的关键在于原始粒度及其化学成岩过程。由于风化作用、溶蚀作用和断裂作用，会造成碳酸盐岩储层孔隙度大幅增加（Speight，2016）。黏土矿物结构及其组分是了解它们对储层特征和油气性质产生影响的必要条件（Archer，1985；Hurst和Archer，1986；Speight，2014a；Saha等，2017）。

2.4.2　天然气藏

除了在含油储层内发现天然气之外，也发现了仅含天然气的气藏。天然气的主要组分是甲烷，但也可能含其他烃类衍生物，例如乙烷、丙烷和丁烷，一般来说，与油藏相比，纯天然气藏内这些组分的含量更低。二氧化碳也是天然气中常见的组分，天然气内也可能含微量稀有气体，例如氦气，这类天然气藏是这些稀有气体的来源之一。

由于天然气的密度低，一旦发现就会通过松散页岩和其他岩性地层上升到地面。大部分甲烷将简单地上升至地表并向空气逸散，但是也有相当数量的甲烷上升进入地层内一些气体圈闭中，这些地层由多孔沉积岩石组成，顶部是更致密且不渗透的岩层。这种不渗透的岩石可将天然气圈闭在地下。如果这些地层分布足够广，则可在地下圈闭住大量天然气，形成气藏。

这些地层类型多种多样，但是最常见的是不渗透沉积岩层，呈穹隆状，可封闭所有的天然气（Speight，2014a）。当正常沉积地层在垂向上有一定程度的分离就会发生断裂，不渗透岩层向下移动，封闭了渗透率更高的灰岩或砂岩地层内的天然气。实际上在高渗的富含油气沉积地层上覆盖不渗透岩层，就可能形成气藏。

在勘探地质学家和地球物理学家团队确定了可能含气沉积地层位置后，钻井专家将对确定的位置进行钻井。为了发现天然气藏，已经研发了很多创新技术来提高天然气钻井效率并降低成本，但是天然气勘探总是存在一些缺陷，也常常存在找不到天然气的内在风险。

一口新井一旦钻成，实际上已和气藏接触，可进行开发，这口井会被称为开发井或生产井。从这点来看，当钻遇油气时，这口井可能将进行完井作业，进行天然气开采。但如果勘探团队对井场天然气数量估算失败，则这口井被称为干井，不会进行开采。为了成功地将天然气采出地面，一口井必须钻穿不渗透岩层以释放处于压力下的天然气，这些气藏内的天然气一般处于压力下，可从气藏内自喷采出。是否对气藏钻井取决于很多因素，不仅限于潜在天然气藏的经济性特征。

确定井位取决于一系列因素，包括待钻地层的潜能、地下地质特征和目标气藏的深度和大小。在地球物理学家团队确定出最佳井位之后，钻井公司必须完成所有的必要手续，以保证在该地区钻井具有合法性。这些手续一般涉及钻井作业安全许可、天然气公司在指定区域开采和销售天然气资源的法律许可和天然气集输管线（将连接井和管道）的设计。在某些特定地区，土地所有人和矿权所有人可能不属于同一人。

为了处理天然气中的含硫化合物（由于很多管线业主明确设定了含硫量上限），通常会在井口附近安装洗涤器，主要用于去除砂和其他大颗粒的杂质，例如硫化氢。由于天然气内含有少量水，当温度降低时趋于形成天然气水合物，安装加热装置可保证天然气温度不至于降至太低。这些水合物是呈冰状晶体的固体或半固体化合物（第 3 章 非常规天然气）（Berecz 和 Balla-Achs，1983；Gudmundsson 等，1998；Sloan，1997，2000）。当天然气水合物聚集时，将严重阻碍天然气通过阀门和集气系统。为了减少水合物，一般会沿着集气管道，在可能形成水合物的任何位置安装小型天然气点火加热装置。

湿气气藏内含有大量有价值的液态天然气（除了甲烷之外的任何烃类衍生物，例如乙烷、丙烷和丁烷），甚至轻质原油（>30°API）和凝析油，含湿气（表 2.4）的油气藏必须进行精细处理。当油气藏压力降至混合物临界点之下，天然气可能凝结成液态保留在油气藏内。因此，必须进行循环操作，将湿气采出至地面凝析成液体，再将天然气压缩并回注到油气藏内来保持压力。

表 2.4　干气、湿气和凝析气组分　　　　　　　　　　　　单位：%

组分	干气	湿气	凝析气
CO_2	0.10	1.41	2.37
N_2	2.07	0.25	0.31
C_1	86.12	92.46	73.19
C_2	5.91	3.18	7.80
C_3	3.58	1.01	3.55
iC_4	1.72	0.28	0.71
nC_4	—	0.24	1.45
iC_5	0.50	0.13	0.64
nC_5	—	0.08	0.68
C_6	—	0.14	1.09
C_{7+}	—	0.82	8.21

很多油气藏可采出凝析气，而每个油气藏采出的凝析气都具有独特的组分。但通常来说，凝析气相对密度为 0.5~0.8，由更高分子量的烃类组成，可包括十二烷（C_{12}）。在凝析气内也可能含有在标准温度和压力下呈气相的丙烷和丁烷，可溶解于液态烃类衍生物中。C_8—C_{12}烃类衍生物包括更高沸点的碳氢化合物，例如环己烷衍生物和芳香族衍生物，例如苯、二甲苯（$C_6H_5CH_3$）、二甲苯同分异构体（邻位、间位和对位-$CH_3C_6H_4CH_3$）和乙苯（$C_6H_5C_2H_5$）。另外，凝析气内可能含有其他杂质，例如硫化氢、硫醇类衍生物（也称为硫醇，RSH）、二氧化碳、环己烷（C_6H_{12}）和低分子量芳香族，例如苯（C_6H_6）、二甲苯

（$C_6H_5CH_3$）、苯乙烷（$C_6H_5CH_2CH_3$）和二甲苯衍生物（$H_3CC_6H_4CH_3$）（Mokhatab 等，2006；Speight，2014a）。

凝析气组分对井口天然气和凝析油的开采有重要影响。例如，当气藏内发生凝析作用，目前熟知的现象是凝析油堵塞，从而阻碍流体流向井内。在硅质碎屑储层内（由碎屑岩组成的储层），通常采用水力压裂作业来缓解，在碳酸盐岩组成的储层（通常称为碳酸盐岩储层）内则可采用酸化技术（Speight，2016）。简单来说，碎屑岩由先前存在的矿物和岩石碎片或岩屑组成。岩屑则是由于物理风化作用，其他岩石破裂成更小颗粒的岩石、碎块和地质碎屑。地质术语碎屑岩是指沉积岩，也指沉积物运移过程（处于悬浮或沉底）颗粒和沉积地层中的颗粒。

最常见的储层岩石是砂岩（SiO_2）、石灰岩（$CaCO_3$）和白云岩［碳酸钙和碳酸镁矿物混合（$CaCO_3$ 和 $MgCO_3$）］。含油气系统的 4 项基本要素包括：（1）烃源岩，含有机质，可转化为天然气和（或）原油；（2）运移通道，部分或完全形成的可将油气从烃源岩运移到储层的路径；（3）储层岩层，具有合适孔隙度的可储存油气的岩层，具有合适渗透率，可使流体穿过储层流动至生产井的岩层；（4）盖层，不渗透盖层可防止天然气和原油向上逸散至地表。

2.4.3　油藏

为了处理和运输伴生的溶解气，必须将溶解气从原油内分离出来。从原油中分离天然气的最常见过程是由井口或附近安装的设备来完成。从井口开始，油气水分离的具体过程和所采用的设备变化很大。虽然不同地理区域管道内的天然气干气质量几乎相同，但不同地区未处理的天然气的组分还是有较大差异（表 2.2）。通常来说，预分离器将油气水分离成三种单一的相态，最基本的类型是常规分离器，由简单的封闭式罐组成，可利用重力对重流体（例如原油）和轻气体（例如天然气）进行分离。

但在很多实例中，地下天然气溶解于原油的主要原因是地层压力，可能形成泡沫油。在一些实例中，当开采天然气和原油时，由于油气藏内的温度和压力效应，天然气很容易从原油中分离出来。在这些实例中，油气分离相对简单，油气将按不同的方式输送用于进一步处理。但在其他很多实例中，需要特种设备来分离油气。其中一个例子是低温分离器，常用于高压天然气、轻质原油或凝析气的井，这些分离器采用压差来冷却湿气，并分离原油和凝析油。

在分离过程中，天然气进入分离器，通过热交换器稍微冷却，然后经过高压液体分液罐，将液体移入低温分离器中，之后气体通过节流装置进入低温分离器，天然气进入分离器会膨胀，天然气快速膨胀使得分离器内温度降低。在去除液体之后，干气通过热交换器回流，并由进入的湿气加热。通过改变分离器不同部分天然气压力，可改变温度，导致原油和一些水从湿气流中凝析出来。这种基本的压力—温度关系也可逆向应用，从原油液流中采出天然气。另外，由于水和酸气（硫化氢 H_2S 和二氧化碳 CO_2）的存在，很可能会腐蚀设备和管道（Speight，2014b），因此需要对井口采出天然气混合物的组分进行了解。

2.4.4　凝析气藏

天然气凝析油是一种低密度烃类液体的混合物，以气态的形式存在于许多天然气田的原始天然气中。在确定压力下，如果温度降至烃类露点温度之下，原始天然气中的一些气体将凝析成液态。

凝析气藏（也被称为露点气藏）是一种因凝析作用导致液体离开气相的气藏。凝析流体在低浓度下保持不流动状态，因此地面采出的气体中液相含量较低，因而采出气油比上升，最大反凝析（MRC）过程一直持续到液体体积达到最大点。由于在等温膨胀期间，一般发生的是气化作用而不是凝结作用，称为反凝析。在达到露点之后，由于采出流体组分变化，气藏内剩余流体组分也会发生改变。

典型的凝析气藏的储层温度位于储层流体 PT 曲线的临界点和临界温度之间，这是识别凝析气藏的一种方法，其他任何定义，诸如凝析气比、C_{7+} 组分分子量、C_7 组分 API 重度，都可能在储层和凝析油的性质方面留有空白（Thomas 等，2009）。

滴漏气是天然气凝析油的另一个名称，天然气凝析油是天然气开采的副产品，天然气凝析油是一种天然汽油，之所以这样命名是因为它可以从安装在气井管道中的小腔室（称为滴漏室或者滴漏）的底部抽出。美国联邦法规全书中定义的滴漏气包括丁烷、戊烷和己烷衍生物。在设置的蒸馏范围内，可提取滴漏气作为清洁剂和溶剂，以及提灯和炉子的燃料。相应地，每种类型的凝析油（包括滴露气、天然汽油和套管头气）需要仔细分析其组分，通过管道运输到天然气处理厂或炼厂之前，研究井口设施初步提纯的最佳方法（Speight，2014a，2017a）。

由于在外部条件下凝析气一般为液态，也具有非常低的黏度（第 9 章 凝析油），因此常用作高黏稠油的稀释剂。高黏稠油如果不经稀释，很难通过管线高效运输。特别是凝析油（或者来自炼厂的低沸点石脑油）常常与来自沥青砂（在加拿大被称为油砂）的沥青混合，得到被称为 Dilbit 的混合物。但是由于存在混合材料不相容问题，对未经识别组分的凝析油与重油、超重油和（或）沥青砂沥青混合时需要引起注意。

如果凝析油主要由正烷烃烃类衍生物组成［戊烷（C_5H_{12}）和庚烷（C_7H_{16}）及其他低沸点液态烷烃衍生物］，则是特别纯粹的凝析油。这类碳氢化合物日常用于实验室脱沥青和商业化脱沥青装置中。在这些装置中，沥青质馏分作为固体不溶物从重油或沥青原料中生产出来（Speight，2014a，2015a）。

2.5　油气藏流体

油气藏流体是指油气藏内存在的流体（包括气体和固体），每种流体都需要一种或多种相关的标准测试方法（表 2.5）（ASTM D2017）来评估流体在储层内外的行为。流体类型必须在油藏生命周期的早期（通常在取样或初始生产之前）确定，因为流体类型是许多必须做出的有关油藏生产的决策的关键因素。

油气藏内含有复杂的流体混合物。这些流体的特征在很大程度上取决于其物理和化学性质。稠油是一种烃类流体（甚至呈半固体状），也是一种多组分混合物，由非烃类衍生物和一系列烃类混合物组成，特别是烷烃族烃类衍生物。稠油中典型烃类衍生物具有更高沸点，其数量取决于原始有机质及其成熟途径。沸点低于 C_{12} 的挥发性烃类衍生物并不是大量存在。因此，在油藏高效管理的注采方案和地面设施设计和优化中，油藏流体性质至关重要。流体表征不准确常导致地质储量和预测采收率估算结果不准确，进而影响了资产价值，因此采用标准测试方法评价油藏流体和确定资产是勘探区评价、开发规划和油藏管理的重要内容。虽然存在很多不同类型的流体，但油藏流体组分仍可提供重要信息，而这些重要信息会影响到油气开采。

表 2.5　识别储层流体所需的参数（包括天然气和凝析油）

参数	内　容
地层体积因子	油气藏条件下的相态体积比例（水、原油、天然气或天然气+原油），气藏内物质被携带至地面，在标准条件下的相体积（水、原油或天然气）。数学表示为 B_w（bbl/bbl）、B_o（bbl/bbl）、B_g（ft^3/ft^3）和 B_t（bbl/bbl）
溶解气油比	处于特定压力和温度时，可溶解于储罐油内的地面气体数量。数学表示为 R_s（ft^3/bbl）
溶解油气比	处于特定压力和温度时，在地面气体中可蒸发的地面凝析油数量；有时被称为含液量。数学表示为 r_s（bbl/10^{6}ft^3）
液体相对密度	标准条件下［一般是 14.7psi（绝）和 60℉］测量任一液体密度和同一标准条件下纯水密度的比值，数学表示为 γ_o（其中水 = 1）
API 重度	原油相对密度的常见测量值，定义为 γ_{API}（141.5/γ_o）−131.5，单位是°API
气体相对密度	标准条件下［一般是 14.7psi（绝）和 60℉］测量任一气体密度和表征条件下空气密度的比值，基于理想气体定律（$pV=nRT$），气体相对密度也等于气体分子量除以空气分子量（M_{air} = 28.97）。数学表示为 γ_g（其中空气 = 1）
泡点压力	在给定温度下，当压力降至泡点之下，原油中释放溶解的无限小气泡时的发生条件
反转压力	在给定温度下，当压力降至露点之下，凝析气中凝结溶解的油滴时的发生条件，也被称为"反转露点压力"
饱和压力	泡点压力下的原油或露点压力下的天然气
临界点	油气藏流体的温度和压力，其中泡点压力曲线复合反转露点压力曲线；当泡点原油的所有性质和露点气体相同处的独特状态
组分	定量研究油气藏混合物的每种组分，一般单位是摩尔分量。原油油藏混合物内的典型组分包括非烃类（N_2、CO_2 和 H_2S）和烃类（C_1、C_2、C_3、iC_4、nC_4、iC_5、nC_5、C_6 和 C_{7+}庚烷+）
饱和条件	当油气处于热动力平衡时的条件，也就是油相内每种组分作用的化学力等于气相同一组分作用的化学力，从而消除了组分从一相向另一相传质
不饱和条件	当原油和天然气处于单相但不是在饱和点（泡点或露点）时的条件，也就是说，混合物压力高于饱和压力

　　为了从油气藏内采出油气，必须使流体通过储层内非均质的孔隙介质流入井眼。油气藏内的局部流体势能梯度（Whitson 和 Belery，1994）、储层有效渗透率、注采点、流体黏度和流体特征决定着油气藏内的流体运动。

　　油藏工程师所用的专业术语流体是指油气藏内的所含物质，可能是气态、液态或者以下列状态存在的流体：（1）固相，实例如石蜡；（2）液相，实例如原油；（3）气相，实例如天然气。在特定油气藏内，气液可共存。更特殊的是，油气藏内一般含有三种主要的流体：（1）天然气；（2）原油；（3）水（含少量组分，可形成酸气，二氧化碳和硫化氢）。在不同的油气藏内，组分的结合和比例差别很大。例如稠油中的天然气含量大大低于常规油藏。储层流体的组分和化学性质差异很大。通常来说，稠油 API 重度为 10～20°API，比常规原油更黏稠，液态时具有共性，在油藏内具有可流动性。正因如此，稠油可采用常规采油技术（包括提高采收率技术）从油藏内采出（Speight，2009，2014a）。

在油气藏内，通常假设（基于合理证实）在油气藏顶部发现天然气（密度最低），天然气之下是原油，接着是油气藏底部含水。但是，与分散的天然气、原油和含水区带不同，更常见的情况是油气藏由多个边界带组成，例如：（1）含水层内含油带；（2）含油层内含水带；（3）含油层内含气带；（4）含水层内含气带，以及很多混合组分的区域，可安全地假设在油气藏内的这些区域不总是按密度大小来排序，因此储层内的流体分布不总是取决于油气藏流体密度和岩石性质。

但如果储层孔隙的大小均一且分布均匀，会存在以下情况：（1）上层孔隙内主要充填天然气（气顶）；（2）中层孔隙主要充填含溶解气的原油；（3）下层孔隙内充填水，沿着中层原油赋存一定数量的水（10%~30%）。在储层岩石内，从完全被水充填至完全被原油充填的多孔地层之间，存在着过渡带。过渡带厚度取决于油水密度、界面张力和孔隙大小。与之相似的是在上层含气带内的孔隙中含水，在其底部有一个过渡区，孔隙从主要由气体占据过渡到主要由石油占据。

含油气带内发现的水（层间水，其组分分析常可从水溶矿物中提供关于储层矿物组分的信息）一般可以下方式存在：（1）颗粒接触周围的水环；（2）相邻孔隙相连的小喉道或更小范围内的孔隙充填；（3）当岩层趋于水湿时作为矿物颗粒表面的水膜。三维储层网格使油气衍生物通过砂粒每一面的连接而保持连续性。油气界面和油水界面一般被认为是水平的，但是也可以存在非常平缓的倾斜。偶尔可见油气成藏的部分边界不以储集岩含水带为界，而以与盖层特征相似的相邻封闭岩层为界。当温度和压力适合于油气比例和特征时，可能没有气顶而仅有含油层，溶解气体存在于含水层之上。

水（盐水）会随着油藏内原油的采出，被一起抽取至地面。由于水已与原油接触，含有一些地层和原油本身的化学特征。有的油井和气井中产水量高于产油量（一些油田内水油比可达7:1）。采出水的组分（含盐量）决定了阻垢剂的需求，油田采出水会对环境造成影响，相关法规严格限制了如何处置和有效使用这些产出水。

当地面温度约20℃（68℉）时，油气藏温度可能高达90℃（194℉）甚至更高。压力变化范围从1atm（在真空分馏情况下甚至低于大气压）到100MPa。在如此宽松条件范围内，烃类流体经历了强烈变化，以单相存在（气体、液体或固体）或以一些形式共存（液体+气体、固体+液体、蒸汽+固体甚至液体+液体相结合）。认识烃类流体相互作用及其与热动力环境相互反应的方法，实质上是认识压力—温度曲线或压力—温度包络面。每个包络面代表着区分两相条件（在包络面内）和单相区域（包络面外）的热动力边界。在即将开发的油气田的开采方案和设计中，合理识别烃类流体类型至关重要。

通常来说，从油气藏内采出至地面的流体是天然气、原油和水的混合物，在经过处理或出售给工业用户之前，要先输送至地面生产设施（例如炼油厂）。地面生产设施是负责将产出流体分离成三种单相组分（油、气、水）的系统，然后运输并处理成可售商品和（或）按环境可承受的方式处置。一旦分离，油、气、水有不同的用途。水一般会回注，用于维持油藏压力。原油一般会通过脱水处理后，清除基本沉积物。

2.6 开采

开采是采出烃类衍生物的过程，然后处理（在井口或天然气处理设施内）和分离烃类衍生物流体混合物（天然气、水和固体），清除无法销售的组分，然后出售液态烃类衍生物和天然气（图 2.2）。采油厂通常要处理多口井内采出的原油，在井口处理之后，输送到炼厂，而天然气可能要经过更多的处理过程，包括在气田（井口）或者井口附近的天然气处理厂内清除杂质。

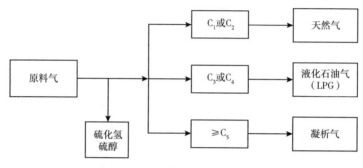

图 2.2 天然气处理过程示意图

海上钻井作业曾经是一项最具风险且最危险的工作，但是随着海上钻机、动力定位装置和现代化导航系统的改进，使得在水深超过 10000ft 的海上钻机变得高效。第一台海上钻机于 1869 年建成并投入使用，但直到 1974 年，才完成真正的海洋深水（墨西哥湾）钻井。最初的海洋钻机设计仅能在非常浅的区域作业，现代化钻机采用与最早期模型相似的四腿设计，但是能在超深水区域作业。

深海钻机具有特定的组成部分，使其变得高效。最重要的两个特征分别是：海底钻井井口基盘和防喷器。海底钻井井口基盘将钻井井场与水面上的平台相连，而防喷器的设置则是为了防止油或气向水中漏失。另外，新型海上（深海）钻井可分为两种，主要类型有可移动式和不可移动式钻机。从名称中可显示出不可移动式钻机只能放置在一处，还有很多不同类型的钻机，包括钻井船和钻井驳船（Speight，2015b）。

多年来，天然气一直作为原油开采的副产品采出，其价值被大大忽视。在很多实例中，大量天然气被燃烧掉，没有做出任何努力来保存这一材料的价值。当首次出现极低价格的销售合同时，才稍微改善了对天然气的认识。截至目前，大量的天然气被以低于成本的价格出售，给销售方带来了压力。这些合同完全忽视了这一高质量燃料的内在价值。通过联邦政府调节州际天然气商品的合理价格，才认识到这些低价使得情况更加恶化。

实际上，天然气藏和油藏一样，都有很多存在形式，例如丘状（向斜和背斜）构造、水下、含原油界面的气丘和原油之下的含水层。当水和天然气直接接触时，压力效应可能导致相当部分的天然气（天然气 20%甚至更多）溶解在原油和水内。当采出天然气时，气藏压力下降。另外，由于气藏构造变化，天然气不会一直在气藏长度、宽度和深度范围内均匀流动。在压力均衡时，采气井必须在气藏内广泛分布，才能采出尽可能多的天然气。

当气藏内压力下降时，气藏能量下降，需要进行增产作业来保证天然气连续开采。另外，压力下降可能通过上覆岩层变化，最终导致气藏之上的地面沉降。这是一个渐进的或突发灾难的过程，取决于上述地质特征的构造。

必须仔细处理含湿气的油气藏，其中含有大量有价值的天然气液（乙烷、丙烷和更高分子量的烃类衍生物）甚至是轻质原油和凝析油。当油气藏压力低于混合物临界点，则液体可能凝析并保留在油气藏内。因此必须采用循环方法，将湿气采出至地面，天然气液凝析成为单独的液流，天然气经过压缩并回注到油气藏内保持压力。

与从油藏内采出原油相比，气藏内采出天然气的内在效率更高。在某些气藏内，具有高渗透率和中等埋深的地层中，天然气原始地质储量的采收率通常是90%。但在很多实例中并不能达到高采收率。在低渗透率气藏内，开采速率可能降至经济界限之下，而此时大部分原始天然气仍处于气藏内。

采出液和其他困难使得天然气最低经济开采速率增加，这些困难包括不断增加作业问题和成本。在具有强水驱和不均衡水侵的气藏内，大量天然气可能因为剩余含气饱和度或者生产井过早见水而无法采出。在这些实例中，天然气原始地质储量的采收率可能低至50%。

因此，在气田生命周期的不同阶段（边界确定、一次采气、水驱、一次水驱加密、水驱、加密钻井和驱替），合理的储层管理、投资决策的评价和实施，将影响天然气储层是否适合生产。储层特征对油田开发决策、工艺和设施设计具有重要影响。油藏描述中最有挑战的两个的问题是：（1）依据井数据，在没有压力的位置估算和描述储层关键性质（孔隙度、渗透率、导水系数、几何形态、饱和度和渗透率、导水系数、几何形态、饱和度和压力以及岩石—流体相互作用），在没有取样的位置描述岩石流体相互作用；（2）将这些属性作为气藏模拟属性和气藏动态预测的有效属性。

然而，当储层首先通过以下各项用于天然气生产时，必要的特性是显而易见的：（1）气井；（2）完井；（3）井口（在必要时井口必须适用于天然气初步处理）；（4）气井作业；（5）天然气开采。这些必要问题的每一项都将在下列章节中介绍。

2.6.1 气井

通过气井开发是采气过程的必需步骤，在勘探作业之后，要立即在具有可经济可采性的天然气的气藏或气田内钻开发井。这项工作包括初期的一口或多口井的建井（常被称为开钻），如果没有发现烃类衍生物则可能成为废弃井，如果发现了充足数量的烃类衍生物，则进行完井作业。

从技术方面来看，气井和油井相似，由套管、油管、井口以及顶部控制装置组成（Speight，2007）。常规井采用相互层叠的套管和抗压水泥完成固井。但是在使用膨胀管时，每个套管通过泵入一个工具（称为心轴）对前一个套管进行膨胀。因此，在给定尺寸的尾管油管中，井身会越来越细且成本越来越低，或者采用常规20in直径的外套管，确保有空间下入直径更大、容量更大的油管。

当天然气赋存在深部、相对致密且低渗透率的储层内时，常常采用的经济开采方法是钻大直径的井，含水平井段，可穿过储层并采出更多的天然气。另外，采用超压和泵入陶粒（保持裂缝完整性）对储层岩石进行压裂作业可提高天然气产量。另外，具有吸引力的方法包括智能完井，在井底安装永久测量计。当天然气流速高时，井内常常在采气的同时出砂,由于出砂冲蚀,导致部件磨损更加严重。

2.6.2 完井

在钻成一口天然气井或油井后,已确定气藏内含有经济可采数量天然气时,这口井必须进行完井作业,保证原油或天然气可从地层内流出并输送到地面。这个过程包括通过套管固井、评价地层温度和压力、然后安装适当的设备来保证天然气高效流出井。

由于油藏内常伴生天然气,因此在采油井内可能会采出一定数量的天然气。在一些实例中,这种伴生天然气通过提供采油所需的地层压力来帮助采油。在采油过程中,也可能采出大量伴生天然气。

凝析气井是指采出天然气和凝析液(主要是烃类衍生物)的井。因此凝析气实际上是烃类衍生物的混合物,在环境温度和压力下是液体混合物,经常出现在井口分离天然气或者是在天然气处理期间。完井方式可能略有不同,主要基于钻井类型。重点在于天然气比空气轻,在适当条件下,会自动升至地面。基于这个原因,在很多天然气和凝析油井内,无须采用举升设备。

完井作业包括一系列步骤:安装套管、完井、安装井口、安装举升设备或井作业(地层需要)。套管包括一系列金属管,在新钻成的井内安装。安装套管是钻完井过程中的重要部分。套管可加固井壁,保证在油气输送到地面的过程中没有泄漏、保证其他流体或气体无法通过井眼泄漏到地层内。除了强化生产井之外,套管也能为采出油气提供通道,避免地下发现的其他流体和地层混合。套管也可以防止井喷,当达到危险压力时从顶部可封闭地层。使用的套管类型取决于井的地下特征,包括井身直径(取决于使用的钻头尺寸)和井眼的温度和压力。在大部分井内,随着钻井深度增加,井眼直径变小,导致井身类型是锥形,必须在安装套管时考虑到这一点。套管通常分为5种:(1)导管;(2)表层套管;(3)技术套管;(4)衬管管柱;(5)生产套管。

一般在钻机到达之前,首先安装导管。常常采用小型螺旋钻井装置钻成安装导管的井眼。这套装置橇装在卡车尾部。导管长度一般不超过20~50ft,安装目的是防止井顶部坍塌且帮助将钻井液从井底向上循环。在陆上,这种套管直径一般是16~20in,而在海上,一般测量直径是30~42in。在钻井作业开始之前,将导管用水泥进行封固。

表层套管是另一种类型的套管,长度从数百英尺至2000ft,与导管相比,其直径更小。在安装时,表层套管与导管顶部内侧匹配。表层套管的主要目的是防止近地表的淡水层被污染(污染源包括泄漏入井的来自深部地层的烃类衍生物或盐水),也可作为钻井液循环到地面的通道,在钻井期间有助于保护井眼防止损坏。表层套管和导管一样,也用水泥进行封固。法规通常规定了必须使用的水泥厚度,目的是保证不会发生淡水污染。

技术套管一般是井内最长的套管。技术套管的主要目的是将来自地下地层且可能影响井的伤害降至最低。这些伤害带包括地下异常压力带、地下页岩地层和可能污染井的地层,包括地下含盐水层。在很多实例中,即使没有证据显示存在异常地下地层,也会采用技术套管。

最后安装生产套管(另一种名称是油柱或长管柱)。生产套管是井内最深的套管段。这种套管可为地面和产油层提供通道。生产套管的尺寸取决待用的举升设备、完井数量和后期增加井深度的可能性。例如,如果预计这口井将在后期加深,则生产套管必须直径足够大，以容纳所需的钻头组合。

一旦套管安置好之后，在大多数实例中，将在原地注水泥固井，安装适当的举升设备将油气从地层中采出至地面。安装好套管后，从顶部开始到底部地层之间，在套管内装入油管。采出油气通过这个油管向上输送到地面。在更多的高效开采中，油管可能也必须要和泵送系统相连。

完井作业常常是指完成一口井，使其为开采油气做好准备的过程。实质上，完井作业包括确定目标油气层油井的进气口部分的特征。完井类型很多，包括：（1）裸眼完井；（2）常规射孔完井；（3）防砂完井；（4）永久完井；（5）多层完井；（6）泄油井眼完井。采用哪种完井类型取决于待开采的油气层的特征和位置。

裸眼完井是最基本的完井类型，仅用于不可能坍塌的地层内。裸眼完井包括直接向地层简单下入套管，将管线末端保持开启，无须任何防范性过滤装置。最常见的这种完井类型的应用是在已经过酸化和水力压裂作业的地层内。常规射孔完井包括将生产套管下入穿透地层。这种套管的侧面经过射孔作业，面向地层的一侧有小孔，允许油气流入井眼内，但仍可为井眼提供适当的支撑和防护。真实的套管射孔作业包括采用特种设备击穿套管，形成小孔，穿透固井水泥环。在过去，采用射孔弹，实质上是把小型射孔枪下入井内。这种射孔枪可在地面点火、激发小子弹射穿套管和水泥环。目前，推荐采用聚能射孔系统，这种系统包含小型电激发装置。下入井内，在点燃时，穿过地层刺出小孔，和子弹射孔方式相同。

在含有大量松散砂的区域内，采用防砂完井。这些完井设计旨在保证油气流入井内，但同时也会防止砂进入井内。井壁内侧的出砂会导致很多复杂情况，包括套管和其他设备侵蚀。井内防砂的最常见方法是筛管或过滤系统。

永久完井是一种完井类型，井口设备集成并仅安装一次。采用小直径工具一次安装套管、固井、射孔和其他完井工作以保证永久完井的特征。与其他类型相比，采用这种方式完井会节约大量成本。

多层完井主要适用于可能同时从两层及更多地层内采出油气，且各层不混合的井。例如，一口井可能钻遇多个层段，或者在水平井内增加多层完井作业可最高效率地采出油气。虽然分隔多层完井很常见，从不同地层内采出的流体不会混合，但要实现完全分离仍然非常复杂。在一些实例中，所钻的不同地层特征很相近，使得井内流体混合。当必须分隔多层完井时，需要采用坚硬的橡胶封隔器来保持分隔状态。

泄油井眼完井是一种水平或斜井钻井完井类型，包括从一口直井内向地层内钻水平井段，实质上是为油气流入井内提供"泄油"通道。

2.6.3　井口

井口装置是由井口橇装的必要设备组成，可用于调节和监测从地层中采出的油气。这套设备也可防止天然气或原油从井内漏失，并防止由于存在高压而发生井喷。一般来说，井口装置包括以下三个组成部分：（1）套管头；（2）油管头；（3）采油树。

套管头由结实的接头配件组成，可保证套管和地面之间的封闭。套管头也可支撑下入井内运行的所有套管。这个设备一般包括一个夹紧机构，保证套管头和套管本身之间的致密密封。油管头则很像套管头，可提供套管内运行的油管和地面油管之间的密封。和套管头一样，油管头也用于支撑整个套管长度，也可提供地面连接，使得从井内流出的流体可控。

由于采油设备存在很多分支，一定程度上看似圣诞树，所以也被称为采油树（圣诞树）。这是一种在套管头和油管头顶部装配的设备，包括可用于控制从井内流出的油气和其他流体。采油树是生产井最直观的组成部分，可用于地面监测和调节生产井内采出的油气。

2.6.4 气井作业

气井作业是另外一种保证烃类衍生物从地层内高效流出的措施方法。实质上，这种类型的增产作业包括注入酸、水或气体进入井内打开地层，使得原油更容易从地层内流出。井的酸化作业包括向井内注入酸（一般是盐酸）。在石灰岩或碳酸盐岩地层内，酸液可溶解地层内的部分岩石，连通现有的空间使得油气流动。压裂作业包括向井内注入压裂液，其压力可破裂或开启地层内已有的裂缝。除了注入流体之外，也采用支撑剂（由砂、玻璃球、树脂或硅质砂组成）用于支撑含气层或含油层内新形成的已开启裂缝（Speight，2016）。

水力压裂作业包括向井内注入水，而二氧化碳压裂则采用二氧化碳气体。在同一口井内可能需要采用所有的压裂作业、酸化作业和举升设备来提高渗透率。例如，二氧化碳—砂压裂作业包括采用砂和二氧化碳液体混合物来压裂地层，形成和扩大裂缝（使得流经的油气流动变得更顺畅），然后二氧化碳气化，仅在地层内留下砂粒，使得新扩大的裂缝保持开启状态。由于这种类型的压裂作业中没有采用其他物质，因此在压裂过程中，不需要清除残渣。这种类型的压裂作业可高效地压开地层，并提高天然气采收率：（1）不会伤害沉积地层；（2）没有地下废弃物；（3）保护地下水资源。

由于天然气是一种低密度气体，天然气完井作业只需安装套管、油管和井口。天然气与原油不同，从地下开采出来要容易得多。但是，如果是在更深且非常规天然气藏内钻井，则通常要采用增产技术。

2.6.5 天然气开采

在完井后，可开始采气作业。在一些实例中，带压地层内的油气将自然地通过井眼上升至地面，这在天然气中最常见。由于天然气比空气轻，如果开启通往地面的油管，则受压天然气将会在很小或无干扰的条件下流动至地面，这在仅含天然气，或者含轻质凝析油的地层内最常见。在这些情景中，一旦安装好采油树，则天然气将自发流动至地面。

为了更全面地认识井的特征，一般在开采早期进行试井。气井工程师们可通过试井来确定24h内井内天然气的最高产量。根据这一数值和对地层的认识，工程师们可估算最高效的开采速率（在不伤害地层本身的情况下可能采出的天然气最高产量）。

随着气藏内气压下降，气藏能量（例如气藏压力）下降，需要进行增产作业来确保天然气连续开采。另外，压力下降可能会由于上覆岩层重量导致储层压实，最终造成储层上部地面沉降。储层上覆地层的构造决定了这一过程是渐变的还是突发灾难。

因此，气井生产另一个重要方面是递减速率。当一口井开钻时，地层处于压力状态下，可以以很高的速率采出天然气。随着越来越多的天然气从地层内采出，气井的开采速率会下降（递减速率）。在一些天然气井和伴生天然气的油井内，高效采出烃类衍生物会更困难。地层可能非常致密（例如低渗透率地层，在页岩和其他致密地层内发现），使得天然气和原油通过地层到达井内的移动过程变得非常缓慢（第3章 非常规天然气）。在这种情况下，需要采用举升设备或进行气井作业。

举升设备包括一系列特种设备，用于帮助从地层内举升天然气或原油到地表。最常见的举升方法已知有杆泵（泵送机理是采用地面提供动力，移动吊缆和抽油杆在井内上下移动），可提供将原油输送到地面所需的举升动力。最常见的杆式举升设备是驴头泵（常规平衡梁式泵、抽油杆泵）。

参 考 文 献

ASTM, 2017. Annual Book of Standards. ASTM International, West Conshohocken, PA.

Archer, J. S., 1985. Reservoir volumetrics and recovery factors. In: Dawe, R., Wilson, D. (Eds.), Developments in Crude Oil Engineering _1. Elsevier Applied Science

Publishers, New York.

Ballard, B. D., 2007. Quantitative mineralogy of reservoir rocks using Fourier transform infrared spectroscopy. Paper No. SPE-113023-STU. Proceedings of SPE Annual Technical Conference and Exhibition, Anaheim, California, 1114 November, Society of Crudeoil Engineers, Richardson, TX.

Berecz, E., Balla-Achs, M., 1983. Gas Hydrates. Elsevier, Amsterdam.

Burnett, A., 1995. A quantitative X-ray diffraction technique for analyzing sedimentary rocks and soils. J. Test. Eval. 23 (2), 111118.

Chopra, A. K., Severson, C. D., Carhart, S. R., 1990. Evaluation of geostatistical techniques for reservoir characterization. Paper No. SPE-20734-MS. Proceedings of SPE Annual Technical Conference and Exhibition, 2326 September, New Orleans, Louisiana, Society of Crude oil Engineers, Richardson, TX.

Damsleth, E., 1994. Mixed reservoir characterization methods. Paper No. SPE-27969-MS. Proceedings. University of Tulsa Centennial Crude oil Engineering Symposium, Tulsa, Oklahoma, 2931 August, Society of Crude oil Engineers, Richardson, TX.

Esteves, I. A. A. C., Sousa, G. M. R. P. L., Silva, R. J. S., Ribeiro, R. P. P. L., Euse'bio, M. F. J., Mota, J. P. B., 2016. A sensitive method approach for chromatographic analysis of gas streams in separation processes based on columns packed with an adsorbent material. Adv. Mater. Sci. Eng. 2016, Article ID 3216267. Hindawi Publishing Corporation:, https://doi.org/10.1155/2016/3216267. (accessed 01.12.17.).

Faramawy, S., Zaki, T., Sakr, A. A.-E., 2016. Natural gas origin, composition, and processing: a review. J. Nat. Gas Sci. Eng. 34, 3454.

Gudmundsson, J. S., Andersson, V., Levik, O. I., Parlaktuna, M., 1998. Hydrate concept forcapturing associated gas. Proceedings of SPE European Crude Oil Conference, 2022 October, The Hague, Netherlands.

Hurst, A., Archer, J. S., 1986. Sandstone reservoir description: an overview of the role of geology and mineralogy. Clay Miner. 21, 791809.

John, E., Singh, K., 2011. Production and properties of fuels from domestic and industrial waste. In: Speight, J. G. (Ed.), The Biofuels Handbook. Royal Society of Chemistry, London, pp. 333376.

Max, M. D. (Ed.), 2000. Natural Gas in Oceanic and Permafrost Environments. Kluwer Academic Publishers, Dordrecht.

Mokhatab, S., Poe, W. A., Speight, J. G., 2006. Handbook of Natural Gas Transmission and Processing. Elsevier, Amsterdam.

Ramroop Singh, N., 2011. Biofuels. In: Speight, J. G. (Ed.), The Biofuels Handbook. Royal Society of Chemistry, London, pp. 160198.

Saha, R. , Uppaluri, R. V. S. , Tiwari, P. , 2017. Effect of mineralogy on the adsorption characteristics of surfactant-reservoir rock system. Colloids Surf. A 531, 121132.

Singh, K. , Sastry, M. K. S. , 2011. Production of fuels from landfills. In: Speight, J. G. (Ed.), The Biofuels Handbook. Royal Society of Chemistry, London, pp. 408453.

Sloan, E. D. , 1997. Clathrates of Hydrates of Natural Gas. Marcel Dekker Inc, New York.

Sloan, E. D. , 2000. Clathrates hydrates: the other common water phase. Ind. Eng. Chem. Res. 39, 3112333129.

Speight, J. G. , 2007. Natural Gas: A Basic Handbook. GPC Books, Gulf Publishing
Company, Houston, TX.

Speight, J. G. , 2009. Enhanced Recovery Methods for Heavy Oil and Tar Sands. Gulf
Publishing Company, Houston, TX.

Speight, J. G. (Ed.), 2011. The Biofuels Handbook. Royal Society of Chemistry, London.

Speight, J. G. , 2013a. Shale Gas Production Processes. Gulf Professional Publishing, Elsevier, Oxford. 56 Natural Gas Speight, J. G. , 2013b. The Chemistry and Technology of Coal, third ed. CRC Press, Taylor and Francis Group, Boca Raton, FL.

Speight, J. G. , 2014a. The Chemistry and Technology of Crude oil, fifth ed. CRC Press, Taylor & Francis Group, Boca Raton, FL.

Speight, J. G. , 2014b. Oil and Gas Corrosion Prevention. Gulf Professional Publishing,
Elsevier, Oxford.

Speight, J. G. , 2015a. Handbook of Crude oil Product Analysis, second ed. John Wiley &Sons Inc, Hoboken, NJ.

Speight, J. G. , 2015b. Handbook of Offshore Oil and Gas Operations. Gulf Professional Publishing, Elsevier, Oxford.

Speight, J. G. , 2016. Handbook of Hydraulic Fracturing. John Wiley & Sons Inc, Hoboken, NJ.

Speight, J. G. , 2017a. Handbook of Crude oil Refining. CRC Press, Taylor & Francis Group, Boca Raton, FL.

Speight, J. G. , 2017b. Deep Shale Oil and Gas. Gulf Professional Publishing, Elsevier,
Oxford.

Speight, J. G. , 2018. Handbook of Natural Gas Analysis. John Wiley & Sons Inc, Hoboken, NJ.

Thomas, F. B. , Bennion, D. B. , Andersen, G. , 2009. Gas condensate reservoir performance. J. Can. Crude Oil Technol. 48 (7), 1824.

Whitson, C. H. , Belery, P. , 1994. Compositional gradients in crude oil reservoirs. Paper No. SPE28000. Proceedings of Centennial Crude oil Engineering Symposium. University of Tulsa, Tulsa, Oklahoma, 2931 August, Society of Crude oil Engineers, Richardson, TX.

3 非常规天然气

3.1 简介

除了常规天然气之外（第 1 章 天然气发展历程和应用，以及第 2 章 天然气成因和开采），目前正在开采的非常规天然气资源类型如下（按字母而不是优先顺序排序）：（1）甲烷水合物——低温高压区域（诸如海底）内的天然气，由结冰水晶包含在甲烷周围；（2）生物气——由各种生物质产生的气体；（3）煤层甲烷——与煤层和煤气一起产生的天然气，是煤的热分解或气化产生的气体；（4）烟道气——来自各种工业来源的气体，通过烟道逸散；（5）高压层段内的天然气——天然的地下构造，位于异常高压的深部地层内；（6）致密地层气——位于渗透率为零或极低储层内的天然气；（7）填埋气——填埋物质分解产出的天然气；（8）人造煤气——从其他固体、液体或气体材料（例如煤、焦炭、原油或天然气）中产出的燃料气混合物，包括提纯煤气、焦炉气、水气、增碳水气、产出气、石油气、改进天然气和改进丙烷或液化石油气（LPG）；（9）炼厂气——也被称为石油气，从炼油厂蒸馏塔顶部或其他炼油过程中产出的气体；（10）页岩气——从页岩地层内采出的天然气；（11）合成气——也称合成燃气，是一氧化碳（CO）和氢气（H_2）的混合物，由多种含碳原料产生，用作燃料气体以及生产多种化学品（Mokhatab 等，2006；Speight，2013b，2014a）。

一般来说，从页岩储层和其他致密储层内采出的天然气都已归类为非常规天然气。由于含气地层的渗透率低，开采过程需要钻水平井和进行水力压裂增产作业。由于常规和非常规天然气都来自连续的地质环境中，边界不太容易界定。煤层气（更常被称为煤层甲烷），常常归为非常规气，致密页岩气和天然气水合物也被归类为非常规气。

在本书下，页岩作为一种低渗透率储层岩石，阻止了天然气向生产井方向的自然流动。此外，只有深入了解页岩气资源的产状、性质以及储层的可采性，才能实现储层可采储量的最大化或最优化。

由于天然气水合物预计在不远的将来可商业开发，因此非常重要。由于致密页岩储层特征，以及这种天然气开采所需的极端方法（压裂作业），致密页岩气的商业开采归类为非常规天然气。

3.2 天然气水合物

甲烷水合物也被称为天然气水合物、甲烷笼形化合物、天然气含水物（NGH）、甲烷冰、水合甲烷和可燃冰。从甲烷水合物中采出天然气的概念相对较新，但储量有巨大的潜力（Giavarini 等，2003，2005；Giavarini 和 Maccioni，2004；Makogon 等，2007；Makogon，2010；Wang 和 Economides，2012；Yang 和 Qin，2012）。目前认为 1L 固体甲烷水合物包含高达 168L 的甲烷气体。

天然气水合物中的甲烷主要产自低氧环境中有机质的细菌降解作用。在沉积地层最上部几厘米内的有机质最先被需氧细菌俘获，产出二氧化碳，从沉积物中逸出，进入水层。在这一区域内，好氧细菌活动，将硫酸衍生物（—SO_4）还原为硫化物衍生物（—S）。如果沉积速率低（<1cm/10^3a），则有机碳含量低（0.1%）且氧气充足，好氧细菌可消耗沉积地层内所有的有机质。但是当沉积速率高且沉积地层有机碳含量高，在深度小于1ft的范围内沉积地层内的孔隙水处于缺氧状态，因此厌氧细菌可产出甲烷。

促进水合物形成的两个主要条件有：（1）天然气高压和低温；（2）天然气处于水露点之下（存在自由水）（Sloan，1998b；Collett等，2009）。一般认为水合物天然气沿着地质断层运移，然后沉淀或结晶，与上升的气流和冰冷海水相接触而形成。高压甲烷水合物可在温度高达18℃（64℉）条件下保持稳定。在典型的甲烷水合物中，每6个水分子含有一个甲烷分子，形成冰笼状。但是甲烷（烃类）和水的比例取决于水晶格笼状构造中的甲烷分子数。

从化学性质来看，天然气水合物是由氢键连接的分子晶格形成的非化学计量化合物。氢键连接的分子晶格内（主体）包裹着具有特定性质的低分子量气体或挥发性液体（客体），具有区别于冰的特殊性质（表3.1）（Bishnoi和Clarke，2006）。在主客体分子之间不存在真实的化学键，低温和高压促使形成水合物（Makogon，1997；Sloan，1998a；Lorenson和Collett，2000；Carrol，2003；Seo等，2009）。大部分甲烷水合物沉积内也含有少量其他烃类衍生物，包括乙烷水合物和丙烷水合物。

表3.1　冰和甲烷水合物的各种性质

性质	冰	甲烷水合物
273K下的介电常量	94	58
268K下的等温杨氏模量	9.5	8.4
泊松比	0.33	0.33
体积模量（272K）	8.8	5.6
剪切模量（272K）	3.9	2.4
体积密度，g/cm^3	0.916	0.912
263K下的热导率，W/（m·K）	2.23	0.49

实际上，目前关注的天然气水合物由水和以下分子组成：甲烷、乙烷、丙烷、异丁烷、正丁烷、氮气、二氧化碳和硫化氢。但是，其他的非极性组分［例如氩气（Ar）和乙基环己烷（$C_6H_{11}·C_2H_5$）］也可形成水合物。通常，天然气水合物在0℃（32℉）和较高的压力下形成（Sloan，1998a）。

在水合物结构中，甲烷被封闭在笼状的晶体结构中。这个晶体结构由水分子与雪花或冰类似的结构组成（Lorenson和Collett，2000）。在适当的压力下，天然气水合物可在温度明显高于水的冰点之上保存，但是水合物衍生物的稳定性取决于压力和天然气组分，也对温度变化敏感（Stern等，2000；Stoll和Bryan，1979；Collett，2001；Belosludov等，2007；Collett，2010）。例如，在600psi(绝)下，甲烷加水可在5℃(41℉)下形成水合物；而在同一压力下，在9.4℃(49℉)下，甲烷和1%丙烷可形成天然气水合物。水合物的稳定性也受到其他因素的影响，例如总矿化度。

　　甲烷水合物局限于浅层岩石圈（地面之下 6000ft 以内）。形成水合物的必要条件仅在极地陆相沉积岩内［地面温度低于 0℃（32℉）］或水深超过 1000ft 的大洋沉积物内［海底水温度为 2℃（35℉）］。

　　在天然气开采期间也会形成甲烷水合物，液态水和甲烷在高压的条件下会凝结。更高分子量的烃类（诸如乙烷和丙烷）也会形成水合物，但更大分子（丁烷烃类和戊烷烃类）不适合水的笼形结构，趋于形成不稳定水合物（Belosludov 等，2007）。本文中重点关注甲烷水合物。

3.2.1　产状

　　全球的甲烷水合物储量估算超过 10^{19}g 碳，与潜在可采的煤炭、原油和天然气储量估算值相当。这类资源的规模引发了人们对甲烷释放以应对气候变化的猜测。温度的升高或压力的降低（通过海平面的变化）会使水合物分解，从而将甲烷释放到近地表环境中（Li 等，2016）。实际上，最近一个冰河周期大气中甲烷的浓度突然增加，可解释为甲烷从冰状笼形化合物中释放出来。

　　在单位体积中，天然气水合物中含有大量天然气。例如，1yd³❶ 水合物在室温和室压下分解可形成约 160m³（4320ft³）的天然气和 0.8m³（21.6ft³）水。水合物内甲烷来源可以是热成因气，也可以是生物成因气。在有机质早期成岩阶段内形成的细菌气会成为陆架沉积内天然气水合物的一部分，类似地，从深部热成因天然气富集区向地面逸散的热成因天然气也可在同样的陆架沉积中形成天然气水合物（Collett 等，2009）。

　　一般来说，甲烷水合物在浅海地质环境中是常见的成分，也可位于深部沉积构造内或在海底形成露头。一般认为甲烷水合物是通过深部天然气沿着地质断层运移，随后上升的气流和冷的海水接触沉淀或结晶形成。当在地层深部含气和含油地层钻井时，储层天然气可能流入井眼内并由于低温和高压而形成天然气水合物。然后天然气水合物可能随着钻井液或其他流体向上流动。当水合物上升时，环空内的压力下降且水合物分解为天然气和水。天然气快速膨胀促使流体从井内喷出，进一步降低了压力，导致更多的水合物分解（有时爆发式分解）和流体进一步喷出。

　　在实验室条件下，从天然气水合物中采出的天然气组分变化范围大，且由以下烃类气体和液体组成：甲烷（CH_4）、乙烷（C_2H_6）和 C_{3+} 烃类衍生物的综合，包括：丙烷（C_3H_8）、正丁烷（nC_4H_{10}）和异丁烷（iC_4H_{10}）（Lorenson 和 Collett，2000）。在一些沉积物内的其他烃类气体包括：正戊烷（nC_5H_{12}）、异戊烷（iC_5H_{12}）、新戊烷（neo－C_5H_{12}）、环戊烷（cyclo－C_5H_{12}）、正己烷（nC_6H_{14}）、异己烷（iC_6H_{14}）、新己烷（neo－C_6H_{14}）、正庚烷（nC_7H_{16}）、异庚烷（iC_7H_{16}）和甲基环己烷（cyclo-$C_6H_{11} \cdot CH_3$）（Lorenson 和 Collett，2000）。另外，在天然气水合物中已经检测到硫化氢（H_2S），但是由于硫化氢可溶于水，天然气水合物分解测量可能受到一些沉积物和孔隙水的污染，也可能硫化氢并不存在于天然气水合物结构中（Lorenson 和 Collett，2000）。

　　海洋中甲烷水合物储层大小较难确定，其估算值的变化范围很大。但是，对天然气水

---

❶　1yd＝3ft＝36in＝0.914m。

合物资源特征认识的加深已揭示了水合物仅在较窄范围的深度内形成（例如大陆架区域），且水合物的浓度较低（0.9%~1.5%）。最近的抽样调查结果显示：全球天然气储量约为 $2074 \times 10^{12} ft^3$ 或 $2.074 \times 10^{15} ft^3$（US DOE，2011）。

3.2.2 结构与形态

甲烷水合物（$CH_4 \cdot 5.75H_2O$ 或 $4CH_4 \cdot 23H_2O$）是一种固体笼状化合物。在水晶体结构中封闭了大量甲烷，形成了类似冰的固体。实际上，天然气水合物的物性与纯冰很相似。在孔隙空间内含水合物的沉积地层性质与含冰的沉积地层相似。天然气水合物的形态对沉积地层物性有很大影响，包括从大范围的地震波速度，到更小范围的井眼电阻率。因此，天然气水合物的形态影响了地球物理数据估算的天然气水合物饱和度（Gabitto 和 Tsouris，2010；Du Frane 等，2011，2015）。在分子结构中，甲烷水合物是气体被笼形水分子包围（Bishnoi 和 Clarke，2006）。每个水笼包裹着一组特定大小的空间，只有一个足够小的气体分子可以嵌入这个特定的结构内。典型的笼形甲烷水合物组分的一般表达式是（CH_4）$_4$（H_2O）$_{23}$ 或 1mol 甲烷对应着 5.75mol 水，对应比例是 13.4%，但是真实的组分取决于甲烷分子数。甲烷分子可储存在水晶格不同的笼形结构内，从结构上看，在每个单元中，甲烷和两个十二面体的水笼（例如 12 个水分子）和 6 个十四面体的水笼（例如 14 个水分子）形成了一个结构水合物。水合物的形态决定了水合物基质沉积的基本物性（Holland 等，2008；Gabitto 和 Tsouris，2010；Holland 和 Schultheiss，2014；Collett 等，2015）。事实上，对天然气水合物形态和性质的认识将为确定分解机理提供必要的数据（Llamedo 等，2004）。

水合物的组成似乎受到天然气消耗量的影响，结果是混合水合物衍生物回收气的热值随地层温度的变化而变化（Seo 等，2009），这表明，在硅胶孔隙中，高分子量烃类分子水合物的分馏作用增强。此外，当在混合水合物的形成过程中，较高分子量烃衍生物在汽相中被耗尽时，不同的水合物结构可以共存。

水合物一旦形成，将会堵塞管道和处理设施，一般可采用降低压力、加热或化学溶解（常用甲醇）来清除。由于水合物在压力降低时，可能经历从固态到以高速率释放水和气态甲烷的相变，因此去除水合物必须谨慎控制，在闭合系统内快速释放甲烷气体会导致压力急剧增加。

在防止水合物形成方面，最常见的热动力抑制剂是甲醇、乙二醇（MEG）和二甘醇（DEG）。与二甘醇相比，乙二醇由于低温下具有高黏度，当温度预计低于-10℃（14℉）或更低时，推荐采用。三甘醇的蒸气压力太低，不适于作为抑制剂注入到气流中。近年来，已研发其他形式的水合物抑制剂，例如动力水合物抑制剂（可减缓水合物形成速度）和反聚合剂，不能阻止水合物的形成，但可阻止水合物连接起来堵塞设备。

在深水区含油气层钻井期间，储层气体可能流入井眼，由于深水钻井期间出现的低温和高压，会形成天然气水合物。随后天然气水合物可能随钻井液或其他排出流体会向上流动。当水合物向上流动时，环空内的压力下降，水合物分解成气体和水。快速的气体膨胀从井内喷出流体，进一步减少压力，导致更多的水合物分解和更进一步的流体喷出。从环空内快速喷出大量流体是导致井喷的潜在原因或促成因素，科研人员研究这一特征也对处理这些水合物很有价值。

水合物的物性取决于形态。对于沉积地层内的水合物，所有的物理参数在很大程度上取决于孔隙空间内的水合物饱和度。这一事实明显削弱了低水合物饱和度对所测物理参数的影响，这种影响在许多自然系统的水合物饱和度特征上尤其明显（Gabitto 和 Tsouris，2010；Du Frane 等，2011，2015）。

3.2.3　天然气开采

可采用以下方法开采天然气水合物：（1）热增产作业；（2）降压；（3）化学抑制。

天然气水合物的含气量通常涉及水合物在解离室内的可控分解，并允许在室温下分解，经过一段时间，气室内压力会增加并达到一个稳定的值，就可以分析水合物气体了，测量分解室内保留的水体积，并储存在玻璃管内，用于确定化学成分，并保证没有溶解气。天然气分析将显示从水合物中释放出的气体主要是甲烷，含微量甚至更少（一般5%）的乙烷、丙烷、异丁烷、正丁烷、氮气、二氧化碳和硫化氢（Gabitto 和 Tsouris，2010）。

分解热是将水合物分解为水蒸气的熵变（ΔH_d），在冰点以上的温度下给出其数值。而且，分解热和晶体氢键数量有函数关系（一般假设氢键数量与水化数量相同）（Liu 等，2010）。然而，对于占据相同空腔的分子，在不同大小的组分中，分解热的值是相对恒定的。

可能通过相平衡线的单变量斜率（$\ln P—1/T$），采用下列的 Clausius-Clapeyron 关系式（Sloan，2006）来确定分解熵值：

$$\Delta H_d = -zR_d (\ln P) /d (1/T)$$

由于天然气水合物在一定的温度和压力下具有固定组分，其正式术语是化合物。但是，水合物是一种分子类型的化合物，由于分子间的范德瓦尔（van der Waals）吸引力而形成。由于水合物在形成过程中没有价电子对，也没有电子云密度的空间重新分布，所以水合物中不存在共价键。

天然气水合物是亚稳态矿物，形成和分解取决于温度、压力、气体组分、地层水总矿化度和形成的多孔介质特征。储层岩石中的水合物晶体可以分散在孔隙空间中而不破坏孔隙；然而，在某些情况下，岩石会受到影响。水合物可以是小结核的形式（大小从5cm到12cm），也可以是小透镜的形式，或者是几米厚的层。

天然气水合物的组分由气体和水组分、温度和压力（形成期间）来确定。随着地质历史时期，热动力条件发生变化，且气、水发生纵向和横向上的运移。因此，由于游离气吸附和已形成的水合物再结晶，水合物的组分将发生变化。根据天然气水合物矿床钻探时取的岩心，水合物通常由甲烷和较重组分的少量外加剂组成。然而，在一些情况下，水合物含有大量的高分子量气体。

通过将天然气水合物固体结构分解成天然气和水，可从天然气水合物中采出甲烷气，然后，采用常规的运输方法来输送这种分解气。从天然气水合物中提取天然气的方法包括：（1）降压法；（2）热采增产法；（3）注入化学抑制剂法；（4）二氧化碳置换法（Castaldi 等，2007；Lee 等，2013；Makogon，2010）。据报告称：与热采增产法相比，采用降压法（解压法）更高效且更经济（Demirbas，2010）。

降压法是通过降低含有天然气水合物的井筒内和相邻区域的压力，从而导致甲烷气体的分解（Fan 等，2017；Wang 等，2017）。目标是将压力降至分解压力之下，导致水合物分解为天然气和水。Ahmadi 等（2007）研究了封闭超压气藏内，采用解压方法，通过分解天然气水合物采出天然气，已证实这种解压方法是成功的。井内压力和气藏温度是影响天然气产量和气井的总产出的敏感参数（Ahmadi 等，2007）。

当采用热采增产方法时，在常压下，将热量应用于天然气水合物体系，使温度增至分解温度之上，可分解水合物采出甲烷气。可采用不同的热源：直接热源（例如注入蒸汽、热水或其他液体）或者间接热源（通过电流或声波处理）。混合的甲烷气和热水返回地面，然后分离出热水后，甲烷气可作为洁净天然气加以利用（Goel 等，2001）。

分解天然气水合物的第三种方法是化学抑制剂，在天然气水合物附近注入化学抑制剂，使水合物平衡条件超出水合物稳定区的热力学条件。采用化学抑制剂，如甲醇，注入含甲烷水合物的地层中，使甲烷气体与固体水合物结构分离。

选择从天然气水合物中采出甲烷的方法，不仅取决于天然气水合物所处的地质位置和热力学条件，还取决于水合物储量、资金和维护成本、对环境的影响以及所选方法的简单性。热采增产方法和化学抑制剂方法相对成本都较高。与之相比较的是，解压法则被认为是最经济而且最高效的方法。由于甲烷气的温室气体效应最小，是一种很有吸引力的燃料，与其他所有的石油衍生燃料相比，甲烷气在燃烧期间产生的二氧化碳更少。此外，还必须更详细地考虑甲烷气体燃烧对减少环境污染的积极贡献，以及它作为一种非常规未来能源的潜力（Davies，2001；Demirbas，2006）。

因此，有必要利用天然气水合物沉积地层内包含的大部分能量来加热天然气水合物沉积地层附近的岩层。初步估算结果显示：天然气水合物的采出率可高达 50%～70%，但是从全球总的潜在资源量来看，估算采出系数的平均值在 17%～20%。

在海洋环境水深为 700～2500m，当多孔介质的水合物饱和度超过 30%～40% 时，大部分可能会在天然气水合物沉积地层内高效采出天然气。但是，必须详细研究每个地质区域，确定所需的最低水合物饱和度。为了将天然气水合物沉积变成天然气，必须做到以下：（1）将储层压力降至平衡压力之下；（2）将温度增至平衡温度之上；（3）注入活性反应剂，促进水合物分解；（4）采用一些新技术。最简单的方法是降低天然气水合物沉积中的储层压力。只有在天然气水合物沉积下面发现游离气体时，这种方法才可行。

天然气水合物的一些性质是独一无二的，例如，$1m^3$ 水内可能储存了高达 $207m^3$ 的甲烷，形成 $1.26m^3$ 的固体水合物。而在不含气的情况下，$1m^3$ 的水冷冻可形成 $1.09m^3$ 冰。在 3800psi 压力和 0℃（32℉）温度下，一个体积单位的甲烷水合物内含有 164 个体积单位气体。在水合物中，80% 体积是水，20% 体积是天然气。因此，在 $0.2m^3$ 水合物内含有 $164m^3$ 天然气。

在体积不变条件下，通过增加温度，分解甲烷水合物将会伴随着压力大幅增加。对于 3800psi 压力和 0℃（32℉）下形成的甲烷水合物，压力可能增加到 23500psi。水合物密度取决于其组分、压力和温度，水合物密度是 $0.9g/cm^3$（表 3.2），一般范围在 $0.8～1.2g/cm^3$，因此甲烷水合物如果没有被束缚在沉积物内，将漂浮在海面或湖面上。

在天然气水合物分解和气体释放的热增产方法中，可通过注入加热流体或直接加热地层来升高温度。热增产方法能耗巨大，如果不能有效搅动较热的孔隙流体，增加地层与高温接触，就会导致天然气水合物分解相对缓慢、热传导受限；天然气水合物分解的吸热性质也对热刺激法提出了挑战——与分解有关的冷却(在某些情况下,还有气体膨胀)将部分抵消地层的人为升温,这意味着必须投入更多的热量来进行持续的分解行为,防止新天然气水合物的生成。在陆地环境中,热增产方法必须小心控制,以尽量减少永久冻土层的融化,这可能导致意想不到的环境后果,并改变底层天然气水合物沉积物的渗透性密封。

表 3.2　气体水合物的密度和摩尔体积

气体	化学式	分子量	密度, g/cm^3	摩尔体积, cm^3/mol
CH_4	$CH_4 \cdot 6H_2O$	124	0.910	136.264
CO_2	$CO_2 \cdot 6H_2O$	152	1.117	136.078
C_2H_6	$C_2H_6 \cdot 7H_2O$	308	0.959	162.669
C_3H_8	$C_3H_8 \cdot 17H_2O$	350	0.866	404.157
iC_4H_{10}	$iC_4H_{10} \cdot 17H_2O$	354	0.91	403.996

一方面,分解和释放天然气的解压方法不需要大的能量消耗,可相对快速地将巨大体积的天然气水合物分解(Lorenson 和 Collett, 2000);另一方面,采用化学抑制剂发现了下列事实:当存在一定数量的有机物(例如乙二醇)或离子(海水或盐水)化合物时,会抑制天然气水合物的稳定性。在从甲烷水合物中采气的一些开采阶段,可能需要海水和其他抑制剂,但这不是分解天然气水合物的主要方式,也不能长期或大规模应用。

3.2.4　其他性质

甲烷水合物(以及其他天然气水合物)性质一般集中在水合物衍生物的整体性质,特别是水合物衍生物分解成水和天然气,但是其他性质也同样重要。

甲烷水合物的存在会改变沉积母岩的热性质。天然气水合物的高热传导系数加速了周围沉积地层的加热速率,分解天然气水合物会使沉积母岩不稳定并导致气井发生事故。另外,必须铺设加热管线,防止在露头区或地表形成天然气水合物,这为预测水合物对自然或人类活动引起变化的热响应提供了数值依据。

因此,研究沉积地层内天然气水合物衍生物的物理性质很有价值,主要用来:(1)识别这些化合物;(2)估算沉积地层内封闭的天然气水合物的数量;(3)开发利用这种资源的工艺。不幸的是,目前对自然界中天然气水合物沉积的物性所知甚少,导致采用地球物理遥感技术识别困难。然而,在某些情况下,例如在海洋沉积物中,天然气水合物的存在可以极大地改变沉积物的某些典型物理特性,这些特性可以通过现场测量和井下测井来探测到(Collett, 2001, 2010)。在这些实例中,诸如电阻率、导电性、比热容、导热性和热扩散率等变得越来越重要。在许多情况下,只有利用这些性质的知识才能在沉积物中检测到气体水合物衍生物。

3.2.4.1　电导率和电阻率

电导体是一种材料,可使电流在一个或多个方向上流动。在一些实例中,通过负电荷电子、正电荷孔和阳离子或阴离子流动产生电流。因此,电导率[也被称为传导系数(σ)]是电阻率(ρ)的倒数,是测量材料传导电流能力的数值:

$$\sigma = \frac{1}{\rho}$$

电阻率也被称为阻率、特定的电阻或体积电阻率，是测量一种材料阻碍电流流动能力的数值。低电阻率表示电流在这种材料内流动顺畅。

天然气水合物电导率低，为海上可控源的电磁勘探（CSEM）提供合适的目标。可控源电磁测深测量的是电磁波以一个或多个频率在海底传播的振幅和相位，这些数据可转换为电导率的空间分布。将地震和电磁方法相结合，有助于识别天然气（低速且高电阻率）和天然气水合物（高速且高电阻率），从而绘制出天然气水合物矿床的上边界和下边界。

可控源的电磁勘探研究已显示出这种方法对评价一般天然气水合物浓度、饱和度和分布模式具有敏感性（Schwalenberg 等，2005；Evans，2007；Weitemeyer 等，2006，2011）。然而，要定量估计水合物的体积，需要结合从理论和实验中建立的岩石物理混合关系，了解天然气水合物的电导率（Collett 和 Ladd，2000；Ellis 等，2008）。

水合物通常不包括形成水合物的孔隙流体中的盐，因此它们具有高电阻率，就像含有水合物的冰和沉积物比没有水合物的沉积物具有更高的电阻率一样（Judge，1982）。海相沉积剖面上部几百米的松散沉积物（孔隙 50%）的电阻率一般非常低（约 $1\Omega \cdot m$）。如果孔隙空间内的饱和度为 15%～20%（沉积地层 7%～10%），则电阻率增加约 1/2。

3.2.4.2 比热容

物质或材料的比热容是使物质或材料的温度升高 1℃ 所需要的单位质量的热量。一般按下列形式来表示热量和温度变化之间的关系（其中 c 是比热容）：

$$Q = cm\Delta T$$

其中：Q 是增加的热量；c 是比热容；m 是质量；ΔT 是温度变化。但是，如果温度没有改变，由于加热或降温而发生的相变，则不能采用这个关系式。

水合物分解是吸热过程，在周围沉积物冷却的同时吸热。由于甲烷水合物的比热容约等于水的一半，因此含水合物沉积地层内储存的热量更少，有助于燃料的分解（Waite 等，2006，2007）。在估算水合物分解效率时，忽略甲烷水合物对宿主沉积物比热的贡献减少，会导致对离解速率的高估，从而导致甲烷产量的高估。这有一个温度和压强的依赖关系（表 3.3）（USGS，2007）。

表 3.3 选定物理性质的温度和压力依赖性

温度相关性（压力保持在 31.5MPa，4570psi）	温度范围，℃（℉）
λ [W/(m·K)] = −(2.28±0.05) ×$10^{-4}T$（℃）+ (0.62±0.02) κ[①] (m²/s) = (5.04±0.02) ×10^{-5}/T (K) + (1.25±0.05) ×10^{-7} c_p [J/(kg·K)] = (6.1±0.3) T（℃）+ (2160±100)	−20～17 1～17 (274～290) 1～17
压力相关性（温度保持在 14.4℃，58℉）	
λ [W/(m·K)] = (2.54±0.06) ×$10^{-4}p$（MPa）+ (0.61±0.02)	
κ (m²/s) = (2.87±0.08) ×$10^{-10}p$（MPa）+ (3.1±0.2) ×10^{-7}	
c_p [J/(kg·K)] = (3.30±0.06) p（MPa）+ (2140±100)	

①T^{-1} 的相关性要求计算 κ 的输入温度单位是 K。

3.2.4.3 热导率

热导率（或称导热系数）是测量一种物质或材料传导热量能力的数值。与高热导率的物质相比，在低热导率的物质中，热传导的速率更低。一种物质或材料的热导率可能取决于温度。热导率的倒数是热阻率。

一个参考点，水的热导率 λ 约等于甲烷水合物的热导率，因此永冻层之下或海洋环境中的热导率实质上与甲烷水合物含量无关（Ross 等，1978；Stoll 和 Bryan，1979；Cook 和 Leaist，1983；Ashworth 等，1985；Tse 和 White，1988）。甲烷水合物通常存在于永冻层之下，而不是在永冻层中，但是由于冰的热导率约为甲烷水合物的 4 倍，因此以冰为主的永冻层内的甲烷水合物的存在会显著增加地温梯度。

与大部分定义明确的晶体结构相比，热导率随着温度增加而下降，遵循了 $T{-}1$ 关系曲线（对于 $T{>}100$ K），笼形水合物的热导率随着温度增加略有增长（Tse 和 White，1988）。笼形水合物的热导率比接近融点的冰要低 5 倍，在低温下甚至更低（约 20 倍）。笼形水合物的导热系数随温度的变化是非晶态材料的一种特性（Tse 和 White，1988）。

在含沉积物的水合物内，热导率反映了有关相的热导率、体积分数和空间分布的相互竞争效应。电导率是由离子的可用性和迁移率控制的。在水合物形成的过程中，电导率会逐渐降低，甚至离子排斥将可用离子保留在未冻结的水中，力学性能受土壤性质和水合物位置的强烈影响。

3.2.4.4　热扩散率

一种物质或材料的热扩散率是指在常压下热导率除以密度和比热容，也是测量一种物质或材料从热端向冷端的热传递速率。热扩散率是一种物质特定性质，用于表征非稳态热传导和描述一种材料应对温度变化的快速程度。为了预测冷却过程或模拟温度场，必须了解热扩散率。

在天然气水合物实例中，由于水的热扩散率 κ（Waite 等，2006，2007）约是天然气水合物的一半。与含水沉积物相比，含水合物沉积物的温度变化要快得多。这种特征显示在上覆含水合物地层的深水采油作业可能会带来潜在的地质灾害。如果井眼内高温油气会分解周围沉积地层内的水合物，则沉积物强度下降，可能导致井筒破裂或造成局部垮塌。

3.3　其他类型气体

除了天然气水合物这种衍生物之外，还有一些非常规天然气资源类型，具有不同来源，正在使用与常规天然气不同的方法开采，在出售给消费者之前也需要进行处理。这些类型的气体包括：（1）生物气；（2）煤层甲烷；（3）煤气；（4）烟道气；（5）高压地层压力内天然气；（6）致密地层中的气体；（7）填埋气；（8）炼厂气；（9）页岩气（Mokhatab 等，2006；Speight，2011（《生物燃料》），2013b，2014a）。

常规和非常规天然气资源之间的边界并不太好确定，原因是都来自连续的地质条件。一般来说，从页岩储层和其他致密储层采出的天然气被归类于一般的非常规天然气，原因是在含气地层内渗透率极低，开采过程需要钻水平井和水力压裂的增产作业（Speight，2016）。储层岩石的低渗透性阻碍了天然气的自然运移。此外，要想实现储层可采性的最大化或优化，必须深入了解储层的产状、资源性质以及储层天然气的可采性。

另外，随着可再生能源项目的启动，更不用说由生物质和废弃物产生的主要气体，即沼气和垃圾填埋场气体。这两种类型的天然气都含有甲烷和二氧化碳以及其他不同组分，可通过天然气处理方法来提纯并加以利用。

3.3.1 生物气

生物气（常被称为生物成因气，有时也错误地称为沼泽气）通常指生物燃料通过以下方式产生的气体：（1）在封闭系统内利用厌氧生物进行的厌氧消化；（2）在厌氧条件下发酵可降解的有机物，包括粪肥、污水污泥、城市固体废物、可降解的废物或任何其他可降解的原料（表3.4）。生物质原料包括：（1）木材和木材处理废弃物；（2）农业农作物和废弃物；（3）垃圾食物、庭院和木材废弃物；（4）动物和人类粪便，都是潜在的生物气（生物成因气）来源。生物气产出过程（一般是厌氧过程）是一个多步骤的生物过程，在此过程中，初始复杂且大型的有机固体废弃物通过不同的菌群，被逐步转化为简单的小体积的有机化合物，最终产生能量，和有价值的气态产品和半固态物质（消化物），营养丰富，因此适合用于农业。

表3.4　各种含碳燃料的气体组分 　　　　　　单位:%

组分	煤气	焦炉气	生物气	消化气	填埋气	天然气
氢气（H_2）	14.0	51.9	18.0		0.1	
一氧化碳（CO）	27.0	2.0	24.0		0.1	
二氧化碳（CO_2）	4.5	5.5	6.0	30.0	47.0	
氧气（O_2）	0.6	0.3	0.4	0.7	0.8	—
甲烷（CH_4）	3.0	32.0	3.0	64.0	47.0	90.0
氮气（N_2）	50.9	4.8	48.6	2.0	3.7	5.0
乙烷（C_2H_6）	—	—	—			5.0

生物气的产出（一般是一个厌氧过程）是一个多步骤的过程，其中的原始复杂有机质废弃物（液体或固体）通过不同的细菌逐步转化为低分子量的产物（Esposito 等，2012）。生物质热解（新鲜收获的生物质或作为生物质废料）也可以产生沼气。因此，生物气包括大量的不同的特定处理过程产出的气体，不同有机质废弃物（例如牲畜肥料、食物废弃物和污水）都可能成为生物气的潜在来源。生物气一般被认为是一种可再生能源形式，常常按照来源进行分类（表3.5）。虽然组分可能有差异，但生物气可通过选择必要的处理顺序，经过处理（改质）来达到天然气所需的标准，加工顺序的选择取决于气体组分（第7章 天然气加工工艺分类和第8章 天然气净化工艺）。

表3.5　生物气组分实例

组分	家庭废弃物	废水处理厂污泥	农业废弃物
甲烷（CH_4），%（体积分数）	50~60	60~75	60~75
二氧化碳（CO_2），%（体积分数）	34~38	19~33	19~33
氮气（N_2），%（体积分数）	0~5	0~1	0~1
氧气（O_2），%（体积分数）	0~1	<0.5	<0.5
水（H_2O），%（体积分数）	6（约40℃）	6（约40℃）	6（约40℃）
硫化氢（H_2S），mg/m^3	100~900	1000~4000	3000~10000
氨（NH_3），mg/m^3	—	—	50~100

在生物燃料燃烧期间，产出不同种类的杂质，其中一些杂质在烟道气内，而且烟道气内的大部分污染物与生物燃料组分有关。如果燃烧不完全，烟灰、未燃物、有毒的二噁英衍生物也可能存在烟道气中。

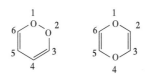

$$1, 2\text{-Dioxin} \qquad 1, 4\text{-Dioxin}$$

此外，金属，如铅（Pb）（Cui 等，2013），也出现在粉尘中，甚至可能在燃烧过程中蒸发，在锅炉冷却过程中发生反应、冷凝和（或）升华。在气体净化装置的上游，通常在200℃（390℉）的温度下，所有金属都会以固体颗粒的形式出现，除了在燃烧过程中蒸发并在锅炉中发生反应但主要以气态形式存在的汞。生物气中的杂质如果排放到大气中是有害的。必须安装气体净化装置，以消除或减少这个问题。清洁的程度取决于联邦、地区和地方法规。但是，由于工厂的规模和位置，地区和地方当局、组织和个人往往对实际的工厂有自己的观点。

一般来说，除了组分中的污染物，生物气主要是甲烷（CH_4）和惰性含碳气体（CO_2）的混合物，但来源物质组分变化会导致生物气组分变化（表3.5）（Speight，2011）。如果水（H_2O）、硫化氢（H_2S）和微粒含量高，或者气体需要完全净化，则会将其清除掉，清除二氧化碳并不常见，如果有需求也要将其分离。如果要使用天然气而不需要大量的清洁，有时需要与天然气混合燃烧以提高燃烧效率。生物气净化达到管道级质量要求后，则可称为可再生天然气。

最终，天然气归类为化石燃料（Speight，2014a），而生物甲烷定义为非化石燃料（Speight，2011）并进一步被确定为绿色能源。值得注意的一点是：无论何种来源（化石燃料或非化石燃料）的甲烷释放到大气中，其作为温室气体比二氧化碳的效果要高约20倍。产生生物甲烷的有机物如果简单地自然分解，就会把二氧化碳释放到大气中，而在分解过程中产生的其他气体，例如氮氧化物，则会对温室效应做出额外的贡献。

3.3.2 煤层甲烷

正如天然气常和原油位于同一储层一样，在煤层中也发现一种气体（主要是甲烷），通常被称为是煤层甲烷（或煤层气，有时也被称为煤矿甲烷）。这种天然气赋存在煤层内的孔隙和裂隙内，受地下水压力的控制。为了采出这种天然气，向煤层钻一口井并将水抽出（排水），可使天然气从煤层中释放出来并输送到地面。

煤层内赋存天然气并不是新的发现。在煤层甲烷再次被发现并开采之前（Speight，2013b），采煤工人认识到煤层甲烷（也被称为爆炸气体）的历史至少有150年（或者更长）。煤矿甲烷是煤层甲烷的一部分，是在采掘作业中释放出来的煤层甲烷（在更早的文献中被采煤工人称为爆炸气体，基于其易爆特征）。实际上，煤层甲烷和煤矿甲烷这些专业术语一般是指气体来源不同。无论名称如何，这两种气体都对采煤工人同样危险。

与常规天然气相比，煤层甲烷相对纯净，仅含有极少量的高分子量的烃类衍生物，例如乙烷、丁烷及其他气体（例如硫化氢和二氧化碳）。由于煤炭是固体，是一种碳含量非常高的矿物，一般在采出气内不含液态烃类衍生物。在采气过程中，煤层必须先排水才能采气。因此，煤层气通常热值较低，二氧化碳、氧气和水的浓度较高，考虑到潜在的腐蚀性，必须将其处理到可接受的水平。

从煤层中采出天然气与常规天然气开采技术相似，例如钻井。但是，与常规天然气藏相比，煤层一般是低渗透、低流速（或渗透率），导致了采气的复杂性，天然气主要来自近井区域，与常规天然气资源相比，开发煤层气资源（如致密气）需要更高密度的井。诸如水平井钻井、多分支井钻井和水力压裂技术有时用于建立更长且更宽的通道来提高井产能。

与常规气藏内采出的天然气不同，煤层甲烷内含有极少的更高分子量烃类衍生物，例如丙烷、丁烷或凝析油。煤层甲烷内常常含有可达数个百分比含量的二氧化碳。一些煤层内含有极少的甲烷，主要是二氧化碳。事实上，已经有充分的理由将构成煤层的物质大致分为以下两类：（1）可通过减压、温和加热或溶剂萃取从煤中分离的挥发性低分子量物质；（2）挥发性成分分离后仍保持固态的物质。

除了一些特例，通常煤层气甲烷体积含量超过90%。基于天然气组分数据，可以稍加处理或者不处理情况下输送到商业管道中（Mokhatab 等，2006；Speight，2007；2013a）。常规气藏内典型的构造由上覆地层圈闭而形成，煤层内的甲烷并不是这样（Speight，2013a，2014a）。煤碳甲烷中只有少量（5%~10%）是以游离气的形式存在于煤层节理和割理中，大部分气体都赋存在煤炭中（吸附于煤炭的小孔隙侧）。

3.3.3 煤气

煤气是煤的气化或碳化产出的气体产品（Speight，2013b）。

煤的碳化是指用冶金级煤对煤进行加工，生产焦炭（Speight，2013a）。这一流程涉及在无空气情况下加热煤产出焦炭，涉及多个步骤且很复杂，产出不同的液态和气态产品，其中包括很多有价值的产品。从煤碳化过程中产出的不同产品，除了焦炭之外，还包括焦炉气、煤焦油、低沸点原油（也称为轻质油）和氨及铵盐水溶液。随着钢铁工业的发展，焦炉厂在19世纪下半叶不断发展，以改善焦炉的工艺条件，回收化工产品，而这一过程在20世纪继续发展，以适应环境污染控制战略和能源消耗措施。

可在不同的温度下进行碳化作业（表3.6），但推荐采用低温或高温。采用低温碳化来产出液态燃料，而高温碳化则产出气态产品（Speight，2013a）。由于二次裂解，高温碳化过程中的气态产品更少，而液态产品较大，焦油产量相对较低（液态产品和焦油）（Speight，2013a）。

这些产品大部分已被天然气替代，但是在世界上一些地区仍有使用。煤气化产品根据采用系统的气体组分不同而变化。应强调的是，在进一步使用之前，尤其是当预期用途是水煤气变换或甲烷化时，必须首先清除气体产品中的任何污染物，如颗粒物和硫化合物。

煤经低温或中温干馏可以得到高热值气体。随着温度的逐渐升高，得到的气体也不同（表3.6）。在给定的温度下，煤气的成分在碳化过程中也会发生变化，其挥发性产物的二次反应对气体组分的确定具有重要意义（Speight，2013a；ASTM，2017）。

在氧气未与空气分离的气化过程中，会产生低热值气体，因此，通常天然气产品热量很低（150~300Btu/ft³）。低热值的气体也是煤炭原位气化的常见产物。它本质上是一种从煤中获取能量的技术，而无须开采煤，利用其他工艺不能开采的煤炭，该工艺可以解决。

表 3.6　碳化温度对煤气组分的影响

项　　目		500℃	600℃	700℃	800℃	900℃	1000℃
组分 %（体积分数）	CO_2	5.7	5.0	4.4	4.0	3.2	2.5
	不饱和组分	3.2	4.0	5.2	5.1	4.8	4.5
	CO	5.8	6.4	7.5	8.5	9.5	11.0
	H_2	20.0	29.0	40.0	47.0	50.0	51.0
	CH_4	49.5	47.0	36.0	31.0	29.5	29.0
	C_2H_6	14.0	5.3	4.5	3.0	1.0	0.5
产率	m^3/t	62.3	102	176	238	278	312
	MJ/t	2118	2960	4660	5810	6200	6960
热值，MJ/m^3		39.0	29.0	26.5	24.4	22.3	22.3

　　低热值的气体中的含氮量（体积分数）从低于 33% 到略高于 50%，不能通过任何方式来清除。氮气存在也大大地限制了煤气应用于化学合成。其他两种不易燃的组分（水和二氧化碳）使得气体发热量进一步降低。水可以通过冷凝去除，二氧化碳则可以通过相对简单的化学方法去除。

　　两种主要的可燃组分是氢气和一氧化碳。两者之间的比值变化范围从大约 2:3 到大约 3:2，但是甲烷在天然气热含量中也起到重要作用。在次要组分中，硫化氢最为重要，产出数量与原料煤中的硫含量成比例，硫化氢必须通过一道或多道程序清除。低热含量气体作为燃料气，甚至有时会作为合成氨、甲醇和其他化合物的原料，对工业利用很有意义。

　　中热值的天然气的热值范围在 $300 \sim 550 Btu/ft^3$，其组分与低热值天然气很相似，只是不含氮气。中热值天然气中的主要可燃气体是氢气和一氧化碳，与低热值天然气相比，中热值天然气的用途更加广泛，中热值气体可以直接作为燃料来产出蒸汽，也可以通过联合动力循环来驱动燃气轮机，并使用热废气来产出蒸汽。

　　中热值的天然气特别适用于产出：（1）甲烷；（2）更高分子量的烃类衍生物（通过 Fischer–Tropsch 合成作用）；（3）甲醇；（4）各种合成化学品（Chadeesingh，2011；Speight，2013a）。用于产生中等热含量气体的反应与用于低热含量气体合成的反应是相同的，主要的区别是应用了氮气隔离（如使用纯氧）来防止稀释的氮气进入系统。

　　在中热值天然气中，氢气和一氧化碳的比例变化范围在 2:3 到约 3:1 之间，增加的热值与更高含量的甲烷和氢气含量，以及更低的二氧化碳含量有关。实际上，用于产生中热值气体的气化过程对后续处理的便利性有影响。例如，二氧化碳受体产物可用于甲烷生产，因为它具有理想的氢和二氧化碳比（刚好超过 3:1）、初始甲烷含量高、相对较低的二氧化碳和水含量。

　　高热值的天然气几乎是纯甲烷，通常被认为是合成天然气或替代天然气（SNG）。但是要符合替代天然气要求，甲烷产量至少达到 95%，内能含量 $980 \sim 1080 Btu/ft^3$。

　　高热值天然气合成的常见可用方法是氢气和一氧化碳的催化反应：

$$3H_2 + CO \longrightarrow CH_4 + H_2O$$

为了防止催化剂中毒，发生这种反应的原料气必须非常纯净，因此产品中的杂质极低。反应产生的水通过冷凝除去，然后通过气化系统作为纯净水再循环。氢气通常会稍微过量，以确保有毒的一氧化碳发生反应。

由于一氧化碳—氢气的反应是放热的，所以这并不是开采甲烷的最高效方法。另外，由于含硫化合物和金属分解会破坏催化剂，会造成甲烷化催化剂中毒。可能采用加氢气化方法来使甲烷化降至最低。

$$C_{煤} + 2H_2 \longrightarrow CH_4$$

反应的产物是不纯的甲烷，在清除硫化氢和其他杂质之后，需要再进行甲烷化反应。

3.3.4 烟道气

烟道气有时被称为废气或烟气，是一种从燃烧装置中释放出的气体，包括燃料与空气反应的产物和剩余物 [例如固体颗粒（粉尘）、硫氧化物、氮氧化物和一氧化碳]（表3.7）。当燃烧煤炭和（或）废弃物时，在烟道气内可能含有氯化氢和氟化氢，以及烃类衍生物和重金属衍生物。在很多国家，作为国家环保计划的一部分，废气必须符合政府有关粉尘、硫和氮氧化物、一氧化碳等污染物的限值的严格规定。为了满足这些限值要求，燃烧装置配有烟道气净化系统，例如洗涤器和粉尘过滤器。

表3.7　烟道气组成部分

组成部分	说　　明
氮气	空气的主要组分（体积含量79%），作为燃烧空气的一部分供应燃烧，但是不直接涉及燃烧过程。这种与燃烧空气有关的少量氮气，和从燃料中释放的氮气一起，负责形成氮氧化物
二氧化碳	无色无味气体，略有酸味；在所有燃烧过程中产出，包括呼吸
水蒸气	燃料中所含的氢将与氧反应，形成水（H_2O），和燃料中的含水量和燃烧空气一起，以烟道气湿度（在更高温度下）或冷凝物（在更低温度下）存在
氧气	通过燃烧过程没有消耗的氧气作为烟道气的一部分保存，可测量燃烧效率
一氧化碳	无色无味的有毒气体；主要形成于碳质燃料不充分燃烧期间
氮氧化物	在高温下燃料中的氮在燃烧过程中形成，也可形成于燃烧空气和一定数量的燃烧空气中的氧气反应，首次形成一氧化氮（燃料——一氧化氮和热——一氧化氮）
二氧化硫	无色有毒气体，有刺激气味。通过燃料中存在的硫氧化形成；和水或冷凝物可形成亚硫酸和硫酸
硫化氢	剧毒有臭味的气体；原油和天然气的一种组分，因此在炼油厂和天然气厂存在；也在一些其他工业流程中形成
烃类	化合物的广泛族类，由氢和碳组成；存在于原油、天然气和煤炭，通过不完全燃烧过程形成
氢氰酸	剧毒液体，沸点仅为25.6℃；可能存在于焚烧设施的烟道气内
氨	在烟道气内是相关的，与脱氮装置有关
氢卤化物	从煤炭和/或废弃物燃烧的烟道气内存在；形成氢卤化物、氢氯酸和氢氟酸，可能导致在潮湿大气层中形成腐蚀酸
固体（粉尘、烟尘）	烟道气内的固体污染物，源自固体或液体燃料的不可燃组分；包括硅氧化物、铝和煤炭中的钙

由于含有其他气体，烟道气的组分取决于燃料类型和燃烧条件，例如空气含量。烟道气的很多组分是空气污染物，因此必须经过特殊的净化步骤，在烟道气排放到大气中之前将空气污染物消除或降至最低。例如，燃烧化石燃料（例如煤和原油）产出的烟道气中含有相当数量的硫衍生物。实际上，当碳质燃料（例如化石燃料）燃烧时，在炉内温度和氧气供应正常条件下，原料中约有90%的硫会转化为二氧化硫（SO_2）。但是当氧气过量时，二氧化硫氧化为三氧化硫（SO_3），在更高温度下（约800℃，1470℉），更容易形成三氧化硫。

烟道气的组分取决于燃料组分和性质，其组分一般主要包括氮气（60%，来自采用空气作为氧化剂的燃烧过程，二氧化碳和水蒸气）和过量的氧气（也来自空气）。烟道气也包含少量一系列污染物，例如固体颗粒（例如炭黑）、一氧化碳、氮氧化物（NO_x）和硫氧化物 SO_x。固体颗粒由非常细小的固体物质和液滴组成，使得烟道气成烟雾状。氮氧化物来自空气中的氮气，也来自燃料内任何含氮的化合物，二氧化硫来自燃料中任何含硫的化合物。

在发电厂，烟道气常经过一系列化学反应过程和洗涤器的处理可清除污染物（例如二氧化硫和三氧化硫）（Speight，2013a）。烟道气脱硫装置可俘获二氧化硫和三氧化硫，静电除尘器或阻垢过滤器可去除化石燃料（特别是煤）中产出的固体颗粒。可以通过改变燃烧过程来防止形成氮氧化物，也可以通过高温或与氨（NH_3）或尿素（H_2NCONH_2）的催化反应来实现。在这两种情况下，目的是产出氮气，而不是氮氧化物。在美国，从烟道气中除汞的技术得到了快速应用（Scala 等，2013）。通常是通过吸收吸附剂或作为烟气脱硫过程的一部分捕获惰性固体来实现的。这种洗涤可以有效地回收硫黄，供进一步工业使用。（Mokhatab 等，2006；Speight，2014a）。

常见的烟道气净化过程如下：（1）湿式洗涤过程，采用碱性吸附剂浆液（一般是石灰岩或石灰）或海水来洗涤气体；（2）喷雾干式洗涤过程，采用相似的吸附剂浆液；（3）湿式硫酸法，允许以工业用优质硫酸的形式回收硫；（4）通常被称为SNOX的烟道气除硫工艺，可清除烟道气内的二氧化碳、氮氧化物和固体颗粒；（5）干式吸附剂注入工艺，引入熟石灰粉末或其他吸附剂材料到排出粉尘中以清除排出的二氧化碳和三氧化硫（详见第7章和第8章）。

在烟气（和沼气）净化方面，分离酸性气体污染物、分离氯化氢、二氧化硫和氟化氢（及其任何残余）必不可少。这些气体构成了污染成分的大部分，主要通过石灰产品（CaO 和 Ca（OH）$_2$）以及钠基产品（NaOH、$NaHCO_3$ 和 Na_2CO_3）形成。现有的吸附酸性气体污染物的气体净化工艺可分为三大类：（1）干式吸附；（2）喷雾吸附/干燥；（3）湿式涤气。

通过过滤，在锅炉出口对粉煤灰颗粒物与金属进行分离，这一过程可以整合到酸性气体污染物的吸收过程中。一般可采用活性炭、沸石、平炉焦炭或膨润土，对锅炉出口气态的二氧苣、呋喃和其他金属（例如特殊汞）采用吸附来分离。对于吸附，可采用静态或移动床吸附装置或过滤层吸附装置，使吸附过程与粉煤灰过滤及4种基本气体净化概念的反应产物相结合成为可能。利用选择性非催化还原法，可与上述污染控制系统一起从烟气中去除氮氧化物（NO_x）。

3.3.5 高压地层内的天然气

高压是指储层流体（包括天然气）压力明显高于静液压力（每英尺深度增加0.4～

0.5psi），可能甚至接近上覆压力（每英尺深度 1.0psi）。因此高压带是自然形成的地下岩层，处于对其深度而言异常高的压力中。高压带的形成原因有：高压带由黏土层沉积形成，黏土层快速沉积，并压实在具多孔性的吸水材料（如砂或淤泥）上。在这种黏土层内存在水和天然气，通过黏土快速压实而被挤出，进入到孔隙度更高的砂或粉砂沉积地层内。高压油藏常与大量的断裂活动和复杂的地层学联系在一起，使地层对比、构造解释和体积测图具有相当大的不确定性。

砂—页岩层序的压力一般是由于海相页岩厚层序压实不足造成的，沉积层序中的储层往往具有复杂的地质特征。这会导致从气藏开发和生产各阶段的储量估算都存在相当大的不确定性。地质复杂性导致估算地质储量的不确定性，而缺乏对开采机理的全面认识，导致基于压力/生产动态储量估算的不确定性。

另外，高压带一般位于埋藏较深的层段内，深度一般在 10000~25000ft。这些因素的综合作用，使得高压带天然气的开采十分复杂。但是，在所有的非常规天然气资源中，地质高压带的天然气储量最大。

虽然未经证实的估算表明高压带内的天然气储量达到 $5000\times10^{12} \sim 49000\times10^{12} ft^3$，但这些高压带内的天然气数量并不明确。与天然气水合物相似，高压带内的天然气可为未来的天然气供应提供可能性，但是上述因素使得高压带内采出原油或天然气将会相当复杂（Speight，2017b）。

3.3.6 致密地层内的天然气

专业术语致密地层是指具有特低渗透率且坚硬的岩层（Speight，2013a）。致密储层（致密砂岩）是具有低渗透率的砂岩储层，主要采出干气。致密气储层中不能采出具有经济流速或经济体积的天然气，除非这口井采用大型水力压裂作业或水平井采出。这种定义也可用于煤层甲烷和致密碳酸盐岩储层，在一些观察中也包括页岩气储层（但本书中不包括这些内容）。

在海相环境中形成的典型致密地层中的黏土含量低且更脆，因此与淡水环境中形成的地层（可能含有更多的黏土）相比，更适用于水力压裂作业。随着石英（SiO_2）含量和碳酸盐（例如碳酸钙 $CaCO_3$ 或白云石 $CaCO_3 \cdot MgCO_3$）含量增加，这类地层变得更具脆性。

通过解释和比较，在常规砂岩储层内，孔隙相互连通，因此油气可顺畅地通过储层进入生产井。常规天然气一般在渗透率高于 1mD 的储层内发现，可通过传统技术采出（图3.1）。但是在致密砂岩地层内，孔隙更小且连通性差，毛细管非常细，导致低渗透率和天然气的不可流动性。这类沉积地层一般的有效渗透率低于 1mD。比较而言，在相对低渗透率的储层内发现的非常规天然气（0.1mD）（图3.1）不能通过常规方法采出。

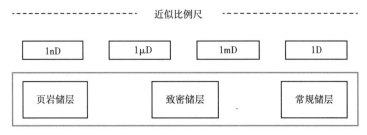

图 3.1　页岩储层、致密储层和常规储层的渗透率差异

致密气赋存在相对不透水的透镜体或有覆盖层的储层中，这种储层从含水饱和岩石向下倾斜并穿过岩性边界，它们通常含有大量的天然气，但采收率较低。通过使用炸药或水力压裂产生井下裂缝，可以从质量较好的连续致密油藏中经济地采出天然气来。这些近乎垂直的裂缝为天然气提供了一个压力汇和通道，创造了一个更大的采集区，因此天然气采出速度更快。有时需要进行大规模的水力压裂，需要使用 $50×10^4 gal$ 的稠化液和 $100×10^4 lb$ 的沙子来保持裂缝的畅通。

从致密地层（例如地层渗透率从零到极低数值）采出的天然气可作为新增的能源资源。产气、产油致密地层是富含有机质的页岩地层，以往在传统陆上天然气开发中，仅将其作为砂岩、碳酸盐岩储层附近储层聚气的烃源岩和盖层。就化学组成而言，页岩气通常是一种主要由甲烷组成的干气，但有些地层确实会产生湿气，而致密地层的原油通常比许多常规油藏的原油挥发性更强。

处理这类气体面临的挑战是（或可变的）硫化氢/二氧化碳比值过低和满足管道规范需要。通过回顾，规范是收集的数据，对天然气处理厂、炼油厂或天然气销售中的天然气（或凝析油）行为进行充分控制。更准确地说，这些规范是根据适用于天然气或成品的一套测试和数据限制制定的，目的是确保每一批产品在出厂销售时都具有令人满意和稳定的质量。产品规范包括所有可能会影响产品安全和使用的关键参数。

3.3.7 填埋气

填埋气常归类于生物气的广泛定义中，也是通过有机废弃物分解产出的（例如含有机质的城市垃圾废弃物），但是这些废弃物可能是生物质类型的材料（Lohila 等，2007；Staley 和 Barlaz，2009；Speight，2011）。填埋区提供了另一个未充分利用的生物质来源。当城市垃圾在填埋区填埋时，细菌分解了垃圾（例如报纸、硬纸板和食物残渣）内包含的有机质，产出气体，例如二氧化碳和甲烷。垃圾填埋场的气体设施可以捕捉这些气体，分离甲烷，并将其燃烧产生电力、热量，或者两者兼而有之，而不是让这些气体进入大气层加剧全球变暖。

填埋气是在厌氧环境中通过湿润有机废弃物分解产出的。实际上，填埋气是三个过程的产物：（1）挥发性有机化合物（例如低沸点溶剂）蒸发；（2）废弃物组分之间发生化学反应；（3）微生物作用，特别是甲烷生成作用。前两个过程严重依赖于废弃物的特征。在大部分垃圾填埋厂中最主要的过程是第三个：厌氧细菌分解有机质废弃物产出生物气，其中包括甲烷、二氧化碳以及微量其他化合物。尽管废物具有非均质性，但气体的演化遵循明确的动力学模式，即弃置堆填区物料大约 6 个月后，便开始形成甲烷和二氧化碳。填埋气演化约在 20 年时达到高峰，然后在随后的几十年逐渐减少。

填埋气是微生物产出天然气的另一种来源，是微生物分解城市垃圾可生物降解有机组分后产生的气体。这通常发生在半控制条件下的填埋场，它的成分取决于废物的组成和年代。由于都是固体废物的来源和填埋区的运作条件不同，填埋气的成分可能会有很大的差异。三种主要的气体成分（甲烷、二氧化碳和硫化氢）被用来表征垃圾填埋场气体。

在这个过程中，废弃物被其上覆的物体重量覆盖和机械压实。上覆物体防止了废弃物暴露在氧气中，使得厌氧微生物发育。如果该填埋区没有设计捕获填埋气，则生物成因气形成并缓慢释放到空气中。由于从填埋区释放的填埋气会与氧气混合而形成易爆气体，因此以不可控的方式释放填埋气有潜在危险。

废弃物组分不同，产出的甲烷含量变化明显（Staley 和 Barlaz，2009）。填埋区集气效率直接影响了可采出的能量值。与露天填埋区（仍可接收废弃物）相比，封闭填埋区（不再接收废弃物）的集气效率要高得多。填埋气是在填埋区内由微生物活动产出的不同气体的复杂混合物。一般来说，填埋气由 45%～60% 甲烷、40%～60% 二氧化碳、0～1.0% 硫化氢、0～0.2% 氢气、微量氮气、低分子量烃类衍生物（干体积基）和水蒸气（饱和）组成。填埋气相对密度 1.02～1.06。其他微量的挥发性有机化合物包括剩余物（一般来说，1%～2% 甚至更低），这些微量气体包括很多种类，例如低分子量烃类衍生物。其他微量组分包括硫化氢、氮氧化物、二氧化碳、非甲烷挥发性有机化合物、多环芳香烃类衍生物、多氯二氧化二苯衍生物和多氯二苯并呋喃衍生物（Brosseau，1994；Rasi 等，2007）。所有的上述产品在大剂量时对人体健康都有害。

填埋气收集一般通过废弃物堆内安装垂向/水平方向上的井来完成。大约每英亩填埋气表面探索涉及一口井，而水平井井距一般是距中心 50～200ft。在露天和封闭填埋区内都可实现高效集气，但是在封闭填埋区内的系统效率更高，因为没有继续填埋活动，基础设施集气实施效率更高。平均来看，封闭填埋区的集气系统可捕获约 84% 的产出气，而露天填埋区约 67%。与直井相比，填埋气也可通过水平坑槽采出。在集气方面，两个系统的效率都高。采出的填埋气通过管道输送到主集气管。其中经过处理或点燃。主集气管与渗滤液收集系统相连，收集管道内形成的凝结水。需要鼓风机将气体从收集井抽到集气总管并进一步向下游输送。

收集填埋区内产出的填埋气有多种用途，例如在填埋区的锅炉或任一类型的燃烧系统内直接使用，提供热量，也可通过采用小型涡轮机、蒸汽涡轮机或燃料电池就地发电（Sullivan，2010）。填埋气也可就地出售并输送到天然气管道中。这种方法需要将产出的填埋气清除不同的污染物和组分，达到进入管道要求。基于废弃物组分不同，产出的甲烷数量变化很大（Staley 和 Barlaz，2009）。填埋区的气体收集效率直接影响可回收的能源量——封闭堆填区（不再接收废物的堆填区）会比开放堆填区（仍然接收废物的堆填区）更有效地收集气体。

除非将二氧化碳含量净化到低于 3% 和硫化氢含量净化到 ppm（10^{-6}）级别，否则填埋气不能通过天然气管道来分销，因为二氧化碳和硫化氢会腐蚀管道（Speight，2014b）。必须对填埋气进行处理，清除杂质、凝析液和颗粒，因此需要分析确定填埋气的组分。但是，处理系统取决于最终用途：（1）直接用于锅炉、火炉或窑炉需进行最低限度的处理；（2）用于发电通常需要更深入的处理。

处理系统可分为一次和二次处理系统。一次处理系统可清除湿气和颗粒。在一次处理中常见的是气体冷却和压缩。二次处理系统采用了多个净化过程（物理和化学），取决于终端用途的要求。可能需要清除的两种组分是硅氧烷衍生物和含硫化合物，都会损坏设备并明显增加维修成本。在二次处理系统中，最常见的技术是吸附和吸收。另外，可通过减少填埋气内的二氧化碳、氮气和氧气数量，将填埋气转化为高热值的气体。

高热值的气体可通过现有的天然气管道或按压缩天然气或液化天然气的方式来运输。压缩天然气和液化天然气可就地为运输卡车或设备提供动力或作为商品出售。从填埋气中提取二氧化碳的三种常见方法分别是薄膜分离、分子筛和胺洗涤（详见第 7 章和第 8 章）。

氧和氮是由填埋场设计和运行控制的，因为气体中氧或氮的主要原因是由于压差而从外部侵入填埋场。

垃圾填埋气体凝析液是在垃圾填埋气体收集系统中产生的一种液体，当气体从垃圾填埋场中抽出时，它就会被排出。可能通过自然冷却、人工冷却或通过物理过程（例如体积膨胀）采出凝析液。凝析液主要由水和有机化合物组成。常见的有机化合物不溶于水，凝析液可分离成水相和漂浮有机相（烃类），可能占到液体的5%（体积分数）。

水相中通常存在大量的酸和碱/中性化合物，取决于填埋场中的化合物类型。有机相可由烃衍生物、二甲苯异构体、氯乙烷衍生物、氯乙烯衍生物、苯、甲苯、其他优先污染物和微量水分组成。

3.3.8　人造煤气

人造煤气是一种燃料气混合物，从其他固体、液体或气体原料中产出（例如煤炭、焦炭或原油）。这个术语不能和天然气混淆。人造煤气的主要类型是提纯煤气、焦炉煤气、水煤气、加烃水煤气、发生炉煤气、石油气、重整天然气和重整丙烷或液化石油气。已开发了从煤炭中产出合成天然气的一些流程。在本书中，大部分人造煤气从以下三种流程之一产出：（1）焦化流程；（2）加烃水煤气流程；（3）石油气流程。但在一些地区，仍存在少量其他的流程应用。

从1816年到1875年，焦化流程是人造煤气的主要商业化模式。从1875年以后，更新的流程和技术逐渐取代了焦化流程。在加热氧气不足的容器（称为分馏器）内通过烟煤分馏产出煤气。在这一流程中，通过缺氧环境中加热将煤炭分解成挥发性组分。在分馏期间，约40%的煤炭转化为挥发性气体和液体，与此同时，煤炭剩余物转化为固体，主要是焦炭。

从分馏器中，一些气态产物凝结成液体，而另一些产物则保持气态。这些液体（也被称为母液）由水和煤焦油组成。气体内的剩余产物冷却产出新的煤焦油，随后，气体进一步冷却以清除任何其他非气相杂质，例如氨和硫化合物，这些可通过在水中洗气和将气体通过潮湿石灰或潮湿铁氧化物床来清除，经过最终提纯之后，煤气被送往存储设备。

汽化水煤气的生产是将一种气体或煤气浓缩，称为水煤气（蓝色煤气），以增加热含量。因此，通过向含加热水煤气的容器内注入原油，原油和蒸汽相结合形成气相燃料（含热量为 $300 \sim 350 Btu/ft^3$）。一般来说，气化水煤气生产设施包括砖内衬、圆筒、钢制容器、发生器、气化器和过热器，当气体离开发生器时，它被送入气化器，在那里油被引入蒸汽。

石油气流程与气化水煤气流程相似，但它是在蒸汽环境中对石油进行蒸汽裂解，以生产原料气体，而不是通过蒸馏煤炭。气体从发生器进入气化器，其中可通过增加注入原油来浓缩，然后通过过热器，从过热器中排出之后，与气化水煤气相同的方式来洗涤气体并处理用于分销。许多与煤气生产有关的废物，特别是含有多环芳香烃（或多芳香烃）的焦油，也在煤气生产过程中产生。

3.3.9　炼厂气

炼厂气或石油气这两个术语常被用来指从常压蒸馏装置或其他炼油工艺中逸出的轻质末端（气体和挥发性液体）液化石油气，或其他气体。

炼厂气不仅是指液化石油气，也包括天然气和炼制气（Mokhatab 等，2006；Gary 等，2007；Speight，2014a，2017a；Hsu 和 Robinson，2017）。在本章中，每种天然气是按照名称来介绍的,而不是石油气的成因。但是,每种天然气的组分不同,在选择和应用相关的测试方法之前认识天然气组分至关重要。因此,炼厂气(燃料气)是原油蒸馏或石油处理(裂解、热分解)过程中产生的不凝性气体(表3.8)(Speight,2014a)。

表3.8 产品类型和蒸馏范围综述

产品	碳下限	碳上限	沸点下限,℃	沸点上限,℃	沸点下限,℉	沸点上限,℉
炼厂气	C_1	C_4	−161	−1	−259	31
液化石油气	C_3	C_4	−42	−1	−44	31
石脑油	C_5	C_{17}	36	302	97	575
汽油	C_4	C_{12}	−1	216	31	421
煤油/柴油	C_8	C_{18}	126	258	302	575
航空燃气轮机燃料	C_8	C_{16}	126	287	302	548
燃料油	C_{12}	>C_{20}	216	421	>343	>649
润滑油	>C_{20}		>343		>649	
蜡	C_{17}	>C_{20}	302	>343	575	>649
沥青	>C_{20}		>343		>649	
焦炭	>C_{50}		>1000[①]		>1832[①]	

① 很难评价碳数和沸点,仅用于说明目的。

在不同的炼制过程中可产出大量炼厂气,可用作炼制本身的燃料,也可用作石化产品的重要原料。炼厂气主要包括氢气(H_2)、甲烷(CH_4)、乙烷(C_2H_6)、丙烷(C_3H_8)、丁烷(C_4H_{10})和烯烃($RCH = CHR^1$,其中R和R^1是指氢族或甲基族),也可能包括石化产品产出过程中释放出的气体(表3.9)。烯烃包括乙烯($CH_2 = CH_2$,沸点:−104℃,−155℉)、丙烯酰基(丙烯,$CH_3CH = CH_2$,沸点:−47℃,−53℉)、丁烯(butene-1,$CH_3CH_2CH = CH_2$,沸点:−5℃,23℉;同丁烯,(CH_3)$C = CH_2$,沸点:−6℃,21℉)、顺和逆丁烯-2($CH_3CH = CHCH_3$,沸点:约0.1℃,30℉)、丁二烯($CH_2 = CHCH = CH_2$,沸点:−4℃,24℉)和更高沸点的烯烃,可通过不同的炼制过程产出。

表3.9 石油相关气体成因

气体	成 因
天然气	自然存在,含油或不含油 烃类气体组合 主要是 C_1—C_4 烃类
炼厂气	分馏产出的气体组合
流程气	原油裂解产品 由 C_2—C_4 烃类组成,包括烯烃气体 沸点范围−51~−1℃
尾气	从催化裂解原料中产出的产品分馏的烃类组合 主要是 C_1—C_4 烃类

分馏气是低沸点碳氢化合物混合物的广义术语，是炼油厂蒸馏装置中分离出的最低沸点馏分（Speight，2014a，2017a）。如果分馏装置处理轻烃组分，则出来的气体几乎全是甲烷，仅有少量乙烷（CH₃）和乙烯（CH₂＝CH₂）。如果分馏装置处理更高沸点的组分，则出来的气体可能也包含丙烷（CH₃CH₂CH₃）、丁烷（CH₃CH₂CH₂CH₃）和相应的同分异构体。燃料气和分馏气是经常可以互换使用的术语，但燃料气这个术语是用来表示产品作为锅炉、熔炉或加热器燃料的。

热裂解和催化裂化过程是有助于天然气生产的精炼操作。热裂解工艺（例如焦化工艺）可产出一系列气体，其中一些可能含有烯烃衍生物（>C＝C<）。在降黏裂化过程中，燃料油通过外燃管，经过液态裂解反应，形成低沸点的燃料油组分。在焦化过程中（包括流体焦化和延迟焦化）也形成大量气体和碳，另外还有中间分馏物和石脑油。当残余燃料油或重质气油焦化时，原料进行预热并与热碳（焦炭）相接触，导致更高分子量的原料组分大规模裂解，产出更低分子量的产品（范围从甲烷、液化石油气和石脑油，到气油和加热油）。从焦化过程中产出的产品趋于不饱和，产出的尾气中主要是烯烃类型的组分。

在不同的催化裂解工艺中，通过将原料和热催化剂接触，将更高沸点的油气组分转化为气相产品、不同的石脑油组分、燃料油和焦炭。因此，催化裂化和热裂化过程（后者目前主要用于生产化学原料）都导致了不饱和烃衍生物的形成，特别是乙烯（CH₂＝CH₂），还有丙烯（丙烯酰基，CH₃CH＝CH₂）、异丁基（异丁烯，(CH₃)₂C＝CH₂）和正丁烯（CH₃CH₂CH＝CH₂和CH₃CH＝CHCH₃）以及氢气（H₂）、甲烷（CH₄）和更少量的乙烷（CH₃CH₃）、丙烷（CH₃CH₂CH₃）和丁烷同分异构体（CH₃CH₂CH₂CH₃，(CH₃)₃CH），还含有二烯烃，例如丁二烯（CH₂＝CHCH＝CH₂）。

在一系列的重整工艺中，包括石蜡衍生物和环烷烃衍生物（环非芳香族）在内的蒸馏馏分在氢气和催化剂的存在下进行处理，以产生分子量较低的产品，或异构化为支化程度较高的烃类衍生物。而且，催化重构过程中不仅形成更高辛烷值的液体产品，还会产出大量的气相产品。这些气体的成分随工艺的严格程度和原料的性质而变化。气态产物不仅含有丰富的氢，而且还含有从甲烷到丁烷的烃类衍生物，具有一定的优势。其中主要产品是丙烷（CH₃CH₂CH₃）、正丁烷（CH₃CH₂CH₂CH₃）和异丁烷（(CH₃)₃CH）。由于所有的催化重构过程都需要大量的氢气循环，通常将重构气体分离为丙烷（CH₃CH₂CH₃）和（或）丁烷（CH₃CH₂CH₂CH₃/(CH₃)₃CH）气流，成为炼油厂液化石油气生产的一部分，以及较低沸点的气体部分，其中一部分被回收。

炼厂气的另一种来源是加氢裂化工艺，即在新鲜和循环氢存在的情况下进行的高压热解过程。原料仍然是重质气油或剩余燃料油，这一工艺的主要目的是生产额外的中间馏分和汽油。由于氢气是循环的，从这一过程中产出的气体再次必须分离为轻质和重质气流，任何多余的循环气体和加氢裂化过程中产生的液化石油气都是饱和的。

加氢裂解器和催化重整装置尾气一般用于催化脱硫过程（Speight，2014a，2017a）。在后者中，从轻到真空的各种原料在压力为500~1000psi的情况下通过加氢精制催化剂与氢反应，主要导致有机硫化合物转化为硫化氢：

$$[S]_{进料} + H_2 \longrightarrow H_2S + 碳氢化合物的衍生物$$

这一过程也可能通过氢化裂解产出更低沸点的烃类衍生物。

炼厂气通常在一条以上的流程中进行硫化氢处理,其销售通常以热含量(热量和热值)为基础,并根据热值和碳氢化合物类型的变化进行一些调整(Speight,2014a)。

3.3.10 页岩气

页岩是一种具有低渗透率特征的沉积岩,主要由泥、粉砂和黏土矿物组成,岩性随着埋深和构造应力而改变。页岩储层的渗透率大大低于其他致密储层。天然气和轻质致密油在这些不渗透页岩地层的孔隙空间内封闭。有时会错误地认为轻质致密油是页岩油,而按定义来说,页岩油是液态产物,通过油页岩干酪根组分分解形成。从另一方面来看,油页岩是一种富含干酪根的油气烃源岩,没有在合适的成熟条件下埋藏,也没有经历生成石油和天然气所需的温度(Speight,2014a)。

本书研究的重点集中在页岩孔隙内的天然气,也被广泛称为页岩气。富气页岩地层是有机页岩地层,以前仅被认为是传统陆上天然气砂岩和碳酸盐岩储层附近地层中的天然气聚集源岩和盖层。

在油页岩热处理(分馏)过程中释放的非凝结气体应该称为分馏气,而不是页岩气。天然气与页岩地层有关,页岩气定义指的是页岩气的成因,而不是特征和性质(Speight,2013b)。因此,页岩气是从页岩地层内采出的天然气,而页岩一般可作为天然气的储层和烃源岩(Speight,2013b)。

页岩地层内的天然气是孔隙空间内的游离气或被黏土矿物和有机质吸附的天然气(Ross 等,1978)。游离气将通过完井作业采出,但吸附气的开采取决于解吸所需的压降,因此了解页岩中游离和吸附气体的相对数量是非常重要的。

从化学组成来看,页岩气一般是干气,主要由甲烷(60%~95%)组成,但在一些页岩地层内确实采出湿气,Antrim 和 New Albany 油气区带内一般采出水和天然气。在美国,富集的非常规天然气每年的产量约 2×10^{12} ft³,占到天然气总产量的约 10%。但在全球其他国家,天然气主要从常规天然气富集区带内采出。表 3.10 为页岩气原料组分及性质。

表 3.10 页岩气原料组分及性质

项目		Marcellus	Appalachian	Haynesville	Eagle Ford
组分 %	甲烷	97.1	79.1	96.3	74.6
	乙烷	2.4	17.7	1.1	13.8
	丙烷	0.1	0.6	0.21	5.4
	C_{4+}	<0.02	<0.04	0.2	4.5
	C_{6+}	<0.01	0.00	0.06	0.5
	二氧化碳	0.04	0.07	1.8	1.5
	氮气	0.3	2.5	0.4	0.2
性质	高热值,Btu/ft³	1031	1133	1009	1307
	露点,°F	-96.8	-41.3	9.7	119.6
	Wobbe 数	1367	1397	1320	1490

天然气处理可能从井口开始：一般采用机械分离器在井口分离出凝析油和自由水。在现场分离器内分离天然气、凝析油和水，然后输送到储罐内，气流则输送到集气站内。在清除自由水之后，天然气仍饱含水蒸气（取决于气流的温度和压力），可能需要进行脱水或采用甲醇处理以防止当温度降低时形成水合物。但是在真实情况中很少这样处理。

3.3.11 合成煤气

合成煤气是一氧化碳（CO）和氢气（H$_2$）混合物，可用作一种燃料气。但是合成煤气可从大范围的碳质原料中产出，可用于生产多种化学品。例如，在数世纪以来，合成煤气产品是一氧化碳和氢气混合物，可通过碳质燃料气化生产。只是随着 Fischer-Tropsch 反应商业化，才认识到合成煤气的重要性。

合成煤气可从任——种碳质原料（例如原油残余物、稠油、沥青砂、沥青和生物质）通过气化（部分氧化）得到（Speight，2011，2013a，2014a，2014b）：

$$[2CH]_{进料}+O_2 \longrightarrow 2CO+H_2$$

初始部分氧化步骤包括：原料与不足以完全燃烧的氧气反应，生成一氧化碳、二氧化碳、氢气和蒸汽的混合物。

对重质原料（例如稠油、超稠油、沥青砂、沥青原料）部分氧化的成功主要取决于原料性质和燃烧器设计。产出气体中氢与一氧化碳的比例是反应温度和化学计量学的函数，如果需要，可以通过改变蒸汽与原料的比例来调整。

3.4 烯烃与二烯烃

上述章节中已关注了天然气和炼厂气。这些气体主要产自炼厂，作为分馏和裂解过程中的低沸点组分或者天然气处理厂分离的产物。这两类物质均具有较高的蒸气压和中等至高的水溶性。气体混合物主要由石蜡衍生物和烯烃衍生物组成，主要含有 1~6 个碳原子（C$_1$—C$_6$，在某些情况下，甚至是 C$_8$）。一些混合物内可能含有数量不等的其他组分，包括氢气、氮气和二氧化碳。炼厂气流也含有烯烃组分，主要通过不同的裂解过程产出。一些气流中也含有数量不等的其他化学物质，包括氨、氢气、氮气、硫化氢、硫醇、一氧化碳、二氧化碳、1，3-丁二烯和（或）苯。

烯烃衍生物并不是天然气的典型组分，但是在炼厂气内确实存在。炼厂气是烃类气体和非烃类气体的复杂混合物（表 3.9）（Speight，2014a，2017a）。一些气体可能也包含无机化合物，例如氢气、氮气、硫化氢、一氧化碳和二氧化碳。炼油厂生产的许多低分子量烯烃（如乙烯和丙烯）和二烯烃（如丁二烯）被分离用于石化用途（Speight，2014a）。分离的产品分别为：乙烯、丙烯和丁二烯。

乙烯（C$_2$H$_4$）是一种正常是气态的烯烃化合物，沸点约-104℃（-155℉），在非常高压和低温条件下可作为液体进行处理。乙烯一般通过高温锅炉内的乙烷或石脑油原料裂解，然后通过分馏和其他组分分离而产出。乙烯的主要用途是生产环氧乙烷、二氯乙烷和聚乙烯聚合物。其他用途包括水果上色、橡胶产品、乙醇和药品（麻醉剂）。

丙烯浓缩物是丙烯和其他烃类的混合物，主要是丙烷和微量乙烯、丁烯和丁烷。丙烯浓缩物内的丙烯含量可能从 70%到超过 95%（摩尔分数），在正常温度和中等压力下可作为液态进行处理。在上面关于乙烯的章节中提及的锅炉产品中可分离出丙烯浓缩物，更高纯度的丙烯气流通过进一步分馏和提取技术来提纯。丙烯浓缩物可用于生产环氧丙烷、异丙醇、聚丙烯和合成异戊二烯。就像乙烯一样，丙烯中的水分是至关重要的。

丁二烯浓缩物是丁烯-1、顺-丁烯-2 和反-丁烯-2 和有时有异丁烯（2-甲基丙烯）（C_4H_8）。

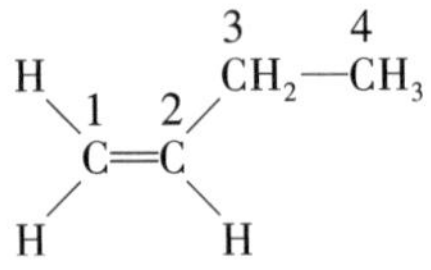

Butene-1

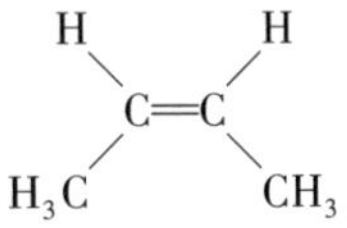

cis-Butene-2

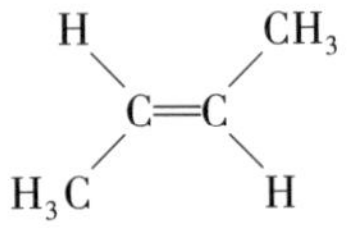

trans-Butene-2

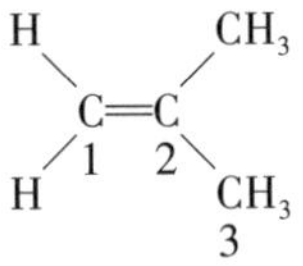

iso-Butene（2-methylpropene，2-methyl propylene）

在室温和中等压力下，这些产品作为液体储存。在丁烯浓缩物内一般可发现不同的杂质，例如丁烷、丁二烯和 C_5 烃类。大部分丁二烯浓缩物可用作以下两种用途的原料：（1）烷基化装置，其中异丁烷和丁烯在硫酸或氢氟酸中反应形成用于汽油的 C_7—C_9 石蜡混合物；（2）乙烯脱氢反应器用于生产丁二烯。

丁二烯（C_4H_6，CH_2＝$CHCH$＝CH_2）是一种正常的气态烃类，沸点是 $-4.38℃$（24.1℉），可在中等压力下作为液体进行处理。由于很容易形成丁二烯二聚物（4-乙烯基环己烯-1），主要通过以下两种方法来产出丁二烯：丁烷或丁烯的催化脱氢或两者同时进行，以及作为乙烯生产中的副产品。无论哪种情况，丁二烯都必须通过萃取分馏技术从其他组分中分离出来，然后通过分馏提纯至聚合级规格。丁二烯最大的最终用途是用作生产 GR-S 合成橡胶的单体。丁二烯也可氯化形成 2-氯丁二烯（氯丁二烯）（CH_2＝$CHCCl$＝CH_2），可用作生产氯丁橡胶（一种聚氯丁烯橡胶）的原料。

丁二烯的主要质量标准是影响丁二烯聚合反应的各种杂质。丁二烯气相色谱检测（ASTM，2017）可用于测定总纯度以及 C_3、C_4 和 C 杂质。这些碳氢化合物大多对聚合反应无害，但也有一些，如丁二烯-1，2 和戊二烯-1，4，能够进行聚合物交联。

参 考 文 献

ASTM, 2017. Annual Book of Standards. ASTM International, West Conshohocken, PA.

Ahmadi, G., Ji, C., Smith, D. H., 2007. Production of natural gas from methane hydrate by aconstant downhole pressure well. Energy Convers. Manage. 48, 2053-2068.

Ashworth, T., Johnson, L. R., Lai, L. P., 1985. Thermal conductivity of pure ice and tetrahydrofuran clathrate hydrates. High Temp. – High Pressures 17 (4), 413-419.

Belosludov, V. R., Subbotin, O. S., Krupskii, D. S., Belosludov, R. V., Kawazoe, Y., Kudoh, J., 2007. Physical and chemical properties of gas hydrates: theoretical aspects of energystorage application. Mater. Trans. 48 (4), 704-710.

Bishnoi, P. R., Clarke, M. A., 2006. Natural gas hydrates. Encyclopedia of Chemical Processing. Taylor & Francis Publishers, Philadelphia, PA.

Brosseau, J., 1994. Trace gas compound emissions from municipal landfill sanitary sites. Atmos. –Environ. 28 (2), 285-293.

Carrol, J. J., 2003. Natural Gas Hydrates. Gulf Professional Publishing, Burlington, VT.

Castaldi, M. J., Zhou, Y., Yegulalp, T. M., 2007. Down-hole combustion method for gas production from methane hydrates. J. Pet. Sci. Eng. 56, 176-185.

Chadeesingh, R., 2011. The Fischer-Tropsch process. In: Speight, J. G. (Ed.), The Biofuels Handbook. The Royal Society of Chemistry, London, pp. 476-517. , Part 3, Chapter 5.

Collett, T. S., 2001. Natural-gas hydrates: resource of the twenty-first century? . J. Am. Assoc. Pet. Geol. 74, 85-108.

Collett, T. S., 2010. Physical Properties of Gas Hydrates: A Review. Journal of Thermodynamics Volume 2010, Article ID 271291; doi: 10.1155/2010/271291; https://www.hindawi.com/journals/jther/2010/271291/ (accessed 01.11.17.) .

Collett, T. S., Ladd, J. W., 2000. Detection of gas hydrate with downhole logs and assessment of gas hydrate concentrations (saturations) and gas volumes on the blake ridge with electrical resistivity log data. In: Proceedings. Ocean Drilling Program Sci. Results, vol. 164, pp. 179-191.

Collett, T. S., Johnson, A. H., Knapp, C. C., Boswell, R., 2009. Natural gas hydrates: a review. In: Collett, T. S., Johnson, A. H., Knapp, C. C., Boswell, R. (Eds.), Natural Gas Hydrates-Energy Resource Potential and Associated Geologic Hazards. American Association of Petroleum Geologists, Tulsa, OK, pp. 146219. , AAPG Memoir No. 89.

Collett, T. S., Bahk, J. J., Baker, R., Boswell, R., Divins, D., Frye, M., et al., 2015. Methanehydrates in nature current knowledge and challenges. J. Chem. Eng. Data 60 (2), 319-329.

Cook, J. G., Leaist, D. G., 1983. An exploratory study of the thermal conductivity of methanehydrate. Geophys. Res. Lett. 10 (5), 397-399.

Cui, H., Turn, S. Q., Keffer, V., Evans, D., Foley, M., 2013. Study on the fate of metal elements from biomass in a bench-scale fluidized bed gasifier. Fuel 108, 1-12.

Davies, P., 2001. The new challenge of natural gas. In: Proceedings. OPEC and the GlobalEnergy Balance: Towards A Sustainable Future. Vienna, September 28.

Demirbas, A., 2006. The importance of natural gas in the world. Energy Sources Part B 1, 413-420.

Demirbas, A., 2010. Methane hydrates as a potential energy resource: Part 2-Methane production processes from gas hydrates. Energy Convers. Manage. 51, 1562-1571.

Du Frane, W. L., Stern, L. A., Weitemeyer, K. A., Constable, S., Pinkston, J. C., Roberts, J. J., 2011. E-lectrical properties of polycrystalline methane hydrate. Geophys. Res. Lett. 38, L09313. Available from: https://doi.org/10.1029/2011GL047243.

Du Frane, W. L., Stern, L. A., Constable, S., Weitemeyer, K. A., Smith, M. M., Roberts, J. J., 2015. Electrical properties of methane hydrate 1 sediment mixtures. J. Geophys. Res. 120, 4773–4783.

Ellis, M. H., Minshull, T. A., Sinha, M. C., Best, A. I. 2008. Joint seismic/electrical effectivemedium modelling of hydrate−bearing marine sediments and an application to the Vancouver Island Margin. In: Proceedings. 6th International Conference on GasHydrates, 5586, Vancouver, Canada.

Esposito, G., Frunzo, L., Liotta, F., Panico, A., Pirozzi, F., 2012. Bio−methane potential teststo measure the biogas production from the digestion and co−digestion of complexorganic substrates. Open Environ. Eng. J. 5, 1–8.

Evans, R. L., 2007. Using CSEM techniques to map the shallow section of the seafloor: fromthe coastline to the edges of the continental slope. Geophysics 72 (2), WA105–WA116.

Fan, Z., Sun, C., Kuang, Y., Wang, B., Zhao, J., Song, Y., 2017. MRI analysis for methan ehydrate dissociation by depressurization and the concomitant ice generation. EnergyProcedia 105, 4763–4768.

Gabitto, J., Tsouris, C., 2010. Physical properties of gas hydrates: a review. J. Thermodyn. Volume 2010, Article ID 271291. https://www.hindawi.com/journals/jther/2010/271291/citations/.

Gary, J. G., Handwerk, G. E., Kaiser, M. J., 2007. Petroleum Refining: Technology and Economics, fifth ed. CRC Press, Taylor & Francis Group, Boca Raton, FL.

Giavarini, C., Maccioni, F., 2004. Self−preservation at low pressure of methane hydrates with various gas contents. Ind. Eng. Chem. Res. 43, 6616–6621.

Giavarini, C., Maccioni, F., Santarelli, M. L., 2003. Formation kinetics of propane hydrate. Ind. Eng. Chem. Res. 42, 1517–1521.

Giavarini, C., Maccioni, F., Santarelli, M. L., 2005. Characterization of gas hydrates by modulated differential scanning calorimetry. Pet. Sci. Technol. 23, 327–335.

Goel, N., Wiggins, M., Shah, S., 2001. Analytical modeling of gas recovery from in situ hydrates dissociation. J. Pet. Sci. Eng. 29, 115–127.

Holland, M., Schultheiss, P., 2014. Comparison of methane mass balance and x−ray computedtomographic methods for calculation of gas hydrate content of pressure cores. Mar. Pet. Geol. 58 (A), 168–177.

Holland, M., Schultheiss, P., Roberts, J., Druce, M., July 2008. Observed gas hydrate morphologies in marine sediments. In: Proceedings. 6th International Conference on Gas Hydrates (ICGH 08) Vancouver, British Columbia, Canada.

Hsu, C. S., Robinson, P. R. (Eds.), 2017. Handbook of Petroleum Technology. Springer International Publishing AG, Cham. Judge, A., 1982. Natural gas hydrate in Canada. In: Proceedings. 4th Canadian PermafrostConference, pp. 320328.

Lee, S., Lee, Y., Lee, J., Lee, H., Seo, Y., 2013. Experimental verification of methane−carbondioxide replacement in natural gas hydrates using a differential scanning calorimeter. Environ. Sci. Technol. 47, 13184–13190.

Li, S., Zheng, R., Xu, X., Hou, J., 2016. Natural gas hydrate dissociation by hot brine injection. Pet. Sci. Technol. 34, 422–428.

Liu, C. L., Ye, Y. G., Meng, Q. C., 2010. Determination of hydration number of methanehydrates using micro−laser Raman spectroscopy. GuangPuXue Yu GuangPuFen Xi 30 (4), 963–966 (in Chinese) https://www.ncbi.nlm.nih.gov/pubmed/20545140.

Llamedo, M., Anderson, R., Tohidi, B., 2004. Thermodynamic prediction of clathrate hydratedissociation conditions in mesoporous media. Am. Mineral. 89 (8-9), 1264-1270.

Lohila, A., Laurila, T., Tuovinen, J. -P., Aurela, M., Hatakka, J., Thum, T., et al., 2007. Micrometeorological measurements of methane and carbon dioxide fluxes at a municipal landfill. Environ. Sci. Technol. 41 (8), 2717-2722.

Lorenson, T. D., Collett, T. S., 2000. Gas content and composition of gas hydrate from sediments of the Southeastern North American Continental Margin. In: Paull, C. K., Matsumoto, R., Wallace, P. J., Dillon, W. P., (Eds.), Proceedings of the Ocean Drilling Program, Scientific Results, vol. 164, pp. 37-46.

Makogon, Y. F., 1997. Hydrates of Hydrocarbons. PennWell Books, Tulsa, OK.

Makogon, Y. F., 2010. Natural gas hydrates a promising source of energy. J. Nat. Gas Sci. Eng. 2 (1), 49-59.

Makogon, Y. F., Holditch, S. A., Makogon, T. Y., 2007. Natural gas hydrates a potentialenergy source for the 21st century. J. Pet. Sci. Eng. 56 (1-3), 14-31.

Mokhatab, S., Poe, W. A., Speight, J. G., 2006. Handbook of Natural Gas Transmission and Processing. Elsevier, Amsterdam.

Rasi, S., Veijanen, A., Rintala, J., 2007. Trace compounds of biogas from different biogasproduction plants. Energy 32, 1375-1380.

Ross, R. G., Anderson, P., Backstrom, G., 1978. Effects of H and D order on the thermal conductivity of ice phases. J. Chem. Phys. 68 (9), 3967-3972.

Scala, F., Anacleria, C., Cimino, S., 2013. Characterization of a regenerable sorbent for hightemperature elemental mercury capture from flue gas. Fuel 108, 13-18.

Schwalenberg, K., Willoughby, E., Mir, R., Edwards, R. N., 2005. Marine gas hydrate electromagnetic signatures in cascadia and their correlation with seismic blank zones. FirstBreak 23, 57-63.

Seo, Y., Kang, S. P., Jang, W., 2009. Structure and composition analysis of natural gas hydrates: 13C NMR spectroscopic and gas uptake measurements of mixed gas hydrates. J. Phys. Chem. 113 (35), 9641-9649.

Sloan Jr., E. D., 1998a. Gas hydrates: review of physical/chemical properties. Energy Fuels12 (2), 191-196.

Sloan Jr., E. D., 1998b. Clathrate Hydrates of Natural Gases, second ed. Marcel Dekker Inc, New York.

Sloan Jr., E. D., 2006. Clathrate Hydrates of Natural Gases, third ed. Marcel Dekker Inc, NewYork.

Speight, J. G. (Ed.), 2011. The Biofuels Handbook. Royal Society of Chemistry, London.

Speight, J. G., 2013a. The Chemistry and Technology of Coal, third ed. CRC Press, Taylor &Francis Group, Boca Raton, FL.

Speight, J. G., 2013b. Shale Gas Production Processes. Gulf Professional Publishing, Elsevier, Oxford.

Speight, J. G., 2014a. The Chemistry and Technology of Petroleum, fifth ed. CRC Press, Taylor & Francis Group, Boca Raton, FL.

Speight, J. G., 2014b. Gasification of Unconventional Feedstocks. Gulf Professional Publishing, Elsevier, Oxford.

Speight, J. G., 2016. Hydrogen in refineries. In: Stolten, D., Emonts, B. (Eds.), Hydrogen Science and Engineering: Materials, Processes, Systems, and Technology. Wiley-VCHVerlag GmbH & Co, Weinheim, pp. 3-18. (Chapter 1).

Speight, J. G., 2017a. Handbook of Petroleum Refining. CRC Press, Taylor & Francis Group, Boca Raton, FL.

Speight, J. G., 2017b. Deep Shale Oil and Gas. Gulf Professional Publishing, Elsevier, Oxford.

Staley, B., Barlaz, M. A., 2009. Composition of municipal solid waste in the United Statesand implications for carbon sequestration and methane yield. J. Environ. Eng. 135 (10), 901-909.

Stern, L., Kirby, S., Durham, W., Circone, S., Waite, W. F., 2000. Laboratory synthesis of pure methane hydrate suitable for measurement of physical properties and decomposition behavior. In: Max, M. D. (Ed.), Proceedings. Natural Gas Hydrate in Oceanic and Permafrost Environments. Kluwer Academic Publishers, Dordrecht, pp. 323-348.

Stoll, R. G., Bryan, G. M., 1979. Physical properties of sediments containing gas hydrates. J. Geophys. Res. 84 (B4), 1629-1634.

Sullivan, P., 2010. The Importance of Landfill Gas Capture and Utilization in the U. S. Earth Engineering Center. Columbia University, New York, http://www.scsengineers.com/wp? content/uploads/2015/03/Sullivan_Importance_of_LFG_Capture_and_Utilization_in_the_US.pdf (accessed 11.11.17.).

Tse, J. S., White, M. A., 1988. Origin of glassy crystalline behavior in the thermal propertiesof clathrate hydrates: a thermal conductivity study of tetrahydrofuran hydrate. J. Phys. Chem. 92 (17), 5006-5011.

US DOE, 2011. Energy Resource Potential of Methane Hydrate: An Introduction to the Science and Energy Potential of a Unique Resource. NETL, The Energy Lab. UnitesStates Department of Energy, Washington, DC. Available from: https://www.netl.doe.gov/File%20Library/Research/Oil - Gas/methane%20hydrates/MH - Primer2011.pdf.

USGS, July 2007. Thermal Properties of Methane Gas Hydrates. Fact Sheet 2007-3041. United States Geological Survey, Reston, VA., https://pubs.usgs.gov/fs/2007/3041/.

Waite, W. F., Gilbert, L. Y., Winters, W. J., Mason, D. H., 2006. Estimating Thermal Diffusivity and Specific Heat from Needle Probe Thermal Conductivity Data: Review of Scientific Instruments, vol. 77, Paper No. 044904, https://doi.org/10.1063/1.2194481.

Waite, W. F., Stern, L. A., Kirby, S. H., Winters, W. J., Mason, D. H., 2007. Simultaneous determination of thermal conductivity, thermal diffusivity and specific heat in methane hydrate. Geophys. J. Int. 169, 767-774.

Wang, B., Dong, H., Fan, Z., Zhao, J., Song, Y., 2017. Gas production from methane hydrate deposits induced by depressurization in conjunction with thermal stimulation. EnergyProcedia 105, 4713-4717.

Wang, X., Economides, M. J., 2012. Natural gas hydrates as an energy source-Revisited2012. In: Proceedings. SPE International Petroleum Technology Conference 2012, vol. 1. Society of Petroleum Engineers, Richardson, TX, pp. 176-186.

Weitemeyer, K. A., Constable, S. C., Key, K. W., Behrens, J. P., 2006. First results from amarine controlled-source electromagnetic survey to detect gas hydrates off shore Oregon. Geophys. Res. Lett. 33, L03304.

Weitemeyer, K. A., Constable, S. C., Tre'hu, A. M., 2011. A marine electromagnetic survey todetect gas hydrate at hydrate ridge, Oregon. Geophys. J. Int. Available from: https://doi.org/10.1111/j.1365-246X.2011.05105.x.

Yang, X., Qin, M., 2012. Natural gas hydrate as potential energy resources in the future. Adv. Mater. Res. 462, 221-224.

延 伸 阅 读

Parkash, S., 2003. Refining Processes Handbook. Gulf Professional Publishing, Elsevier, Amsterdam.

Speight, J. G., 2018. Handbook of Natural Gas Analysis. John Wiley & Sons Inc, Hoboken, NJ.

4　天然气成分和性质

4.1　简介

本书所述气体混合物是由各种成分组成的混合物，这些成分可能不变或者变化范围很小。通常这些气体可以归为燃料气，每种气体都是几种燃料气之一，在标准温度和压力条件下呈气态。在向消费者销售天然气之前，即使仅考虑烃类组分，也必须充分考虑以下因素：气流成分（参见本书表 2.2）的可变性、各种成分的特征以及对气体状态的影响（第 3 章 非常规天然气）。如果未考虑上述因素，气体的性质可能会不稳定，会严重影响这些气体满足需求的能力。

天然气没有一种典型的组分构成。通常甲烷和乙烷是主要的可燃组分，二氧化碳（CO_2）和氮气（N_2）是主要的不燃（惰性）组分。酸气是含有较高浓度硫化合物（如硫化氢 H_2S、硫醇 RSH）的天然气，是一种腐蚀性气体。酸气需要额外的净化处理（Mokhatab 等，2006；Speight，2014）。烯烃也存在于各种炼油工艺的气流中（液化石油气不含烯烃），但在石油化工操作中通常被去除（Crawford 等，1993）。

与液流相比，气流的分析相对简单，因为单相的总体特征是相对确定的。但是当存在凝析气时，分析过程就更加复杂（ASTM，2017；Speight，2018）。存在凝析气的情况下，除了总体相分析，还需进行表面组分分析（通常与总体相分析不同）。可以采用以下方法进行组分分析，从而对混合物成分进行识别：（1）物理方法，即物理特性的测量；（2）纯化学方法，指化学性质的测量；（3）物理化学方法（更常见）。如果成分是完全未知的，气体分析过程可能会面临更多的危险和困难。然而，在已知主要成分的条件下，如果已知成分得到去除，那么分析精确度将会提升，分析难度也会降低。在水蒸气存在的情况下尤其重要，当分子行为可能使光谱分析复杂时，水蒸气可能在仪器或组分上凝结。

原油伴生气（包括天然气）和炼厂气体（工艺气体）以及在炼油和天然气处理过程中产生的气体是一种饱和及不饱和气态烃，碳数范围以 C_1—C_6 为主。

一些气体也可能含有无机化合物，如氢、氮、硫化氢、一氧化碳和二氧化碳。石油气和炼厂气（除非是在销售前严格按照规格生产的可销售产品）的组分往往是未知或可变的，并且含有毒性物质（API，2009）。限于现场使用的石油气和炼厂气（即不为销售而生产的气体）通常用作现场消耗的燃料，作为各种产品净化和回收过程中的中间介质，或作为设施内异构化和烷基化的原料。

与石油一样，来自不同井的天然气在成分和分析上，会表现出很大的差异（Mokhatab 等，2006；Speight，2014），并且其非烃组分的变化范围也很广。天然气的非烃组分可分为两类：（1）稀释剂，例如氮、二氧化碳、水蒸气；（2）污染物，例如硫化氢或其他硫化物。因此，对于一个具体的天然气田而言，需要采取与其他气田不同的生产和处理方案。

稀释剂是会导致气体热值降低的不可燃气体，当有必要降低热含量时，稀释剂可以用作填料。另外，污染物会对生产和运输设备造成损害，还可能成为有害大气污染物。天然气精制的主要目的是,脱除天然气中不需要的成分,将天然气分离成不同的组分。这一过程与炼厂中蒸馏装置的工作原理类似,在装置中原料被分离成不同的组成馏分,然后再进一步加工成炼制产品。天然气中的主要稀释剂或污染物包括:(1)以硫化氢为主的酸气,也包括二氧化碳,只是污染程度更轻;(2)水,包括所有夹带的游离水或冷凝水;(3)气体中的液体,例如高沸点碳氢化合物以及泵用润滑油、洗涤油,有时还包括甲醇;(4)可能存在的任何固体物质,例如细硅(砂)和管道结垢。

与其他炼油产品一样,天然气(或任何燃料气)必须经过处理以备最终使用,并必须确定可能造成环境污染的污染物含量。此外,天然气处理是一种复杂的工业流程,旨在通过分离杂质以及各种非甲烷组分和液体,对原始(污染)气体进行净化,以产生符合管道运输质量要求的干气。但是在天然气和非常规炼厂气的处理过程中,由于气流属性不同,会存在很多变量。

这些属性要么与温度无关,要么是在固定温度下的一些基本特征。然而,由于天然气通常来自不同的气田,因此其成分并非一成不变。管道输送气组分的变化可由以下原因引起:(1)在既定供应点,来自不同气源的天然气所占比例不同;(2)在既定供应源内时间不同。另外,来自同一气源或位于同一地点的气流的成分随时间也会发生变化,于是在应用标准测试方法对获取的数据进行解析时,会遇到一些困难(Klimstra,1978;Liss 和 Thrasher,1992)。

4.2　气体类型

在炼厂产生的气体包括天然气以及炼制过程中所产生气体(炼厂气、工艺气)的混合物。每种气体的成分可能类似(除了热处理过程中产生的烯烃类气体),但这些成分的数量变化范围很广。虽然在高沸点碳氢化合物和非碳氢化合物(如二氧化碳和硫化氢)存在时,需要对各种分析试验方法进行一些更改,但对于各种气体来说,还是可以采用类似的分析方法(表 4.1)(ASTM,2017;Speight,2018)。

表 4.1　常用气体质量标准测试方法

ASTM D792:2017	《塑料密度和比重(相对密度)的标准位移试验方法》
ASTM D1434	《测定塑料薄膜和薄片的气体渗透特性的标准试验方法》
ASTM D1505:2017	《采用密度梯度法测定塑料密度的标准试验方法》,D1505,美国材料试验协会,宾夕法尼亚州西康舍霍肯
ASTM D1945:2017	《采用气相色谱法进行天然气分析的标准试验方法》
ASTM D3588:2017	《计算气体燃料热值、压缩系数和相对密度的标准实施规程》
ASTM D1826:2017	《采用连续记录热量计测定天然气范围内气体热值的标准试验方法》
ASTM D1070:2017	《气体燃料相对密度的标准测试方法》
ASTM D4084:2017	《气体燃料中硫化氢分析的标准试验方法——乙酸铅反应速率法》
ASTM 5199:2017	《测量土工合成材料额定厚度的标准试验方法》
ASTM D5454:2017	《使用电子水分分析仪测定气体燃料中水蒸气含量的标准试验方法》

　　首先分析师必须确定待分析气体的类型。在物质测试中常常会遇到上述各种成分的混合物，并且由于物质来源和预期用途不同，这些混合物的成分会发生变化。这些混合物的其他非烃组分也是重要的分析物，因为它们可能是有用的产品，也可能由于会引起加工问题而成为不需要的成分。其中一些组分是氦、氢、氩、氧、氮、一氧化碳、二氧化碳、硫和含氮化合物，以及分子量较高的碳氢化合物。于是这些烃类混合物的试验可能包括：（1）鉴别该类气体的组分形态并进行定量分析；（2）分析其组分对整体物理或化学性质的影响，分析其组成对测试方法性能的影响尤其重要。

　　未精制天然气的组分变化很大（表4.2），包括从甲烷到丁烷的所有饱和烃类碳氢化合物（表4.3）和非碳氢化合物。在相关条款和环境法规中，明确了制备工业燃料或家用燃料的天然气处理方式。

表 4.2　油井伴生天然气的组分

类别	组分	含量，%
石蜡族	甲烷（CH_4）	70~98
	乙烷（C_2H_6）	1~10
环族	丙烷（C_3H_8）	微量至5
	丁烷（C_4H_{10}）	微量至2
芳香族非烃	戊烷（C_5H_{12}）	微量至1
	己烷（C_6H_{14}）	微量至0.5
	环丙烷（C_3H_6）	微量
	环己烷（C_6H_{12}）	微量
	苯（C_6H_6），其他	微量
	氮（N_2）	微量至15
	二氧化碳（CO_2）	微量至1

表 4.3　天然气和炼厂工艺气流的可能成分

气体	摩尔质量	1atm 下的沸点 ℃（℉）	1atm 和 60℉（15.6℃）下的密度 g/L	相对于空气密度（=1）
甲烷	16.043	−161.5（−258.7）	0.6786	0.5547
乙烯	28.054	−103.7（−154.7）	1.1949	0.9768
乙烷	30.068	−88.6（−127.5）	1.2795	1.0460
丙烯	42.081	−47.7（−53.9）	1.8052	1.4757
丙烷	44.097	−42.1（−43.8）	1.8917	1.5464
1，2−丁二烯	54.088	10.9（51.6）	2.3451	1.9172
1，3−丁二烯	54.088	−4.4（−4.1）	2.3491	1.9203
1−丁烯	56.108	−6.3（−0.7）	2.4442	1.9981
顺−2−丁烯	56.108	3.7（38.7）	2.4543	2.0063
反−2−丁烯	56.108	0.9（33.6）	2.4543	2.0063
异丁烯	56.104	−6.9（19.6）	2.4442	1.9981
正丁烷	58.124	−0.5（31.1）	2.5320	2.0698
异丁烷	58.124	−11.7（10.9）	2.5268	2.0656

简单来说，天然气含有烃类和非烃类气体。烃类气体有甲烷（CH_4）、乙烷（C_2H_6）、丙烷（C_3H_8）、丁烷（C_4H_{10}）、戊烷（C_5H_{12}）、己烷（C_6H_{14}）、庚烷（C_7H_{16}）和微量的辛烷（C_8H_{18}）以及更高分子量的碳氢化合物。可能存在一些芳烃［苯（C_6H_6）、甲苯（$C_6H_5CH_3$）和二甲苯（$CH_3C_6H_4CH_3$）］，这些芳烃具有毒性，会引起一些安全问题。非烃气体包括氮（N_2）、二氧化碳（CO_2）、氦气（He）、硫化氢（H_2S）、水蒸气（H_2O）和其他硫化物［例如羰基硫（COS）和硫醇（包括甲硫醇（CH_3SH）］，以及微量的其他气体。

二氧化碳和硫化氢通常被称为酸性气体，它们在水分子存在时会形成腐蚀性化合物。氮、氦和二氧化碳也被称为稀释剂，由于它们都不会燃烧，因此没有热值。汞可以作为金属存在于气相中，或作为一种有机金属化合物存在于液体馏分中。其浓度通常很低，但即使在很低的浓度下，由于具有毒性和腐蚀性（与铝合金起反应），被视为有害物质。

一般天然气的液体（NGL）比例很高，被称为富气。NGL 由乙烷、丙烷、丁烷、戊烷和分子量较高的烃组分构成。分子量更高的组分（即 C_{5+} 产物）通常被称为凝析气或天然汽油（有时被误称为油井气）。

当提及气流中的 NGL 时，"$gal/10^3 ft^3$" 是用来测量高分子碳氢化合物含量的单位。另外，在 NGL 中非伴生气（有时称为井气）的组分含量一般不足。产气地层往往仅含少量烃液。

许多天然气和石油气都含有硫化物，这些硫化物一般有气味、有腐蚀性，并且对气体燃料加工中使用的催化剂具有毒性。事实上，出于安全目的，在天然气和液化石油气中要添加加臭剂（体积比范围为 1~4ppm）。某些加臭剂不稳定，会起反应产生嗅觉阈值更低的化合物。通过对这些臭气进行定量分析，可以确保按照规范操作加臭设备。

4.3   成分和化学性质

任何气体的成分和性质取决于该气流的碳氢化合物的特征和性质，混合物性质的测算取决于其组分的性质。然而，基于平均计算的混合物性质测算，往往会忽略组分之间的相互作用。可能会频繁遗漏气流组分之间任何化学或物理反应的情况，这使得属性建模成为一个难题。

本书中各种气体的特征定义如下：（1）气体在室温下以气态存在；（2）气体可能含有含 1~4 个碳的烃组分，即甲烷、乙烷、丙烷和丁烷异构体；（3）气体可能含有稀释剂和惰性气体；（4）气体可能含有非烃组分的污染物。气体的每个组分都会影响其性质。因此：烃组分提供天然气燃烧时的热值；稀释剂/惰性气体的典型气体是二氧化碳、氮气、氦气和氩；污染物以低浓度存在，同时可能影响加工操作。

许多碳氢化合物气体确实含有 C_5 和 C_6 碳氢化合物衍生物，除了在炼厂中作为工艺副产品生产的气流外，C_{5+} 组分在气体中的浓度（体积分数）通常比 C_1—C_4 组分更低。也有少量的烃类可能含有 C_7 甚至 C_8 烃组分，但是这些气体必须处于高温或高压条件下，以便使庚烷（C_7H_{16}）和辛烷（C_8H_{18}）组分一直处于气态。戊烷（C_5H_{12}）、己烷（C_6H_{14}）、庚烷（C_7H_{16}）和辛烷（C_8H_{18}）衍生物等碳氢化合物，通常存在于从原油衍生的石脑油中。

4.3.1　成分

以甲烷（CH_4）为主要成分的天然气是所有碳氢化合物中沸点最低、结构最简单的一种。储层中的天然气在采出地表时，可能包含其他沸点更高的碳氢化合物，通常称为湿气。一般要对湿气进行加工，脱除沸点高于甲烷沸点的碳氢化合物，在分离处理时，沸点更高的碳氢化合物有时会液化，被称为凝析气。

天然气从以甲烷和乙烷混合物（干气），到含有从甲烷到戊烷甚至己烷（C_6H_{14}）和庚烷（C_7H_{16}）的所有烃的混合物（湿气），烃含量的变化很大。同时含有二氧化碳（CO_2）和包括氦（He）在内的惰性气体，与硫化氢（H_2S）和少量有机硫共存。

文中"石油气"也用于描述溶解于原油的天然气，主要是甲烷到丁烷（C_1—C_4）组成的气相和液相混合物，以及将原油转化为其他产品的热处理过程中产生的气体。除碳氢化合物外，二氧化碳、硫化氢和氨等气体也是在炼油过程中产生的气体，并且是必须脱除成分。烯烃也存在于各种炼油工艺的气流中（液化石油气不含烯烃），但烯烃通常脱除后用于炼制石化产品。

纯天然气赋存于没有或含少量原油的储层中，通常含有丰富的甲烷，与分子量更高的碳氢化合物和凝析油相比，相对密度低。伴生天然气（或溶解气）以游离气或溶解于原油的形式出现，与原油相溶形式出现的是溶解气，与原油上部接触的气体是气顶气，伴生气的甲烷含量通常比非伴生气少，含有更多的高分子量组分。

最优质的天然气是非伴生气。这种气体可以在高压下产生，而伴生气或溶解气须在较低的分离器压力下从原油中分离出来，通常会增加压缩费用。因此，不具备经济效益时这种气体经常被燃烧或放空。

不同气源的天然气具有相似的分析方法，但并不完全相同。事实上，产自不同油气田的天然气组成上有很大差异，甚至同一储层产出的天然气的成分也不同。此外，在评选处理方案时，还须考虑不同来源气流的差异性（第3章　非常规天然气）。由于气体中存在较低分子量的组分而具有挥发性，气相色谱法一直是适用于一些固定气体类型和碳氢化合物类型的分析方法；质谱法用于对低分子量碳氢化合物组分进行分析。如果碳氢化合物的成分符合规范，那么蒸汽压力和挥发性规范要求往往就能自动满足。

天然气是一种碳氢化合物的可燃混合物，除了甲烷，还包括乙烷、丙烷、丁烷和戊烷，在精炼前可能会发生很大变化（表2.2）。

最纯净天然气几乎是纯甲烷，多数天然气的主要组分是甲烷，含有少量更重的碳氢化合物和某些非烃气体，如氮、二氧化碳、硫化氢和氦。在实验室中，用氢氧化钠加热乙酸钠，通过氧化铝（Al_4C_3）与水反应，可以产生甲烷。

$$Al_4C_3+12H_2O \longrightarrow 4Al(OH)_3\downarrow+3CH_4$$
$$CH_3CO_2Na+NaOH \longrightarrow CH_4+Na_2CO_3$$

烃类气体主要是烷烃衍生物（C_nH_{2n+2}，其中 n 是碳原子数）。天然气中也可能存在无机成分，这些成分包括氢气等窒息性气体。

与其他原油产品类（如石脑油、煤油和高沸点产品）不同，可以对各种气体的组分进行评估，依据评估结果来评估气体的行为。用于评估气体行为的组分包括：（1）C_1—C_4 碳氢化合物衍生物；（2）C_5—C_6碳氢化合物衍生物；（3）窒息性气体，即二氧化碳、氮气和氢气。一般来说，本书涉及多数气体由甲烷（C_1）到丁烷（C_4）碳氢化合物衍生物组成，它们具有极低的熔点和沸点。

每种气体都有较高的蒸气压力和较低的辛醇水分配系数。辛醇水分配系数用于分析化学物质从水相向有机（辛醇）相移动趋势的测算值（K_{ow}），是一个有价值的参数。

$$K_{ow} = C_{op} C_w \tag{4.1}$$

式中，C_{op}和C_w分别是该化学物质在富辛醇相和富水相中的浓度，g/L。在25℃（77℉）下测定分配系数时，富水相基本上是纯水（摩尔分数99.99%水），而富辛醇相是辛醇和水（摩尔分数79.3%辛醇）的混合物。气体中各种组分的水溶性各不相同，多数碳氢化合物衍生物的溶解度通常在22mg/L至数百ppm（10^{-6}）。

除甲烷之外，天然气含有其他成分包括：（1）天然气液（NGL）；（2）凝析气；（3）天然汽油（第1章　天然气发展历程和应用）。根据新的定义，NGL是一种碳氢化合物，在正常环境（大气压力和温度）下以气体形式出现，但在高压下以液体形式出现，也可以冷却液化。气体液化时的特定压力和温度随气液的类型而变化，根据分子中碳原子和氢原子的数量，可以辨别其属于低沸点（轻）类型或高沸点（重）类型。

天然气凝析油（也称凝析油或凝析气或天然汽油）是一种低密度的烃液混合物，在很多气田产自原始天然气中（第1章　天然气发展历程和应用和第9章　凝析油）。如果在设定压力下，温度降至烃露点温度以下，未精制天然气中的某些气体组分将凝结成液态。凝析油的来源较多，各有其独特的组成方式。

伴生气（原油生产和回收过程的副产品）的组分极为多变，甚至来自同一储油层的伴生气也具有不同的组分。将流体采出地表后，在开采区或其附近的罐组中，可以将产出的流体分离成烃液流（原油或凝析油）、采出水流（盐水）和气流。

一般天然气用作燃料之前，应脱除分子量高于甲烷的碳氢化合物以及任何酸性气体（二氧化碳和硫化氢）。但由于天然气的组分不恒定，可采用一些备用标准试验方法来确定天然气的成分和性质。试验方法的说明可参考其他文献，本文不作详细介绍。

含有大量硫杂质的气体，如硫化氢，被称为含硫气体或酸性气体。有机硫化物和硫化氢是常见的污染物，必须在多数应用之前清除，供终端用户使用的天然气是无色无味的。经过处理的天然气对人体无害，但也是一种简单的窒息剂，如果在空气中的浓度大到含氧量不能维持生命的临界点，就会导致死亡。在将天然气配送到终端用户之前，需要添加少量硫醇（RSH）加臭剂来帮助进行泄漏检测。

混合物的组分确定后，可以计算各种特性，如相对密度、蒸气压力、热值和露点。在已知烃露点较低的液化石油气中，露点法将用于检测是否存在微量水。

通常天然气样品采用气相色谱法分析其分子组成，采用同位素比率质谱法来分析其稳定同位素组成。对于甲烷（CH_4）、乙烷（C_2H_6）、丙烷（C_3H_8）和丁烷，尤其是异丁烷（C_4H_{10}），进行碳同位素组成的测定。

本书中讨论的气体另一个重要特性是烃露点。应将烃露点降低到一个水平，以确保即使在输气系统遇到最恶劣条件下，也不会因压力下降而产生反凝析。同样，应将水露点降低到足以防止系统中形成 C_1—C_4 水合物的水平。管道公司会优选天然气输送规范，限制最高水蒸气浓度，过量水蒸气会造成腐蚀性，并导致管道和设备老化。水也会凝结、冻结或形成甲烷水合物（第 7 章 天然气加工工艺分类），诱发堵塞。水蒸气含量也会影响天然气的热值，从而影响天然气的质量。

为了安全，要对液化石油气进行蒸气压力测定，以确保在正常作业温度条件下，不超过储存输运系统和燃料系统的最大工作压力。对于液化石油气，蒸气压力是对最极端低温条件的间接测量值，在这种低温条件下可能发生气化。它也被认为是对产品中最易挥发物质含量的半定量测量方式。

总的来说，气相色谱法是表征低沸点烃衍生物的首选方法。化学发光、原子发射和质谱等新的改进检测设备和技术会提高选择性、检测极限和分析效率。通过自动取样、计算机控制和数据处理实现实验室自动化，也将提高精度和生产率，并简化操作方法。

4.3.2　化学性质

天然气的化学反应最常见的反应是燃烧过程，即甲烷和氧气之间的化学反应，产生二氧化碳（CO_2）、水（H_2O），释放热能，如下式所示：

$$CH_4(g) + 2O_2(g) \longrightarrow CO_2(g) + H_2O(l)$$

较高分子量的碳氢化合物（烷烃）也将参与燃烧反应。在无限的氧气供应下，假设天然气中含有少量接近或达到辛烷的烷烃，则燃烧反应为：

$$C_3H_8 + 5O_2 \longrightarrow 3CO_2 + 4H_2O$$
$$2C_4H_{10}(g) + 13O_2(g) \longrightarrow 8CO_2(g) + 10H_2O(g)$$
$$C_5H_{12}(g) + 8O_2(g) \longrightarrow 5CO_2(g) + 6H_2O(g)$$
$$2C_6H_{14}(l) + 19O_2(g) \longrightarrow 12CO_2(g) + 14H_2O(g)$$
$$C_7H_{16}(l) + 11O_2(g) \longrightarrow 7CO_2(g) + 8H_2O(g)$$
$$2C_8H_{18}(l) + 25O_2(g) \longrightarrow 16CO_2(g) + 18H_2O(g)$$

普通碳氢燃料 C_xH_y 完全燃烧的平衡化学方程式如下：

$$C_xH_y + (x+y/4)O_2 \longrightarrow xCO_2 + x/2H_2O$$

理想状况下，化学方程式不涉及分数，为了平衡最终方程式，分数应该转换成整数。

在空气供给不足的情况下，会形成一氧化碳和水蒸气，以甲烷为例：

$$2CH_4 + 3O_2 \longrightarrow 2CO + 4H_2O$$

在燃烧中，天然气是最清洁的化石燃料。天然气的燃烧会释放非常少量的二氧化硫和氮氧化物，二氧化碳、一氧化碳和其他活性碳氢化合物的含量也较低，几乎不含灰物质或颗粒物。

煤和原油因其复杂的成分组成，碳比更高，还含有氮和硫的成分，当燃烧时，会释放出更多碳排放、氮氧化物（NO_x）和二氧化硫（SO_2）等有害排物质，在大气条件下，这些物质可转化为三氧化硫（SO_3），在与大气中的水发生进一步反应后会转化为酸，最终将导致酸雨（第 10 章 能源安全与环境）。煤和燃料油也会向环境中释放灰颗粒，这些物质不燃烧，但会被带入大气中造成污染。

$$SO_2 + H_2O \longrightarrow H_2SO_3$$
$$2SO_2 + O_2 \longrightarrow 2SO_3$$
$$SO3 + H_2O \longrightarrow H_2SO_4$$
$$2NO + H_2O \longrightarrow 2HNO_2$$
$$2NO + O_2 \longrightarrow 2NO_2$$
$$NO_2 + H_2O \longrightarrow HNO_3$$

天然气中的碳氢化合物还将与氯气发生取代反应，生成一系列氯衍生物，最终产物是六氯乙烷。这两种反应都可以在工业上使用。随着碳氢化合物分子量的增加（增加到丙烷和丁烷），反应变得更加复杂。

$$CH_4 + Cl_2 \longrightarrow CH_3Cl + HCl$$
$$CH_3Cl + Cl_2 \longrightarrow CH_2Cl_2 + HCl$$
$$CH_2Cl_2 + Cl_2 \longrightarrow CHCl_3 + HCl$$
$$CHCl_2 + Cl_2 \longrightarrow CCl_4 + HCl$$

氯气与乙烷的反应可表现为下列类似的方程式：

$$C_2H_6 + Cl_2 \longrightarrow C_2H_5Cl + HCl$$
$$C_2H_4Cl_2 + Cl_2 \longrightarrow C_2H_3Cl_3 + HCl$$

除用作燃料产生热量的气体（特别是天然气），还会生成氢气（蒸汽—甲烷重整工艺）和氨气：

$$CH_4 + H_2O \longrightarrow CO + 3H_2 \qquad （蒸汽—甲烷重整）$$
$$CO + H_2O \longrightarrow CO_2 + H_2 \qquad （氢气生成）$$
$$3H_2 + N_2 \longrightarrow 2NH_3 \qquad （哈伯—博施法）$$

蒸汽—甲烷重整工艺是炼厂和其他工业的主要氢气来源。在吸热过程中，使用高温蒸汽（700~1100℃，1290~2010℉）从甲烷源（如在45~370psi压力条件下的天然气）生成氢气。随后，在水煤气变换反应中，一氧化碳和蒸汽在催化剂作用下产生二氧化碳和更多的氢。在最后的变压吸附工艺中，二氧化碳和其他杂质从气流中去除，基本上留下纯氢。

$$CH_4 + H_2O \longrightarrow CO + 3H_2 \qquad （蒸汽—甲烷重整）$$
$$CO + H_2O \longrightarrow CO_2 + H_2 \qquad （水煤气变换反应）$$

天然气中其他分子量较低的碳氢化合物，如乙烷（C_2H_6）、丙烷（C_3H_8）和丁烷异构体（C_4H_{10}）（无论是气相或液相），也用于加热用途，以及汽车燃料和化学加工原料。戊烷衍生物（C_5H_{12}）是天然气或原油分馏或炼厂加工（即重整和裂解）过程的产物，一般被脱除用作化学原料（表4.3）。烯烃很少出现在天然气中，它们不是天然气的典型组分，但确实存在于热法生产的沼气中。

　　由于化学和物理性质范围广泛，目前已经开展一系列试验，以便为特定气体的处理方法提供参考，比选出了一些常用试验方法（表 4.1）。通过对原油性质的初步检测，可以比选出最合理的炼油方式，也可对各种结构类型的不同特性进行相关分析，从而尝试对原油进行分类。为了对原油检测的数据进行合理解释，需要了解这些数据的重要性。

　　在确定气体的必要特征之后，需要根据规范来描述产品。这就要选择合适的试验方法来确定气体的组分和性质，并为组分比例和性质的变化设定适当的限值。

　　通常在最终销售液化石油气和丙烯混合物时，必须了解其烃组分的分布情况。化学原料或燃料等应用需要精确的组分数据，以确保统一的质量。这些原料中的微量烃类杂质会对其使用和加工产生不利影响。液化石油气和丙烯混合物的组分分布数据，可用于相对密度和蒸气压力等物理性质计算。当使用这些数据计算各种性质时，组分数据的精度和准确性非常重要。

　　在液化石油气特性描述中会出现一个问题，即气体中重残留物（即分子量较高的碳氢化合物甚至油）的精确测定。可以采用在气相色谱模拟蒸馏过程中使用的类似试验方法和程序。事实上，如果存在挥发性大大低于液化石油气主要组分的任何成分，则会导致性能不合格。很难对残留物可能导致产品不合格的数量和性质设定限制。例如，含有某些防冻添加剂的液化石油气，在采用上述试验方法进行分析时，可能会得出错误的结果。

　　在液化石油气的最终用途中，对残留物含量的控制非常重要。在液体供给系统中，残留物会导致难以处理的沉积物，而在蒸汽提取系统中，夹带的残留物会污染调节设备。残留在蒸汽提取系统中的任何残留物都会积聚起来，具有腐蚀性，并会对后续产品造成污染。水（尤其是碱性水）会导致调节设备故障和金属腐蚀。少量的油状物质会阻塞调节器和阀门。在液体气化器进料系统中，汽油型原料可能会造成处理困难。

　　炼厂气（工艺气）中存在的烯烃［乙烯（$CH_2 {=\!=} CH_2$）、丙烯（$CH_3CH{=\!=}CH_2$）、丁烯衍生物，如 $CH_3CH_2CH{=\!=}CH_2$ 和戊烯衍生物，如 $CH_3CH_2CH_2CH{=\!=}CH_2$］具有特定的特征，需要特定的测试方案。气体中乙烯（$CH_2{=\!=}CH_2$）的含量是有限制的，限制不饱和组分的数量，以避免因烯烃组分聚合而形成沉积物。此外，乙烯（沸点：-104℃，-155℉）比乙烷（沸点：-88℃，-127℉）更易于挥发。因此，与乙烷产品相比，乙烯产品具有更高的蒸气压力和挥发性。丁二烯也是不受欢迎的，因为它也可能产生聚合产物，形成沉积物并导致管线堵塞。

　　乙烯是世界上产量最高的化学品之一，全球年产量超过 $1 \times 10^8 \text{t}$。乙烯主要用于制造聚乙烯、环氧乙烷和二氯化乙烯，以及许多其他体积更小的产品。这些生产工艺大多采用各种催化剂来提高产品质量和工艺收率。乙烯中的杂质会损坏催化剂，导致重大的更换成本、产品质量下降、工艺停机时间和工艺收率下降。

　　乙烯通常是通过蒸汽裂解来生产的。在这个过程中，气态或轻质液态碳氢化合物与蒸汽结合，并在热解炉中加热至 $750 \sim 950\text{℃}$（$1380 \sim 1740\text{℉}$）开始发生许多自由基反应，较大的碳氢化合物转化（裂解）成较小的碳氢化合物。此外，蒸汽裂解中使用的高温促成乙烯等不饱和化合物或烯烃化合物的形成。必须对乙烯原料进行测试，以确保交付高纯度的乙烯用于后续的化学处理。

　　高纯度乙烯样品通常只含有两种小杂质，甲烷和乙烷，可在较低的体积浓度（10^{-6}）

下检测到。但当丙烷、丁烷或轻质液态碳氢化合物用作最初原料时，蒸汽裂解也可以产生分子量更高的碳氢化合物。尽管在最终生产阶段采用分馏方式来生产高纯度乙烯产品，但仍然需要重视以下关键步骤：识别和量化乙烯样品中存在的任何其他碳氢化合物，这些化合物在沸点和化学结构上具有相似性，要获得所有这些化合物的足够分辨率面临一定的困难和挑战。

4.4　物理性质

不同气体的成分变化很大，没有统一的规范可以涵盖所有情况。通常依据燃烧器和设备的性能、最低含热值和最高含硫量，来确定相关要求和标准。美国大多数州的天然气公用事业公司都受到国家委员会或监管机构的监督，公用事业公司必须提供所有类型消费者都能接受的天然气，并在各种消费设备上提供令人满意的性能。各种燃料气的热值及其组分是最相关的因素，燃气性质的测量是燃气技术的一个重要方面。

原始天然气的物理性质可变，成分不恒定，通过天然气组分的性质和行为研究较好地了解其性质和行为。对于已经过处理的天然气（即二氧化碳和硫化氢等任何组分已被脱除，剩下唯一成分是碳氢化合物），那么就是对其相关组分的性质和特征的研究。

储层流体的分布不仅取决于岩石流体现在的特征，还取决于其历史特征，最终取决于其来源的特征（表4.4）。促进流体保持稳定状态或者限制流体运动的基本力包括：（1）重力，使气、油和水在储层中分离；（2）毛细作用，使水保持在微孔隙中；（3）分子扩散，例如小尺度流动，在既定阶段使流体成分均匀化；（4）热对流，它是所有流体（特别是气体）的对流运动；（5）流体压力梯度，它是初级生产阶段的主要作用力。这些作用力和因素在不同储层中不同，在同一储层不同岩性之间也不同，但具有根本的重要性。

表4.4　储层流体分布影响因素

因素	说　明
深度	流体密度的差异导致重力（即不同浮力）随时间推移而分离
流体成分	对其压力—体积—温度特性有重要控制作用，明确了储层中每种流体的相对体积。它还通过储层岩石的润湿性影响流体分布
储层温度	主要控制储层中每种流体的相对体积
流体压力	主要控制储层中每种流体的相对体积
流体运移	不同的流体以不同的方式运移，这取决于其密度、黏度和岩石润湿性，运移方式有助于确定储层中流体的分布
圈闭类型	油气圈闭的有效性对流体分布也有控制作用（例如，盖层可能对气体具有渗透性，但对原油没有渗透性）
岩石结构	通过润湿性对比和毛细压力的作用，岩石的微观结构可以优先接受某些流体而非其他流体。此外，岩石性质的共同非均质性导致整个储层在所有三个空间维度上的优先流体分布

例如，密度（或相对密度）可以确保当三种基本流体类型都存在于一个非整装储层中时，随着深度的增加，流体的分层顺序（在完全密度导向的世界中）是气体（顶部）、原

油（中部）和水（底部）。

天然气的成分变化取决于其来源的气田、储层的特征，以及其形成过程中的影响因素（第 1 章 天然气发展历程和应用和第 2 章 天然气成因和开采）。另外，其他气体的性质（第 3 章 非常规天然气）也随其产生的来源和过程而变化。可以利用气体组成中不同碳氢化合物的物理性质（如重量、沸点或蒸气压力）进行分离（第 6 章 天然气加工历史和第 7 章 天然气加工工艺分类）。

根据较高分子量碳氢化合物组分的含量，天然气可被划分为富气（5gal/ft³ 或 6gal/ft³ 或以上可回收烃组分）或贫气（1gal/ft³ 以下可回收烃组分）。就化学行为而言，碳氢化合物是仅含碳和氢的简单有机化学品。本节介绍了正辛烷（C_8H_{18}）及以下碳氢化合物的性质和行为。另外，天然气经过精炼脱除所有其余烃之后，出售于消费者，此时唯一的成分（除了加臭剂）就是甲烷（CH_4），其性质恒定。

天然气质量有两项主要技术规范：（1）管道规范，严格规定了含水量和烃露点规范，以及硫等污染物的限值，目的是确保管道材料的完整性，以实现可靠的天然气输送；（2）互换性规范，包括热值和相对密度等分析数据，以确保最终使用设备的性能符合要求。

天然气互换性是天然气质量规范的一个子集，以确保供应给用户的气体能够安全有效地燃烧。沃泊指数是衡量互换性的一个常见而非普遍的指标，用于比较燃烧设备中不同组分燃料气的燃烧能量输出率。对于具有相同沃泊指数的两种燃料，在给定压力和阀门设置下，其能量输出是相同的。

最后，在性能方面要确认储层天然气中的其他组分，以及可能混入天然气体的任何气体。简单地说，混合是为了特定目的气体重组，所产生的混合物组成符合相关规定，且可控。因此，NGL 是天然气中除甲烷以外的产物：乙烷、丁烷、异丁烷和丙烷。

气体燃料试验方法已经发展历史悠久，可以追溯到 20 世纪 30 年代。在发展过程中，广泛使用了大量的物理性质试验（如密度和热值试验），以及一些组分试验（如奥萨特分析和硝酸汞不饱和度测定法）。近年来，质谱法已成为一种流行的低分子量组分分析方法，并取代了一些老方法。气相色谱法是气体中碳氢化合物鉴定的另一种方法。

各种气体都可以用分析技术。与较重的碳氢化合物相比，对主要成分和微量成分都进行测定的趋势更加明显，并且将继续保持。随着原油馏分和石油产品沸点的增加，混合物的复杂性明显增加，这使很多单个组分的鉴别更加困难。此外，在混合烃气体分析中还研发了物理特性测定方法，例如热值、相对密度和焓值，但与测定这些性质所获得的数据相比，其精度的确会受到影响。

气体分析的方法包括吸收法、蒸馏法、燃烧法、质谱法、红外光谱法和气相色谱法。吸收法是在合适的溶剂中一次吸收一种组分，并记录测量得到的体积收缩率。蒸馏法通过分馏作用进行的组分分离，并进行蒸馏体积测量。燃烧法是气体中某些可燃元素会被燃烧成二氧化碳和水，这种体积变化可用于计算其成分。红外光谱法是很有用的应用方法，质谱法和气相色谱法是做精确分析时首选方法。

对于所研究气体的性质，确定任何性质的特定测试方法仍由分析人员决定。例如，无论应用于气体的试验是否适合于该气流，分析人员的判断都是必要的，因为依据非烃组分特征得出的推论可能性比较小。

以下章节简要说明了天然气中从甲烷到正辛烷（C_8H_{18}）（含正辛烷）的烃组分性质。这将使读者明白，将天然气的性质描述为平均性质，而不考虑气体混合物的组成，以及单个组分性质是愚蠢的行为。

4.4.1　行为

设计和操作天然气生产、加工和运输设备的工程师必须了解天然气的行为，无论是纯甲烷还是挥发性烃与氮、二氧化碳和硫化氢等非烃的混合物。天然气组分最有可能以气态存在，但也可以液体和固体的形式存在。

气体的行为取决于气体定律。有两种气体：理想气体和非理想气体。理想气体具有以下性质：（1）气体粒子之间不存在分子间作用力；（2）粒子所占的体积与它们所占容器的体积相比可以忽略不计；（3）粒子与容器壁之间的唯一相互作用是完全弹性碰撞。从性质和行为来看，天然气是一种非理想气体，遵循以下气体定律：

$$pV = nZRT \tag{4.2}$$

式中：p 是压力；V 是体积；T 是绝对温度，K；Z 是压缩系数；n 是气体的物质的量，kmol；R 是气体常数。例如，如果所有其他因素保持不变，当一定质量的气体体积减少50%时，压力会加倍，依此类推。一种气体可以膨胀到填满其所在空间的任何体积。然而，压缩系数 Z 是区分天然气和理想气体的主要因素。对于甲烷，在1atm（14.7psi）下 Z 为1。

气体动力学理论将气体视为一组分子，每个分子都沿着自己独立的路径运动，完全不受来自其他分子的作用力控制，只有当它与另一个分子碰撞或撞击容器边界时，其路径可能会在速度和方向上突然改变。在最简单的状态下，气体可以被认为是由无体积无作用力的粒子组成。

天然气的压缩性、密度和黏度在大多数石油工程计算中都是必要的。其中一些计算包括气体计量、气体压缩、处理装置设计以及管道和地表设施的设计。天然气的性质在进行储层岩石中天然气流量的计算、物质平衡计算和天然气储量评价时也很重要。

如前所述，在理想气体中，原子或分子之间所有碰撞都是完全弹性的，并且没有分子间吸引力。理想气体可以由三个变量表征：绝对压力（p）、体积（V）以及绝对温度（T）。它们之间的关系是理想气体定律：

$$pV = nRT = NkT \tag{4.3}$$

式中：n 是物质的量，mol；R 是通用气体常数，$R = 8.3145\text{J}/(\text{mol} \cdot \text{K})$；$N$ 是分子数；k 是玻尔兹曼常数 $k = 1.38066 \times 10^{-23}\,\text{J/K} = 8.617385 \times 10^{-5}\,\text{eV/K}$，$k = R/NA$，$NA$ 是阿伏伽德罗常数 $NA = 6.0221 \times 10^{23}\,\text{mol}^{-1}$。

理想气体定律可以由气体分子与容器壁碰撞压力而产生。在标准温度和压力下，1mol 理想气体占 22.4L 的体积。

例如，如果所有其他因素保持不变，当一定质量的气体体积减少50%时，压力会加倍，依此类推。一种气体可以膨胀到填满其所在空间的任何体积。然而，气体偏差系数 Z 是区分天然气和理想气体的主要因素。对于甲烷，当温度为25℃（77℉）时，在1atm下 Z 为1，但在100atm时 Z 下降到0.85，也就是说，它被压缩到低于合理比例关系的体积。

4.4.2　压缩性

天然气和其他气体一样，可以通过压缩机进行增压，使体积减小。通常，使用 2900～4300psi 的压力来压缩天然气，使天然气体积减少 200～250 倍。压缩系数（也称为压缩因子，以符号 Z 表示）出现在控制体积计量的方程式中。此外，在相关压力和相关温度条件下对 Z 有准确认识时，可以将计量条件下的体积适当转换成规定参考条件下的体积。

当气体被压缩时，它会变得更热。因此在压缩过程中或压缩后有必要对气体进行冷却处理。同样当气体膨胀时，在绝热条件下（不加热时）会变冷。后一种现象用于在液体脱除处理过程中冷却气体。

等温气体压缩系数（c_g，也称为弹性压缩系数）广泛用于确定储层的可压缩性。天然气通常是储层中最可压缩的介质。但是，应注意不要与气体压缩系数 Z 混淆，后者有时被称为超压缩系数：

$$c_g = -\frac{1}{V_g}\left(\frac{\partial V_g}{\partial p}\right) \tag{4.4}$$

式中：V 是体积；p 是压力；T 是绝对温度。对于理想气体，压缩性定义为：

$$c_g = \frac{1}{p} \tag{4.5}$$

对于非理想气体，压缩性由下列方程式定义：

$$c_g = \frac{1}{p} - \frac{1}{Z}\left(\frac{\partial Z}{\partial p}\right) \tag{4.6}$$

$$c_g \frac{1}{p} - \frac{1}{Z}\left(\frac{\partial Z}{\partial p}\right)_T \tag{4.7}$$

天然气在储层外很难以气态方式储存并提供灵活的供应能力。管道中的高压气体供应灵活性很小。

4.4.3　腐蚀性

在采油、炼油和天然气处理过程中产生的气体，虽然表面上是碳氢化合物，但可能含有大量腐蚀性酸气（如硫化氢和二氧化碳），因此具有很高的潜在腐蚀性。尽管天然气的处理在许多方面比原油的加工和精炼要简单，但同样要确保去除所有腐蚀性成分。

对来自炼厂装置的产品气进行处理的天然气厂中，潮湿的硫化氢和氰化物衍生物可能会引起腐蚀。当原料来自降黏装置、延迟焦化装置、硫化焦化装置或任何其他热裂解装置时，可能会在气体压缩机的高压部分形成由铵基化合物导致的硫化氢和硫化铁沉积，进而产生腐蚀性。此外，对原油进行加工，需要炼厂对更多的腐蚀性成分和有毒硫化氢进行更好的管理。在酸性气体中，引起腐蚀的主要气体成分是硫化氢（H_2S）和二氧化碳（CO_2），另外还有其他腐蚀成分。含有氨的蒸汽在处理前应进行烘干。在吸收油中可使用防污添加剂来保护换热器。缓蚀剂可用于控制架空系统的腐蚀。

例如，液化石油气系统中常用的铜和铜合金配件及连接件的劣化，只要 1ppm 的硫化氢就可导致铜带测试失效。因此，铜带腐蚀试验是一项非常敏感的试验，几乎可以检测出所有种类的腐蚀性硫，包括微量硫化氢。被测试产品不含任何添加剂至关重要，可减轻与铜带反应。

硫化氢腐蚀会导致黑色硫化铁垢的形成，分离装置中的黑水最为典型，垢下腐蚀经常发生在垢层下，可导致形成深层的、孤立的或随机分布的坑。为消除或减少进入乙醇胺系统的硫化铁的影响，可采用的主要方法包括：（1）使用缓蚀剂防止管道中最初发生的腐蚀；（2）将硫化铁颗粒分散到水相中，以便通过入口分离设备去除；（3）使用合适的过滤器或通过水洗方式，将硫化铁从乙醇胺吸收器上游中去除。

湿二氧化碳腐蚀会导致较高的腐蚀速率，但碳酸盐膜可提供一些保护，且在高温下更具保护性。除氢重整装置外，炼厂生产线上的二氧化碳含量通常不高。此外，在脱硫装置中碳钢容器的主要腐蚀源之一是胺降解产物的热稳定材料。氧在胺降解过程中起着重要作用，氧与胺发生反应生成乙酸、甲酸等有机酸。

此外，任何精炼过程的排出流中都可能含有氨（NH_3）和硫化氢（H_2S），它们会发生反应形成对碳钢具有高度腐蚀性的亚硫酸氢铵（NH_4HS），并可能导致灾难性的故障。亚硫酸氢铵引起腐蚀的严重程度取决于：（1）亚硫酸氢铵的浓度；（2）流体速度和湍流；（3）冲洗管理；（4）管道配置和系统温度。

4.4.4　密度和相对密度

密度是单位体积中所含物质的质量（简单地说，密度是质量除以体积）。在国际单位制中，物质与水在15℃时的密度之比被称为相对密度。常用的各种密度单位包括 kg/m^3、lb/ft^3 和 g/cm^3。此外，通常对摩尔密度或密度除以分子量的数值进行了规定。

密度是物质的一种物理性质，它是在恒定体积下测量碳氢化合物和其他化学物质的相对质量，天然气的每个组分都有独特的密度。对于大多数化合物（固体或液体）而言，密度是相对于水（1.00）而测量的。对于气体而言，密度常与空气密度进行比较（给定密度值也是1.00，与水的密度无关）。液化天然气（LNG）的密度为 0.41~0.5kg/L，取决于温度、压力和成分；相比之下，水的密度为 1.0kg/L。就成分而言（表4.5），液化天然气的主要成分是甲烷，因此，液化天然气的密度接近（但不完全等于）甲烷的密度。

通过试验方法和试验仪器（第3章 非常规天然气），可以较为方便地确定各种非常规气体的密度（或相对密度）。除另有角标说明，则密度（包括天然气碳氢化合物的密度）（图4.1）是在室温下的测量值；例如，2.487_{15} 表示物质在15℃时的密度为 $2.487g/cm$。上标20和下标4表示物质在20℃时相对于水在4℃时的密度。气体的密度单位为克/升（g/L）。

表 4.5　不同区域市场中液化天然气成分构成

来源	成分摩尔分数，%				
	甲烷	乙烷	丙烷	丁烷	氮
阿拉斯加	99.72	0.06	0.0005	0.0005	0.20
阿尔及利亚	86.98	9.35	2.33	0.63	0.71
巴尔的摩	93.32	4.65	0.84	0.18	1.01
纽约	98.00	1.40	0.40	0.10	0.10
圣地亚哥	92.00	6.00	1.00	—	1.00

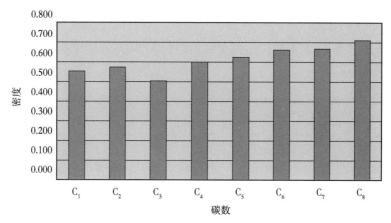

图 4.1　天然气碳氢化合物的碳数和密度（正辛烷 C_8H_{18} 及以下烷烃）

　　具体地说，通过简单地用气体混合物的平均分子量替换纯组分的分子量，可以计算出理想气体混合物的密度，得出：

$$\rho_g = \frac{\rho M_a}{RT} \tag{4.8}$$

式中：ρ_g 是气体混合物的密度，lb/ft^3；M_a 是平均分子量；p 是绝对压力，psi（绝）；T 是绝对温度；R 是通用气体常数。

　　低沸点烃衍生物的密度可通过几种方法测定，包括比重计法或压力比重计法。与高分子量液体石油产品相比，低沸点烃衍生物的相对密度本身没有什么意义，只有结合挥发性和蒸气压力才能显示出质量特征。它对库存量计算很重要，常用于运输和储存过程中。

　　相对密度是另一个常用的术语，它与碳氢化合物的性质有关。物质的相对密度是其密度与水密度的比值。物质密度和水密度都应该在相同的压力和温度下测量或表示。如果气体混合物和空气的行为都用理想气体描述，那么相对密度可以用以下形式表示：

$$\gamma_g = \frac{\rho_g}{\rho_{air}}$$

于是：

$$\gamma_g = \frac{\dfrac{p_{sc}M_a}{RT_{sc}}}{\dfrac{p_{sc}M_{air}}{RT_{sc}}} \tag{4.9}$$

$$\gamma_g = \frac{M_a}{M_{air}} = \frac{M_a}{28.96} \tag{4.10}$$

式中：γ_g 是气体的相对密度；ρ_{air} 是空气的密度；M_{air} 是空气的表观分子量，为 28.96；M_a 为气体的表观分子量；p_{sc} 是标准压力，psi（绝），T_{sc} 是标准温度，°R。

与空气密度相比,任何气体的密度都是蒸气密度,是天然气组分的重要特征(图4.2)。简单地说,如果天然气的组分比空气密度小(轻),它们将消散到大气中;而如果天然气的组分比空气密度大(重),它们将下沉并不会消散到大气中。在天然气的烃组分中,甲烷是唯一密度低于空气的成分。

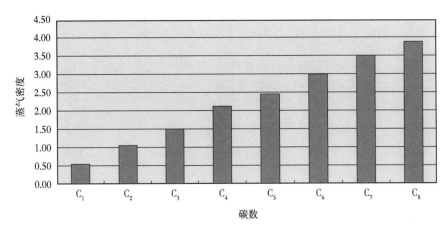

图 4.2 天然气碳氢化合物(正辛烷 C_8H_{18} 及以下烷烃)的碳数和蒸气密度(相对于空气密度=1.0)

可以通过计算得出密度(或相对密度),有必要的话可以使用仪器测量,可以用金属压力比重计来测定液态液化石油气的密度或相对密度。

事实上,甲烷的密度低于空气,但原始天然气的其他烃组分(即乙烷、丙烷和丁烷)的密度高于空气(图4.2)。如果在现场作业中发生天然气泄漏,尤其是天然气中含有甲烷以外的成分时,只有甲烷容易消散到空气中,其他比空气重的烃组分不容易消散到大气中,如果这些天然气组分在地表聚集,则会造成相当大的风险。

相对密度通常是指天然气相对于空气的密度(表4.6),在某些情况下,氢的密度可用于与天然气密度进行比较。相对密度作为在参考条件下相对于空气密度的测量值,可用于互换性规范中的互换性参数,以限制气体中较高的烃含量。即使在相同的沃泊指数值下,烃含量增加也会导致燃烧问题,如一氧化碳排放量增加、烟尘形成、发动机爆震或燃气轮机自燃。

表 4.6 天然气碳氢化合物与空气的相对密度

气体	相对密度
空气	1.000
甲烷(CH_4)	0.5537
乙烷(C_2H_6)	1.0378
丙烷(C_3H_8)	1.5219
丁烷(C_4H_{10})	2.0061
戊烷(C_5H_{12})	2.487
己烷(C_6H_{14})	2.973

人们经常说天然气比空气轻。这种说法产生的主要原因是，工程师和科学家们坚持认为，混合物的特征是由其中各个组分特征的数学平均值所决定的。这种虚夸的数学观点和不合理的思路不利于安全操作，需要经过鉴定。

相对密度是物质密度（单位体积的质量）与给定参考物质密度之比。相对密度通常是指（液体）与水相比的相对密度。

$$相对密度 = [\rho（物质）] / [\rho（参考）]$$

气体的相对密度通常与空气相关，其中空气的蒸气密度为 1（单位）。根据这个定义，蒸气密度表示气体密度大于空气密度（大于 1）还是小于空气密度（小于 1）。蒸气密度对容器的储存和人员安全会产生影响。如果容器能够释放出高密度的气体，其蒸气会下沉；如果可燃，则会聚集到足以点燃的浓度。即使不易燃，也可能聚集在密闭空间的较低层段并替代空气，可能对进入该空间下部的人员造成窒息危险。

根据气体的蒸气密度可将气体分为两类：（1）重于空气的气体；（2）轻于空气或与空气密度相同的气体。蒸气密度大于 1 的气体可能会出现在储存容器底部，并倾向于向下移动，并在低洼地区聚集。蒸气密度等于或小于空气蒸气密度的气体很容易扩散到周围环境中。此外，与空气具有相同蒸气密度（1.0）的化学物质在容器中会均匀地分散到周围的空气中，当释放到室外时，比空气轻的化学物质会向上移动并离开地表。

甲烷是天然气中唯一轻于空气的碳氢化合物（表 4.6）。分子量较高的碳氢化合物比空气具有更高的蒸气密度，并且在释放后很可能聚集在低洼地区，对调查人员造成危险。

4.4.5 露点

气体的露点或露点温度是指气体中所含的水蒸气或低沸点烃衍生物转变为液态的温度，低于露点温度时以液体形式存在，高于露点温度时以气体形式存在。

在进行任何气体取样时，烃露点通常是最重要的因素之一。简单而言，烃露点是气体组分开始从气态转变为液态的临界点。当相变发生时，气体中的某些组分会析出并形成液体，因此无法获得准确的气体样品。烃露点是气体组分和压力的函数。烃露点曲线是一个参考图，它决定了发生冷凝的特定压力和温度。由于气体成分不同，没有两条烃露点曲线是相同的。由于露点可以根据气体成分计算出来，因此直接测定液化石油气样品的露点就是对气体成分的测量。当然，它具有更直接的实用价值，如果存在少量的高分子量物质，最好使用直接测量方法。

烃露点是指（在给定压力下）任何富烃气体混合物（如天然气）的烃组分开始从气相冷凝的温度。发生这种冷凝的最高温度被称为临界凝析温度。天然气行业普遍使用烃露点作为重要质量参数，在合同规范中有规定（表 4.7），并在从生产商、天然气处理（天然气净化）厂到输配公司再到消费者的整个天然气供应链中，都需要强制执行。

因此，应将烃露点降低到一个水平，使得在输气系统可能遇到的最恶劣条件下也不会发生逆向冷凝，即压力下降导致的冷凝。同样，应将水露点降低到足以防止系统中形成 C_1—C_4 水合物的水平。在经过酸气还原、加臭、烃露点和水露点调整的适当处理后，天然气将在规定的压力、热值和可能沃泊指数（热值/相对密度）限值范围内出售（第 8 章 天然气净化工艺）。

表 4.7 天然气的管道标准示例

项目		最低	最高
组分摩尔分数 %	甲烷	75	
	乙烷		10
	丙烷		5
	丁烷		2
	戊烷及以上		0.5
	氮和其他惰性气体		3~4
	二氧化碳		3~4
微量组分	硫化氢，g/100ft^3		0.25~1.0
	硫醇硫，g/100ft^3		0.25~1.0
	总硫分，g/100ft^3		5~20
	水蒸气，lb/10^{6}ft^3		7.0
	氧，ppm（体积分数）		0.2~1.0
热值，Btu/ft		950	1150

一旦确定了混合物的成分，就可以计算相对密度、蒸气压力、热值和露点各种性质。由于露点可以根据成分计算出来，因此直接测定具体液化石油气样品的露点就是对气体成分的测量。如果存在少量的高分子量物质，最好使用直接测量方法。

虽然露点确定了蒸气第一次开始凝结成液体的条件，但它没有提供由于轻度冷却而产生冷凝结果的信息。根据系统的成分、温度和压力，输气管线中液体的冷凝速度可能会有很大的变化，需要有一个实用的烃露点规范，以允许存在少量对作业无重大影响的液体（Bullin 等，2010）。

4.4.6 易燃性

易燃化学品是指比其他化学品更容易点燃的化学品，而那些较难点燃或燃烧强度较低的化学品也是可燃的。

空气中气流组分的可燃性在很大程度上取决于气体的化学成分，这也与气体组分的挥发性有关。此外，挥发性与沸点直接相关。

物质的沸点（沸腾温度）是该物质蒸气压力等于大气压时的温度。在沸点时，物质由液态变为气态。沸点的更严格定义是物质的液相和气相平衡存在的温度。在加热时液体的温度升高，直到其蒸气压力等于周围大气（气体）的压力。此时温度不再升高，所提供的附加热能被吸收，作为气化的潜在热能，将液体转化为气体。这种转变不仅发生在液体表面（如蒸发的情况），而且还发生在液体的整个体积中，从而形成气泡。

如果周围大气（气体）的压力降低，液体的沸点就会降低。另外，如果周围大气（气体）的压力增加，则沸点升高。因此，如果不是在标准压力，即 760mmHg 或 1atm（标准温度和压力）条件下，物质的沸点通常是根据观测压力给定的。

石油馏分的沸点很少有不同的温度。更准确地说是指不同馏分的沸点范围；天然气也是如此。为了确定这些范围，在大气压或较低压力下，采用各种蒸馏方法对所述材料进行试验。因此，天然气烃组分的沸点随着分子量的增加而增加，天然气的初始沸点对应于最易挥发组分（即甲烷）的沸点（图 4.3）。

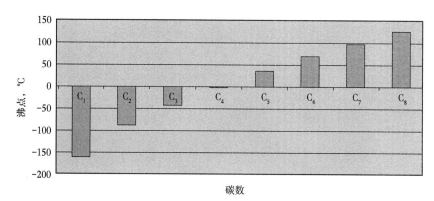

图 4.3　天然气碳氢化合物的碳数和沸点（正辛烷 C_8H_{18} 及以下烷烃）

　　净化后的天然气不具腐蚀性也无毒，其着火温度很高并且可燃性范围很窄，与其他燃料相比，它显然是一种安全的化石燃料。此外，如果从泄漏点逸出并消散，低于空气相对密度（1.00）的天然气（即甲烷，相对密度为 0.60）会上升。然而，甲烷是高度易燃的，很容易燃烧并且几乎完全燃烧。因此，天然气可能会爆炸从而对生命和财产造成危害。当天然气被限制在室内或煤矿内时，天然气的浓度可能会达到爆炸性混合物的水平，一旦被点燃就会发生爆炸，从而摧毁建筑物。

　　原油或石油产品（包括天然气）的闪点是指该产品到了一定的温度以后，会产生足够的蒸气与空气混合物，遇到明火就会燃烧，这个临界温度就叫作闪点。与其他性质一样，闪点取决于气体成分和其他烃组分的存在（图 4.4）。燃点是指在规定的方法条件下必须将气体加热到一定的温度以后，当烃蒸气和空气的混合物遇到明火点燃时能够持续燃烧，这个温度就叫燃点。

　　从安全的角度来看，闪点和燃点在以下情况下是至关重要的：在封闭或开放容器中储存、运输和使用液体石油产品时可能遇到等于或略高于最高温度（30~60℃，86~140℉）

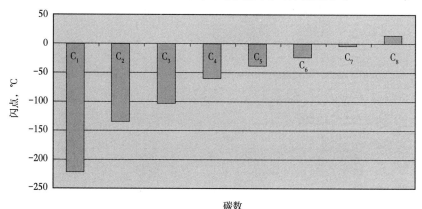

图 4.4　天然气碳氢化合物的碳数和闪点（正辛烷 C_8H_{18} 及以下烷烃）

的情况。在这个温度范围内，从闪点可以估算出相对的火灾和爆炸危险。对于闪点低于40℃（104℉）的产品，必须采取特殊防护措施才能进行安全操作。如果闪点在60℃（140℉）之上，那么除非闪点可以作为其他品质的间接测量指标，否则将逐渐失去其安全意义。石油产品的闪点也用于检测污染程度。对于一种产品而言，如果闪点大大低于预期值，则说明该产品已被更易挥发的产品（例如汽油）污染，这是一项可靠的指标。

可燃性范围：天然气可燃的温度范围。易燃极限（表4.8）用爆炸下限（LEL）和爆炸上限（UEL）表示。LEL是空气中天然气的一种临界浓度，低于此浓度时火焰在接触火源时不会蔓延。天然气的爆炸下限是在空气中体积占比为5%，在大多数情况下，在满足燃烧条件之前，可以很容易检测到气体的气味。UEL是指空气中天然气的另一种临界浓度，在高于该浓度时与点火源接触时火焰不会蔓延。天然气的爆炸上限是在空气中体积占比为15%。

表4.8　燃料气组分的可燃极限

气　　体	爆炸下限（空气中体积占比），%	爆炸上限（空气中体积占比），%
正丁烷	1.6	8.4
丁烯（1-丁烯）	1.7	9.7
一氧化碳	12.5	74.2
羰基硫	12.5	74
2，2-二甲基丙烷	1.4	7.5
乙烷	3	12.4
乙烯	2.7	36
正庚烷	1	7
正己烷	1	7.5
氢	4	75
硫化氢	4	46
异丁烷	1.82	9.6
甲烷	5	15
甲硫醇	3.9	21.8
正辛烷	1	7
异辛烷	0.6	6
正戊烷	1.4	7.8
异戊烷	1.3	9.2
丙烷	2.1	9.5
丙烯	2	11.1

　　一般每年会发生几次天然气泄漏引起的爆炸。当泄漏气体在建筑内部积聚时，个人住宅和小型企业最常受到影响。通常情况下，爆炸会对一座建筑物造成严重损害，但会使其保持不动。偶尔情况下，这种气体会大量聚集导致致命的爆炸，并在爆炸过程中使一个或多个建筑物解体。

　　经过分析发现，在发生火灾或爆炸之前必须同时满足三种条件。燃料（即可燃气体）和氧气（空气）必须以一定比例存在，同时还必须有点火源，如火花或火焰。所需的燃料和氧气的比例随每种可燃气体或蒸气的不同而变化。特定可燃气体或蒸气在空气中燃烧所需的最低浓度被定义为该气体的 LEL。低于此水平时，混合物太稀而无法燃烧。在空气中燃烧的气体或蒸气的最大浓度被定义为 UEL。高于这个水平，混合物太浓而不能燃烧。LEL和 UEL 之间的范围称为该气体或蒸气的可燃范围。通常，给定的 UEL 值和 LEL 值（表 4.9）仅在确定的条件下是有效的（通常为室温和大气压力，使用 2in 管点火）。大多数材料的可燃性范围随着温度、压力和容器直径的增加而扩大。

表 4.9　气体、凝析气和天然汽油各种组分爆炸下限（LEL）和爆炸上限（UEL）

组分	爆炸下限（LEL）	爆炸上限（UEL）
苯	1.3	7.9
1，3-丁二烯	2	12
丁烷	1.8	8.4
正丁醇	1.7	12
异丁烯	1.6	10
顺-2-丁烯	1.7	9.7
反-2-丁烯	1.7	9.7
一氧化碳	12.5	74
羰基硫	12	29
环己烷	1.3	7.8
环丙烷	2.4	10.4
二乙苯	0.8	
2，2-二甲基丙烷	1.4	7.5
乙烷	3	12.4
乙苯	1	6.7
乙烯	2.7	36
汽油	1.2	7.1
庚烷	1.1	6.7
己烷	1.2	7.4
氢	4	75
硫化氢	4	44
异丁烷	1.8	8.4
异丁烯	1.8	9.6

续表

组分	爆炸下限（LEL）	爆炸上限（UEL）
甲烷	5	15
3-甲基-1-丁烯	1.5	9.1
甲硫醇	3.9	21.8
戊烷	1.4	7.8
丙烷	2.1	9.5
丙烯	2.4	11
甲苯	1.2	7.1
二甲苯	1.1	6.6

另一个备受关注的易变因素是石油及其组分的蒸气压力。蒸气压力是液体蒸发部分对封闭容器壁所施加的作用力。反之，它是为防止液体进一步蒸发而必须施加在液体上的力。对于任何给定的汽油、液化石油气或其他产品，蒸气压力随温度升高而升高。液体（无论是纯化合物还是多种化合物的混合物）的蒸气压力等于1atm（14.7psi，绝对压力）时的温度被指定为液体的沸点。

蒸气密度对储存期间的可燃性会产生影响。如果一个容器能释放出高密度的气体，它的蒸气会下沉，如果是易燃气体则会聚集，直到其浓度达到足以点燃的程度。

因此，可燃下限值和上限值分别是可燃气体在空气中所占的临界百分比值，在下限值以下和上限值以上火焰不会蔓延（表4.5）。如果对这些限值范围内组分的混合物进行点火，火焰就会蔓延，因此混合物是易燃的。了解可燃极限及其应用范围，对于制订气体燃料安全操作规程是很重要的，例如，在净化气体设备、控制工厂或矿井大气污染或搬运液化气体等操作过程中所适用的安全规范。

可燃极限的计算是通过勒夏特列原理对混合物定律进行修正来完成的，用最简单的形式表示如下：

$$L = 100/(p_1/N_1 + p_2/N_2 + \cdots + p_n N_n) \tag{4.11}$$

式中：L 是在有限的空气和气体混合物中燃料气的体积分数，%；p_1，p_2，$\cdots$，p_n 是燃料气中存在的每种可燃气体的体积分数，%，在假定不含空气和惰性气体的条件下进行计算，以便 $p_1 + p_2 + \cdots + p_n = 100$；$N_1$，$N_2$，$\cdots$，$N_n$ 是每种可燃气体在有限的单个气体和空气混合物中的体积分数，%。上述关系式可适用于惰性含量小于或等于10%的气体，在计算极限内不引入大于1%或2%的绝对误差。

气体和空气混合物的火焰传播速率（也称为燃烧速度）在实际应用中具有重要意义，包括涉及燃烧器设计和能量释放率的问题。目前已经采用几种方法在层流和湍流火焰中测算这种燃烧速度。采用各种方法所得到的结果不一致，但任何一种方法都给出了相对效用值。湍流火焰的最大燃烧速度大于层流火焰。

4.4.7 地层体积系数

石油和天然气计算中引入了体积系数，表述了地表获得的储层流体（储罐流体）的体积与在储层压力下储层流体所占的体积之间的关系。

气体的地层体积系数是指在给定压力和温度下 1mol 气体与在标准条件下 1mol 气体的体积之比（p_s 和 T_s）。通过使用气体地层体积系数，表示在储层条件下气体体积与在标准条件［即 15.5℃（60℉）和 14.7psi（绝）］下气体体积之比。这种气体性质的定义是，在规定的压力和温度下，一定量的气体体积除以在标准条件下相同量气体体积。在方程形式中，该关系表示为：

$$B_g = \frac{V_{p,T}}{V_{sc}} \tag{4.12}$$

式中：B_g 是气体地层体积系数，ft^3/ft^3；$V_{p,T}$ 是压力 p 和温度 T 下的气体体积，ft^3；V_{sc} 是标准条件下的气体体积，ft^3。

一定摩尔体积的倒数是摩尔密度，因此：

$$B_g = \frac{\tilde{v}_{g|res}}{\tilde{v}_{g|sc}} = \frac{p_{g|sc}}{p_{g|res}} = \frac{(\rho_g/MW_g)_{|sc}}{(\rho_g/MW_g)_{|res}} \tag{4.13}$$

引入用压缩系数定义密度的方法：

$$B_g = \frac{\dfrac{p_{sc}}{RT_{sc}Z_{sc}}}{\dfrac{p}{RTZ}} \tag{4.14}$$

由于 $Z_{sc} \approx 1$，关系式为：

$$B_g = \frac{p_{sc}}{T_{sc}}\frac{ZT}{p} = 0.02827\frac{ZT}{p}\ [ft^3（油藏）/ft^3（标准）]$$

式中气体地层体积系数的单位是 ft^3（油藏）/ft^3（标准）。

气体地层体积系数也可以用 bbl（油藏）/ft^3（标准）表示。在这种情况下，1bbl（油藏）= 5.615ft^3（油藏）。因此，有：

$$B_g = 0.005035\frac{ZT}{p}\ [ft^3（油藏）/ft^3（标准）]$$

液体或凝析油（B_o）的地层体积系数表示在储层条件下 1lb·mol 液体的体积与液体通过地表分离设施处理后的体积之间的关系。

$$B_o = \frac{储层条件下 1lb·mol 液体的体积 ［bbl（油藏）］}{经过地表分离后 1lb·mol 液体的体积 ［bbl（标准）］}$$

在储层条件（V_o）$_{res}$ 下，1lb·mol 液体所占的总体积可通过该液体的压缩系数计算，如下所示：

$$(V_o)_{res} = \left(\frac{nZ_oRT}{p}\right)_{res} \tag{4.15}$$

式中，$n = 1\text{lb} \cdot \text{mol}$。

分离后，一些气体将从供给地面设施的液体流中排出。n_{st} 是 1mol 进入分离设施的进料离开储液罐时液体的物质的量（mol）。通过分离设施后，1lb · mol 的储层流体（包括天然气）将占据的体积为：

$$(V_o)_{res} = \left(\frac{n_{st}Z_oRT}{p}\right)_{sc} \tag{4.16}$$

4.4.8 发热量

天然气的发热量（能量含量）是以英国热量单位（Btu）测量的燃烧一定体积天然气所获得的能量。天然气的发热量是通过其英热单位含量来计算的。1Btu 是在大气压力下将 1lb 水的温度升高 1℉ 所需的热量。1ft³ 天然气的能量含量约为 1031Btu，但根据天然气的成分，该值的范围为 500~1500Btu。气体的热值通常在恒压下使用流动量热计测定，在该测量方法中，一定量的气体燃烧所释放的热量，被测定数量的水或空气所吸收。

作为加热剂，不同来源、不同成分的气体的相对优点可以根据其热值进行比较。因此，热值可以在贸易交接时用作确定天然气价格的参数，同时热值也是计算燃气轮机等能量转换装置效率的重要因素。气体的加热值不仅取决于温度和压力，还取决于水蒸气的饱和度。然而，一些量热法是基于规定条件并且水饱和情况下，进行气体热值的测量。

天然气（或任何燃料气）的热值可通过使用量热计，在恒压下空气中燃烧燃料气来进行实验测定。产物可以被冷却到初始温度，并对完全燃烧过程中释放的能量进行测量。所有含有氢的燃料都会释放出水蒸气作为燃烧的产物，然后在量热计中冷凝。所释放热量的测量结果是较高的热值（HHV），也称为总热值，包括水的气化热。较低的热值（LHV），也称为净热值，是通过从测量的较高热值中减去水的气化热来计算的，并假定包括水在内的所有燃烧产物都保持气相状态。美国计量系统采用 Btu/lb 或 Btu/ft³ 作为单位，以体积为基础来表示测量结果。这一特性是在确定发动机配置下气体潜在性能和扭矩的一个指标。

天然气的主要质量标准是天然气的热值和天然气生产或销售的燃料气的总热值（热值），在 900~1200Btu/ft³。此外，气体必须易于通过高压管道运输，因此，必须考虑水露点定义的含水量，以防止管道中形成冰或水合物。同样，根据烃露点的定义，应考虑分子量高于乙烷的夹带碳氢化合物的量，以防止可能堵塞管道的可凝液体积聚。

因此，天然气的能量含量是可变的，因为天然气所含的能量气体（甲烷、乙烷、丙烷和丁烷）的数量和类型不同；天然气中不可燃气体越多，其能量（Btu）就会越低。此外，天然气藏中存在的能量气体的体积重量也会影响天然气的能量（Btu）值。烃类气体中的碳原子越多，其能量（Btu）值就越高。有必要对天然气进行能量（Btu）值分析，在供应链的每个阶段都应开展这种分析。气相色谱分析仪用于对天然气流进行馏分分析，将天然气分离成可识别的组分。这些组分及其浓度被转换成以 Btu/ft³ 表示的总热值。

在美国，天然气交易通常以撒姆（th）为单位进行零售，而批发交易通常以十撒姆（Dth）或者千十撒姆（MDth）、百万十撒姆（MMDth）来进行。

通过式（4.17）可以精确计算出原油及其产品的总燃烧热值：

$$Q = 12400 - 2100d^2 \qquad (4.17)$$

式中，d 是 60/60℉ 条件下的相对密度。与公式的偏差通常是小于 1%。

另外两个参数是总热值和净热值（表 4.10）。总热值是指在标准温度和压力下，在理想燃烧反应中作为热量传递的总能量，在该条件下所有形成的水都以液体的形式出现。由于有些水会使产物中的二氧化碳饱和，在假设状态下总热量是理想的气体性质，在这种条件下所有的水都不能凝结成液体。因此，有：

$$Hv^{\mathrm{id}} = \sum_i y_i Hv_i^{\mathrm{id}} \qquad (4.18)$$

式中：Hv^{id} 是理想气体单位体积的总热值，MJ/m³；y_i 是组分 i 的气相摩尔分数。理想能量流的计算需要将总热值乘以该时间段内气体的理想体积。要使用实际气体流量来计算理想能量，需要通过除以系数 Z 将实际气体流量转换为理想气体流量。因此，Hv^{id}/Z 是实际气体单位体积的理想总热值，必须确定天然气混合物的系数 Z，然后将其被混合物总热值整除。如果将每个纯组分总热值除以纯组分系数 Z，然后取摩尔平均值，这种计算方法会得出错误的答案。

表 4.10 各种气体的总热值和净热值

气体	总热值		净热值	
	Btu/ft³	Btu/lb	Btu/ft³	Btu/lb
丁烷	3225	21640	2977	19976
丁烯	3077	20780	2876	19420
一氧化碳	323	4368	323	4368
煤气	149	16500		
乙烷	1783	22198	1630	20295
乙烯	1631	21884	1530	20525
己烷	4667	20526	4315	18976
氢	325	61084	275	51628
硫化氢	672	7479		
甲烷	1011	23811	910	21433
天然气	950	19500	850	17500
戊烷	3981	20908	3679	19322
丙烷	2572	21564	2371	19834
丙烯	2336	21042	2185	19683

注：1Btu/ft³ = 8.9cal/m³。

净热值是指在标准温度和压力下，在理想燃烧反应中以热量形式传递的总能量，在标准温度和压力下，所有形成的水都以蒸汽形式出现。在假设的状态下（水不能完全保持蒸汽状态，在产物中的二氧化碳溶于水并达到饱和，剩余水会凝结），净热值是一种理想的气体性质。人们普遍错误地认为，净热值适用于燃烧式加热器和锅炉等工业操作。虽然这些操作产生的烟气不会冷凝，但净热值并不直接适用，因为这些气体不处于15℃（59℉）的条件下。当气体冷却到15℃（59℉）时，一些水会凝结，而其余的水会使气体饱和。在这种情况下，可以使用总热值或净热值，但需注意正确利用假设状态。

通常，低热值气体伴有高惰性气体，高热值气体伴有较大的高分子量碳氢化合物(C_{2+})成分。相对于甲烷数，惰性气体有利于提高甲烷数，而高分子量碳氢化合物（C_{2+}）则会降低甲烷数。

4.4.9　氦含量

氦是未加工天然气中一种微量元素。在天然气中出现的大部分氦被认为是由大陆地壳的花岗岩类岩石中铀和钍的放射性衰变而形成的。氦是一种非常轻的气体，具有浮力，一旦形成就会向上移动。只有少量的天然气田含有足够的氦气，需要开展氦回收工艺。一般来说，天然气源必须含有至少0.3%（体积分数）的氦，才能被视为潜在的氦源。

以下三种条件会聚集最丰富的氦气：（1）花岗质基底岩石富含铀和钍；（2）基底岩石发生断裂，为氦提供了逃逸通道；（3）基底断层上方的多孔沉积岩被岩盐或硬石膏的非渗透性盖层所覆盖。当这三个条件都满足时，氦可能在多孔沉积岩层中聚集。

为了大规模使用，一般通过分馏从气流中提取氦（第7章　天然气加工工艺分类）。由于氦的沸点比任何其他元素都低，所以在低温和高压下氦气几乎可用于液化所有其他气体，主要是氮气和甲烷（第7章　天然气加工工艺分类和第8章　天然气净化工艺）。所产生的粗氦气通过连续暴露在较低温度下进行净化，几乎所有剩余的氮气和其他气体都从气体混合物中沉淀出来。使用活性炭作为最后的净化步骤，通常可得到99.995%的纯氦。在最后一个步骤中，所生产的大部分氦都是通过低温工艺进行液化，这使得液氦的运输更加方便。

4.4.10　高分子量碳氢化合物

一些公用事业公司可能会在需求高峰期向天然气中添加丙烷/空气混合物。丙烷的蒸气压力很低，如果大量存在，将在高压和低温下形成液相。由于这种冷凝液在较低储罐压力下会蒸发使燃料发生变化，因此难以控制其空燃比。此外，气体混合物中大量存在较重的碳氢化合物会降低其爆震等级，并可能导致潜在的发动机损坏。

在压缩过程中，也可能会有大量的油添加到气体中，这些油随后会冷凝并干扰天然气发动机（使用CNG）（如气压调节器）的运行。另外，注气装置的持久操作需要保持夹带油的最低量。不同的注气装置制造商会推荐不同的最低机油油位。

压缩机出口气体中的油往往通过聚结过滤器去除，但是在很多情况下，这种过滤器的去除能力不够，因为在热的压缩机出口气体中有高达50%的夹带油以蒸气形式存在。需要考虑其他措施，例如对排放气体进行额外冷却处理，或者使用合成油、矿物油或矿物油与聚结过滤器下游的适当吸附过滤器组合（Czachorski等，1995）。

4.4.11　计量

此外，在向消费者出售天然气之前，必须对天然气进行评估和计量，以便消费者获得准确的天然气量（Rhoderick，2003）。

天然气可以用几种不同的计量方法（表4.11），但通常是测量其在正常温度和压力下的体积，体积一般以ft³计量，温度为15.5℃（60℉），大气压力14.7psi。因此，天然气的计量（在生产时或交付给消费者时）单位为 $10^3 ft^3$ 或 $10^6 ft^3$；资源和储量的计算单位为 10^{12} ft^3。天然气以 ft^3（10ft 深、10ft 长、10ft 宽的容器可容纳 1000 ft^3 的天然气）或 Btu 为单位进行出售，这是对天然气热含量或燃烧特性的计量单位。作为天然气的计量单位，1th 相当于 100000Btu，或略高于 97 ft^3。另外，生产和销售公司通常以千立方英尺（Mcf）、百万立方英尺（MMcf）或万亿立方英尺（Tcf）为单位对天然气进行计量。

表 4.11　天然气常用计量单位换算

1 ft^3（cf 或 scf）= 1027Btu

100 ft^3（scf）= 1th（近似）

1000 ft^3（Mcf）= $1.027×10^6$ Btu（1MMBtu）

1000 ft^3（Mcf）= 10th

$1×10^6 ft^3$（MMcf）= $1.027×10^9$ Btu

$1×10^9 ft^3$（Bcf）= $1.027×10^{12}$ Btu

$1×10^{12} ft^3$（Tcf）= $1.027×10^{15}$ Btu

4.4.12　汞含量

汞是存在于很多天然气藏中的一种微量元素，作为一种对环境有害的元素，汞必须从气流中去除，最好是在生产现场就将其去除（Mussig 和 Rothman，1997）。汞的存在不是由人类活动引起的。天然气中的汞不是人为的有害物质，它在某些天然气地层中自然发生，不可避免地与天然气一起生成。据推测汞这种微量元素应该来源于位于气藏下方的火山岩。

在使用标准方法（ASTM，2017）确定金属浓度之后，必须采用最合适的去除技术（第 7 章　天然气加工工艺分类和第 8 章　天然气净化工艺），必须对所有汞污染区域（如污泥和土壤）进行清洁，并且必须依法对废弃物进行妥善处理。

在天然气生产和处理过程中，汞可能会排放到环境中，也可能会污染工厂的某些部分。汞可能通过乙二醇工艺架空设备等排放到空气中，导致土壤污染，并在维护期间在处理设施周围发生偶然泄漏。与汞接触过的物质，如来自脱水装置的污泥和用于气体处理装置的活性炭过滤器，都会受到污染。无论其浓度如何，汞都会吸附在任何金属表面、形成结垢和腐蚀产物。因此，在维护、改造和废弃活动期间，所有这些部件都可能受到污染，必须在报废和处置之前进行清洁或处理，或者必须在不影响环境的情况下进行处置。

4.4.13　甲烷值

评定气体燃料抗爆性的主要参数是甲烷值（MN），它类似于汽油的辛烷值，目前正在开发确定气体燃料甲烷值的适当试验方法（Malenshek 和 Olsen，2009）。

采用不同的标度对压缩天然气的抗爆性进行评定，包括马达法辛烷值（MON）和甲烷值。这些标称值的差异体现了与天然气相比的不同参考混合燃料。甲烷值体现了使用甲烷（甲烷值为 100）和氢气（甲烷值为 0）的参考混合燃料。在反应氢碳比（H/C）与马达法辛烷值（MON）之间以及马达法辛烷值（MON）与甲烷数之间建立了相关性。

$$MON = -406.14 + 508.04 (H/C) - 173.55 (H/C)^2 + 20.17 (H/C)^3 MN$$
$$= 1.624 \cdot MON - 119.1$$

因此，如果气体混合物的甲烷值为 70，则其抗爆性相当于 70% 甲烷和 30% 氢的气体混合物的抗爆性。

为确保发动机安全运行，甲烷值必须至少达到燃气发动机的要求甲烷值（MNR）。发动机所需的甲烷值受设计和运行参数的影响，可以通过改变发动机运行状态来调整甲烷值（MNR）。改变点火正时、空燃比和输出功率是降低甲烷值（MNR）的有效措施。

4.4.14 加臭

加臭是为了确保天然气在消费时的安全而采用的一项工艺技术。因为输送至管道的天然气几乎没有异味，大多数法规都要求添加加臭剂，以便在发生事故和泄漏时容易检测到气体的存在。这种加臭处理是在气体交付用户之前，通过向气体中添加微量的有机硫化物来实现的。标准要求是，当空气中的气体浓度达到 1% 时，用户能够通过气味检测到气体的存在。由于天然气的可燃下限约为 5%，这 1% 的要求基本上相当于可燃下限的 1/5。这些微量加臭剂的燃烧不会产生任何严重的硫含量或毒性问题。

在任何形式下，都要在天然气这种本来无色无味的气体中加入少量有明显气味的加臭剂，以便在火灾或爆炸前及时发现泄漏。在交付最终用户的天然气中，极低浓度的加臭剂被认为是无毒的。

4.4.15 相态特性

与纯组分的相变线相比，多组分混合物在压力—温度图中表现为一条液相—气相变化的包络线，该包络线包含泡点线和露点线。对于纯物质，在蒸气压力线上，压力下降会导致从液体到气体的相变；同样，在多组分情况下，压力下降会导致在低于临界温度时发生从液体到气体的相变。

可以在压力—体积图上绘制出所得到的压力—体积关系，其中还包括泡点和露点轨迹（图 4.5）。

泡点和露点曲线相交于一点，即临界点。泡点—露点包络线下的区域是气相和液相可以共存的区域，因此会有一个界面（液滴或气泡的表面）。包络线上方的区域表示气相和液相不共存的区域。气泡点、露点和单相区域（图 4.5）通常用于对储层进行分类。当温度高于环冷凝物时（这是形成两相的最高温度），在任何压力下都只会存在一个相。例如，如果在温度 T_A 和压力 p_A（点 A）条件下，碳氢化合物混合物（图 4.5）在一个储层中生成，那么在基本恒温条件下从储层中采出流体，由此引起的压降不会导致另一种相的形成。

干气以甲烷为主，在开采阶段（包括运移的储层条件以及工艺条件）遇到的所有压力和温度条件下都呈现气相。特别是，尽管液态水可以凝结，但气体中不会形成烃类液体。干气藏的温度高于环冷凝物。在开采过程中流体的温度和压力都会降低。在开采过程中所遵循的温度压力路径没有穿透相包络线，因而在地表采出的气体中不含相关液相。

湿气存在于储层的纯气相中，但在从井孔套管到上部平台分离器的采气管线中变成液/气两相混合物。在采气管线的压降过程中，湿气中会出现液态凝析气。在湿气藏中，储层温度刚好高于环冷凝物。在生产过程中，流体的温度和压力都会降低。生产过程中所遵循的温度压力路径刚好穿透相包络线，从而在地表产出含有少量伴生液的气体。

反凝析气是指在储层压力和温度条件下以气体形式存在的流体。然而，随着压力和温度的降低，由于反凝析过程而形成大量的液体。反凝析气体也被称为反凝析油、反凝析气。

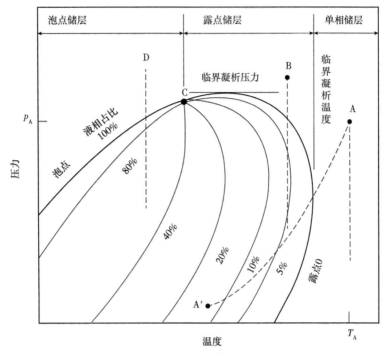

图 4.5　油藏系统的温度—压力相图

在凝析气藏中，储层温度介于临界点温度和环冷凝物温度之间。其生产路径的历史比较复杂。最初，流体处于不确定的气相，蒸气随着压力和温度的下降而膨胀。这种情况一直持续到达到露点线，这时越来越多的液体从气相冷凝。如果压力和温度进一步降低，冷凝液可能会再次蒸发，尽管可能没有足够低的压力和温度来实现这一点。

综上所述，在任何给定的恒定低流体压下，流体体积的减少将包括蒸气通过液相区凝结成液体，使液相区和蒸气区共存。但是，在给定的恒定流体高压下（高于临界点），流体体积的减少将使气相转变为液相，而不产生任何流体界面（即蒸气密度变得越来越大，直到可以被视为轻液体）。因此，临界点也可以被视为液体和气体的性质变得难以区分的点（即临界点）气体密度如此之大，看起来像低密度液体，反之亦然。

当储层中的流体保持单相时，产生的气体在冷却和膨胀到 A_0 点的表面温度和压力时分裂成两个相。因此，即使地层中只有一个相，也会在地表采集到一些凝析油。所采集到凝析油的量取决于分离器的操作条件。在给定压力下温度越低，采集到的凝析油体积就会越大。

4.4.16　残留物

气流中的残留物不得与"残留气体"这一术语相混淆。来自 NGL 回收工艺（第 7 章　天然气加工工艺分类）的残留气体是通过管道输送至终端用户的最终净化销售气体（即甲烷）。

另外，气流中残留物的标准试验定义是沸点高于 37.8℃（100℉）以上污染物浓度，这些污染物可能存在于液化石油气中。污染物通常是压缩机油、阀门中的润滑剂、软管中的增塑剂、缓蚀剂以及应用多种场合的泵、管道和储存容器上的其他原油产品。对于内燃机燃料系统设备中使用的液体回收装置，无论何种来源的污染物都会带来麻烦。污染物会积聚在汽化器中，并最终堵塞燃料系统。

4.4.17 含硫量

天然气中的硫化物以硫醇、硫化氢和加臭剂的形式存在。前两种硫化物产自气源（气田），在天然气处理厂经过处理后其含量会降低。

液化石油气的生产工艺在设计上应确保能够去除大部分（如果不是全部）硫化合物。因此，总含硫量远低于其他原油燃料，含硫量的最大限值有助于更完整地对产品进行定义。引起腐蚀的主要硫化物有硫化氢、羰基硫化物，有时元素硫也会造成腐蚀。硫化氢和硫醇都有明显的难闻气味。控制总硫含量，以及硫化氢和硫醇含量可确保产品不易腐蚀，不会散发出令人恶心的气味。并且对符合要求的铜带试验进行了规定，从而进一步确保对腐蚀的控制。

腐蚀性硫化合物可以利用其对铜的影响来检测，一般来说，针对石油产品开展的铜带腐蚀试验也适用于液化石油气（Speight，2015，2018；ASTM，2017）。硫化氢可以通过其对潮湿醋酸铅纸上的作用来检测，并且还可以采用一个程序来测量硫化物。

4.4.18 黏度

在研究储层流体在管道、多孔介质或动量传递过程中的动态或流动行为时，了解储层流体的黏度都是至关重要的。黏度单位为 $g/(cm \cdot s)$ 或 P。运动黏度是绝对黏度与密度之比：

$$\frac{\mu}{\rho} = \frac{cP}{\dfrac{g}{cm^3}} = cSt$$

气体在接近室温的黏度在厘泊（cP）范围内，这是常用的单位。气体黏度在大气压下与压力的关系很小，主要是温度的函数，可以通过输入实验参考测量值，根据温度数值建模。

天然气的黏度通常比油或水低几个数量级，这对于气体回收有利，有助于提高储层中气体相对于原油或水的流动性。在 1atm 和储层温度下，气体混合物的黏度可由气体混合物成分确定。因此：

$$\mu_{ga} = \frac{\sum\limits_{i=1}^{N} y_i \mu_i \sqrt{M_{gi}}}{\sum\limits_{i=1}^{n} y_i \sqrt{M_{gi}}} \tag{4.19}$$

式中：μ_{ga} 是所需温度和大气压下气体混合物的黏度；y_i 是第 i 组分的摩尔分数；μ_i 是所需温度和大气压下气体混合物第 i 组分的黏度；M_{gi} 是气体混合物第 i 组分的分子量；N 是气体混合物中各成分的数量。

4.4.19 挥发性和蒸气压力

气体（尤其是液化石油气）的蒸发和燃烧特性，是在标准应用条件下根据挥发性、蒸气压力和（在更少程度上）相对密度而定义的。

挥发性以95%样品蒸发时的温度表示，该参数还用于测量所存在的最少挥发性成分含量。蒸气压力（也称为饱和压力，相应的温度称为饱和温度）是对可能发生初始蒸发的最极端低温条件的一种测量参数。通过共同设定蒸气压力和挥发性限值，本规范可以确保得到丁烷和丙烷等级的基本单组分产品。将丙烷和丁烷混合物的蒸气压力/挥发性限值与相对密度相结合，可以确保得到基本双组分系统。残留物（即不挥发物质）可以作为一种参数，用于测量气体中可能存在的沸点高于37.8℃（100℉）的污染物浓度。

在封闭容器中，纯化合物的蒸气压力是液体蒸发部分对每单位壁面积所施加的作用力。蒸气压力也是纯化学物质的气相和液相相互平衡的压力。在大气压力下的露天环境中，任何在低于沸点温度下的液体都有其蒸气压力，并且该压力小于1atm。当化合物的蒸气压力达到1atm（14.7psi）时，饱和温度变为正常沸点。蒸气压力随温度升高而升高，物质的最高蒸气压力值是其临界压力，而相应的温度是临界温度。

蒸气压力是任何化学物质的一个重要热力学性质，它是流体挥发性的一个测量指标（表4.12）。具有较高蒸发倾向的化合物具有较高的蒸气压力。更易挥发的化合物是那些沸点较低的化合物，称为轻化合物。例如，丙烷（C_3）的沸点比正丁烷（nC_4）低，因此更易挥发。在一定温度下，丙烷的蒸气压力高于丁烷。在这种情况下，丙烷被称为轻化合物（更易挥发），而丁烷被称为重化合物。一般来说，与挥发性更低的化合物相比，挥发性更高的化合物的临界压力更高，临界温度更低，密度更低，沸点更低。但是对于某些同分异构化合物来说，情况并非如此。

表4.12　各种气流烃衍生物的蒸气压力

烃	分子式	分子量	蒸气压力（100℉），psi（绝）
甲烷	CH_4	16.043	−5000
乙烷	C_2H_6	30.07	−800
丙烷	C_3H_8	44.097	188
正丁烷	C_4H_{10}	58.124	51.54
异丁烷	C_4H_{10}	58.124	72.39
正戊烷	C_5H_{12}	72.151	15.575
异戊烷	C_5H_{12}	72.151	20.4444
新戊烷	C_5H_{12}	72.151	36.66
正己烷	C_6H_{14}	86.178	4.96
2-甲基戊烷	C_6H_{14}	86.178	6.767
3-甲基戊烷	C_6H_{14}	86.178	6.103
新己烷	C_6H_{14}	86.178	9.859
2，3-二甲基丁烷	C_6H_{14}	86.178	7.406
n-庚烷	C_7H_{16}	100.205	1.62
2-甲基己烷	C_7H_{16}	100.205	2.2719
3-甲基己烷	C_7H_{16}	100.205	2.131
3-乙基戊烷	C_7H_{16}	100.205	2.013

续表

烃	分子式	分子量	蒸气压力（100℉），psi（绝）
2，2-二甲基戊烷	C_7H_{16}	100.205	3.494
2.4-二甲基戊烷	C_7H_{16}	100.205	3.293
3，3-二甲基戊烷	C_7H_{16}	100.205	2.774
正辛烷	C_8H_{18}	114.232	0.537
异辛烷	C_8H_{18}	114.232	1.709
正壬烷	C_9H_{20}	128.259	0.1796
正癸烷	$C_{10}H_{22}$	142.286	0.0609
环戊烷	C_5H_{10}	70.135	9.914
甲基环戊烷	C_6H_{12}	84.162	4.503
环己烷	C_6H_{12}	84.162	3.266
甲基环己烷	C_7H_{14}	98.189	1.6093
乙烯	C_2H_4	28.054	
丙烯	C_3H_6	42.081	227.6
1-丁烯	C_4H_8	56.108	62.1
顺-2-丁烯	C_4H_8	56.108	45.95
反-2-丁烯	C_4H_8	56.108	49.94
异丁烯	C_4H_8	56.108	63.64
1-戊烯	C_5H_{10}	70.135	19.117
1，3-丁二烯	C_4H_6	54.092	59.4
苯	C_6H_6	78.114	3.225
甲苯	$C_6H_5CH_3$	92.141	1.033
乙苯	C_8H_{10}	106.168	0.376
邻二甲苯	C_8H_{10}	106.168	0.263
间二甲苯	C_8H_{10}	106.168	0.325
对二甲苯	C_8H_{10}	106.168	0.3424

在计算烃蒸气在空气中的损失和可燃性时，蒸气压力是一个有用的参数。与更重的化合物相比，挥发性更高的化合物更容易着火。例如，可以在汽油中加入正丁烷以改善其着火特性。因此，蒸气压力是对可能发生初始蒸发的最极端低温条件的一种测量参数。通过共同设定蒸气压力和挥发性限值，本规范可以确保得到丁烷和丙烷等级的基本单组分产品。将丙烷和丁烷混合物的蒸气压力/挥发性限值与相对密度相结合，可以确保得到基本双组分系统。残留物（即不挥发物质）可以作为一种参数，用于测量气体中可能存在的沸点高于37.8℃（100℉）的污染物浓度。

低蒸气压化合物可减少蒸发损失和蒸气锁的可能性。因此，对于一种燃料而言，应在低蒸气压力和高蒸气压力之间进行折中。然而，蒸气压力的一项主要应用是在相平衡计算中用于平衡比的计算。对于纯碳氢化合物而言，蒸气压力值是在参考温度100℉（38℃）

下的压力。对于天然气，采用雷德法测量 100℉ 下的蒸气压力。雷德蒸气压约等于 100℉（38℃）时的蒸气压力。

挥发性以 95% 样品蒸发时的温度表示，该参数还用于测量所存在的最少挥发性成分含量。本规范对燃料中的重端组分规定了控制措施，实际上是对在系统温度下运行时不会蒸发的高沸点组分进行限制。在将挥发性与蒸气压力相结合考虑时，可以确保得到丙烷和丁烷的单组分产物，以及丙烷和丁烷混合物的双组分产物。

蒸气压力是商用丙烷、专用丙烷、丙烷/丁烷混合物和商用丁烷的一个重要性能指标，它能确保充分的蒸发、高度安全性，并保证与商用电器的兼容性。相对密度虽然不是本规范中典型标准参数，但对于填充密度的确定和贸易交接是必要的。马达法辛烷值（*MON*）可用于确定产品作为内燃机燃料的适用性。当使用这些数据计算这些石油产品的各种性质时，组分数据的精度和准确性至关重要。

简单的蒸发试验与蒸气压力测量相结合，对组分数据提供了进一步指导。在这些试验中，允许液化石油气样品从打开的带刻度的容器中自然蒸发。根据体积/温度变化来记录结果，例如在 95%（体积分数）蒸发时记录温度并在特定温度下记录剩余体积。蒸发特性是对各种液化石油气相对纯度的测量指标，有利于保证挥发性能。试验结果表明，在丙烷型液化石油气中存在丁烷和高分子量组分，在丙烷/丁烷型燃料气中以及丁烷型燃料气中存在戊烷和高分子量组分。95%（体积分数）蒸发温度升高表明，存在比液化石油气挥发性更低的碳氢化合物。当需要高沸点组分的类型和浓度时，应使用色谱分析方法。

4.4.20 含水量

使用含水量高的天然气可能导致在低操作温度和高压下形成液态水、冰颗粒或水合物，这将对发动机燃料的持续平稳流动产生干扰，并使驾驶性能变差甚至会引起发动机停机等问题。

当天然气中含有水，但组分分析结果显示为干基时，必须对组分分析结果进行调整，以反映水的存在。根据相对湿度的定义（以 1mol 为基础）估算混合物中水的摩尔分数：

$$y_{\rm w} = h_{\rm g}\, p_{\rm w}^{\sigma}/p = n_{\rm w}/(1 + n_{\rm w}) \tag{4.20}$$

式中：$n_{\rm w}$ 是水的物质的量，mol；$y_{\rm w}$ 是水的摩尔分数；$p_{\rm w}^{\sigma}$ 是气相中水的分压，kPa；p 是总压，kPa；$h_{\rm g}$ 是相对湿度。

因此，液化石油气不含游离水是一项基本要求。溶解的水通过形成水合物和在气相中产生水汽而引起麻烦。这两种情况都会导致堵塞。因此，可以使用电子水分分析仪、露点温度和染色检测管的长度来确定是否存在水（ASTM，2017；Speight，2018）。

4.4.21 沃泊指数

在给定气体压力下，通过既定的孔向设备中输入热量时，沃泊指数提供了一种测量指标。利用沃泊指数作为垂直坐标，火焰速度系数作为水平坐标，借助适当的试验气体，可以为一个设备或整套设备绘制燃烧图。定义沃泊指数背后的概念是测量气体的互换性，即具有相同沃泊指数（在规定的压力条件下）的气体在燃烧过程中产生相同的热量输出。然而，根据公式中使用的是高热值还是低热值，可以对高沃泊指数和低沃泊指数进行区分。

沃泊指数（或沃泊数＝热值/相对密度）和火焰速度通常以一个系数或者任意比例来表

示，其中氢的系数为 100。该系数可通过气体分析计算得出。实际上，热值和相对密度可以通过组分分析计算而得出。

燃烧图显示了，对于给定设备可能发生的气体沃泊指数的变化范围，而不会导致不完全燃烧、火焰浮起或预混火焰的回燃。这种预测燃烧特性的方法不够准确，不足以完全消除对新气体进行实际测试的需要。另一个重要的燃烧指标是气体模量（$M = p/WI$），其中 p 是气体压力，WI 是气体的沃泊数。如果要在大气压下使空气预混燃烧器保持一定的充气度，则气体模量必须保持恒定。

天然气经过适当的酸气还原、加臭以及烃露点和水分露点调整处理后，将在规定的压力、热值和可能的沃泊指数（也称为沃泊数）范围内出售，沃泊指数表示如下：

$$WI = CV/\sqrt{\gamma} \tag{4.21}$$

式中：WI 是沃泊指数或沃泊数，通常用 Btu/ft^3 表示；CV 是高位热值（HHV）；γ 是相对密度。

燃气轮机可以使用大范围的燃料，但特定装置所能接受的燃料变化是有限的。修正后的沃泊指数（MWI）特别被燃气轮机制造商使用，因为它考虑了燃料的温度。MWI 是较低热值（LHV）与相对密度的平方根之比再乘以绝对气体温度：

$$MWI = LHV/\sqrt{\gamma_{gas}} \times T_{gas} \tag{4.22}$$

这相当于：

$$MWI = LHV/\sqrt{MW_{gas}/28.96} \times T_{gas} \tag{4.23}$$

式中：LHV 是燃料气的较低发热值，Btu/ft^3；γ_{gas} 是燃料气相对于空气的相对密度；MW_{gas} 是燃料气的分子量；T_{gas} 是燃料气的绝对温度，°R；28.96 是干空气的分子量。

气体热值的任何变化都需要相应地改变机器的燃料流量，这与温度效应相结合，对于计算可能出现较大输入温度变化的气轮机中的能量流是很重要的。应确定可允许的 MWI 范围，以确保在所有燃烧/气轮机运行期间保持所需的燃料喷嘴压力比。对于较旧的扩散式燃烧器，燃气轮机控制系统通常能适应的最大 MWI 变化范围是 ±15%。但是对于较新的、干燥的低氮氧化物燃烧器，仅仅 ±3% 的 MWI 变化都可能会引起问题。燃油不稳定可能是由于通过精确尺寸的燃油喷嘴孔的速度变化引起的，这可能会使火焰不稳定，导致压力脉动或燃烧动力学，在最坏的情况下，可能会破坏燃烧系统。

此外，由于沃泊指数是燃料气互换性的指标，它（单独或与其他分析相结合）可用于控制燃料气体的混合。由于沃泊指数和燃料气的热值具有相似的曲线，因此，两者都可用于控制燃料气的混合，从而控制混合燃料中的含氮量（Segers 等，2011）。

最后，尽管人们普遍接受沃泊指数作为主要的互换性参数，但世界各地仍在使用各种单位和参考温度。

参 考 文 献

Rhoderick, G. C., 2003. Analysis of natural gas: the necessity of multiple standards for calibration. J. Chromatogr. A 1017 (12), 131139.

Segers, M., Sanchez, R., Cannon, P., Binkowski, R., Hailey, D., 2011. Blending fuel gas tooptimize use of off-spec natural gas. In: Proceedings. Presented at ISA Power Industry Division 54th Annual I&C Symposium, Concord, North Carolina.

Speight, J. G. (Ed.), 2011. The Biofuels Handbook. The Royal Society of Chemistry, London.

Speight, J. G., 2014. The Chemistry and Technology of Petroleum, fifth ed. CRC Press, Taylor & Francis Group, Boca Raton, FL.

Speight, J. G., 2015. Handbook of Petroleum Product Analysis, second ed. John Wiley &Sons Inc, New York.

Speight, J. G., 2017. Handbook of Petroleum Refining. Petroleum Refining Processes. CRCPress, Taylor & Francis Group, Boca Raton, FL.

Speight, J. G., 2018. Handbook of Natural Gas Analysis. John Wiley & Sons Inc, New York.

延 伸 阅 读

API, 2017. Refinery Gases Category Analysis and Hazard Characterization. Submitted to the EPA by the American Petroleum Institute, Petroleum HPV Testing Group. HPV.

Consortium Registration # 1100997 United States Environmental Protection Agency, Washington, DC. June 10.

Drews, A. W., 1998. In: Drews, A. W. (Ed.), Manual on Hydrocarbon Analysis, sixthed.

American Society for Testing and Materials, West Conshohocken, PA, Introduction.

5 天然气开采、储存和运输

5.1 简介

天然气在自然条件下存在于地壳的岩石储层中，与原油（伴生气）结合并溶解，或不与原油（非伴生气）结合。含有天然气的储层大小各不相同，平面上从几百码到几英里不等，厚度从数十到数百码，类似于原油圈闭的隔水层将气体封闭在其中（Speight，2014a）。天然气是各种标准试验方法（ASTM，2017）中定义的气体燃料（第 1 章 天然气发展历程和应用）。

通常，从储层中开采天然气的方式与原油类似（当天然气与原油相结合时）。然而，从地下深处气藏开采天然气，取决于地下环境中的几项因素，包括：（1）储层中的气体压力；（2）气体的成分；（3）储层岩石的孔隙度；（4）储层岩石的渗透性。一次开采依靠地下压力，通过生产井采出天然气。因天然气开采而发生压力下降时，可以通过人工举升技术将剩余的天然气采出，例如采用地表驴头泵或生产井底部的井下泵。

在过去 60 年中，天然气的使用稳步增长，甚至在许多市场上取代了煤气（Speight，2013），而且目前广泛用于住宅以及商业和工业用途。天然气供应了全世界大约 1/4 的能源，占发电量的近 1/4，并且作为工业原料发挥着至关重要的作用，实际上，天然气是北美地区的主要能源来源。它是家庭取暖的主要能源，北美有 50% 以上的家庭使用天然气供暖。随着天然气发电设施取代燃煤和燃油发电设施，在电力生产中也迅速增加了天然气的使用。预计这种趋势在未来仍将持续。此外，无论是通过传统方法还是可再生方法生产，这种清洁燃料也被用作各种车辆的燃料，但对于这种用途，必须对气体进行压缩或液化。

环境方面，天然气（即使未精制天然气也以甲烷为主）（表 5.1）（Burrus 和 Ryder，2003，2014）是化石燃料及其产品中最清洁的燃烧能源，燃烧过程主要产生二氧化碳、水蒸气和少量氮氧化物。

$$CH_4 + O_2 \longrightarrow CO_2 + H_2O$$

表 5.1 天然气各种成分体积分数

组分	分子式	体积分数,%
甲烷	CH_4	>85
乙烷	C_2H_6	3~8
丙烷	C_3H_8	1~5
正丁烷	nC_4H_{10}	1~2
异丁烷	iC_4H_{10}	<0.3
正戊烷	nC_5H_{12}	1~5
异戊烷	iC_5H_{12}	<0.4
己烷、庚烷、辛烷[①]	C_nH_{2n+2}	<2

组分	分子式	体积分数,%
二氧化碳	CO_2	1~2
硫化氢	H_2S	1~2
氧气	O_2	<0.1
氮气	N_2	1~5
氦气	He	<0.5

①己烷（C_6H_{14}）和更高分子量的碳氢化合物衍生物（至辛烷），以及苯（C_6H_6）和二甲苯（$C_6H_5CH_3$）。

甲烷中碳元素的质量分数为75%，并不是最低碳含量的燃料（Speight，2013，2014a），但是，在没有任何污染物的情况下（气体处理后），甲烷是最清洁的化石燃料。因此，天然气被认为是一种多用途燃料，天然气的增长在一定程度上与其相对于其他化石燃料的环境效益有关，特别是空气质量和温室气体排放。然而，天然气确实有可能产生与其他化石燃料及相关产品同样多的二氧化碳。天然气是否比煤和油具有更低的生命周期温室气体排放，这取决于假定的泄漏率、不同时间段内甲烷的全球变暖潜力、能源转换效率和其他因素。

简单而言，计划运输和储存的天然气必须满足特定的质量要求，以便管网能够提供统一质量的气体。井口天然气一般含有其他碳氢化合物、惰性气体和污染物，在将天然气安全交付高压长输管道并最终运至用户之前，必须对上述其他成分进行清除。天然气处理工艺可能很复杂，通常涉及几个过程或阶段，以去除油、水、烃类气液和其他杂质，如硫、氦、氮、硫化氢和二氧化碳。井口天然气的组分决定了生产符合管道质量要求的干天然气所需的工艺和步骤。这些工艺或步骤可以集成到一个单元或操作中，以不同的顺序或在替代场所（租赁区/工厂）执行，或者根本不需要这些工艺或步骤。

天然气处理的步骤如下：（1）油气水分离器，在分离器中通过泄压可使天然气中的液体与气体自然分离；（2）凝析油分离器，通过与油气水分离器类似的分离器将凝析油或天然汽油从井口的天然气流中分离；（3）脱水器，在该装置中脱除水以降低管道腐蚀的可能性，并减少管道中不良水合物的形成和水凝结；（4）污染物去除装置，将硫化氢、二氧化碳、水蒸气、氦气、氮气和氧气等非烃气体从天然气流中脱除；（5）氮气排出装置，使用分子筛脱除氮气，并使气流进一步脱水；（6）甲烷分离器，通过低温处理和吸收方法将甲烷从气流中分离出来；（7）分馏器，利用不同碳氢化合物的沸点不同，将气流分离成烃组分（乙烷、丙烷和丁烷）。本文的其他部分（第4章 天然气成分和性质）对这些装置的操作进行了更详细的描述。此外，还需要通过气流分析，来确定气流的纯度和每个工艺的效率，通常采用在线或离线监测产品流的方法，例如气相色谱法（Speight，2018）。

5.2　开采

一般通过人为钻取的井筒（不是自然形成的钻孔结构）从储层中开采（提取）天然气。然而，通过井筒开采天然气会导致储层压力下降，从而导致储层产气量下降。

一旦定位了一个潜在的天然气藏，是否做出钻井的决定取决于各种因素，其中最重要的因素是气藏的经济特征。在做出钻探决定后，钻井场地的准确位置取决于待钻潜在地层的性质、地下地质特征以及目标气藏的深度和尺寸等。在此期间，钻井公司还必须确保完成所有必要步骤，以确保能够在该区域开展合法的钻井作业。这些步骤通常包括获得钻井作业许可证，根据法规制度采取适当行动（以便天然气公司获得准许能够开采和出售特定土地下的资源），以及设计将井筒与管道相连接的集输管线。

如果新井确实与天然气储层接触，则开发该井是为了开采天然气，该井被称为开发井或生产井。在这一点上，由于钻井作业和碳氢化合物的存在，可能要进行完井作业以促进天然气的生产。但是，如果勘探队对一个井的天然气可销售数量的估算是错误的（这确实发生了），则该井被称为干井，并需终止该井的作业。

在技术上，气井与油井类似，都有套管、油管、井口和顶部控制装置（Rojey 等，1997；Arnold 和 Stewart，1999；Speight，2007）。传统井采用多层套管嵌入，并由水泥提供抗压性。然而，使用膨胀管时，每个套管都是通过心轴泵入套管，从而相对于先前的套管进行膨胀。对于一口井来说，可以选择直径更细、价格更低廉的油管，也可以选择常规 20in 外径的套管，这样安装空间和容量更大。

当深部低渗透（致密）储层中含有天然气时，一般来说具有经济效益的方法是，通过钻穿储层的大直径水平井来采集更多的天然气。此外，可以使用超高压对储层岩石进行压裂，并且泵入能够保持裂缝完整性的陶粒来提升天然气产量。另一种具有吸引力的方式是，采用在井下安装永久性测量仪表的智能井。这就不需要在生产过程中将压力计放入井下。由于气体流速高，砂经常会随气体带入井内，因此需要加固易损件以防砂侵蚀。

如果要从油藏中开采天然气（这种情况经常发生），由于天然气中存在原油碳氢化合物，生产方法有所不同。因此，一旦发现和评估了一个油藏，油藏工程师就开始制订可开采油气数量达到最大的方案。然而，在从油井开采原油或天然气之前，还必须用原地固井的套管来使井筒稳定。套管还可以保护油井经过的任何淡水层段，这样油就不会污染地下水。小直径油管位于井筒中央，并用封隔器固定。这种油管是将原油和天然气从储层输送到地面的通道。

由于地层压力，储层通常处于高压状态。为了平衡压力和避免像 20 世纪初发生的油井井喷（如好莱坞电影中所示），在油井顶部安装了一系列阀门和设备。这个井口设备（也称为采油树）用于控制油气的流出。

在生产初期，地下压力（通常称为储层能量）会将原油和天然气通过井筒驱至地表，根据储层条件，这种自然流动可能会持续多年。当压差不足以使原油和天然气自然流动时，必须使用机械泵将油气抽到地表（人工举升方式）。

大多数油气井以可预测的方式开采原油和天然气（下降曲线），即在短时间内产量增加，然后达到峰值，接着是长时间缓慢下降。下降曲线的形状、产量峰值有多高以及下降的长度都是由储层条件所决定。可以采用两个步骤来影响油气井的下降曲线：（1）开展定期修井作业，清理井筒以帮助原油或天然气更容易开采；（2）在井筒底部周围进行压裂或对储层岩石进行酸处理，以创建原油和天然气从地层进入生产井的更好通道。

在其生产周期中，大多数油井生产原油、天然气和水。这种混合物在地表进行分离。然而，尽管天然气井通常不生产原油，但它们确实会产出不同数量的液态烃（天然气液，NGL），这些液态烃在油田或天然气处理厂中被脱除（也可能脱除其他杂质）。NGL 作为石油化工原料往往具有重要的价值。天然气井也经常产出水，但出水量远低于油井的一般出水量。在采出天然气之后，陆上天然气一般通过管道输送，但根据油井位置和天然气输送目的地的不同，替代方法可能更为合适。

正如许多油藏需要采用增产措施才能继续采油，气藏也需要增产措施来最大限度地提高天然气采收率。因此，从地下深处气藏中提取天然气不仅仅是钻井和完井的问题。地下环境中的许多因素，如储层岩石的孔隙度，都会阻碍油气自由流入井内（Sim 等，2008；Godec 等，2014）。过去，往往只能从储层中采出很少的天然气。

提高天然气采收率（EGR）工艺可对非常规、深层或其他难开采天然气进行开采作业（Guo 等，2014）。非常规天然气是指常规方式无法开采的天然气，包括页岩地层、致密气砂岩层、含水层活跃的地层和煤层气储层（第 3 章 非常规天然气）。许多上述地质构造中都含有大量的天然气。然而，由于衰竭气藏具有很大的储存量，提高天然气采收率（EGR）是最近考虑的一个问题。通过注二氧化碳而采出的任何额外气体都可能会抵消二氧化碳的储存费用，已经开展了大量实验和模拟研究，以检查经过注气处理的储层气体的驱替效率（Mamora 和 Sea，2002；Seo 和 Mamora，2003；Pooladi-Darvish 等，2008）。

为了提高天然气的采收率，可以通过向气藏中注入氮气以增加压力，从而提高井的产量（通常称为 EGR 方式）。也可以用其他惰性气体来完成，例如来自地下的二氧化碳（CO_2）就是一种经济的替代品。

然而，氮气几乎可以通过空气分离装置从大气中的任何地方采收。在物理上，这两种气体之间也存在差异：（1）氮气需要的压缩程度比二氧化碳小；（2）在储层中产生高压需要更多的二氧化碳。因此，使用压缩氮气提高采收率（EGR）比使用二氧化碳更节能。另一种保持储层压力的方法是注入部分采出的天然气。

提高天然气采收率原理也可用于煤层气的开采，在本书中，煤层气是一种非常规的甲烷气来源（第 3 章 非常规天然气）。二氧化碳对煤的吸附亲和力比甲烷强，如果在煤层中注入二氧化碳，直到煤层气生产项目结束，它会置换吸附点的任何剩余甲烷（允许甲烷开采与二氧化碳储存同时进行）。然而，煤层的低渗透性意味着可能需要大量的井来注入足够的二氧化碳，以保证甲烷采收的经济性。此外，煤中的甲烷只占煤热值的一小部分，如果不将二氧化碳释放到大气中，其余的煤就不能在地下开采或气化。此外，甲烷是一种比二氧化碳强得多的温室气体，必须采取必要的预防措施，以确保没有甲烷泄漏到大气中。

5.3 储存

在许多观察人士看来，存储天然气似乎很简单，但问题并不仅仅是把天然气放进一个容器中，而没有潜在的不良后果。还必须采取一些分析措施，以确保气体不仅可以安全储存，而且可以安全地回收利用。

通常在美国，州际管道公司、州内管道公司、独立储存供应商和当地配送公司是地下天然气储存设施的主要所有者和运营商。这些所有者或运营商可能拥有或也可能不拥有储存的天然气，这些天然气可能被天然气运输公司、当地配送中心或拥有天然气的最终用户所租赁。拥有或运营地下设施的实体通常将决定如何使用该设施的存储能力。各州主要监管州内相关商业天然气储存设施，而联邦能源监管委员会则主要监管州际相关商业天然气储存设施。因此，必须解决相关的法律问题（Burt，2016）。

此外，由于美国天然气资源和储存作业的地理和地质多样性，如果不应用分析测试方法很难选择采用某一种方法，并且需要考虑以下因素：（1）潜在储存设施（如枯竭储层）；（2）待储存天然气的成分及性质；（3）气体是否适合每个储存容器；在这种情况下，"容器"包括天然容器，如下文中描述的地下天然储存设施。

传统上，天然气是一种季节性燃料，冬季的需求量通常更高，部分原因是天然气用于住宅和商业环境中的供热。因此，天然气并不总是立刻需要被输送到目的地，幸运的是，天然气可以无限期储存。过去天然气储存一般只是在运输和配送之间起缓冲作用，以确保为季节性需求变化和意外需求激增提供充足的天然气供应。现在，除了服务于这些目的外，天然气储存也被用于商业目的；例如，在价格较低时储存天然气，在价格较高时提取和出售天然气。储存的目的和用途与当时的监管环境密切相关。

天然气储存设施在很大程度上有助于为消费者提供可靠的天然气供应，使天然气供应商能够平衡日常的天然气消费波动，满足冬季的峰值需求。储存中的天然气也可为任何不可预见的事故、自然灾害或其他可能影响天然气生产或输送的事件提供保险。

基本负荷需求的储存（基本负荷储存）是用于满足季节性需求增长的天然气，设施能够储存足够的天然气，以满足长期季节性需求。通常，这些设施中天然气的周转率为一年；天然气通常在夏季（非供暖季节）注入，而在冬季（供暖季节）提取。这些储气库规模较大，但提取能力相对较低，这意味着每天可提取的天然气量是有限的。然而，这些设施提供了长期稳定的天然气供应。枯竭气藏是最常见的基本负荷储存设施。

另外，满足峰值负荷需求的储气库（峰值负荷储气库），在设计上要在短时间内提供较高的输送能力，在这段时间内，天然气可以在需要时迅速从储气库中提取。旨在满足突然、短期需求增长，峰值负荷设施所能容纳的天然气量要少于基本负荷设施。然而，与基本负荷设施相比，峰值负荷设施可以更快地输送更少的天然气，也可以在更短的时间内进行补充。虽然基本负荷设施有长期的注入和提取周期，大约每年将设施中的天然气周转一次，但峰值负荷设施的周转率很短，可以是几天或几周。

储存的天然气在确保夏季供应的过剩天然气能够满足冬季对天然气的需求增长，起着至关重要的作用。此外，最近以天然气为燃料的发电趋势导致在夏季由于空调等设备用电量的增长，使天然气需求量增加。储存中的天然气也可用于为任何不可预见的事故、自然灾害或其他可能影响天然气生产或输送的事件提供保障。此外，天然气储存对于维持满足消费者需求所需的供应可靠性起着至关重要的作用。天然气使用量的增加，以及提供充足天然气燃料的需求，导致对天然气储存设施的需求扩大，以便使这种国内生产的气体燃料可以通过公用设施随时获取。储存是天然气工业从井口向消费者输送天然气的三个环节之间的主要环节：（1）生产企业开展勘探、钻井和开采天然气；（2）运输公司运营连接天然气田和主要消费地区的管道；（3）配送公司——向客户提供天然气的公用事业公司。

地下储气库在第二次世界大战之后不久就开始流行起来。当时，天然气行业指出，单靠管道输送无法满足季节性需求增长。为了满足季节性需求的增加，管道的输送能力（及其尺寸）必须大幅增加，但建造这种大型管道所需的技术在当时无法实现。所以，地下储气库是唯一的选择。

任何地下储存设施在注气前都要进行重整，以便在地下能够储存天然气。将天然气注入地层后，随着更多的天然气的加入，压力会上升。从这个意义上说，地下地层成为一种加压的天然气容器。与新钻井一样，储存设施中的压力越高，就越容易提取天然气。一旦压力降至井口压力以下，就没有足够的压差将天然气驱赶到储存设施以外。这意味着，在任何地下储存设施中，都有一定量的天然气可能永远无法开采。这被称为物理上不可开采的气体；它永久地存在于地层中。

除了这些物理上不可开采的气体，地下储存设施中还含有所谓的基础气或垫底气。这是必须保留在储存设施中的气体，以提供抽取剩余气体所需的加压。在储存设施的正常运行中，这种垫底气一直存在于地下。但是，可以使用井口的专用压缩设备提取其中的一部分。

例如，在地下储存设施中，运营商通过各种井下测井技术来检查薄弱点和泄漏并调查可疑迹象，这些技术包括地层评估工具（如中子测井）、流体流动和运移指示器（噪声和温度测量）、套管检查（漏磁法和超声波法）、机械卡尺、井下照相机和阴极保护剖面测量。在制订缓解不利影响的措施时，有很多方法可以选择，这些方法都要求开展持续的维护工作，以确保储存设施的完整性。重要的一点是，储存设施运营商正通过数据收集、数据分析和储存区域完整性指标的鉴别，利用基于风险的评估来制订地下储存管理方法。除了基于工具的评估方法外，储存设施的所有者还使用压力测试和压力监测作为评估设备完整性的方法。运营商常用的方法包括：（1）在每个设施处进行关井压力监测；（2）环空压力或流量监测；（3）机械完整性试验。

设施所有者也可以采用基于风险的方法，在选择油井完整性时考虑到针对每个设施的风险和威胁。常见评估风险或威胁包括但不限于以下内容：（1）套管的物理特性，如直径、质量和等级；（2）地表或附近存在大气或外部腐蚀；（3）套管检查和调查中已知的金属损失迹象；（4）环空压力或流量；（5）井内产水量；（6）存在腐蚀性硫化氢和细菌；（7）自然腐蚀区；（8）井的流动潜力；（9）井的工作历史及其提供天然气服务的可靠性。针对每一类风险或威胁，都需要通过相关的测试方法来生成数据。此外，可采用几种体积测量方法来对地下储存设施的基本特征及其所含气体进行量化。事实上，将设施的特性（如设施的容量）与设施内天然气的特性（如实际库存水平）相区分，是非常重要的。

根据定义，注入能力（或注入率）是输送能力或提取率的补充，是每天（或单位时间）可注入储存设施的天然气量。与输送能力一样，注入能力通常以 $10^6 ft^3/d$ 表示，尽管有时也使用了 10th（或 th/d）的单位。十撒姆（dth）是主要用于测量天然气的能量单位，由得克萨斯州东部输气公司（一家天然气管道公司）大约在 1972 年提出。1dth = 10th = 1×10^6Btu，或者，在使用国际单位制时，1dth = 1.055GJ。1dth ≈ 1000ft³，1000ft³ 天然气的热值为 1000Btu/ft³。

地下储存设施可以储存的总储气量和最大天然气量，是根据下列特征设计，包括：（1）设施的物理特性，例如，这是一个枯竭储层；（2）安装的设备；（3）针对现场的具体操作程序。总储气量是指在某个特定时间地下设施中存在的天然气体积。因此，储存设施的注入能力也是可变的，取决于与天然气产能决定因素相当的因素。或者可以预料到，注入速度与储存气体总量成反比：注入速度在设施被注满时处于最低水平，但注入速度随着气体的提取而增加。

基础气（或垫底气）是指储存设施中永久储存的天然气体积，以在整个提取周期保持足够的压力和提取能力。工作气体是储存设施中位于基础气之上的气体，简单来说，是可提取和销售的天然气。就工作气体的定义而言，工作气体容量是总的气体储存容量减去基础气。来自储存设施的气体的供应率（也称供应能力、提取率或提取能力）通常表示为，每天从储存设施中输送（提取）的气体量。

天然气输送能力通常以 $10^6 ft^3/d$ 表示。有时，输送能力以从设施中提取的气体的当量热含量表示，常见单位是 dth/d（1th = 100000Btu，大约相当于 $100 ft^3$ 天然气；10th ≈ $1000 ft^3$。储存设施的输送能力是可变的，它取决于以下因素（包括但不限于）：（1）储存设施中的天然气量；（2）储存设施内的压力；（3）储存设施可用的压缩能力；（4）与地下储存设施有关的地面设施配置及能力。一般来说，储存设施提取能力的变化与设施中的天然气总量直接相关。因此当设施被注满时，天然气的提取能力最高，随着工作气体的提取，天然气的提取能力下降。

此外，地下储存设施的矿物成分很重要，因为某些矿物的存在可能会增强天然气某些组分的吸附性（和不可开采性），从而导致天然气成分发生变化。此外，储存设施的其他矿物成分可能会使天然气发生不利的化学变化。因此，除了使用地质、地球物理和岩心分析方法外，通常还应使用长轴水泵试验来测试盖层是否存在不连续性（例如，由于存在断层或裂缝而导致的不连续性）。在这些试验中，水要么被抽出，要么被注入目标地层，在盖层上方的地层（含水层）中进行压力（或水位）监测（Katz 和 Coats，1968；Crow 等，2008）。

由于天然气成分的潜在变化（Mokhatab 等，2006；Burrus 和 Ryder，2003，2014；Speight，2014a，2017）以及储存设施的矿物学特征，上述对任何给定储存设施采取的措施都不是固定的，也不是绝对的。随着设施内天然气水平的变化，注入率和提取率可能发生变化。在某些情况下，如果超过某些特定的运行参数，储存设施可能会超过认证的总容量。由于其定义参数的不同，储存设施的总容量也可能暂时或永久变化。通常因为新井、设备或操作实践，储气库运营商将一类天然气重新划归到另一类天然气（这种变化通常需要得到相关监管机构的批准，并以天然气的化学和物理分析得出的数据为准），这种情况发生时，基础气和工作气容量的测量值也会发生变化。最后，在需求特别旺盛的时期，储存设施可以提取基础气供市场使用，尽管根据定义，这种天然气可能不会用于该用途。

5.4 储存设施

天然气可以以几种不同的方式储存。在现代世界，天然气最常见的储存方式是在压力作用下储存于三种主要地下设施中。包括：（1）油气田或天然气田中的枯竭储层；（2）含水层；（3）盐穴地层。不包括其他潜在类型的地下储存设施，如废弃矿山或坚硬岩石洞穴，因为这些储存设施不太可能使用。天然气也以液态或气态的形式储存在地上储罐中，这是 20 世纪初期至中期储存煤气的常规方法（Speight，2013），在一些地方仍然可以看到这种储存设施。

与地下储存设施更相关的是，每种类型的设施都有其自身的物理特性（孔隙度、渗透性和保持能力）和经济性（场地准备和维护成本、提取能力和循环能力），这些特性决定了其是否适合存储应用。就设施类型而言，地下储存设施的两个重要特征是：（1）储存天然气供将来使用的能力；（2）可提取天然气库存的效率。

必须认识到，无论采用哪种地下储存方式，都需要对储气洞穴开展一些准备工作，以便更好地接收天然气。这通常包括添加管道和阀门，以及对原始钻孔可能出现的任何裂缝进行封堵。为了评估储层或洞穴作为天然储气库的可行性，必须适当考虑相应的成本、天然气可获取性、天然气提取的难易程度以及与天然气配送中心的距离远近。

5.4.1 枯竭储层

美国现有的大多数储气库都位于消费中心附近的枯竭天然气储层或枯竭原油储层中。使用这种储层的好处在于，将油气田从生产用途转换为储存用途，可以利用现有的井、集输系统和管道连接装置。由于其广泛的可利用性，枯竭的原油储层和天然气储层是所有储存设施中最常用的地下设施。

根据定义，枯竭的储层是其可采天然气和原油已被采出的储层。这使得地层的孔隙度和渗透性能够容纳天然气。此外，利用已开发的储层进行储存可以使用油田生产时遗留下来的提取和配送设备。由于存在现成的提取网络，可以降低将枯竭储层转换成储存设施的成本。决定枯竭储层是否会成为合适的储存设施的因素包括地理和地质因素。在地理上，枯竭储层必须相对靠近消费区域，并且必须靠近交通基础设施，包括管道和配送系统。

为了适合储存天然气，枯竭储层必须具有高孔隙度和高渗透性。地层的孔隙度决定了它所能容纳的天然气的量，而地层的渗透性决定了天然气流经地层的速度，进而决定了工作气体的注入和提取速度。但是，如果原油或天然气的提取导致孔隙度或渗透性下降，则这种枯竭储层可能不适用于天然气储存。在某些情况下，可以采用增产措施以增加地层的渗透性（Speight，2016）。

在某些情况下，为了维持枯竭储层的压力，必须将地层中约50%体积的天然气作为垫底气。但是，已经被用作天然气填充源的枯竭储层可能不需要注入基础气（垫底气），因为该垫底气已经存在于地层中。

在没有枯竭储层的地区，比如美国中西部的北部地区，需要采用另外两种储存方式之一，要么是含水层，要么是盐穴。在美国大约400个活跃的地下储存设施中，大多数（约79%）是枯竭的天然气或原油储层。

5.4.2 含水层

含水层是一种地下高渗透性岩层，可以作为天然水库。如果含水沉积岩地层上覆不透水盖层，则天然含水层可能适合作为储气库。此外，这种含水层不应作为饮用水系统的一部分，仅占天然气储存设施的10%左右。在某些情况下，可以将含水层调整用于天然气储存设施。

通常，含水层的开发成本高于衰竭油气藏，因此，这些含水层衍生的储存设施仅用于附近没有（开发成本更低的）衰竭油气藏的区域。正如我们所预期的那样，由于含水层的勘探程度并不总是与原油或天然气储层的勘探程度相同，因此必须进行地震测试，这与潜在天然气地层的勘探相同。并且采用试验方法来确定含水层的矿物成分，是有益的，同时也是必要的。在将含水层开发用于储气库之前，必须确定地层的面积、地层本身的成分和孔隙度、现有地层压力以及储气量。通常，如果含水沉积岩地层上覆不透水的盖层，则含水层适合于储气。尽管含水层的地质特征与枯竭层相似，但它们用于天然气储存通常需要更多的基础气（垫底气），并且在注气和采气方面的灵活性较低。

此外，为了将天然含水层开发成有效的天然气存储设施，必须开发所有相关的基础设施。这包括安装井、提取设备、管道、脱水设施和可能的压缩设备。由于含水层天然充满水，在某些情况下，必须使用强大的注入设备，以产生足够的注入压力将地层水向下推，并用天然气置换。

虽然储存在含水层中的天然气已经进行了所有处理，但从含水地层中提取天然气时，通常需要在运输前进行进一步脱水处理，这极有可能需要在井口或附近安装专用设备。此外，含水层的天然气保留能力可能与枯竭油气藏不同，一部分注入天然气可能会从地层中逸出，必须采用集气井专门收集从主要含水地层中逸出的天然气。

另外，含水地层与枯竭油气藏一样，通常都需要垫底气。由于含水层地层中没有天然气，因此注入的天然气的一部分最终将是无法开采的。虽然从枯竭储层中提取垫底气是可能的，但从含水层地层中提取垫底气可能会产生负面影响，其中对地层的伤害可能非常严重。因此，即使在储存设施关闭和废弃后，注入含水层地层的大部分垫底气仍可能无法开采。

然而，尽管存在这些问题，在美国的一些地区，特别是美国中西部地区，天然含水层已被转换为天然气储气库。可以通过活跃水驱来提高提取能力，通过注入和生产循环来支持储层压力。

5.4.3　盐穴

基本上，盐穴是由现有的盐矿床形成的。这些地下盐矿可能以两种形式存在：盐丘和盐床。盐丘是由天然盐沉积形成的厚层，随着时间的推移，盐丘通过上覆沉积层渗出，形成大型穹顶型结构。它们直径可达 1mile，高度可达 30000ft。通常，用于天然气储存的盐丘位于地表以下 6000~1500ft，尽管在某些情况下它也可能更接近地表。盐床是更浅更薄的地层，而且地层的高度通常不超过 1000ft。由于盐床又宽又薄，如果引入盐穴，它们就更容易损耗，而且开发成本也可能比盐丘更高。

如果发现合适的盐丘或盐床沉积，并认为适合于天然气的储存，有必要在地层内开发一个"盐穴"。基本上，使用水来溶解盐矿中一定量的盐并将其提取出来，于是会在地层中留下很大的真空。在地层中钻一口井，并通过该井循环大量的水，由此可以形成盐穴。这些水会溶解盐矿中的一些盐，然后循环回到井内，留下一个很大的真空，盐在这个过程中占据了这个空间，这就是所谓的"盐穴淋滤"。有些盐会溶解，留下一个空隙，而水（现在是盐水）则被泵回地面。这个过程一直持续到洞穴达到所需要的尺寸。一旦建成，盐穴就提供了一个具有很高提取能力的地下储气库。

盐穴淋滤用于在这两种类型的盐矿中形成盐穴，其成本相当高。然而，一旦建成，盐穴可以提供一个具有很高提取能力的地下储气库。此外，垫底气的需求量是所有三种类型储气库中最低的，盐穴仅需要总气体容量的 33% 作为垫底气。

这些地下盐穴为天然气储存提供了另一种选择。这些地层非常适合储存天然气，一旦形成，除非特别提取，盐穴几乎不允许注入的天然气从地层中逸出。盐穴壁也具有钢的结构强度，这使得它在使用寿命内有很强的抗退化能力。在整个使用寿命内，盐穴壁坚固且不受气体影响。

盐穴储存设施主要位于墨西哥湾沿岸以及北部各州，最适合于峰值负荷储存。盐穴通常比枯竭气藏和含水层小得多，实际上，地下盐穴通常只占枯竭气藏所占面积的百分之一。

因此，盐穴不能容纳满足基本负荷储存需求的气体量。然而，盐穴的提取能力通常比含水层或枯竭储层要高得多。因此，储存在盐穴中的天然气可能更容易（和更快速）提取，并且与其他类型的储存设施相比，在盐穴中补充天然气的速度更快。此外，只要提前一小时通知，盐穴就可以很容易地开始气体流动过程，这在紧急情况下或在意外的短期需求激增期间非常有用。与其他类型的地下储存设施相比，盐穴的补充速度也更快。

通常，盐穴可以实现很高的提取率和很高的注入量。大多数盐穴储存设施都在位于美国海湾沿岸的盐丘地层中开发的。盐穴也在东北、中西部和西南部的层状盐层中（通过淋滤过程）形成。

盐层储存设施约占天然气储存设施总量的10%。这些地下盐层提供了非常高的采出和注入速度。

5.4.4 储气罐

除地下储存天然气外，还有地上储存天然气的设施。有时区域内没有地下储存设施的情况，或者地上储存方式更方便的情况，因为需要储存的气量较低，而且对天然气的需求很紧迫。天然气可以储存在地面上专门制造的储罐中，这样可以方便地获取气体并完全控制从储罐中提取的气体。然而，尽管地上储存方案的成本通常低于地下储存，但与地下洞穴的天然气储存量相比，储罐容量很小。另一种地面储存方式是运输罐，通常用于最大限度地增加运输的液化天然气（LNG）量。运输罐可以装在火车车厢上，也可采用18轮货车进行公路运输，或装载于驳船上运输至海外。

储气罐（也称储气柜）是一种大型容器，其中天然气（或城市煤气）可以在大气压力或接近大气压力的环境温度下储存。储气罐最初是在20世纪初为储存煤气而开发的（Speight，2013）。储气罐的体积随储存气体的数量而变化，压力来自活动盖的重量。大型储气罐的典型容积约为$180 \times 10^4 ft^3$，结构直径为200ft。储气罐的主要目的是平衡供需（确保天然气管道能够在安全压力范围内运行），而不是储存天然气供日后使用。

储气罐可以为净化气体提供现场储存，并可作为缓冲器，免除气体连续处理的需要。储气罐盖的重量控制了罐体中的气体压力，并为制气厂提供了背压。一个水封式储气罐由两部分组成：一个用来提供密封的深水箱以及另一个随着气量增加而上升的容器。在著名的伸缩罐储气罐中，水箱漂浮在圆形或环形储水罐中，由不同体积气体的大致恒定压力提供支撑，其压力取决于结构重量，水则为移动壁内的气体提供密封。

刚性无水储气罐采用一种既不膨胀也不收缩的设计。无水储气罐的现代版本是干密封式（膜式）储气罐，它由一个静态的圆柱形外壳组成，里面有一个活塞升降装置。当它移动时，润滑脂密封件、焦油/机油密封件或者旋出和旋入活塞的密封膜可以防止气体逸出。

使用储气罐（尽管储存容量可能有限）的好处是，储气罐可以在区域压力下储存天然气，并且可以非常快速地在高峰期提供额外的现场天然气。此外，储气罐是唯一能够将天然气保持在所需压力（即当地输气管道所需的压力）的储存方法，因此储气罐与其他储存方法相比具有很大的优势。

5.5 运输

天然气从生产现场到消费者的高效运输需要一个广泛而复杂的运输系统。在许多情况下，从井口产生的天然气必须经过相当长的距离才能到达使用点。典型的天然气输送系统由一个复杂的管道网络组成，旨在快速高效地将天然气从源头输送到天然气需求量较高的地区。天然气的输送与储存有着密切的联系，只要输送的天然气到达管道（或运输系统）终端时有富裕，就可以存入储存设施，以便在需要时提取使用。

消费者使用的天然气与从地下开采到井口的天然气大不相同。在某些情况下，由于各种性质的限制或与储层岩石的相互作用，天然气的一些成分可能会留在储层中。此外，尽管天然气的加工（处理和精炼）在许多方面不如原油的加工和精炼复杂（第4章 天然气成分和性质），但在最终用户使用之前，加工过程是同等必要的（Parkash，2003；Mokhatab 等，2006；Gary 等，2007；Speight，2007，2014a，2017；Riazi 等，2013；Faramawy 等，2016；Hsu 和 Robinson，2017 年）。消费者使用的天然气几乎全部由甲烷组成。

然而，在井口生产的天然气，虽然仍然主要由甲烷组成，但绝不是纯净的，包含多种杂质，如分子量较高的碳氢化合物、二氧化碳和硫化氢（包括硫醇）。原始天然气来自三种类型的井：油井、气井和凝析气井。来自油井的天然气通常被称为伴生气，它可以是从储层中原油分离出的气体（游离气）或者是溶解在原油中的气体（溶解气）。来自天然气和凝析气井的天然气，其中仅含少量原油或不含原油，称为非伴生天然气（第1章 天然气发展历程和应用）。

消费者使用的天然气几乎全部由甲烷组成，但在井口生产的天然气，虽然主要由甲烷组成，但决不纯净。无论天然气的来源（第1章 天然气发展历程和应用）是什么，甲烷通常与其他碳氢化合物（主要是乙烷、丙烷、丁烷和戊烷）混合存在。此外，未经处理的天然气还含有水蒸气、硫化氢（H_2S）、二氧化碳、氦气、氮气和其他化合物。

天然气处理（第4章 天然气成分和性质）包括从纯天然气中分离所有各种碳氢化合物和流体，以生产符合管道要求的干天然气。主要的运输管道通常会限制进入管道的天然气的构成。这意味着天然气在运输之前必须经过净化。伴生碳氢化合物，包括乙烷、丙烷、丁烷、异丁烷和天然汽油，通常被称为天然气液，是天然气处理的副产品。这些天然气液单独出售，具有多种用途，包括提高油井的采收率，为炼油厂或石化厂提供原材料，也可作为一种能源来源。如果天然气的氦含量很高，可以通过分馏回收氦。天然气可能含有高达7%的氦，是这种惰性气体的商业来源（Ward 和 Pierce，1973）。

虽然一些处理可以在井口或井口附近完成（现场处理），但天然气的完整处理工艺一般是在处理厂进行（第4章 天然气成分和性质）。采出的天然气通过集输管网输送到这些处理厂，集输管网一般是小直径低压管道。除了在井口和集中处理厂进行处理外，有时也会在主要管道系统的跨接提取装置进行一些最终处理。尽管到达这些跨接提取装置的天然气已经符合管道气要求，但在某些情况下，来自跨接提取装置的天然气仍存在少量天然气液。

因此，必须对未精制天然气进行净化，以达到主要管道公司规定的质量标准。这些质量标准因管道而异，通常取决于管道系统设计和天然气服务市场两大因素。一般而言，标准规定天然气应符合以下标准：

（1）在发热量（热值）的特定范围内。例如，在美国，在1atm 和 15.6℃（60℉）温度条件下，每立方英尺天然气的热值应为 1035Btu（±5%）。

（2）在不低于规定碳氢化合物露点温度的条件下运输（低于此温度时，气体中的一些碳氢化合物可能在管道压力下冷凝，形成可能损坏管道的液塞）。露点调节有助于降低天然气中水和重烃的浓度，以保证在管道运输过程中不会发生冷凝。

（3）不含颗粒固体和液态水，以防止腐蚀或对管道造成其他损坏。

（4）充分脱水，以防止在天然气处理厂内或在输送管道内形成甲烷水合物。在美国，典型的含水量规范是，每百万标准立方英尺的天然气中含水量不得超过7lb。

（5）不含硫化氢、二氧化碳、硫醇和氮气等微量成分。最常见的硫化氢允许含量规格是每100ft^{3}气体中硫化氢含量不超过4ppm。二氧化碳含量通常限制在气体总体积的3%以下。

（6）将汞维持在可检测限值以下（约占气体总体积的十亿分之0.001（或0.001ppb），主要是为了避免铝与其他金属混合发生脆变，从而对天然气处理厂或管道输送系统的设备造成损坏。

此外，在运输凝析油混合物时需要小心。在凝析油管道所处深度的温度达到-4~0℃（25~32℉）的最冷时期，各种成分的凝析油混合物的输送伴随着黏度的轻微增加。当研究中的储层油温度降低到-30~10℃（-22~50℉）时，混合物的所有结构和流变参数会急剧增加。由此，混合物的云点和倾点下降，其数量减少，石蜡沉积物的结构也发生变化（Loskutova等，2014）。

5.5.1 管道

从储层开采后，必须将天然气输送到不同的地方以便进行处理、储存并最终交付给终端消费者，输送过程可以通过管道或船舶实现。因此，在从陆上和海上采出天然气，一般通过管道输送给消费者。然而，在天然气到达管道之前，需要经过净化以达到满足家庭和商业用途的要求。这就需要纯天然气中分离各种碳氢化合物和流体，以产生符合"管道气质量"的干气。对允许进入管道的天然气质量有一定的限制条件。由于一年中不同季节的天然气需求量不同，有的季节需求量较高，天然气可以储存于大型地下储气库。天然气一般从大型管道进入被称为干线的较小管道，然后再进入被称为服务的更小管道，这些管道直接通向家庭和建筑物，以提供热能服务。

天然气也可以冷却到非常冷的温度，并作为液体储存。将天然气从气态转变为液态可以更容易储存，因为它所占用的空间更少。然后，当需要的时候将其恢复到原始状态并通过管道输送。

天然气输送管道基本上有三种主要类型：（1）集输管道系统；（2）输气管道系统，有时也称为州际管道系统；（3）分配系统。

集输管道系统主要由小直径低压管道组成，将未精制天然气从井口输送到天然气处理厂或大型干线管道的互连设施。输气管道通常将天然气从生产加工区输送到储存设施和配送中心的大直径高压输气管道。管网上的压缩机站（或泵站）使天然气通过管道系统一直向前流动。天然气配送公司通过小直径、低压服务管道向消费者输送天然气。无论管道系统如何，都需要确定井口接收的天然气是否具有较高的含硫量和二氧化碳含量（酸气），对于这种天然气必须安装一种专用的含硫气集输管道。酸气具有极强的腐蚀性和危险性，因此必须小心地将其从井口输送至脱硫装置（Speight，2014b）。

当天然气通过管道输送时，在井口都会面临一个问题，即在井口对可能严重影响管道完整性（腐蚀性）的腐蚀性污染物进行脱除处理。虽然二氧化碳和硫化氢在干燥状态下通常被认为是无腐蚀性的，但天然气中的水会使这两种气体具有极强的腐蚀性（Speight，

2014b)。这就强调了天然气从生产井采出后需要对天然气进行组分分析的重要性。通过组分分析，管道运营商可以决定将天然气输送到干线输送系统之前进行井口处理的程度，例如从天然气中分离以下三种物质的程度：(1) 烃气液体；(2) 非烃气体；(3) 水。

一些现场处理可以在井口或井口附近完成；但是，天然气的完全处理过程是在处理厂进行，通常位于天然气生产区。因此，天然气从井口通过小直径低压集输管网输送到加工厂，该管网可能由一个复杂的集输系统组成，该系统可以由数千英里的管道组成，将加工厂与该地区 100 多口井相连。

因此，必须了解天然气的成分，以便天然气处理可以从井口开始。从生产井中提取的未精制天然气的成分取决于地下沉积物的类型、深度、位置以及该地区的地质情况。天然气处理厂通过分离杂质以及各种非甲烷碳氢化合物和流体来净化天然气，以生产出符合管道气质量的干天然气。天然气处理厂还用于回收天然气液（凝析油、天然汽油和液化石油气）和含硫组分等其他物质，并且应（至少）检查含硫量和残留物，以确保液化石油气符合规范要求（Speight，2015，2018）。

一般来说，常见用途的液化石油气包括 4 种基本类型，尤其是由丙烷、丙烯、丁烷及其混合物组成的液化石油气，可用于家庭、商业和工业供暖及加热，并可用作发动机燃料。但是，在液化气取样时必须确保样品具有代表性，否则试验结果不能发挥重要作用（Speight，2018）。所有 4 种液化石油气应符合规定的蒸气压力、挥发性残留物、残留物质、相对密度和腐蚀要求。还有一系列标准试验方法，可用于提供有关家用和工业燃料气成分和特性的信息（Speight，2018）。

将天然气处理以达到管道干气质量的实际操作可能相当复杂，但通常需要以下主要工艺去除各种杂质：(1) 脱除油和冷凝液；(2) 去除水；(3) 分离天然气液；(4) 脱除硫化氢；(5) 去除二氧化碳（第 4 章 天然气成分和性质）（Mokhatab 等，2006；Speight，2007，2014a）。如果天然气中存在汞（通常以微量形式存在），有关是否应在井口去除汞的意见存在不一致性。汞的存在会引起铝换热器的腐蚀，也会造成环境污染。汞的去除工艺有两种形式：再生工艺和非再生工艺。再生工艺使用硫活性炭或氧化铝，而非再生工艺在分子筛上使用银来处理（Mokhatab 等，2006；Speight，2007，2014a）。

此外，还可以用乙醇胺洗涤法脱除硫化氢和二氧化碳（Mokhatab 等，2006；Speight，2007，2014a；Kidnay 等，2011），通常在井口或其附近安装加热器和洗涤器。洗涤器主要用于去除沙子和其他大颗粒杂质。加热器确保气体温度不会降得太低。由于天然气的含水量很低，当温度下降时，往往会形成天然气水合物（NGH）。这些水合物是固体或半固体化合物，类似于冰晶，当气体水合物积聚时，它们会阻碍阀门和集输系统。管道天然气经处理后注入输气管道，输送至最终用户。因为天然气生产地点通常不是天然气使用地点，所以天然气运输通常涉及数百英里以上。

然而，无论对天然气进行何种程度的处理（在井口或处理设施进行加工处理），都必须通过分析了解气体成分，以确保（相对）纯净的运输产品，并确保天然气满足销售规范。

5.5.2 液化天然气

液化天然气（LNG）是天然气的液态形式，主要用于将天然气输送至市场，然后再进行气化处理，并以管道天然气形式进行配送。冷凝天然气所需的温度取决于其精确组分，但通常为-170~120℃ （-274~-184℉）。液化天然气的优点是，它提供的能量密度可以与汽油和柴油相媲美，扩大了燃料使用范围，减少了燃料添加频率。缺点是车辆低温储存成本高，并对液化天然气加气站、生产厂和运输设施等主要设施提出了较高的要求。

由于液化过程需要从采出的天然气中去除非甲烷组分，如二氧化碳、水、丁烷、戊烷和重组分，因此液化天然气主要由甲烷组成。液化天然气无色、无味、无腐蚀性、无毒。因为液化天然气的主要组分是甲烷，因此它的密度接近（但不完全等于）甲烷的密度。

如果采出气的压力低于典型销售管道气压力（为700~1000psi），则应将天然气压缩至销售气压力（Mokhatab 等，2006，第 8 章 天然气净化工艺）。一般在高压下运输销售气，以便可以减小管道直径。管道可以在非常高的压力（1000psi 以上）下运行，以使气体处于致密相，从而防止冷凝和两相流动。压缩过程通常需要 2~3 个阶段来达到销售气的压力。如前所述，天然气处理可以在第一或第二阶段之后、销售气压缩之前完成。表 5.2 为不同市场液化天然气组分情况。

表 5.2　不同市场液化天然气组分

来源	组分摩尔分数,%				
	甲烷	乙烷	丙烷	丁烷	氮
阿拉斯加	99.72	0.06	0.0005	0.0005	0.20
阿尔及利亚	86.98	9.35	2.33	0.63	0.71
巴尔的摩	93.32	4.65	0.84	0.18	1.01
纽约	98.00	1.40	0.40	0.10	0.10
圣地亚哥	92.00	6.00	1.00	—	1.00

压缩应用于天然气工业的各个方面，包括气举、气体回注（用于保持压力）、集气、天然气处理作业（通过工艺或系统的气体循环）、输配系统，并可以减少用于油罐车运输或储存的气体的体积。近年来，管道运行压力呈上升趋势。在更高压力下运行的好处包括：能够通过一定尺寸的管道输送更大体积的天然气，降低由于摩擦而造成的输送损失，并在不增加增压站的情况下保持长距离输送天然气的能力。在输气过程中可使用两种基本类型的压缩机：往复式和离心式压缩机。往复式压缩机通常由电动机或燃气发动机驱动，而离心式压缩机则由燃气轮机或电动机驱动。

因此，当天然气冷却到大约-160℃ （约-260℉）时，在大气压下，它会冷凝成液体（液化天然气）。这种液体的体积约占天然气体积的 1/600。液化天然气的重量不到水的一半，大约是水的 45%。液化天然气无色、无味、无腐蚀性、无毒。在液化天然气蒸发后与空气混合时，其浓度仅为 5%~15%（第 2.4 节）。无论是液化天然气还是其蒸气，都不会在非密闭环境中爆炸。由于液化天然气的体积和重量较小，因此为储存和运输提供了更方便的选择。天然气压缩的任务是通过机械作用，将天然气从一定的吸入压力提升到较高的排出压力。实际的压缩工艺通常归于三种理想过程之一：（1）等温工艺；（2）等熵工艺；（3）多变压缩工艺。

在等温压缩工艺中，温度是恒定的。这不是绝热的，因为在压缩过程中产生的热必须从系统中去除。如果在压缩过程中不对气体加热或降温，这种压缩过程是一种等熵或绝热可逆过程，并且这一过程是无摩擦的。多变压缩工艺与等熵循环类似，是可逆的但不是绝热的。这可以描述为无限量的等熵步骤，每一步都由等压传热打断。通过这种加热过程，可以确保该工艺产生与实际工艺一样的排出温度。

与一些不严谨和不准确的定义相反，液化天然气与液化石油气（通常称为丙烷）不同，液化石油气是通过标准试验方法测定的（Speight，2015，2018；ASTM，2017）。

液化天然气可用于天然气汽车，尽管使用压缩天然气（CNG）的汽车更为常见。液化天然气的生产成本相对较高，并且需要将液体储存在昂贵的低温罐中，这使得液化天然气无法广泛应用于商业用途。在运输之前和运输过程中，CNG 储存在车辆上的高压罐中，通常压力为 3000~3600psi。

液化天然气工艺涉及去除某些组分，如灰尘、酸性气体（硫化氢和二氧化碳等）、氮气、水蒸气和分子量较高的碳氢化合物衍生物，这可能会对井口设备造成一些困难。然后，通过将天然气冷却至约-162℃（-260℉），在接近大气压力的情况下将天然气冷凝成液体，最大输送压力设定为约 4psi。液化工艺提高了储存和运输的便利性。但是其危险包括蒸发成气态后的可燃性、冻结和窒息更大。

液化天然气的设施需要使用复杂的机械以及专用冷藏船，将液化天然气运输到需求市场。在过去 25 年中，由于热力学效率的大幅提高，建造液化天然气工厂的成本已经降低，于是液化天然气成为全球主要的天然气出口方法，在世界各地扩建和新建了许多液化天然气工厂。

液化天然气是以超冷（低温）液体的形式储存的天然气。需要大型低温罐来储存液化天然气，通常这种低温罐的直径为 230ft，高度达 145ft，可容纳 2640×10^4 gal 液化天然气。在运输过程的消费端，需要一个基础设施来对大量液化天然气进行再处理，这些设施造价昂贵并且容易受到破坏。

在运输过程中，液化天然气被装载到用于安全和绝缘目的的双壳船上。在船到达接收港之后，液化天然气通常被卸载到绝缘良好的储罐中。再气化将液化天然气转换回气体形式，然后进入国内管道配送系统，最终输送给终端用户。目前最大的专门建造的冷藏油轮可运载 $13.5 \times 10^4 m^3$ 的液化天然气，相当于约 $4767480 ft^3$ 的天然气。

在美国和许多其他国家，液化天然气必须满足热值规范要求。这些液化天然气仅含适量的天然气液（NGL）。如果液化天然气与天然气液一起运输，在天然气进入运输系统（尤其是管道系统）之前，天然气液必须在接收时予以清除或与贫气或氮气混合。

5.5.3　液化石油气

液化石油气是指某些特定的碳氢化合物及其混合物，它们在大气环境下以气态存在，但在适当压力条件下可转换为液态。通常，碳氢化合物中含有 4 个或 4 个以下碳原子的燃料气沸点低于室温，这些产物是环境温度和压力下的气体。液化石油气简称 LPG，也称为丙烷或丁烷，是一种可燃的碳氢化合物混合物，用于为供暖设备和车辆提供燃料。丙烯和丁烯衍生物以及各种其他碳氢化合物通常也以低浓度存在。

液化石油气是在炼油厂或天然气处理厂制备的，几乎完全是由以下化石燃料衍生而来：（1）在原油精炼过程中制造的燃料；（2）从采出地面的原油或天然气流中提取的燃料。由于液化石油气的沸点低于室温，所以在常温常压下液化石油气会迅速蒸发，通常由加压钢制容器供应。使液化石油气转变为液体的压力是蒸气压力，蒸气压力随其组分和温度而变化。液化石油气比空气重，与甲烷不同，液化石油气会沿平面流动，并倾向于沉积在底层或凹陷等低洼处。如果液化石油气和空气的混合物在爆炸极限内且附近有点火源，就可能导致爆炸。此外，液化石油气置换空气时会使氧气浓度下降，从而导致窒息。

液化石油气是一种含有丙烷（$CH_3 \cdot CH_2 \cdot CH_3$）和丁烷（$CH_3 \cdot CH_2 \cdot CH_2 \cdot CH_3$）的碳氢化合物混合物。异丁烷［$CH_3 \cdot CH(CH_3) \cdot CH_3$］也可能存在，但存在概率更小。最常见的商业产品是丙烷、丁烷或两种气体混合物（表 5.3），通常从天然气或原油中提取。丙烷和丁烷可以是来自天然气或炼油厂的衍生物，但在后一种情况下，相应烯烃的比例相当大，需要进行分离。碳氢化合物通常在压力下液化，以便运输和储存。

丙烯和丁烯同分异构体是在炼油厂中裂解其他碳氢化合物的产物，是两种重要的化工原料。在用作燃料气的液化石油气中，丙烯和丁烯的存在并不重要。这些烯烃的蒸气压力略高于丙烷和丁烷的蒸气压力，火焰速度也大幅提高，但这可能是一个优点，因为丙烷和丁烷的火焰速度较慢。然而有一个问题往往会限制液化石油气中的烯烃数量，即烯烃倾向于形成烟尘。

如前所述，天然气、合成气和混合气的成分变化如此之大，任何一套规范都无法涵盖所有情况（第 3 章 非常规天然气）。这些要求通常是基于燃烧器和设备的性能、最低热含量和最高硫含量而制定的。大多数州的天然气公用事业公司都受到国家委员会或监管机构的监督，公用事业公司必须提供所有类型的消费者都能接受的天然气，并在各种消费设备上提供令人满意的性能。

气体产品（包括液化石油气）的相对密度可通过多种方法和各种仪器进行方便的测定（Speight，2015，2018；ASTM，2017）。该试验方法包括测试正常温度和压力下气态燃料（包括液化石油气）的相对密度。这些试验方法的任何一个子方法都应该是多样的，当需要测定同一温度和压力下气体与干燥空气的相对密度时，可以采用一种或多种方法进行实验、控制、参考（质量控制）、气体测量，或任何相关实验。

表 5.3　液化石油气组分的性质

性质		丙烷	丁烷
化学式		C_3H_8	C_4H_{10}
沸点，℉		−44	32
相对密度	气体（空气=1.00）	1.53	2.00
	液体（水=1.00）	0.51	0.58
lb/gal：液体@60℉		4.24	4.81
Btu/gal：气体@60℉		91690	102032
Btu/lb：气体		21591	21221
Btu/ft³：气体@60℉		2516	3280
ft³ 蒸汽@60℉/gal 液体，60℉		36.39	31.26
ft³ 蒸汽@60℉/lb 液体，60℉		8.547	6.506
蒸发潜热（@沸点），Btu/gal		785.0	808.0

续表

性质		丙烷	丁烷
燃烧数据	闪点,℉	−155	−76
	自燃温度,℉	878	761
	空气中最高火焰温度,℉	3595	3615
可燃极限,气体在空气混合物中所占体积比,%	下限（%）	2.4	1.9
	上限（%）	9.6	8.6
	辛烷值（异辛烷=100）	100+	92

燃料气的热值通常是采用流量量热计在常压下测量，其中一定量的气体燃烧释放的热量被测量的水或空气吸收。

可燃性下限和上限表示空气中可燃气体的百分比，如果低于或高于该百分比，火焰将不会蔓延。在易燃极限范围内成分的混合物中引发火焰时，火焰会蔓延，因此这些混合物是易燃的。了解易燃极限在确定气体燃料安全操作规程是很重要的，例如在气体装置中使用净化设备时、在工厂或矿山中控制大气成分时或在处理液化气体时。

采用实验方法测定气体混合物的可燃极限需要考虑很多因素，包括试验用管或容器的直径和长度、气体的温度和压力以及火焰向上或向下蔓延的方向。所以在应用数据时必须非常小心。在监测少量气体进入大气的封闭空间中，可燃气体的最大浓度通常被限制在气体混合物可燃性下限的气体浓度的1/5。

液化石油气可以通过多种方式运输，包括轮船、铁路、油轮、卡车、联运罐、气瓶车、管道和当地天然气管网系统。然而，液化石油气面临的一个挑战是，它的成分变化很大，导致发动机性能和冷启动性能发生变化。在正常的温度和压力下，液化石油气会蒸发，因此，液化石油气储存在加压的钢瓶中。液化石油气比空气重，在室外会沉积在地表凹陷处。这些积聚物会造成爆炸危险，这也是某些管辖区禁止使用液化石油气车辆进入室内停车场的原因。

此外，液化石油气通常有不同的等级（通常规定为：（1）商用丙烷；（2）商用丁烷；（3）商用丙烷丁烷（P—B）混合物；（4）专用丙烷）。在使用液化石油气的过程中，气体必须完全蒸发，并在设备中充分燃烧，这样就不会造成任何腐蚀或在系统中产生任何沉积物。

商用丙烷主要由丙烷和（或）丙烯组成，而商用丁烷主要由丁烷和（或）丁烯组成。两者都必须没有有害的毒性成分和机械夹带的水（这可能会进一步受到规范的限制）。商用丙烷丁烷混合物的生产需符合销售规范，如挥发性、蒸气压力、相对密度、碳氢化合物成分、硫及其化合物、铜腐蚀、残留物和含水量。这些混合物一般在环境温度较低的地区用作燃料。可以使用气相色谱法进行分析（Speight，2015，2018；ASTM，2017）。专用丙烷用于火花点火式发动机，规格包括最小发动机辛烷值，以确保令人满意的抗爆性能。丙烯（$CH_3CH\!=\!CH_2$）的辛烷值明显低于丙烷，因此该组分在混合物中的容量存在限制。可以使用气相色谱法进行分析（Speight，2015，2018；ASTM，2017）。

液化石油气（LPG）和液化天然气（LNG）可以作为液体进行储存和运输，然后蒸发并作为气体使用。为了达到这一目的，液化石油气必须保持在适当压力和温度下。液化天然气可以在环境压力下储存和运输，但必须保持在−1～60℃（30～140℉）的温度。事实上，在某些应用中，以液相状态使用液化石油气实际上是经济和方便的。在这种情况下，与蒸气相的气体使用相比，气体成分的某些方面（或其质量，如丙烷与丁烷的比例，以及是否存在微量较重的碳氢化合物、水和其他外来物质）可能不那么重要。

对于正常（气体）使用，液化石油气的污染物浓度应控制在不会腐蚀配件和器具或阻碍气体流动的水平。例如，不应存在硫化氢（H_2S）和羰基硫化物（COS）。有机硫达到充分加臭所需的浓度是液化石油气的正常要求，二甲基硫醚（CH_3SCH_3）和乙硫醇（C_2H_5SH）通常在高达 50ppm 的浓度下使用。同样，天然气也可能用更广泛的挥发性硫化合物进行处理。

在液化石油气（或天然气）中存在水是不可取的，因为它可以产生水合物，这将导致一些后果，例如在达到水露点的条件下，由于水合物的形成导致管道堵塞。如果含水量高于可接受的水平，则添加少量甲醇可以抵消任何此类影响。

除其他气体外，液化石油气也可能受到中间馏分到润滑油等高沸点组分（残留物）的污染。这些污染物在处理过程中会进入气体中，必须防止其达到不可接受的水平。烯烃（尤其是二烯烃）容易聚合，应该加以去除。

在终端应用方面，控制液化石油气中的残留物含量是至关重要的。事实上，液化石油气中的油渣是一种污染物，在生产、运输、储存或使用过程中可能会造成一些问题。例如，当液化气用于汽车燃料时，残留物可能会导致沉积物，这些沉积物聚积起来会腐蚀或堵塞液化石油气燃料过滤器、低压调节器、燃料混合器或控制电磁阀。液化石油气在生产或运输过程中可能会被油渣污染。使用配送其他产品的共用管道、阀门和卡车都可能导致污染物的传输。在脱硫工艺等生产源头，可能会向液化石油气中加入用于脱硫剂的油。商用液化石油气，尤其是汽车用液化石油气，应符合现行的燃料规范。

液化石油气中含油残渣的燃料规范采用一种称为油渍的方法（Speight，2015，2018；ASTM，2017）。在该方法中，将 100mL 液化石油气蒸发，并从玻璃蒸发管读取剩余的残渣体积。此外，将残留物溶解在溶剂中，并将所得溶液慢慢滴在吸附纸上。溶剂蒸发后残留在纸上的污渍的大小和持久性是液化石油气样品中油性残留物的另一个经验定量方法。两种定量方法的准确性都存在疑问。

另外，还可应用液化气注入器法，即采用专用的取样器（液化气进样器）将室温下的液化气直接注入气相色谱柱。该试验方法基于大体积样品的蒸发，然后对残留物含量进行目视或重量测定。此外，该方法在测量较重（油性）残留物时提供了更高的灵敏度，即定量限值为 10mg/kg 的总残留物。该试验方法给出了有关污染物成分的定量结果和信息，如沸点范围和指纹色谱，这对于追踪特定污染物的来源非常有用。该方法包括采用气相色谱法测定可溶烃物质，有时称为"油性残留物"，该物质可能存在于液化石油气中，且其挥发性大大低于液化石油气本身。此外，该方法还提供了以下残留物在 10～600mg/kg（ppm/质量比）范围内的定量数据，即液化石油气中沸点在 174℃（345℉）和 522℃（970℉）之间的残留物（癸烷到丁烷，即 C_{10}—C_{40}）。更高沸点的物质或永久黏附在色谱柱上的物质不会流过色谱柱，因此不会被检测到。

最后，大多数液化石油气组分分析方法都建议，使用液体取样阀将样品引入气相色谱仪的分流入口。

5.5.4　压缩天然气

压缩天然气（CNG）是将天然气压缩到其在标准大气压下所占体积的1%而得到的产物，是可以代替汽油、柴油和液化石油气的一种燃料。其成分和性能取决于原始天然气原料的性质和成分。适用于压缩天然气的试验方法，应根据气体（非压缩）原料采用的试验方法进行设计。

压缩天然气（CNG）经常与液化天然气（LNG）相混淆，二者主要区别在于压缩天然气是指天然气在常温高压下储存，而液化天然气则在低温和近似常压下储存。在各自的储存条件下，液化天然气是一种液体，压缩天然气是一种超临界流体（温度和压力高于临界点的流体，不存在明显的液相和气相）。此外，CNG不需要昂贵的冷却过程和低温罐，但需要较大的容积、很高的压力（3000~4000psi）来储存与汽油相当的能量。LNG通常用于在船舶、火车或管道中远距离输送天然气，在配送给消费者之前转化为压缩天然气。

压缩天然气在燃烧中产生的有害气体量低于其他很多燃料。此外，压缩天然气在发生泄漏的情况下，因为比空气轻，释放时会迅速扩散而比其他燃料更安全。压缩天然气可以在油藏中发现，也可以从垃圾填埋场或污水处理厂收集，在那里被称为沼气。

压缩天然气以2900~3600psi的压力储存和分布在硬质容器中，通常是圆柱形或球形容器。它可以在高压容器中运输，对于富气（大量乙烷、丙烷等），其压力通常为1800psi，对于贫气（主要是甲烷），压力则为3600psi。

压缩天然气已被用作运输燃料，主要是在公共交通中替代传统燃料（汽油或柴油）。在超过3000psi表压下，将天然气压缩到正常大气压下气体体积的1%，得到的压缩天然气在经过适当改装的内燃机中燃烧。与汽油相比，CNG汽车排放的一氧化碳、氮氧化物（NO_x）和颗粒物要少得多。与液体燃料相比，主要缺点是能量密度低，1gal压缩天然气的能量只有1gal汽油能量的1/4。因此，CNG汽车需要体积较大的燃料舱，主要适用于大型车辆，如公共汽车和卡车。加气站可以由管道天然气供应燃料，应用将天然气保持在3000psi表压下的压缩机，这需要比较贵的购买、维护和操作费用。

另一种替代方法是专用运输船，这些船上携带有绝缘的冷藏货物包装长输大口径管道。气体需经过干燥、压缩和冷却，以便在船上储存。通过精确温度控制，可以在既定有效载荷能力的船舶上运输更多的气体，但出于压力和安全考虑，这要受到体积、管道材料和重量的限制。这种方式需要合适的压缩机和冷却器，但比天然气液化装置便宜，而且具有设备标准，成本可以进一步降低。其终端设施也较为简单，因此成本较低。

5.5.5　气转固

气体转化为气体水合物固体运输。天然气水合物是将天然气与液态水混合，形成稳定的水结晶冰状物质的产物（第1章 天然气发展历程和应用和第9章 凝析油）。天然气水合物的运输（在适当考虑安全问题的情况下）是以液化天然气或管道形式将天然气从源头运输到需求市场的一种可行替代方案。考虑到各方面的因素，可以得出如下结论：与LNG运输相比，固体天然气水合物运输可以在更高的温度和更低的压力下进行，且天然气水合物可能在同步点火的情况下发生爆炸分解，着火风险低。

气转固工艺包括三个阶段：（1）生产；（2）运输；（3）再气化。气体中某些小分子，特别是甲烷、乙烷和丙烷，使水中的氢键稳固形成一个三维笼状结构，使气体分子被困在笼内，这时就会产生天然气水合物。笼是由几个氢键结合在一起的水分子组成的，固态气体水合物具有雪状外观。在压力高于且温度低于气相和液态水相图的平衡线时，天然气在液态水存在时形成水合物。

在原油和天然气工业中，多数情况下，天然气水合物是一种管道干扰和安全隐患，如果不采取预防措施（如甲醇注入）会导致管道阻塞，操作人员需要非常小心，以确保不会形成水合物。另外，在永冻土和深度低于 1500ft（500m）的海底发现了大量的天然气水合物，如果适当开采，在未来 30 年内可能成为一种主要能源。

对于天然气运输，将天然气与水在 1175～1500psi 和 2～10℃（35～50℉）的温度下混合，可以制成天然气水合物。如果天然气水合物泥浆被冷却到大约-15℃（5℉），在大气压下分解得很慢，这样就可以在几乎绝热的条件下通过船舶运输到市场上，而不需要在热力系统与其周围环境之间传递热量或物质。

在市场上，在发电站进行干燥或按照其他要求进行适当处理后，可通过控制加热过程将泥浆熔化还原成气体和水，供相关使用。每吨天然气水合物可产生高达 5600ft^3（约 160m^3）的天然气，具体产量取决于生产工艺。在水合物形成之前，可以使用陆上移动设备和海上船舶进行水合物的生产，使用浮式生产、储存和卸载船进行简单的气体处理（如清洁处理），这在商业上很具有吸引力。

如果缺水，水可以在目的地使用，或作为压舱物返回水合物发生器，由于水中含有饱和气体，则不会将更多的气体带入溶液中。在大型反应器中连续生产水合物、长期储存水合物和控制储存气体再生的工艺可操作性已经得到证实。

水合物混合物可在正常温度（-10～0℃；14～32℉）和压力（1～10atm）下储存，对于 1m^3 水合物而言，每立方米水应含有约 160m^3 气体。与每 1m^3 压缩气体 [高压约 3000psi（表）] 中的 200m^3 气体或每 1m^3 液化天然气（低温-162℃，-260℉）中的 637m^3 气体相比，水合物因为更容易生产、更安全并且储存成本更低而具有吸引力。

在相对较低的压力下，水合物形式的气体可以非常有效地进行储存，在这种压力下，水合物中每单位体积的气体，比自由状态或压力下降时压缩状态下的气体含量要大得多。与管道输送天然气或液化天然气相比，水合物方式在不利条件下输送天然气的资本性和运营性成本较低。

天然气水合物消除了低温和高压状态的必要性，是非常有效的气体储存和运输方式。比较而言，在标准条件下，干水合物颗粒可从 1 体积的水合物中产生约 160 体积的气体，相比每体积的液化天然气可以产生约 637 体积的气体这是一个相当大的体积损失。但是水合物可以用较便宜而经济的船舶来运输。

5.5.6 天然气发电

电力可以是一种中间产品，如在矿物精炼过程中用电将铝土矿精炼成铝。电力也可以是一种最终产品，如分配到大型公用电网中。因此，天然气发电（GTP，燃气发电）不是一个新的想法。

目前，大部分输送气体的目的地用作发电燃料，可以在储存设施或其附近发电，也可以进行天然气发电（GTP），然后通过电缆运输到目的地。例如，海上或孤立的天然气为海上发电厂（位于条件不太恶劣的水域）提供燃料，该发电厂将向陆上或其他海上客户出售电力。遗憾的是为到达海岸线安装高功率输电线的成本几乎与管道一样高，因此 GTP 并不能作为一种更便宜的天然气运输解决方案。长距离输电电缆的能量损失较大，如果电源是交流电而不是直流电，则损失更大；此外，当电源从交流电转换为直流电，以及当使用的高压转换为用户所需的低压时，也会发生损失。

一些专家认为，在用户端使用气体作为能源，可以提供更大的灵活性和更好的热效率，因为余热可以用于局部加热和脱盐。这一观点在经济学上得到了认可，因为要产生每 10MW 的发电量，约需使用 $100 \times 10^4 \text{ft}^3/\text{d}$ 的天然气，因此即使要产生很大发电量，对于大油气田来说也不会消耗很多天然气，对天然气生产商而言不会带来巨大收入。然而，在美国，天然气发电（GTP）一直是一个被广泛考虑的选择方案，可用于从阿拉斯加的油气田向人口稠密的地区输送能源。

还有其他实际需要注意的事项，例如，如果天然气是伴生气，那么在发电机停机且没有其他出气口时，整个采油设施也可能关闭，或者将气体放空。此外，如果发电厂存在运行问题，发电机必须能够快速关闭（在 60s 或更短时间内），以防止小型事故升级为重大事故。此外，停机系统本身必须是安全的，因此任何在关闭前需要净化或冷却循环的复杂工艺发电装置都是不合适的。最后，如果发电厂不能轻松关闭和（或）能够快速重新启动（可能在 1h 内），运营商就会因担心来自配电商的经济回报而犹豫是否要停机。

5.5.7 气制油

在气制油（GTL）的运输中，将天然气转化为液体（图5.1），如甲醇（图5.2），并以这种方式进行运输。在这一过程中，甲烷首先与蒸汽混合，然后在多种途径中选择一种方式（例如合适的新催化剂技术）将其转化为合成气（一氧化碳和氢气的混合物，$CO+H_2$）。于是：

在蒸汽甲烷重整过程中，甲烷在催化剂的作用下，在 45~360psi 压力下与蒸汽发生反应，生成氢气、一氧化碳和相对少量的二氧化碳。

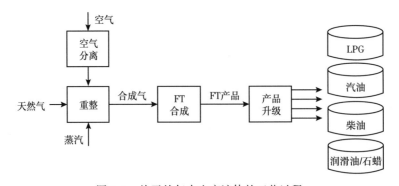

图 5.1　从天然气中生产液体的工艺过程

该过程是吸热的，必须为反应过程提供热量才能继续进行。随后，在所谓的水煤气变换反应中，一氧化碳和蒸汽通过催化剂产生二氧化碳和更多的氢。在最后一个步骤（变压

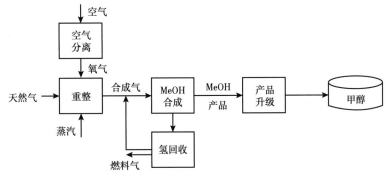

图 5.2　从天然气中生产甲醇的工艺过程

吸附步骤）中，将二氧化碳和其他杂质从气流中去除，基本上留下纯氢。蒸汽重整也可用于从其他燃料（如乙醇、丙烷甚至汽油）中生产氢气。

$$CH_4 + H_2O \longrightarrow CO + 3H_2 \qquad （蒸汽甲烷重整反应）$$

$$CO + H_2O \longrightarrow CO_2 + H_2（+少量热）\qquad （水煤气变换反应）$$

$$2H_2 + CO \longrightarrow CH_3OH \qquad （甲醇合成）$$

并且：

$$2CH_3OH \longrightarrow CH_3OCH_3 + H_2O$$

$$CH_3OCH_3 \longrightarrow C_2H_4 + H_2O$$

乙烯经过聚合和氢化，得到含有 5 个或更多碳原子的碳氢化合物组分的汽油，这些碳原子占燃料的质量分数约为 80%。

在部分氧化过程中，天然气中的甲烷和其他碳氢化合物与一定限量的氧气（通常来自空气）发生反应，这不足以将碳氢化合物完全氧化成二氧化碳和水。当可用氧的数量低于所需化学量时，反应产物主要含有氢和一氧化碳（以及氮，如果反应采用空气而不是纯氧），以及相对少量的二氧化碳和其他化合物。随后，在水煤气变换反应中，一氧化碳与水反应生成二氧化碳和更多的氢。

部分氧化是一个放热的过程，热量是在这个过程中产生的。它通常比蒸汽重整的反应速度快得多，需要一个更小的反应堆容器。正如在部分氧化的化学反应中所看到的，这个过程最初每单位输入燃料产生的氢气量，要低于同一燃料蒸汽重整过程所产生的氢气量。

$$CH_4 + 1/2O_2 \longrightarrow CO + 2H_2 \qquad （甲烷部分氧化）$$

$$CO + H_2O \longrightarrow CO_2 + H_2 \qquad （水煤气变换反应）$$

然后，使用费歇尔-特罗普希法（在催化剂存在的情况下）或氧化法（在合适的催化剂存在时将合成气与氧混合）将合成气转化为液体。

$$CO + nH_2 \longrightarrow H(-CH_2-)_x H + H_2O$$

所产生的液体可以是燃料，通常是清洁燃烧的汽车燃料（合成原油）或润滑剂，或者是氨或甲醇或一些用于塑料制造的产物，例如，尿素、二甲醚（DME），也可以用作运输燃料、液化石油气替代品或发电燃料以及化学原料。二甲醚（CH_3OCH_3）是一种常温无色气体，化学性质稳定，沸点为-25℃（-13℉）。由于二甲醚在25℃（77℉）下的蒸气压力约为0.6MPa，很容易进行液化，液态二甲醚是无色的，黏度为0.12~0.15kg/（m·s），几乎相当于液态丙烷或液态丁烷的黏度。二甲醚的沃泊指数（发热量与气体燃料流动阻力之比）为天然气的52~54倍，天然气烹饪炉可以无须任何改造使用二甲醚。二甲醚的热效率和排放量与天然气几乎相同，物理性质与液化石油气的物理性质几乎相同，因此可以较方便地配送和储存。

有关二甲醚放热的合成反应方程式及反应热如下：

$$3CO+3H_2 \longrightarrow CH_3OCH_3+CO_2$$

$$2CO+4H_2 \longrightarrow CH_3OCH_3+H_2O$$

$$2CO+4H_2 \longrightarrow 2CH_3OH$$

$$2CH_3OH \longrightarrow CH_3OCH_3+H_2O$$

$$CO+H_2O \longrightarrow CO_2+H_2$$

与甲醇合成相比，控制反应温度更为重要，因为二甲醚合成的高平衡转化率会产生更高的反应热，反应器中的热会损坏催化剂。煤、渣油和木质生物质高温气化产生的合成气，其氢和一氧化碳之比（H_2/CO）为0.5~1，在通过变换炉合成二甲醚前，其氢和一氧化碳之比应调整为$H_2/CO=2$。

自20世纪40年代中期开始，甲醇成为一种气制油（GTL）的选择方案。虽然天然气制甲醇最初是一种效率相对较低的转化过程，但经过技术优化提高了效率。甲醇可以用作内燃机的燃料，但目前甲醇作为燃料的市场空间有限，汽车燃料电池的发展可能会改变这一点。甲醇的最好用途是作制造塑料的基本原料。

目前正在开发其他气制油工艺以生产清洁燃料，如合成原油、柴油或许多其他产品，包括润滑油和石蜡，但需要复杂（昂贵）的化工厂设备和新的催化剂技术。

5.5.8 天然气商品化

天然气商品化（GTC）涉及天然气、甲烷、乙烷、丙烷、正丁烷和异丁烷以及戊烷中的组分，这些组分本身就很有用。较高级的石蜡衍生物对于大量化学品和聚合物母体（如乙酸、甲醛、烯烃衍生物、聚乙烯、聚丙烯、丙烯腈、乙二醇等）以及便携式优质燃料（如丙烷）尤其有价值。此外，甲烷可通过合成气转化为甲醇、氨、合成原油、润滑剂或某些化学品制造原料，如二甲醚和尿素，然后用于制造化学品对外输出。

因此，当使用天然气商品化（GTC）概念时，一般将天然气转化为热能或电力，然后用于生产商品，并在公开市场上出售。这是指来自天然气的能量，通过发电或直接燃烧产生的热量，而不是指所使用的GTL概念的组成部分。天然气能源本质上是以商品形式运输的。

在某些情况下，气体原料可能适用于制氢，可通过使用甲烷（天然气）、液化石油气、煤气化或生物质（生物质气化）的各种热化学方法（例如电解水或热分解工艺），来获得氢气（H_2）。氢气是高度易燃的，在空气中的氢气浓度低至4%时就会发生燃烧。氢气在汽车应用方面通常有两种形式：内燃或燃料电池转换。在燃烧过程中，它基本上是像传统气体燃料一样燃烧,而燃料电池利用氢来发电,所产生的电力用于驱动汽车上的电动机。氢气必须是通过工艺生成的,因此氢气是一种能量储存介质,而不是能源。用来产生氢气的能量通常来自更传统的能源。氢气具有非常低的车辆排放量和灵活的储能前景,但为实现这些好处需要克服很多技术挑战(如气体的可燃性),因此其广泛实施可能会推迟几十年。

存在一些缺点需要考虑。例如,氢气对人的安全造成许多危害,包括与空气混合时可能发生爆炸和火灾危险,也可能会导致窒息。此外,液态氢是一种低温物质,存在冻伤等危险。氢还可以溶解在许多金属中,除了泄漏外,还可能产生氢脆等不利影响,从而导致裂纹和爆炸。泄漏到外部空气中的氢气可能会自燃。

事实上,当人们提议使用氢作为燃料时,总会想起兴登堡灾难。1937 年 5 月 6 日下午 7 时 25 分(当地时间),德国 LZ 129 兴登堡号载客飞艇在美国新泽西州曼彻斯特镇莱克赫斯特海军航空站上空准备着陆时起火烧毁。该飞艇上有 97 人,其中 36 人死亡。

参 考 文 献

ASTM, 2017. Annual Book of Standards. ASTM International, West Conshohocken, PA.

Arnold, K., Stewart, M., 1999. Surface Production Operations, Volume 2: Design of Gas-Handling Systems and Facilities, second ed. Gulf Professional Publishing, Houston, TX.

Ballard, D., 1965. How to operate quick-cycle plants. Hydrocarbon Process. Crude oil Refiner 44 (4), 131.

Burruss, R. C., Ryder, R. T., 2003. Composition of Crude Oil and Natural Gas Produced from 14 Wells in the Lower Silurian "Clinton" Sandstone and Medina Group, Northeastern Ohio and Northwestern Pennsylvania. Open-File Report 03-409, United States Geological Survey, Reston, VA.

Burruss, R. C., Ryder, R. T., 2014. Composition of natural gas and crude oil produced from 10 wells in the lower Silurian "Clinton" Sandstone, Trumbull County, Ohio. In: Ruppert, L. F., Ryder, R. T. (Eds.), Coal and Crude Oil Resources in the Appalachian Basin: Distribution, Geologic Framework, and Geochemical Character. United States Geological Survey, Reston, VA, Professional Paper 1708.

Burt, S. L., 2016. Who Owns the Right to Store Gas: A Survey of Pore Space Ownership in U. S. Jurisdictions. <http://www. duqlawblogs. org/joule/wp-content/uploads/2016/07/Who-Owns-the-Right-to-Store-Gas-A-Survey-of-Pore-Space-Ownership-in-U. S. -Jurisdictions-. pdf>.

Børrehaug, A., Gudmundsson, J.S., 1996. Gas Transportation in Hydrate Form, EUROGAS 96, 3-5 June, Trondheim, pp. 35-41.

Crow, W., Williams, B., Carey, J. W., Celia, M. A., Gasda, S. 2008. Wellbore integrity analysis of a natural CO_2 producer. In: Proceedings. 9th International Conference on Greenhouse Gas Control Technologies, Washington, D. C., November 16-20, 2008, Elsevier, New York.

Faramawy, S., Zaki, T., Sakr, A. A.-E., 2016. Natural gas origin, composition, and processing: a review. J. Nat. Gas Sci. Eng. 34, 34-54.

Gaffney Cline and Associates, 2001. GTL Discussion Paper. Prepared for the Gas to Liquids Taskforce, Australian Dept. of Industry, Science & Resources, Commonwealth of Australia, June.

Gary, J. G., Handwerk, G. E., Kaiser, M. J., 2007. Crude oil Refining: Technology and Economics, fifth ed. CRC Press, Taylor & Francis Group, Boca Raton, FL.

Godec, M., Koperna, G., Petrusak, R., Oudino, A., 2014. Enhanced gas recovery and CO_2 storage in gas shales: a summary review of its status and potential. Energy Procedia 63, 5849-5857.

Gudmundsson, J. S., 1996. Method for Production of Gas Hydrate for Transportation and Storage, U. S. Patent No.

5, 536, 893.

Gudmundsson, J. S., Børrehaug, A., 1996. Frozen hydrate for transport of natural gas. In: Proc. 2nd International Conf. Natural Gas Hydrates, June 2–6, Toulouse, pp. 415–422.

Gudmundsson, J. S., Andersson, V., Levik, O. I., 1997. Gas Storage and Transport Using Hydrates, Offshore Mediterranean Conference, Ravenna, March 19–21.

Gudmundsson, J. S., Andersson, V., Levik, O. I., Parlaktuna, M., 1998. Hydrate concept for capturing associated gas. In: Proceedings. SPE European Crude oil Conference, The Hague, The Netherlands, 20–22 October 1998.

Guo, P., Jing, S., Peng, C., 2014. Technologies and countermeasures for gas recovery enhancement. Nat. Gas Industry B1, 96–102.

Hsu, C. S., Robinson, P. R. (Eds.), 2017. Handbook of Crude oil Technology, C. S. Springer International Publishing AG, Cham.

Katz, D. L., Coats, K. H., 1968. Underground Gas Storage of Fluids. Ulrich Books Inc, Ann Arbor, MI.

Kidnay, A., McCartney, D., Parrish, W., 2011. Fundamentals of Natural Gas Processing. CRC Press, Taylor & Francis Group, Boca Raton, FL.

Knott, D., 1997. Gas-to-liquids projects gaining momentum as process list grows. Oil Gas J. June 23, 16–21.

Loskutova, Yu. V., Yadrevskaya, N. N., Yudina, N. V., Usheva, N. V., 2014. Study of viscosity-temperature properties of oil and gas-condensate mixtures in critical temperature ranges of phase transitions. Procedia Chem. 10, 343–348.

Mamora, D. D., Seo, J. G., 2002. Enhanced gas recovery by carbon dioxide sequestration in depleted gas reservoirs. SPE Paper No. 77347. In: Proceedings. SPE Annual Technical Conference and Exhibition, Houston, Texas. September 29–October 2. Society of Petroleum Engineers, Richardson, TX.

Mokhatab, S., Poe, W. A., Speight, J. G., 2006. Handbook of Natural Gas Transmission and Processing. Elsevier, Amsterdam.

Parkash, S., 2003. Refining Processes Handbook. Gulf Professional Publishing, Elsevier, Amsterdam. Pooladi-Darvish, M., Hong, H., Theys, S., Stocker, R., Bachu, S., Dashtgard, S., 2008. CO_2 injection for enhanced gas recovery and geological storage of CO_2 in the Long Coulee Glauconite F Pool, Alberta. SPE Paper No. 115789, SPE Annual Technical Conference and Exhibition, Denver, Colorado. September 21–24. Society of Petroleum Engineers, Richardson, TX.

Riazi, M., Eser, S., Agrawal, S., Penña Díez, J., 2013. Crude Oil Refining and Natural Gas Processing. Manual 58 MNL58. ASTM International, West Conshohocken, PA.

Rigden, J. S., 2003. Hydrogen: The Essential Elements. Harvard University Press, Cambridge, MA.

Rojey, A., Jaffret, C., Cornot-Gandolph, S., Durand, B., Jullin, S., Valais, M., 1997. Natural Gas Production, Processing, Transport. Editions Technip, Paris.

Seo, J. G., Mamora, D. D., March 10–12, 2003. Enhanced gas recovery by carbon dioxide sequestration in depleted gas reservoirs. SPE Paper No. 81200. In: Proceedings. SPE/EPA/DOE Exploration and Production Environmental Conference, San Antonio, Texas.

Sim, S. S. K., Turta, A. T., Signal, A. K., Hawkins, B. F., June 17–19, 2008. Enhanced gas recovery: factors affecting gas-gas displacement efficiency. CIMPC Paper No. 2008–145. In: Proceedings. Canadian International Petroleum Conference/SPE Gas Technology Symposium 2008 Joint Conference, Calgary, Alberta, Canada.

Skrebowski, C., 1998. Gas-to-Liquids or LNG? Crude oil Review. January, pp. 38–39.

Speight, J. G., 2007. Natural Gas: A Basic Handbook. GPC Books, Gulf Publishing Company, Houston, TX.

Speight, J. G. , 2013. The Chemistry and Technology of Coal, fifth ed. CRC Press, Taylor & Francis Group, Boca Raton, FL.

Speight, J. G. , 2014a. The Chemistry and Technology of Crude Oil, fifth ed. CRC Press, Taylor & Francis Group, Boca Raton, FL.

Speight, J. G. , 2014b. Oil and Gas Corrosion Prevention. Gulf Professional Publishing, Elsevier, Oxford.

Speight, J. G. , 2015. Handbook of Crude oil Product Analysis, second ed. John Wiley & Sons Inc, Hoboken, NJ.

Speight, J. G. , 2016. Handbook of Hydraulic Fracturing. John Wiley & Sons Inc, Hoboken, NJ.

Speight, J. G. , 2017. Handbook of Crude Oil Refining. CRC Press, Taylor & Francis Group, Boca Raton, FL.

Speight, J. G. , 2018. Handbook of Natural Gas Analysis. John Wiley & Sons Inc, Hoboken, NJ.

Taylor, M. , Dawe, R. A. , Thomas, S. , 2003. Fire and ice: gas hydrate transportation-a possibility for the Caribbean Region. Paper no. SPE 81022. In: Proceedings. SPE Latin American and Caribbean Crude oil Engineering Conference. Port-of-Spain, Trinidad, West Indies. April 27-30. Society of Crude oil Engineers, Richardson, TX.

Thomas, M. , 1998. Water into Wine: Gas-to-Liquids Technology the Key to Unlocking Future Reserves, Euroil, May 17-21.

Ward, D. E. , Pierce, A. P. , 1973 Helium. Professional Paper No. 820. In: United States Mineral Resources, US Geological Survey, Reston, VA, pp. 285-290.

延 伸 阅 读

CFR, October 2017. Part 192: Transportation of Natural and Other Gas by Pipeline: Minimum Federal Safety Standards. Code of Federal Regulations. < https://www.ecfr.gov/cgi-bin/text-idx? SID = bc6ba2aedb111021352940bb1e5e9811&mc =true&node=pt49.3.192&rgn=div5>.

Gudmundsson, J. S. , Hveding, F. , Børrehaug, A. , 1995. Transport of natural gas as frozen hydrate. In: Proc. 5th International Offshore and Polar Engineering Conf. , The Hague, June 11-16, vol. I, pp. 282-288.

Manning, F. S. , Thompson, R. E. , 1991. Oil Field Processing of Crude oil, Volume 1: Natural Gas. Pennwell Publishing Company, Tulsa, OK.

US EPA. 2014. Interim Chemical Accident Prevention Advisory - Design of LPG Installations at Natural Gas Processing Plants. EPA 540-F-14-001 United States Environmental Protection Agency, Washington, DC

第二部分　天然气加工

6 天然气加工历史

6.1 简介

虽然天然气自古以来就为人所知（第 1 章 天然气发展历程和应用），但天然气加工（气体净化）始于 18 世纪后期的工业革命，是一项相对现代的创新。在现代世界中，天然气被认为是世界能源供应的重要组成部分。目前住宅和商业客户消耗的能源中，有一半以上由天然气提供，天然气占美国工业能源消耗量的41%左右。

随着天然气用量增加，运输公司一直受到州和地方政府的监管。在 1938 年，随着天然气的重要性日益增长，以及天然气行业高度集中，同时出现州际管道公司利用市场力量收取高于竞争价格的垄断趋势，美国政府通过了《天然气法》来规范州际天然气行业。该法案旨在保护消费者免受不合理高价等可能的权利滥用。该法案授权联邦电力委员会（FPC）监管州际贸易中天然气的运输和销售。FPC 负责监管州际天然气运输的收费标准，并对新建的州际管道进行认证。随着这一法案的出台，人们认识到有必要清除天然气中的气体杂质。此外，环保要求也需要制定进一步的规章制度（第 10 章 能源安全与环境）。

运输到家庭和工业用户的天然气与井口开采的天然气有很大不同（第 3 章非常规天然气）。天然气的加工在许多方面不如原油的加工和精炼那么复杂，但在销售之前要对天然气进行精炼加工。消费者使用的天然气几乎全部由甲烷组成（体积占比通常>95%）。在井口开采出的天然气虽然也主要由甲烷组成（体积占比通常>65%），但绝不是销售要求的纯度规格。

原料天然气来自三种类型的井：（1）原油井；（2）气井；（3）凝析气井。从原油井开采的天然气通常称为伴生气，它可以独立于油藏中的原油存在（游离气），也可以溶解在原油中（溶解气）。来自天然气井和凝析气井的天然气是非伴生气，其中的原油含量很少或者根本不含原油。气井通常仅生产天然气，而凝析气井则生产天然气以及液态凝析油。无论天然气的来源如何，一旦与原油（如果存在）分离，它通常与其他烃类（主要是乙烷、丙烷、丁烷和戊烷）混合存在。此外，原料天然气还含有水蒸气（H_2O）、硫化氢（H_2S）、二氧化碳（CO_2）、氦气（He）、氮（N_2）和其他杂项化合物。

天然气加工（精炼）是将各种烃类化合物和流体天然气中分离，生产符合管道质量的干燥天然气（即满足特定组分的气体）。管道公司通常会对进入管道的天然气的组分加以限制。因此天然气在运输之前，必须经过净化。从甲烷中去除乙烷、丙烷、丁烷和戊烷，但它们不是废弃品，这些较高分子量的烃一旦被提取出来，被称为天然气凝析液（NGL），并用于其他产品中。

天然气加工历史与天然气使用和天然气技术的发展密切相关。任何与天然气加工历史有关的文章都必须参考天然气生产技术使用和发展的演变。这必然涉及从煤炭生产天然气的原始商业性天然气工业。现代天然气加工工业就是从这样一个工业发展而来。

6.2　煤气

在 4000~5000 年前的英国，人们已经开始使用煤炭，当时煤炭是组成殡葬柴堆的一部分。在罗马占领的后期，它也常被用作燃料。煤炭贸易的证据充分表明煤炭是住宅中普遍使用的燃料来源。煤炭中的碳含量超过 60%（质量分数），具体取决于煤阶，煤阶越高，煤中含有的氢、氧和氮就越少，无烟煤的碳纯度达到 95%（Speight，2013）。甲烷气（煤层气，第 1 章 天然气发展历程和应用）是煤的另一个组分并且是危险的，它可能导致煤层爆炸，特别是在地下矿井中可导致煤自发燃烧。

纵观历史，特别是自工业革命以来，煤炭一直是公认的燃料，通过燃烧产生热能和电力。燃烧是通过氧化工艺将燃料（例如煤炭）中包含的主要化学能转化为热能（二次能源）。因此，燃烧是氧气与燃料的可燃组分发生化学反应（包括能量释放）的技术术语。

在 20 世纪 40 年代和 50 年代，美国天然气供应和输送发展之前，几乎所有的燃料和照明气体都是制造出来的，而副产品煤焦油有时是化学工业的重要化学原料。人造煤气的发展与工业革命和城市化的发展并行。因此，在天然气以及有天然气行业之前，就存在煤气或城市煤气。城市煤气是一种由煤炭制成的燃气，用于销售给消费者和市政当局，人造煤气、合成气（合成天然气）和煤加氢气化这几个术语也很常见。根据气体生产工艺的不同，人造煤气是不同热值气体，即氢气、一氧化碳、甲烷、分子量较高的挥发性烃以及少量降低混合物热值二氧化碳和氮气等气体的混合物。

煤气是通过烟煤的破坏性蒸馏（即在没有空气的情况下加热）产生的气态混合物（主要是氢气、甲烷和一氧化碳）。有时通过加入蒸汽与热焦炭反应来提高气体产量；煤焦油和焦炭是副产品。因此，煤气是一种可燃气体燃料，它可通过在没有空气的情况下对煤炭进行强烈加热得到，并通过管道分输系统供应给消费者。城市煤气是一个更通用的术语，指的是为了出售给消费者和市政当局而生产的人造气体燃料。生产天然气的设施通常被称为人造煤气厂（MGP）或煤气厂——大多数城镇和任何规模的城市至少有一个煤气厂。

煤气最初是作为焦炭生产工艺的副产品而产生的，在 19 世纪和 20 世纪初期发展起来的。生产工艺的副产品包括煤焦油和氨，它们是染料工业和不断发展的化学工业中的重要化学原料，人们使用煤气和煤焦油制成各种人工染料。

燃烧发生在燃烧室中；同时，燃料的供应和分配、助燃空气的供应、热传递、废气净化以及废气和燃烧残余物（灰烬和炉渣）的排放都需要其他的控制装置。固体燃料在固定床或流化床上燃烧，或在烟道粉尘/空气混合物中燃烧。液体燃料以雾气的形式与燃烧空气一起被送入燃烧室。气体燃料与燃烧器中已存在的助燃空气混合。燃烧工艺在高温（高达 1000℃或 1800℉及以上）下进行。在该工艺中，燃烧所需的氧气作为助燃空气的一部分。在煤炭燃烧的情况下，会产生相当大量的废气（烟道气和尾气），还会产生相当大量的残余物，例如炉渣和灰烬。

燃烧装置的废气中含有燃料和助燃空气的反应产物以及颗粒物质（PM 和粉尘）、硫氧化物、氮氧化物和一氧化碳等残余物质。当煤炭燃烧时，烟道气中可能含有 HCl 和 HF，在废弃物焚烧的情况下，可能还含有烃类和重金属。

在许多国家，作为环境保护计划的一部分，废气必须遵守政府有关灰尘、硫和氮氧化物以及一氧化碳等污染物限值的严格规定。为了满足这些限值，燃烧装置都配备有烟道气净化系统，例如气体洗涤器和灰尘过滤器。在任何情况下，对燃料成分的认识对于选择最佳和经济的燃烧工艺都是非常重要的。不可燃（惰性）的燃料成分的含量百分比增加会降低燃料的总热值和净热值，并增加对炉壁的污染。水含量增加会提高水的露点，同时烟道气中水的蒸发会消耗能量。燃料中含有的硫会被燃烧（氧化）成二氧化硫和三氧化硫，当温度低于露点时，可能会形成腐蚀性的亚硫酸和硫酸。

6.2.1　历史

煤在没有空气的封闭腔中加热会产生煤气。当烟煤被加热到约400℃的温度时，会软化并凝聚，释放出水蒸气、富煤气和焦油。随着温度升高到1000℃（1800℉），剩余的挥发性物质（最终是氢）几乎完全被驱除，留下焦炭残余物。该过程产生的气体主要由氢气、一氧化碳和甲烷组成。但在原始状态下燃烧，还会产生凝析产物，例如焦油和氨，它们在净化过程中被去除。

通过碳化生产天然气的历史始于佛兰德科学家简·巴普蒂斯塔·范·海尔蒙特（Jan Baptista van Helmont）（1577—1644 年），他发现从加热的木材和煤炭中有逃逸出的气体（wild spirit），并且认为它与古人的混乱（chaos）没有什么区别，他在其著作《医学起源》（出版于 c. 1609 年）中将其命名为气体。其他几个进行过类似实验的科学家有慕尼黑的约翰·贝克（Johann Becker）（大约在 1681 年）和英格兰威根的约翰·克雷登（John Clayton）（约在 1684 年），后者通过点燃他所谓的"煤炭之魂"（Spirit of the Coal）来娱乐他的朋友。

天然气使用的其他实例包括：1783 年，简·皮耶特·敏科勒（Jan Pieter Minckelers）教授在鲁汶大学点燃了他的演讲室；1787 年，邓唐纳德（Dundonald）勋爵在苏格兰的卡尔罗斯点亮了他的房子，这些天然气是用密封的容器从当地的焦油厂运来的。1799 年法国菲利普·勒邦（Phillipe Lebon）获得了一个燃气灶专利，并在 1801 年应用于街道照明。随后在法国和美国推广应用，但普遍认为，第一批商业煤气厂是 1812 年由伦敦和威斯敏斯特煤气灯和焦炭公司在大彼得街建造的。1813 年元旦前夕，该公司铺设木管，用煤气灯照亮威斯敏斯特大桥。1816 年，伦布兰特·皮尔（Rembrandt Peale）和另外 4 人创立了巴尔的摩煤气照明公司（Gas Light Company of Baltimore），这是美国第一家制造煤气的公司。1821 年，在美国第一家天然气公司——弗雷多尼亚煤气照明公司（Fredonia Gas Light Company）的赞助下，天然气在纽约弗雷多尼亚商业化使用。在大西洋的另一边，德国第一个煤气厂于 1825 年在汉诺威建成，到 1870 年，德国有 340 个煤气厂，用煤、木材、泥炭和其他材料制造城市煤气。

法国游客弗洛拉·特里斯坦（Flora Tristan）在她的游记《游在伦敦（Promenades Dans Londres）》（Tristan，1840）描述了 19 世纪 30 年代煤气灯和焦炭公司伦敦霍斯费里路工厂的工作条件。书中是这样描述的：

每侧有两排炉子在燃烧；其效果与对火神熔炉的描述没有什么不同，只是独眼巨人有神圣的火花激励，而英国熔炉的那些阴郁的仆人则是无趣、沉默和麻木的……工头告诉我，司炉是从最强壮的工人中挑选出来的，但是经过七八年的辛苦劳作，他们都得了肺病，最后死于肺部疾病。这就解释了那些不幸的人脸上的悲伤和冷漠，以及他们的一举一动。

1807 年，发明家兼企业家弗雷德里克·温莎（Fredrick Winsor）和管道工托马斯·萨格（Thomas Sugg）制造并铺设了第一个公共管道煤气，沿着伦敦的帕尔玛尔街（Pall Mall）供应 13 个煤气灯，每个灯都有三个玻璃球。挖掘街道铺设管道行为需要立法，这推迟了街道照明和家用煤气的发展。而此时，威廉·默多克（William Murdoch）和他的学生塞缪尔·克莱格（Samuel Clegg）在工厂和工作场所安装煤气灯，没有遇到这样的障碍。

气体净化工艺各不相同，但在许多工艺中，从煤块中产生的挥发性物质向上通过铸铁鹅颈管进入一个普通的水平钢管（称为集流管），这些集流管将所有的烘炉连接起来。未净化的恶臭气体含有水蒸气、焦油、轻油、固体颗粒（煤尘）、重质烃和复杂的碳化合物。从废气中除去可凝析部分，可以获得净化的焦炉煤气。当气体离开加热室时，首先用弱氨喷雾进行清洗，将气流中的一些焦油和氨冷凝，液体冷凝物沿着集流管流下，一直流到沉淀池。收集的氨用于制作弱氨喷雾，而其余的被泵送至氨蒸馏器中。收集的煤焦油被泵送到储罐等待销售或用作燃料。剩余的气体在通过冷凝器时被冷却，然后通过排气装置压缩。通过焦油提取器去除剩余的煤焦油，并通过撞击金属表面或通过静电除尘器（ESP）收集。将气体通过含有 5%~10% 硫酸溶液的饱和器进一步去除更多量的氨，在饱和器内氨与硫酸反应形成硫酸铵，结晶后被去除。之后进一步冷却气体，使萘冷凝。在含有秸秆油（一种高沸点的石油馏分）和水混合物的吸收塔中除去轻质油。秸秆油充当轻质油的吸收剂，随后加热释放轻质油进行回收和精制。最后的净化步骤是从气体中去除硫化氢，通常在洗涤塔中实现（图 6.1），最后气体适合用作焦炉燃料、其他燃烧工艺的燃料或出售。

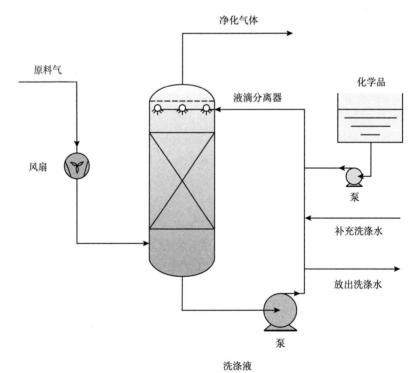

图 6.1 洗涤塔图示

传统煤气化是指将固态煤转化为中低能燃料气的工艺。煤气化源于 1780 年，并在 20 世纪初被广泛商业化，用于生产一种被称为城市煤气或蓝煤气的产品。在 20 世纪 40 年代天然气普及之前，北美和欧洲许多城市都使用煤气作为供暖和照明燃料。根据生产方法、气体性质和气体用途的不同，可将其称为蓝煤气、发生炉煤气、水煤气、城市煤气或燃料气。到 20 世纪 50 年代，由于天然气具有更大的热值且无污染，通常使用相同的低压主干管道来分输天然气，天然气在多数用途中取代了燃料煤气。在现代世界中，许多炼油厂已经安装了气化装置，原料并不总是煤，也可以是其他可用气态产品的碳质材料（Speight，2014b）。

从煤中生产气态产物的第一个工艺是煤的碳化和部分热解（Speight，2013）。在焦炉中的煤炭经过高温碳化（焦化）释放的尾气被收集、洗涤并用作燃料。根据工厂的目标不同，所需的产品可能是用于冶金的高质量焦炭，煤气是副产品；也可能是生产高质量煤气，焦炭是副产品。焦化厂通常与冶炼厂和高炉等冶金设施联系在一起，而煤气厂通常服务于城市地区。

在人造煤气厂运营的早期阶段，公用煤气厂的目标是生产最大数量的高照度煤气。气体的照射功率与气体中溶解的可成烟烃衍生物（光源）含量有关。这些烃类化合物使气体火焰具有其特有的亮黄色。煤气厂通常使用油质烟煤作为原料，这些煤会将大量挥发性烃释放到煤气中，但会留下易碎、低质的焦炭，不适合冶金工艺。煤或焦炉煤气的热值（CV）通常为 250~550 Btu/ft^3。

煤气通过干馏工艺生产，在干馏工艺中，采用焦炭炉对密闭干馏装置内的煤进行加热。将空气通过焦炭产生一氧化碳，一氧化碳会在干馏装置周围燃烧。温度高到足以在几小时内驱除所有挥发物。在风冷冷凝器中形成焦油和水（含溶解氨）。将这些液体泵送到液体分离器。气态杂质是氰化氢（HCN，体积分数 0.1%），硫化氢（H_2S，体积分数 1.3%）和二硫化碳（CS_2，体积分数 0.04%）。工厂的气体净化部分生产适合于加热和照明的气体。气体通过洗涤去除最后痕量的氨。

在氢存在的条件下采用镍催化剂与氢反应去除二硫化碳：

$$CS_2 + 2H_2 \longrightarrow 2H_2S + C$$
$$CS_2 + 4H_2 \longrightarrow 2H_2S + CH_4$$

接下来，气体通过四氧化三铁（三氧化二铁，Fe_2O_3）去除硫化氢：

$$Fe_2O_3 + 3H_2S \longrightarrow Fe_2S_3 + 3H_2O$$

通过用水洗涤去除氰化氢（如普鲁士蓝，$Fe_7(CN)_{18}$）。普鲁士蓝是一种由亚氰铁化亚铁盐氧化产生的深蓝色颜料，其化学式比较复杂，通常用 $Fe_7(CN)_{18}$ 表示。这种颜色的另一个名称是柏林蓝，在绘画中也被称作巴黎蓝或绀蓝。普鲁士蓝是第一种现代合成颜料，由于该化合物不溶于水，因此被制备成细粒的胶体分散体。它含有不同数量的其他离子，其外观敏感地取决于胶体颗粒的大小。剩余的材料出售给硫酸厂。

通过硫化亚铁与过量的氧气反应使三氧化二铁再生：

$$2Fe_2S_3 + 9O_2 \longrightarrow 2Fe_2O_3 + 6SO_2$$

液体分离器产生氨溶液和煤焦油。几乎所有的氨都转化为肥料（硫酸铵）。

$$2NH_3(aq)+H_2SO_4(aq)\longrightarrow(NH_4)_2SO_4(aq)$$

从焦油中蒸馏出苯、萘和其他芳香族有机物。剩余的黏稠液体用于筑路。气体容器可将气体储存至需要的时候。该气体由48%的氢气、32%的甲烷、8%的一氧化碳和2%的乙烯组成。总的来说，气体净化的目标是去除焦油，并且有迹象表明煤气制造商在去除焦油后没有检查气体的质量。

工业燃料气是使用发生炉煤气技术制造的，该技术将空气吹入煤气发生炉内炽热的燃料床（通常是焦炭或煤）来制造煤气。燃料与空气不足以完全燃烧的情况下产生一氧化碳（CO），并且这个反应是放热的，可以自我维持。向煤气发生炉的输入空气中加入蒸汽，通过一氧化碳和氢气使燃料气富集，从而使其热值增加。然而，由于惰性氮气（来自空气）和二氧化碳（来自燃烧）稀释，发生炉煤气的热值相对较低（99~150Btu/ft^3）：

$$2C_{煤}+O_2\longrightarrow2CO \qquad （放热气体反应）$$
$$C_{煤}+H_2O\longrightarrow CO+H_2 \qquad （吸热水煤气反应）$$
$$C_{煤}+2H_2O\longrightarrow CO_2+2H_2 \qquad （吸热）$$
$$CO+H_2O\longrightarrow CO_2+H_2 \qquad （放热水煤气变换反应）$$

19世纪50年代发展起来的西门子蓝水煤气（BWG）工艺克服了氮气稀释的问题。向炽热的燃料床交替喷射空气和蒸汽。吹气循环期间的空气反应是放热的，使燃料床升温；而蒸汽循环期间的蒸汽反应是吸热的，使燃料床冷却。空气循环的产物含有不发热的氮气，并从烟囱排出；而蒸汽循环的产物作为BWG保存。产物气流几乎全部由一氧化碳和氢气组成（热值大约为300Btu/ft^3）。

然而，BWG缺乏发光源；在19世纪90年代发明气灯罩之前，不会像现在那样可以在一个简单的鱼尾型煤气灯中以明亮的火焰燃烧。在19世纪60年代，人们多次尝试用柴油中的发光源来富集BWG。1875年，加烃水煤气工艺应运而生，彻底改变了人造煤气工业，成为人造煤气时代结束前的标准技术。加烃水煤气发电机组由三个元件组成：发生器（发电机）、化油器和与燃气管和阀门串联的过热器。在此过程中，蒸汽将通过发电机以制造BWG。热水气体从发电机进入化油器的顶部，将轻质石油注入气流中。当轻质油与化油器内部白热的格子火砖接触时，发生热裂解。然后，热富集气体将流入过热器，在过热器内，更多的热火砖将进一步裂解气体。

煤气商业化的生产可以追溯到19世纪50年代。科学家发明了煤气发生炉，并开发了水煤气工艺。蒙德煤气（Mond Gas）：在19世纪50年代，欧洲人还发现在煤气发生炉中使用煤炭代替焦炭会产生含有氨和煤焦油的发生炉煤气。1875年，T. S. C. Lowe教授发明了加烃水煤气技术。加烃水煤气技术成为19世纪80年代至20世纪50年代的主导技术，取代了煤气化工艺。此外，随着维尔斯巴赫（Welsbach）灯罩的发明和商业应用，发展至煤气灯的黄金时代。

该工艺中，焦炭作为煤气制造的副产品在蒸馏器中生产。它部分用于加热蒸馏器，部分用作固体燃料，部分用于生产水煤气。气体是在充满焦炭的反应器（深砖发生器）中在高温下产生的。向热焦炭吹入空气约 2min 使温度升高并使焦炭发炽热光，随后切断空气并吹入蒸汽。水蒸气与焦炭（碳）反应产生水煤气——一种氢气和一氧化碳的混合物。大约 1.5min 后，关闭蒸汽并再次吹入空气以重新加热焦炭。这种空气—蒸汽循环自动维持。然后水煤气通过第二加热砖室（化油器），在化油器中将低沸点石油液体（石脑油馏分）喷射到砖砌体上，裂解产生气体，从而提高水煤气的能量含量，然后与来自曲颈瓶的煤气混合。

在城市煤气行业的早期，煤焦油是煤气必须净化的主要废物。煤焦油被认为是废物并且经常被排放到工厂周围的环境中。虽然煤焦油的用途在 19 世纪末得到了发展，焦油可在多种市场内出售，不能在规定时间内出售煤焦油的工厂既可以将煤焦油存储起来以备将来使用，也可以将其作为锅炉燃料燃烧，或将煤焦油作为废物倾倒。废弃的煤焦油通常被丢弃在旧的气体容器、地道或者甚至矿井（如果存在的话）中。随着时间的推移，废弃的煤焦油会随着苯酚衍生物、苯衍生物（包括其他单芳香烃——甲苯和二甲苯）和多环芳烃衍生物的降解而降解，成为羽状污染物释放到周围环境中。

向加烃水煤气工艺的转变最初导致水煤气焦油的产量比煤焦油的产量减少。汽车的出现降低了石脑油用作化油剂的可用性，因为该馏分可以用作发动机的理想燃料。转向重质原油的气体制造工厂经常在生产焦油水乳剂时遇到难以制造、耗时且成本高昂等问题。大量焦油水乳剂的生产迅速填补了人造煤气厂的可用存储容量，并且废弃物往往被倾倒在坑中，之后可能部分回收，即使焦油被回收，在无衬里的坑中放置焦油也会造成环境破坏。天然气用量的增加消除了处理煤气化副产品焦油的必要性。

然而，人们很快发现，天然气通常含有可能对分输系统产生不利影响的物质，例如可能导致腐蚀的水和含硫物质。水和甲烷在一定的压力和温度下会形成固体水合物。高湿度会导致管道堵塞。此外，开采的天然气中含有灰尘，可能会导致压缩机或调压站出现缺陷。天然气开采后，需要经过一系列工艺干燥并去除固体颗粒（灰尘），如有必要，该工艺还包括去除高分子量烃和可能存在的任何含硫物质。

工厂、家庭和街道中白炽灯照明的出现，以稳定清晰的光线取代油灯和蜡烛，几乎与日光的颜色相匹配，为许多人带来了亮如白昼的夜晚，并使夜班工作成为可能。在许多行业，如纺织行业，光线对于服装制造非常重要。这种变化的社会意义对于近几代人来说是很难理解的，因为他们从小就在天黑后可通过触摸开关来照明的条件下长大。然而在当时，不仅工业生产加速了，街道也变得安全了，社交便利了，阅读和写作也更加普及。几乎每个城镇都建有煤气厂，主要街道灯火通明，煤气通过街道输送至大多数城市家庭。19 世纪 80 年代后期，煤气表和预付费表的发明对向家庭和商业客户销售城市煤气起到了重要作用。

在第一次世界大战期间，天然气工业副产品中苯酚（C_6H_5OH）、甲苯（$C_6H_5CH_3$）和氨（NH_3）以及含硫化学品是制造炸药的宝贵原料。煤气厂的大部分煤炭是海运运输，很容易受到敌人的袭击。煤气工业雇用了大量的职员，战前主要是男性。但是打字机的出现带来了另一个重要的社会变革，即长期效应。

两次世界大战期间，连续立式蒸馏器得到了发展，取代了许多分批进料卧式蒸馏器。随着 2~4in 钢管的出现，可作为输送干线将气体以高达 50psi 的压力输送至平均 2~3in 的传统铸铁管，储气装置（特别是无水煤气容器）和分输系统都有了改进。苯作为汽车燃料，煤焦油作为新兴有机化工工业的主要原料，为煤气工业提供了可观的收入。此后，原油在第二次世界大战后取代煤焦油成为有机化工工业的主要原料，导致了战后煤气工业的经济问题。

电气照明的出现迫使公用事业公司为人造煤气寻找其他市场。人造煤气厂曾几乎只生产用于照明的煤气，后来转至为加热和烹饪供应煤气，甚至为制冷和冷却提供气体。因此，在 20 世纪 20 年代，化学工业开始探索通过煤气化来合成化学品，但直到第二次世界大战，煤气化的真正潜力才得以实现。在石油供应短缺的情况下，以及此后的数年里，德国（以及英国和法国）广泛使用煤气化技术从煤中生产液体燃料。在越来越多的煤炭用于气化的情况下，焦油是煤气化工艺的另一种产品，并且必须在将气体送到消费者之前从气体中分离。

到 20 世纪 60 年代，人造煤气与主要竞争对手——电力相比，被认为是令人讨厌的、臭的、肮脏和危险的（引用当时的市场调研结果），并且似乎注定要进一步失去市场份额，除其在烹饪方面可控性相对于电力和固体燃料具有明显的优势。开发更高效的燃气火力（用于家庭取暖和工业用途）有助于煤气抵御室内供暖市场的竞争。与此同时，原油行业正在开发利用热水进行全屋集中供暖的新市场，天然气行业也紧随其后开展相关研究。

在地方政府新建的住宅小区，燃气供暖找到了市场机会，安装成本较低使其具有优势。这些发展，使得管理思维从商业管理（销售行业产品）转向营销管理（满足客户的需求、愿望和欲望），同时提前取消国有企业禁止使用电视广告的禁令，在长时间内挽救了煤气工业，为未来的发展提供可行的市场。

天然气的不断发现以及本土能源的优势，预示并加速了城市煤气工业的缓慢消亡。在高峰负荷发电和工业低品位用途中出现了"天然气热潮"。这对煤炭工业的影响非常显著；煤炭不仅失去了城市煤气生产的市场，而且在大宗能源市场中的大部分份额也被取代。

6.2.2　现代方面

煤及其衍生物（即煤焦炭）的气化本质上是将煤炭转化（通过各种工艺中的任何一种）产生可燃气体。从 15 世纪开始，随着煤炭使用量的快速增长，使用煤炭生产可燃气体，特别是使用水和热煤的概念变得普遍。事实上，煤制气是煤炭技术的一个巨大领域扩展，引出了许多研究和开发项目。人们认为煤阶、矿物含量、粒度和反应条件的特征都对工艺的结果有影响，不仅会影响气体产量，而且会影响气体特性。

多年来，人们一直认为煤气化是燃烧固体或液体燃料的替代方案。气体混合物比固体或高黏度液体燃料更容易净化。净化的气体可以用于以内部燃烧为基础的发电厂，如果在其内部燃烧固体或低质量液体燃料，将使该发电厂遭受严重的结垢或腐蚀。在某些情况下，由于要回收用于去除污染物的材料，甚至需要以原始或改变的形式回收污染物，增加了工艺复杂性。

煤炭利用过程中对产生的气体初步净化的目的是去除机械携带的固体颗粒［过程产品和（或）粉尘］以及液体蒸气［即水、焦油和芳烃，如苯衍生物和（或）萘衍生物］；在某些情况下，初步净化还可能包括去除氨气。例如，城市煤气的净化过程中，来自蒸馏器或炼焦炉的原油"焦油"气体，首先在预备步骤中去除焦油状物质和可冷凝芳烃（如萘），其次通过去除硫化氢、其他硫化合物和任何其他不必要的成分等物质来净化气体，这些成分会对气体的使用产生不利影响。

在更通用的术语中，气体净化分为去除颗粒杂质和去除气态杂质。就本章的内容而言，后一种操作包括除去硫化氢、二氧化碳和二氧化硫等。根据需求和工艺能力的要求，还需要对这两个类别进行细分：（1）粗洗，以最简单、最方便的方式去除大量不需要的杂质。（2）精洗，清除残留杂质使气体达到足以进行大多数正常化工厂操作（如催化或制备正常商业产品）的程度；或清洁到足以通过烟囱将废气排放到大气中的程度。（3）超精洗，根据后续操作的性质或生产特别纯产品的需要进行合理的额外步骤（以及额外的花费）。更复杂的细分的法是通过工艺特征来加强成分的分离（第 7 章 天然气加工工艺分类），工艺方法取决于气流的化学和物理性质/特性，这一分类方案尤其适用于去除气态杂质（Speight，2013，2014a）。

煤是一种复杂的非均质材料，在最终产品中有多种成分是不需要的，必须在加工过程中去除。煤的成分和特征差异很大，硫、氮和痕量金属物质的含量各不相同，必须以正确的方式处理。因此，无论是煤气化生产燃料气的工艺，还是气体在排入大气之前的净化工艺，都需要众多阶段来去除这些成分，并且可以占气体净化设施的主要部分。

一般来说，煤中天然存在的大部分硫被转化为气体产物。在热力学上，大部分硫应该以硫化氢形式存在，以及较少量的羰基硫（COS）和二硫化碳（CS_2）。然而，一些操作（焦炉）的数据显示羰基硫和二硫化碳的浓度高于预期（来自热力学考虑）。

（气化炉）气体产物中硫醇、噻吩和其他有机硫化合物的存在可能与工艺的剧烈程度、接触方案和加热速率有关。那些倾向于产生焦油和油的工艺也倾向于将高分子量有机硫化合物排出到原始气体产物中。

一般而言，煤炭燃烧和气化设施的气体排放可大致归类为 4 个步骤的气体排放：预处理、转化、升级以及辅助工艺产生的气体排放。在传统的燃煤发电厂中，粉煤在锅炉中燃烧，其中热量使蒸汽管中的水蒸发。产生的蒸汽转动涡轮机的叶片，涡轮机的机械能通过发电机转化成电能。燃烧过程中锅炉中产生的废气包括二氧化硫、氮氧化物和二氧化碳，废气从锅炉流到悬浮微粒去除装置，然后流到烟囱和空气中。

燃气轮机技术的最新发展使得联合循环装置在天然气发电时的效率接近达到 60%。燃气轮机改进导致许多发电厂将"脏"燃料（通常是煤、残油或石油焦）气化，将气体净化后用于联合循环燃气轮机发电厂。在相同燃料的情况下，与传统燃烧和蒸汽循环发电厂相比，这种发电厂通常具有更高的资金成本、更高的运营成本和更低的可用性。最先进的发电厂的效率与最好的传统蒸汽发电厂大致相似，气化和气体净化的损失由联合循环发电厂的高效率来平衡。在主燃烧阶段之前由气体净化产生的环境影响通常非常小，即使在原料燃料中污染物含量特别高的工厂中也是如此。

约 350MW 以下的发电厂无法使用最新的高效联合循环技术。低于约 250MW 的那些发电厂因为摩擦损失和小尺寸气路中的泄漏不能使用特别高效的蒸汽轮机。低于约 100MW 的那些发电厂不能经济地使用再热蒸汽循环，效率进一步降低。无论选择哪个制造商，进一步减小功率都会使燃气轮机的效率逐渐降低。燃气轮机效率的规模效应是由流动路径和压降引起的，并且只能通过中间冷却器或再热器等附加部件进行部分补偿。

在较小的规模下，与旋转电动机相比，往复式发动机变得相对更具吸引力。发电机组规模在几十兆瓦和以下时，气发电效率更高。它们的主要缺点是需要频繁和昂贵的维护。

这些技术考虑因素表明了使用大型发电厂的一些诱因。单位装机容量的用工要求为大型机组规模提供了另一个驱动因素。除了使用容易处理的燃料（通常是天然气）的发电厂之外，在有大量热力需求和电力需求的地方，趋势是建设更大的发电厂。

气化和热解工艺可分为夹带式气化炉、流化床气化炉（鼓泡床或循环式、常压式或加压式）、小型工业规模气化炉（固定床或炉排，可以是向上排气或向下排气）和混合系统。

气化剂通常是空气、富氧空气或氧气。有时添加蒸汽用于温度控制，提高热值，或允许使用外部热量（变热气化）。主要的化学反应分解并氧化碳氢化合物，产生含一氧化碳、二氧化碳、氢气和水的产品气。其他重要成分包括硫化氢、硫和碳的各种化合物、氨、轻质烃和重质烃（焦油）。

取决于工艺以及气体的最终用途，煤的气化产物具有低、中或高热值（单位：Btu）。

6.2.3　煤气净化

与一些专家的普遍看法相反，并非所有的气体净化系统都是一样的，要实施适当的解决方案，必须对煤基工艺产生的排放物类型有充分的了解。气体净化系统的设计必须始终考虑上游设施的运行情况，因为每个工艺都有一套特定的要求。在某些情况下，可能无法应用干法除尘装置，需要对湿法气体净化设备进行特殊的工艺设计。因此，气体净化工艺必须始终为上游和下游工艺进行优化设计。

以煤炭为原料的发电厂和其他工业作业的烟道气和废气总是包含对气候或环境有害的成分——这些成分包括二氧化碳（CO_2）、氮氧化物（NO_x）、硫氧化物（SO_x）、灰尘和颗粒，以及二噁英和汞等毒素。已经开发的气体净化工艺从简单的一次洗涤到复杂多步骤气体再循环系统，它们是早期净化煤气工艺的直接分支。

煤气生产的早期阶段，净化是从气流中去除焦油产品和任何其他液体产品的手段，使其在运输和使用上没有太大的困难。从成分上看，煤气中含有不同比例的甲烷（CH_4）、氢（H）、一氧化碳（CO）和简单的烃类光源体，包括乙烯（C_2H_4，当时称为油气）和乙炔（C_2H_2）。此外，在处理之前，煤气还含有煤焦油（复合脂肪烃和芳香烃），氨液（气态氨，NH_3），氨水（NH_4OH），硫化氢（H_2S，也称为氢的硫化物）和二硫化碳（CS_2，也称碳的硫化物）。

从蒸馏器开始，气体首先通过称为液压主管的焦油/水"捕集器"（类似于管道中的捕集器），其中相当大部分的煤焦油被释放，气体被显著冷却。随后气体将通过蒸馏室的主体进入大气或水冷冷凝器，在那里被冷却到大气或所用水的温度。此时，气体进入排气室并通过"排气装置"，该空气泵维持液压主管，因此，蒸馏器处于负压（零压为大气压）。通过在水中鼓泡将这些气体在"洗涤器"中洗涤，以提取任何剩余的焦油，随之进入净化器净化，最后这些气体进入储气罐存储。

利用水的洗涤器是在该行业成立 25 年后设计的。人们发现，从气体中脱氨取决于待净化的气体与水接触的方式。研究发现，塔式洗涤器的效果最好，塔式洗涤器由高圆柱形容器组成，其中包含由网格支撑的塔盘或砖块。水或稀冷凝氨水滴在这些塔盘上，从而保持暴露的表面彻底润湿。待净化的气体通过塔时与液体接触。

此外，煤气厂可以为化学工业提供其所需的煤焦油；煤焦油被储存在大型地下储罐中。

通常，储罐为单壁金属罐——如果不是多孔砌体的话。当时，地下焦油泄漏仅仅被视为是焦油的浪费；通常只有在泄漏焦油井（储罐有时被称为焦油井）的收入损失超过修复泄漏的成本时，此类泄漏才会得到解决。

在现代煤气净化系统中，气体净化的第一步通常是去除大颗粒煤和其他固体物质。然后是冷却、淬火或洗涤，以冷凝焦油和油，并从气流中去除灰尘和水溶性物质——酚、氯化物、氨、氰化氢、硫氰酸盐和可能的一些硫化合物。简单的水洗净化方法是可取的；然而，水洗后水的净化并不简单。

净化步骤及其顺序可能受到气体类型及其最终用途的影响（Speight，2007，2008）。最低要求是使用低硫无烟煤生产的低热值（单位：Btu）气体作为燃料气。气体可以直接从气化炉进入燃烧器，在这种情况下，燃烧器是清理系统。这一步骤可以有许多变数，此外，净化阶段的顺序也可能不同。

最近几十年来，PM 对大气的不利影响一直备受关注。事实上，自中世纪以来，欧洲向大气中排放的 PM 总量一直在增加，虽然来源多种多样，但由于化石燃料使用产生的 PM 问题，人们对此特别关注。化石燃料燃烧时汞、硒和钒等物质可能会排入大气中（Kothny，1973；Lakin，1973；Zoller 等，1973）对植物群和动物群特别有害。因此，需要从化石燃料加工过程中产生的气流中去除这些物质。

目前使用的微粒收集装置有很多种，它们涉及从气流中去除微粒的若干不同原理。然而，选择合适的微粒去除装置必须基于工艺条件下预期/预测的设备性能。对各种可用于微粒去除的设备进行详细描述远远超出了本文的范围。但是，读者必须了解可用于去除微粒的设备以及实现这一目标的方法。即，通过使用旋风分离器、静电除尘器（ESP）、颗粒过滤器和湿法洗涤器去除微粒。

为气体净化作业选择特定的工艺类型不是一项简单的选择。必须考虑许多因素，其中最重要的是考虑需要处理的气流的构成。实际上，工艺选择性表示该过程处理酸性气体优于其他方法。例如，一些工艺同时去除硫化氢和二氧化碳，而其他工艺则只用于去除硫化氢。

大多数气体净化系统采用两个阶段：一个用于去除粉煤灰，另一个用于去除二氧化硫。人们曾经尝试在一个洗涤器中同时去除粉煤灰和二氧化硫，但是这些系统往往遇到严重的维护问题和较低的去除效率。在湿法洗涤系统中，气体通常首先通过粉煤灰去除装置（ESP 或袋式除尘器），然后进入二氧化硫吸收器。然而，在干喷或喷雾干燥过程中，二氧化硫首先与石灰反应，之后烟道气再通过微粒控制装置。

与湿气系统相关的另一个重要设计因素是，离开吸收器的烟道气被水饱和并且仍然含有一些二氧化硫。这些气体对任何下游设备（如风扇，管道和烟囱）具有很强的腐蚀性。减少腐蚀的两种方法是：（1）将气体再加热到露点以上；（2）材料和设计使设备能够承受腐蚀条件。

对于化工和加工工业产生的烟道气的净化，通过液体或固体吸附剂吸附进行气体净化是最常用的操作之一（Biondo 和 Marten，1977）。一些工艺具有吸附剂再生的潜力，但在少数情况下，工艺以非再生的方式应用。吸着物和吸附剂之间的相互作用可以是物理性质的，也可以是先物理吸附后化学反应。其他气流处理使用污染物的化学转化原理，生产"无害"

（无污染）产品或物质，这些产品或物质比其原料中的杂质更容易去除（Speight，2007，2008）。

由于二氧化硫是一种酸性气体，用于从烟道气中去除二氧化硫的典型吸附剂浆液或其他材料是碱性的。在石灰石（$CaCO_3$）浆料湿法洗涤中发生的反应产生亚硫酸钙（$CaSO_3$）。即：

$$CaCO_3(s) + SO_2(g) \longrightarrow CaSO_3(s) + CO_2(g)$$

当用熟石灰[$Ca(OH)_2$]浆料进行湿法洗涤时，反应还会产生亚硫酸盐钙：

$$CaCO_3(s) + SO_2(g) \longrightarrow CaSO_3(s) + H_2O(1)$$

当用氢氧化镁[$Mg(OH)_2$]浆料进行湿法洗涤时，反应生成亚硫酸镁（$MgSO_3$）：

$$Mg(OH)_2(s) + SO_2(s) \longrightarrow MgSO_3(s) + H_2O(1)$$

一些工艺,特别是干吸收剂喷射系统，进一步氧化亚硫酸盐钙，生产出可销售的石膏（$CaSO_4 \cdot 2H_2O$），可用于高质量的墙板和其他产品。即：

$$CaSO_3(aq) + 2H_2O(1) + 1/2O_2(g) \longrightarrow CaSO_4 \cdot 2H_2O(s)$$

海水是一种可以吸收二氧化硫的天然碱性物质——二氧化硫被海水吸收，当氧气加入水中时，会发生反应，形成硫酸盐离子（SO_4^{2-}）和游离的 H^+。H^+ 的剩余被海水中的碳酸盐衍生物抵消，碳酸盐衍生物使海水中的碳酸盐平衡释放二氧化碳：

$$SO_2(g) + H_2O(1) + 1/2O_2(g) \longrightarrow SO_4^{2-}(aq) + 2H^+$$

$$HCO_3^- + H^+ \longrightarrow H_2O(1) + CO_2(g)$$

在工业中，烧碱(或苛性钠，NaOH)常用于从气流中除去二氧化硫，从而产生亚硫酸钠：

$$2NaOH(aq) + SO_2(g) + Na_2SO_3(aq) + H_2O(1)$$

6.2.3.1 湿法洗涤器

洗涤器系统是一组用于控制空气污染的装置，并且可用于从工业废气流中去除一些 PM 和气体。传统上，洗涤器指的是使用液体从气流中清除不需要的污染物的污染控制装置，但最近随着气体净化操作的发展，这个词也被用来描述将干燥试剂或浆料注入废气流中去除酸性气体（如二氧化碳和硫化氢）的系统（第 7 章 天然气加工工艺分类和第 8 章 天然气净化工艺），将洗涤器提升为控制气体（特别是酸性气体）排放的主要装置之一。

为了最大限度地提高气液表面积和停留时间，采用了多种湿法洗涤器设计，包括喷雾塔、文丘里管、板式塔和移动填充床。由于结垢、堵塞或侵蚀等因素会影响二氧化硫去除的可靠性和吸收效率，因此目前的发展趋势是使用喷雾塔等简单的洗涤器代替更复杂的洗涤塔。塔的结构可以是垂直的，也可以是水平的，烟道气可以相对于液体同时流动、逆流或交叉流动。与其他吸收塔相比，喷雾塔的主要缺点是，在等效去除二氧化硫时，需要更高的液气比。

6.2.3.2 文丘里洗涤器

文丘里洗涤器是一种装置，它的目的是有效地利用来自入口气流的能量，将用于洗涤气流的液体雾化。这种技术是空气污染控制组的一部分，统称为湿法洗涤器。虽然文丘里装置已成功使用了100多年来测量流体流量，但直到20世纪40年代后期才发现文丘里结构可用于从气流中去除微粒，随后文丘里洗涤器的使用成为天然气加工业务的常规部分。

文丘里洗涤器由三部分组成：汇流段、喉道段和分流段。入口气流进入汇流段，随着面积减小，气流速度增加。液体在喉道或在汇流段的入口处引入。当液流注入喉道时，是气流速度最大的点，由高气体流速引起的湍流将液体雾化成小液滴，形成了进行传质所需的表面积。入口气体被迫以极高的速度在小的喉道段移动，将液体从管壁上剪切下来，产生大量非常微小的液滴。随着入口气流与微小液滴的雾混合，在分流段实现颗粒去除和气体去除。然后入口流通过分流段排出，在分流段中被迫减速。

如果要同时除去二氧化硫和粉煤灰，可以使用文丘里洗涤器。事实上，许多以钠为基础的工业废水处理系统都是文丘里洗涤器，其设计初衷是去除PM。对这些装置进行轻微的改进，注入一种钠基洗涤液可去除二氧化硫。尽管在一个容器中同时去除微粒和二氧化硫是经济的，但必须考虑高压降和找到洗涤介质以去除重载煤粉灰的问题。但是，在微粒浓度较低的情况下，如来自燃油单元的气流，该方法可以更有效地同时除去微粒和二氧化硫。

6.2.3.3 填充床洗涤器

填充床洗涤器由内部有填料的塔组成。填料可以是鞍形、环形或一些高度专业化的形状，其设计目的是使废气和液体之间的接触面积最大化。与文丘里洗涤器一样，填充床技术也是空气污染控制组（统称为湿法洗涤器）的一部分，适用于通过在惯性冲击或扩散冲击下与吸附剂或试剂浆料反应或吸收去除空气污染物。当用于控制无机气体时，也可称为酸性气体洗涤器。

该技术适用于去除无机烟气、蒸汽和气体（如铬酸、硫化氢、氨、氯化物、氟化物和二氧化硫）、挥发性有机化合物（VOC）和PM等污染物，PM包括空气动力学直径（PM_{10}）小于或等于10μm的PM、空气动力学直径（PM_{25}）小于或等于2.5μm的PM以及微粒形式（PM_{HAP}）的有害污染物（HAP）。

填充床洗涤器的工作原理是吸收，是一种原料或产品回收技术，广泛应用于分离和纯化含有高浓度VOC的气流，尤其是甲醇、乙醇、异丙醇、丁醇和丙酮等水溶性化合物的分离纯化。疏水性VOC可以通过两亲性嵌段共聚物溶于水而被吸收。然而，作为排放控制技术，它更常用于控制无机气体而不是VOC。

当使用吸收（第7章 天然气加工工艺分类）作为有机蒸气的主要控制技术时，使用过的溶剂必须易于再生或以环境可接受的方式处理。当用于去除PM时，建议谨慎，因为气流中高浓度的PM会堵塞床层，这是将填充床技术应用于低负载PM气流的原因之一。

填充塔的压降通常比文丘里洗涤器低得多，因此操作成本更低。它们通常还提供更高的二氧化硫去除效率。缺点是，如果排气气流中存在过量的微粒，它们就更容易堵塞。

6.2.3.4 喷雾塔

喷雾塔（喷雾柱、喷雾室）是一种最简单的洗涤器，本质上是用于实现气相（可以包含分散的固体微粒）和分散的液相之间质量和热传递。该塔由空的圆柱形容器（通常是钢制容器）组成，其具有将液体喷射到容器中的喷嘴。喷嘴置于塔架的不同高度上，当气体向上移动通过塔时，喷嘴就向所有气体喷射。这种技术也属于湿法洗涤器的范畴。

气流通常从塔底进入并向上流动，同时由一级或多级喷嘴向下喷射液体（逆流絮凝，逆流接触）。逆流使污染物浓度最低的出口气体暴露于最新鲜的洗涤液中。喷嘴的位置允许最大数量的细小液滴与污染物颗粒相互作用，并提供了一个大的吸收表面积。

需要循环浆料时通常使用喷雾塔。文丘里管的高速度会导致侵蚀问题，而填充塔的浆料循环会导致堵塞。逆流填充塔很少使用，因为当使用石灰或石灰石洗涤浆料时，它们容易被收集的微粒堵塞或结垢。

尽管喷雾塔用于气体吸收，但它们不如填充塔（或板式塔）高效。但是如果污染物的可溶性很高或者在液体中添加化学试剂，喷雾塔可以非常高效地从气流中去除污染物。

6.2.3.5　洗涤剂

传统上洗涤器指的是使用液体从气流中洗涤不需要的污染物的污染控制装置。最近，该术语还用于描述将干试剂或浆料喷射到气流中以洗去任何酸性气体的系统。因此，任何洗涤器中试剂的使用对于操作效率都是至关重要的。通常，洗涤工艺可以分为包含干法吸附剂喷射和浆料喷射。

干法吸附剂喷射是向气流中加入熟石灰 $[Ca(OH)_2]$、苏打灰（Na_2CO_3）或碳酸氢钠（$NaHCO_3$）等碱性化学物质与酸性气体反应。酸性气体与碱性吸附剂反应形成固体盐，固体盐在微粒控制装置中被去除。另外，在浆料喷射工艺中，酸性气体与精细雾化的碱性浆料接触，被浆料混合物吸收并反应形成固体盐，然后在微粒控制装置中被去除。

根据不同的应用场景，两种最重要的试剂是石灰（CaO；熟石灰是 CaO 加 H_2O 得到 $Ca(OH)_2$）和烧碱（$NaOH$）。石灰通常用于发电厂中的大型燃煤或燃油锅炉，因为它比烧碱便宜得多，但其往往导致在洗涤器中循环的是浆液而不是溶液。使用石灰时会产生亚硫酸钙（$CaSO_3$）浆液，这种浆液必须经过处理。幸运的是，亚硫酸钙可被氧化生成副产品石膏（$CaSO_4 \cdot 2H_2O$），这种石膏适用于建筑行业。烧碱的使用限于较小的燃烧单元，因为它比石灰更昂贵，但它的优点是最终形成溶液而不是浆液。该工艺的产物是亚硫酸钠/亚硫酸氢钠（取决于 pH 值）的废碱液，或者是必须送去环保处理的硫酸钠。

可以通过使用亚硫酸钠（Na_2SO_3）的低温溶液来洗涤二氧化硫，形成亚硫酸氢钠（$NaHSO_3$）溶液。通过加热该溶液，有可能发生逆反应形成二氧化硫和亚硫酸钠溶液。

$$2NaHSO_3 \longrightarrow Na_2SO_3 + SO_2 + H_2O$$

由于亚硫酸钠溶液未被消耗，因此它是一种再生过程——该反应已应用于 Wellman-Lord 工艺（第 8 章 天然气净化工艺）。

各种试剂的化学性质可以用一组具有高成功概率的简单方程来表示，但如果没有对化学和工程规划步骤进行必要的详细考虑，那么墨菲定律就会起作用，即任何可能出错的地方都会出错，经常被引用的化学反应如下：

使用碳酸钙

$$CaCO_3(s) + SO_2(g) \longrightarrow CaSO_3(s) + CO_2(g)$$

使用熟石灰

$$Ca(OH)_2(s) + SO_2(g) \longrightarrow CaSO_3(s) + H_2O(l)$$

使用氢氧化镁

$$Mg(OH)_2(s) + SO_2(g) \longrightarrow MgSO_3(s) + H_2O(l)$$

使用烧碱

$$2NaOH(aq) + SO_2(g) \longrightarrow Na_2SO_3(aq) + H_2O(l)$$

使用海水

$$SO_2(g) + H_2O(l) + 1/2O_2(g) \longrightarrow SO_4^{2-}(aq) + 2H^+$$

$$HCO_3^- + H^+ \longrightarrow H_2O(l) + CO_2(g)$$

从烟道气中去除含硫化合物的一种替代方案是在燃烧之前或燃烧过程中从燃料中脱硫。例如，使用加氢脱硫工艺（Speight，2013，2014a，2017）对燃料油进行预处理，流化床燃烧工艺通常在燃烧期间向燃料中添加石灰（CaO）。石灰与二氧化硫反应生成硫酸钙，成为焚烧灰渣的一部分（Speight，2013）。然后将这种元素硫分离并最终在该工艺结束时回收，以便在农产品等中进一步使用。

气体净化有许多变数，很难确定某一特定工艺的精确应用范围，但有几个因素需要考虑：（1）气体中污染物的类型和浓度；（2）所需的污染物去除程度；（3）去除酸性气体需要的选择性；（4）待加工气体的温度、压力、体积和成分；（5）气体中二氧化碳与硫化氢的比例；（6）由于工艺经济和环境问题，硫回收的可取性。

6.3 天然气

天然气钻探过程始于探明的各类型气藏。钻井可以在陆地（陆上）或海洋（海上）进行。无论在哪里，天然气处理最好从井口开始，但这并不简单。

生产井采出的原始天然气成分取决于储层的深度、位置、气藏地质情况以及是否为伴生气。在井口进行气体加工是为了确保运输的气体（例如，通过管道运输）满足运输公司制定的必要规范。除了在进口进行加工和在集中加工厂进行加工外，有时还在位于主干管道系统上的跨式萃取装置中完成一些最终加工。虽然到达这些跨式萃取装置的天然气已具有符合管道运输的质量，但在某些情况下仍存在少量天然气凝析液，这些天然气凝析液在跨式萃取装置内提取。

具体地说，气体加工（Speight，2014a，2017）包括为原料天然气流分离各种烃类和其他非甲烷化合物（表6.1，图6.2）。主干运输管道通常对允许进入管道的天然气的构成施加限制。这意味着在天然气可以运输之前，必须进行净化。虽然必须从天然气中除去乙烷、丙烷、丁烷和戊烷，但这并不意味着它们都是废物。气体加工是必要的，以确保使用的天然气尽可能清洁和纯净，使其成为清洁燃烧和环保能源的选择。因此，消费者使用的天然气与从地下开采到井口的天然气有很大不同。尽管天然气的加工在许多方面不如原油的加工和精炼复杂，但在最终用户使用之前进行天然气加工同样必要。消费者使用的天然气几乎全部由甲烷组成。在井口开采的天然气虽然也主要由甲烷组成，但绝不是纯净的。

天然气凝析液（NGL）是非常有价值的天然气加工副产品。NGL包括乙烷、丙烷、丁烷、异丁烷和天然汽油，它们单独出售并具有多种不同的用途，包括提高油井采收率，为炼油厂或石化厂提供原料，以及作为能源。

大多数产出的天然气除含甲烷外，还含有不同程度的小烃分子（2~8个碳）。虽然这些烃在地层压力下以气态存在，但在正常大气压下会变成液态（冷凝）。它们统称为凝析油或NGL。从煤层和煤矿（煤层气）中开采的天然气是一个例外，其主要是甲烷和二氧化碳的混合物（约10%）。

表 6.1　生产销售质量气体的步骤

步骤	内容	说明
1	油气分离器	油气分离器通常是封闭的圆柱形内，水平安装，一端为进气口，顶部为排气口，底部为除油出口。分离通过多个加热和冷却（通过压缩）气流交替完成。如果存在水和冷凝物，也会在该工艺进行的过程中被提取出来
2	凝析油分离器	通常通过使用机械分离器从井口的气流中去除凝析油。在大多数情况下，进入分离器的气流直接来自井口，因为不需要油气分离过程。提取出来的凝析油被送到现场储罐
3	脱水	从产出的天然气中去除水分，可通过多种方法实现。包括使用乙二醇（乙二醇喷射）系统作为吸收机制，从气流中去除水和其他固体；也可以使用吸附脱水，利用含有硅胶和活性氧化铝等干燥剂的干燥床脱水塔进行提取
4	去除污染物	包括去除硫化氢、二氧化碳、水蒸气、氮气和氧气。常用的技术是首先引导气流通过含有吸收硫化物的乙醇胺溶液的塔。脱硫之后，气流被引导到下一部分的系列过滤管，在装置中体流速降低时，由于重力作用，大部分剩余污染物便分离了
5	提取氦	一旦将硫化氢和二氧化碳加工到可接受的水平，就将该气流送至氮气排出装置；使其通过一系列通道穿过塔和一个钎焊铝板翅片热交换器。如果含有氦气的话，可以通过变压吸附装置中的吸附膜从气流中提取
6	脱甲烷	低温处理和吸收方法是从天然气液中分离甲烷的两种方法。低温方法将气流的温度降低至大约$-120°F$，更适合提取较轻的液体，如乙烷。吸收方法使用"贫"吸收油将甲烷从天然气液中分离，当气流通过吸收塔时，吸收油吸收大量的天然气，含有NGL的"富"吸收油从塔底排出。然后将富集NGL的油加入蒸馏器中，将混合物加热至高于天然气凝析液的沸点的温度，保持油仍然是液体，再循环，同时将天然气凝析液冷却并引导至分馏塔。常使用的另一种吸收方法是冷却油吸收方法，其中贫油被冷却而不是加热，这在某种程度上提高了回收率
7	分馏	分馏是利用气流中各类烃的不同沸点分离剩余气流中的各种天然气液体的工艺。该工艺分阶段进行，气流通过几个塔上升，塔内的加热装置提高气流的温度，使各种液体分离并进入特定的储罐中

注：在生产管道天然气的过程中所使用的步骤数量和技术类型取决于井口生产气流的来源和构成。虽然天然气凝析液（如丙烷和丁烷）是天然气回收工艺中最常见的副产品，但其他几种产品（如硫化氢、二氧化碳和氦气）也可从气田或气体处理设备中的天然气中提取。

6.3.1　历史

美国天然气的商业生产和运输可以追溯到 1859 年，当时埃德温德雷克（Edwin Drake）在宾夕法尼亚州泰特斯维尔（Titusville）附近发现石油。伴随原油生产的天然气是不受欢迎的副产物，只是简单地排放或燃烧。不久之后，少量天然气开始通过管道输送到当地市

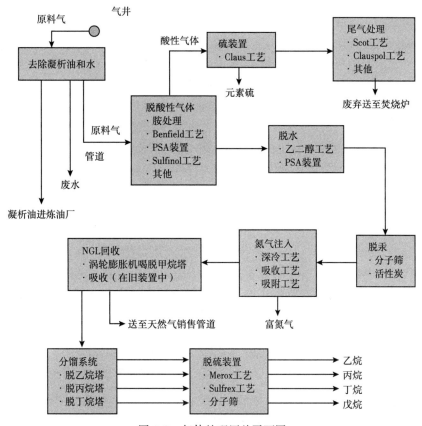

图 6.2　气体处理厂总平面图

政当局，以取代早期照明和燃料的系统中使用的人造煤气。

19 世纪 50 年代中期以来，人们利用各种类型的加工厂从开采的原油中提取液体，如天然汽油。然而，天然气并不是一种广受欢迎的燃料。在 20 世纪早期之前，因为当时的管道技术只满足短距离运输，大部分天然气都是燃烧或简单地排放到大气中。

天然气输送实例最早记录可追溯到 1872 年，当时在 Titusville（宾夕法尼亚州）和 Newton（宾夕法尼亚州）之间建造了管径为 2in 的铁管道（长约 5mile），在 80psi 的压力下运营。第一条 100mile 的天然气管道建于 1891 年，连接了印第安纳州中部的天然气田与芝加哥（伊利诺伊州）。在这些管道成功运营之后，在宾夕法尼亚州、纽约州、肯塔基州、西弗吉尼亚州和俄亥俄州安装和运营了更大管径的管道。

直到 20 世纪 20 年代早期，管道焊接技术得到发展，也出现了对天然气加工的需求。二者哪个先出现还存在争议，无论谁先出现，到 20 世纪 30 年代，初步建成了相对长距离天然气管道网络，并在上游主要产区建立了一些天然气加工厂。然而，20 世纪 30 年代的萧条和第二次世界大战减缓了天然气需求和更多加工厂的增长。

第二次世界大战后，特别是在 20 世纪 50 年代，塑料和其他需要天然气和石油作为原料的新产品，以及管道焊接和制造技术进步同时进行。天然气作为工业原料和燃料的需求增加，支撑了主要天然气运输系统的增长，从而提高了天然气民用和商用的市场性和可用性。

在管道技术不断发展的同时，对无污染物气流的要求变得更加严格，必须发展和安装高效气体净化系统。例如，许多天然气管道很快出现操作问题，如液滴汽油的烃类液体混合物造成管道堵塞。现代天然气加工工业起源于对天然气去除液滴汽油（天然汽油）的处理。最初对汽油的需求很少，但 20 世纪初，汽车的出现彻底地改变了这一局面。很快，汽车制造速度就超过了天然汽油的供应速度。1915 年，机动车数量约为 200 万辆，并在接下来的两年里大约翻倍，汽油需求和价格飙升。

随着天然气市场的发展和管道技术的进步，生产商开始勘探非伴生气田，非伴生气田与伴生气田中产出的天然气和原油开始具备运输条件。原始天然气通常含有较高分子量的烃类成分，如丙烷、丁烷衍生物和戊烷衍生物以及水、二氧化碳、硫化氢、氦气、氮气和其他微量元素（第 3 章 非常规天然气）。天然气加工通常包括去除水和任何游离液体，气流的部分或完全脱水以及采用化学试剂使气体脱硫以减少二氧化碳和硫化氢浓度，使气体适合于管道运输，进行销售。

天然气加工业的发展正从单纯收集汽油（天然汽油）的时代走向成熟。从 20 世纪 20 年代开始到大约 1940 年，通过早期吸收装置技术完成天然汽油的生产。随着该技术在 20 世纪 40 年代的发展，出现了提取低分子量成分的新工艺。由丁烷衍生物和丙烷组成的液化石油气（LPG 或 LP 气），通过更先进的贫油吸收技术去除。

到 20 世纪 50 年代中期，丙烷成为主导的 NGL 产品，其产量超过了天然汽油的产量。技术进步及经济的发展使该行业得到进一步发展，在 20 世纪 50 年代末和 60 年代初开始关注乙烷的生产。到 20 世纪 90 年代初，乙烷产量持续增长并超过丙烷产量。乙烷生产的早期经济驱动因素包括可控井口天然气价格和基于体积的定价，即每百万立方英尺天然气的定价，这在很大程度上忽略了残余气流的加热含量值。随着炼油和石化行业的发展，这些产品的大部分市场需求都在不断演变。

在美国监管之前，商业天然气的质量随着时间的推移而演变，并反映了普遍接受的操作实践、加工技术状态和市场条件。随着干线的大容量"跨式"装置加工技术的进步和标准化，天然气的调整和加工使最终产品的稳定性、一致性和功能性日益增强。

6.3.2 现状

最初，集气站收集一组邻井原始天然气，进行初步加工去除游离的液态水和天然气凝析油形成原料气。凝析油通常被输送到炼油厂，水作为废水处理，将原料气体输送到气体加工厂，进行净化去除酸性气体（硫化氢和二氧化碳）。

目前，有许多去除酸性气体工艺，历史上曾使用胺处理工艺（第 7 章 天然气加工工艺分类和第 8 章 天然气净化工艺）（Speight，2014a，2017），但由于胺工艺性能和环境限制。由于没有试剂的消耗，基于使用聚合物膜将二氧化碳和硫化氢的分离工艺已获得越来越多的认可，但是在酸性气体存在的情况下，膜的效率会降低。

如果存在酸性气体，可以通过膜处理或胺处理去除，然后导入硫回收装置，将酸性气体中的硫化氢转化为元素硫或硫酸。克劳斯工艺（Claus）是迄今最著名的元素硫回收工艺，而常规接触法和湿硫酸法是回收硫酸最常用的技术（本章和第 7 章 天然气加工工艺分类）。克劳斯工艺的残余尾气处理部分加工，可将残留的含硫化合物回收并再循环至克劳斯装置（第 7 章 天然气加工工艺分类），尾气的处理方法有很多，湿硫酸法可以对尾气进行自热处理，也非常适用。

接下来是脱除水蒸气，可使用如下方法：（1）液体三甘醇进行可再生吸附，通常称为乙二醇脱水；（2）溶解氯化物干燥剂；（3）变压吸附装置利用固体吸附剂进行可再生吸附。也可以考虑其他较新的工艺，如基于使用膜的工艺。然后通过使用吸附工艺去除汞，如活化或可再生分子筛（第7章 天然气加工工艺分类）。

虽然不常见，但可使用以下三种工艺之一去除和排出氮气：（1）采用低温蒸馏的低温工艺，通常称为氮气排出装置——该工艺也可以改进来回收氦气；（2）使用贫油或特殊溶剂作为吸收剂的吸收工艺；（3）使用活性炭或分子筛作为吸附剂的吸附工艺——涉及丁烷衍生物和较高分子量烃类衍生物的损失，该工艺的适用性可能有限。

下一步是回收天然气凝析液，大多数大型天然气加工厂使用低温蒸馏工艺，即通过涡轮膨胀机装置将气体膨胀，然后在分馏塔中蒸馏以除去任何甲烷（称为脱甲烷塔或脱甲烷装置）。一些天然气加工厂会使用贫油吸收工艺。

回收的NGL流可以通过由三个蒸馏塔串联组成的分馏系统进行处理：（1）脱乙烷塔；（2）脱丙烷塔；（3）脱丁烷塔。从脱乙烷塔塔顶产出的产物是乙烷，将塔底产物送入脱丙烷塔中。从脱丙烷塔塔顶产出的产物是丙烷，将塔底产物送入脱丁烷塔中。从脱丁烷塔塔顶产出的产物是正丁烷和异丁烷的混合物，塔底产物是C_{5+}混合物。

回收的丙烷、丁烷和C_{5+}流体可以在梅洛克斯（Merox）工艺装置中脱硫（去除任何含硫气体），将不需要的硫醇转化为二硫化物衍生物，与回收的乙烷一起，成为气体加工厂的最终NGL副产物。

Merox是硫醇氧化的缩写。它是一种专有的催化剂化学工艺，用于原油炼厂和天然气加工厂，通过将LPG、丙烷、丁烷衍生物、低沸点石脑油流、煤油和喷气燃料转化为液态烃二硫化物衍生物，从而去除硫醇衍生物。该工艺要碱性环境，在某些版本中，碱性环境由烧碱（NaOH）的水溶液提供，烧碱是强碱。在其他版本中，碱性由氨提供，氨是一种弱碱。在某些版本中，催化剂是一种水溶性液体。在其他版本中，催化剂浸渍在木炭颗粒上。

由于经济原因，大多数低温设备不包括分馏，以混合产品的形式运输到位于炼油厂或化工厂附近的独立分馏联合体，使用这些组分作为原料。因地理原因无法铺设管道，或者气源与消费者之间的距离超过3000km时，则采用船舶将天然气转化为液化天然气（LNG）运输，并在抵达消费者附近处再次转化成气态。

LNG回收部分的剩余气体最终的净化销售，通过管道输送到终端用户。买方和卖方就天然气的质量制定规则和协议。通常规定了二氧化碳、硫化氢和水的最大容许浓度，并要求商业用气不含可能会对买家的操作设备造成损害或不利影响的有害气味和材料以及灰尘和其他固体或液体物质（蜡、胶质和生胶成分）。

参 考 文 献

Anderson, L. L., Tillman, D. A., 1979. Synthetic Fuels from Coal: Overview and Assessment. John Wiley & Sons Inc, New York.

Biondo, S. J., Marten, J. C., 1977. A history of flue gas desulphurization systems since 1850. J. Air Pollut. Control Assoc. 27 (10), 948–949.

Bodle, W. W. , Huebler, J. , 1981. In: Meyers, R. A. (Ed.), Coal Handbook. Marcel Dekker Inc, New York (Chapter 10).

Calemma, V. , Radovi'c, L. R. , 1991. On the gasification reactivity of Italian Sulcis Coal. Fuel 70, 1027.

Cavagnaro, D. M. , 1980. Coal Gasification Technology. National Technical Information Service, Springfield, VA.

Elton, A. , 1958. In: Singer, C. , Holmyard, E. J. , Hall, A. R. , Williams, T. I. (Eds.), A History of Technology. Clarendon Press, Oxford, vol. IV (Chapter 9).

Fryer, J. F. , Speight, J. G. , 1976. Coal Gasification: Selected Abstract and Titles. Information Series No. 74. Alberta Research Council, Edmonton.

Garcia, X. , Radovi'c, L. R. , 1986. Gasification reactivity of Chilean coals. Fuel 65, 292.

Hanson, S. , Patrick, J. W. , Walker, A. , 2002. The effect of coal particle size on pyrolysis and steam gasification. Fuel 81, 531−537.

Higman, C. , Van Der Burgt, M. , 2003. Gasification. Butterworth Heinemann, Oxford.

Kothny, E. L. , 1973. In: Kothny, E. L. (Ed.), Trace Metals in the Environment. Advances in Chemistry Series No. 123. American Chemical Society, Washington, DC (Chapter 4).

Kristiansen, A. , 1996. IEA Coal Research Report IEACR/86. Understanding Coal Gasification. International Energy Agency, London.

Lahaye, J. , Ehrburger, P. (Eds.), 1991. Fundamental Issues in Control of Carbon Gasification Reactivity. Kluwer Academic Publishers, Dordrecht.

Lakin, H. W. , 1973. In: Kothny, E. L. (Ed.), Trace Metals in the Environment. Advances in Chemistry Series No. 123. American Chemical Society, Washington, DC.

Mahajan, O. P. , Walker Jr. , P. L. , 1978. In: Karr Jr. C. (Ed.), Analytical Methods for Coal and Coal Products. Academic Press Inc, New York, vol. II (Chapter 32).

Massey, L. G. (Ed.), 1974. Coal Gasification. Advances in Chemistry Series No. 131. American Chemical Society, Washington, DC.

Murphy, B. L. , Sparacio, T. , Walter, J. , Shields, W. J. , 2005. Environ. Forens. 6 (2), 161.

Nef, J. U. , 1957. In: Singer, C. , Holmyard, E. J. , Hall, A. R. , Williams, T. I. (Eds.), A History of Technology. Clarendon Press, Oxford, vol. III (Chapter 3).

Probstein, R. F. , Hicks, R. E. , 1990. Synthetic Fuels. pH Press, Cambridge, MA (Chapter 4).

Radovi'c, L. R. , Walker Jr. , P. L. , 1984. Reactivities of chars obtained as residues in selected coal conversion processes. Fuel Process. Technol. 8, 149.

Radovi'c, L. R. , Walker Jr. , P. L. , Jenkins, R. G. , 1983. Importance of carbon active sites in the gasification of coal chars. Fuel 62, 849.

Speight, J. G. , 2013. The Chemistry and Technology of Coal, third ed. CRC Press, Taylor & Francis Group, Boca Raton, FL.

Speight, J. G. , 2014a. The Chemistry and Technology of Petroleum, fifth ed. CRC Press, Taylor & Francis Group, Boca Raton, FL.

Speight, J. G. , 2014b. Gasification of Unconventional Feedstocks. Gulf Professional Publishing, Elsevier, Oxford.

Speight, J. G. , 2015. Handbook of Offshore Oil and Gas Operations. Gulf Professional Publishing, Elsevier, Oxford.

Speight, J. G. , 2017. Handbook of Petroleum Refining. CRC Press, Taylor & Francis Group, Boca Raton, FL.

Stewart, E. G. , 1958. Town Gas: Its Manufacture and Distribution. H. M. Stationery Office, London.

Sugg, W. T. , 1884. The Domestic Uses of Coal Gas. Walter King, London.

Taylor, F. S. , Singer, C. , 1957. In: Singer, C. , Holmyard, E. J. , Hall, A. R. , Williams, T. I. (Eds.) , A History of Technology. Clarendon Press, Oxford, vol. II (Chapter 10).

Tristan, F. , 1840. Promenades Dans Londres (D. Palmer, G. Pincetl, Trans.) (1980) Flora Tristan's London Journal, A Survey of London Life in the 1830s George Prior, Publishers, London. Extract Worse than the slave trade in Appendix 1, Barty-King, H. , 1985.

Zoller, W. H. , Gordon, G. E. , Gladney, E. S. , Jones, A. G. , 1973. In: Kothny, E. L. (Ed.) , Trace Metals in the Environment. Advances in Chemistry Series No. 123. American Chemical Society, Washington, DC (Chapter 3).

延 伸 阅 读

Massey, L. G. , 1979. In: Wen, C. Y. , Lee, E. S. (Eds.) , Coal Conversion Technology. Addison-Wesley Publishers Inc, Reading, MA, p. 313.

7 天然气加工工艺分类

7.1 简介

广泛使用的燃料种类繁多（第3章 非常规天然气），其中成分最简单的是天然气，此外，工艺气体、生物气和填埋气也是本章将涉及的气体。

消费者使用的天然气几乎完全由甲烷组成，与储层中的天然气以及采至井口的天然气有很大不同。天然气加工净化是生产符合各种规格产品的必要工序，是各类单元工艺的集成系统，用于去除酸性气体等有害产品并将天然气分离成若干用途。因此，天然气加工使天然气尽可能清洁和纯净，使其成为清洁燃烧和对环境无害的能源选择。

输气管道对进入管道的天然气的构成有严格要求，因此在天然气输送之前，必须进行净化。天然气净化可以从井口开始，第一阶段，从井口去除（至少）水、二氧化碳和硫化氢，以防止对管道和相关设备的损坏（腐蚀）。接下来根据烃类的露点和管道内的条件，净化目标是分离（部分或全部）各种烃类衍生物（C_{2+} 以及天然汽油），以免这些衍生物在管道内分离并造成液体堵塞。

天然气的加工没有原油加工和精炼复杂，但在最终使用之前，进行加工同样必要。原始天然气来自三种类型的井：伴生气井、纯天然气井以及凝析气井。原始天然气含有水蒸气、硫化氢（H_2S）、二氧化碳（CO_2）、氦气（He）、氮气（N_2）和各种其他化合物，其含量通常较低［一般为1%（体积分数）］（表7.1）。

表 7.1 天然气成分表

成分	分子式	体积分数，%
甲烷	CH_4	>85
乙烷	C_2H_6	3~8
丙烷	C_3H_8	1~5
正丁烷	C_4H_{10}	1~2
异丁烷	C_4H_{10}	<0.3
正戊烷	C_5H_{12}	1~5
异戊烷	C_5H_{12}	<0.4
己烷、庚烷、辛烷[①]	C_nH_{2n+2}	<2
二氧化碳	CO_2	1~2
硫化氢	H_2S	1~2
氧	O_2	<0.1
氮	N_2	1~5
氦	He	<0.5

①己烷（C_6H_{14}）和高分子量烃类衍生物，可达辛烷、苯（C_6H_6）和甲苯（$C_6H_5CH_3$）。

简而言之，天然气加工为使用各种集成单元工艺从甲烷中分离出所有的各种烃和任何非烃成分（图7.1）。完整加工工艺在位于天然气产区内天然气加工厂进行。

除了井口和集中加工厂进行处理之外，有时还在跨式萃取装置中完成某些最终加工。这些装置位于主干管道系统上，这时的天然气已具有符合管道运输的质量，但在某些情况下仍存在少量天然气凝析液，这些天然气凝析液在跨式萃取装置内提取。

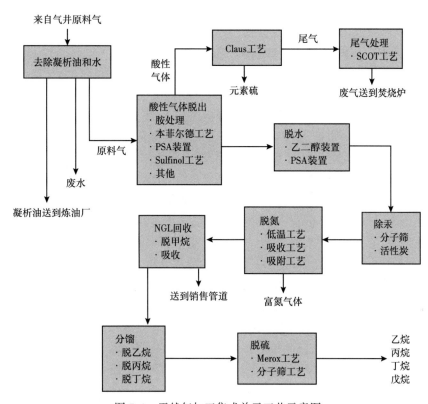

图 7.1　天然气加工集成单元工艺示意图

同时，由于气体体积随温度和压力的变化而变化，要使用以下方法描述浓度值：（1）测量过程中气体温度和压力值的附加规范；（2）将浓度测量值转化为标准零度条件下的相应值。

7.2　气体

不同气体的成分差异很大（第1章 天然气发展历程和应用），即使是来自同一储层的天然气，其成分也会随着时间或井的位置而变化。因此，天然气加工的目的是使这些变量趋于均匀，形成满足运输、存储和使用规范的气体。

天然气加工将烃类和流体与纯天然气分离，生产符合管道质量的天然气。天然气凝析液是非常有价值的天然气加工副产品，包括乙烷、丙烷、丁烷、异丁烷和天然汽油。它们单独出售，具有多种不同的用途，包括提高油井采收率、为炼油厂或石化厂提供原料以及作为能源等。

在天然气生产、井口处理、运输和加工的每个阶段（第 5 章 天然气开采、储存和运输），通过标准测试方法分析天然气是天然气化学和技术的重要组成部分，为各阶段天然气的特性认识提供了重要信息。首先列出分析数据的各种用途，为满足特定用途，估算各类气体中每种成分的必要准确度，这些估值成为标准，通过这些标准可以判断分析方法和仪器的适用性，当对分析方法极限准确度有更深研究时，再进行标准修订（Nadkarni，2005；ASTM，2017；Speight，2018）。

天然气是富含甲烷的轻烃气体混合物，含量通常高于 75%，C_{5+} 馏分（即通常称为凝析油的馏分）小于 1%（体积分数）。如果天然气中氢的摩尔分数小于 4ppm（体积分数），则称其为低硫气。干气中不含 C_{5+}，且甲烷含量超过 90%。天然气和其他储层流体的主要区别在于 C_{5+} 或甚至 C_{5+} 的含量非常低，其主要成分是轻质石蜡烃。

在储层条件下处于气相的另一类流体是凝析油（C_{5+} 馏分）。混合物的 C_{5+} 馏分应作为不确定的馏分处理，其性质可通过一系列标准测试确定。凝析油中 C_{5+} 含量高于天然气，含量约为百分之几，而其甲烷含量低于天然气中含量。同时，这些储层流体通常含有影响混合物的性质二氧化碳（CO_2）、硫化氢（H_2S）或氮气（N_2）等组分。

C_{5+}（凝析油）馏分的沸腾范围相对较窄，可用表征方法来确定该馏分的各种性质。与天然气的 C_{5+} 馏分不同，应用于该凝析油的标准测试方法不适用原油的标准测试方法，应从适用于低沸点石脑油的测试方法中酌情选择，选择后也需要针对凝析油的应用进行一些修改。

通过应用系列标准测试方法，天然气成分（包括凝析油馏分）信息通常比液体燃料的信息更容易获得（ASTM，2017）。由于液体燃料含有大量的（有时是无法确定的）烃类化合物，更加复杂，很少能确切地知道液体燃料的分子组成。最常见的成分数据来自元素分析，包括燃料元素组成的测量，通常以碳、氢、硫、氧、氮和灰烬的质量分数（%）表示，在适当的情况下以及低沸点（甚至气态）烃可能存在的情况下，选择的实验项次和仪器参数也可包括烯烃成分的测定（Nadkarni，2005；ASTM，2017；Speight，2018）。

通常，体积分数和摩尔分数可互换用于所有气体混合物，成分含量很少以质量分数表示，在气体系统中的应用非常有限。当气体混合物中的成分以百分数表示时，应视其为摩尔分数或体积分数。因此，应用适当的标准测试方法，可以确定从甲烷到凝析气成分的分布，从而评估储层的特性，以及不同井的气体成分。

井口天然气通过小管径低压集输管网输运到加工厂。复杂的集输系统可由数千英里的管道组成，将加工厂与该区域内的 100 多口井相连。

将各种气体在井口加工成管道干气或在天然气加工厂加工成特定水平的品质天然气的实际操作非常复杂，通常涉及去除杂质的 4 类主要工艺。天然气流表面上是烃类化合物，但可能含有大量的酸性气体，例如硫化氢和二氧化碳。大多数商业工厂采用氢化作用将有机硫化合物转化为硫化氢。氢化作用通过在钼酸镍或钼酸钴催化剂上回收含氢气体或外部氢气来实现（Parkash，2003；Gary 等，2007；Speight，2014a，2017；Hsu 和 Robinson，2017）。

总之，炼厂工艺气体中除了含有碳氢化合物外，还可能含有其他污染物，如碳氧化物 [CO_x，其中 $x=1$ 和（或）2]、硫氧化物 [SO_x，其中 $x=2$ 和（或）3]、氨（NH_3）、硫醇（RSH）和羰基硫（COS）以及烯烃（第 2 章 天然气成因和开采）。

除硫化氢（H₂S）和二氧化碳（CO₂）外，天然气（和其他气体：工艺气体、生物气和填埋气）可能含有其他污染物，如硫醇（RSH）和羰基硫（COS）。在沼气和垃圾填埋场中，这些污染物的含量可能会更高，这取决于这些气体的来源以及生产时起作用的工艺参数。当存在这些杂质时，由于一些工艺去除了大量的酸性气体（尽管没有达到足够低的浓度），可以省略一些脱硫（酸性气体去除）工艺。另外，也有一些工艺不是设计用于去除（或不能去除）大量酸性气体的，但当气体中酸性气体处于中低等浓度时，这些工艺也能够将酸性气体杂质去除至非常低的水平。

气体加工涉及使用几种不同类型的工艺，但各个工艺之间总是存在重叠。由于重叠，用于气体加工的术语通常产生误导（Nonhebel，1964；Curry，1981；Maddox，1982；Mokhatab 等，2006；Speight，2014a）。例如，在发电厂，烟道气（第 8 章 天然气净化工艺）通常采用一系列化学工艺和洗涤器进行处理，从而去除污染物。大多数烟道气脱硫系统分为两个阶段：去除粉煤灰的阶段和去除二氧化硫的阶段。例如由于许多国家已经颁布并实施了有关二氧化硫排放的环境法规，因此需要采用各种方法从烟道气中除去二氧化硫。常用的方法有：（1）湿法洗涤，使用碱性吸附剂（通常是石灰石或石灰）或海水的浆液来洗涤气体；（2）喷雾干燥洗涤，采用与第一类方法中所述的类似吸附剂浆液；（3）湿硫酸法，该方法允许以商用品质硫酸的形式回收硫；（4）通常称为 SNOX 烟道气脱硫的工艺，该工艺从烟道气中去除二氧化硫、氮氧化物和颗粒物质；（5）干吸附剂喷射工艺，将粉状熟石灰或其他吸附剂材料引入排气管道，以消除工艺排放物中的二氧化硫和三氧化硫。

在湿法洗涤系统中，烟道气通常首先通过煤粉灰去除装置（静电除尘器或袋式除尘器），然后进入去除二氧化硫的吸收器。但在干法喷射或喷雾干燥过程中，二氧化硫首先与石灰反应，之后烟道气再通过颗粒控制装置。与湿法烟道气脱硫系统相关的另一个重要考虑因素是离开吸收器的烟道气被水饱和，且仍然含有一些二氧化硫。这些气体对下游设备（如风机、管道和烟囱）具有很强的腐蚀性，可以将腐蚀降至最低的两种方法是将气体再加热至露点以上或使用能让设备承受腐蚀条件的结构材料和设计材料。可以通过改变燃烧过程来防止氮氧化物的形成，也可以通过与氨（NH₃）或尿素（H₂NCONH₂）的高温或催化反应来处理。在这两种情况下，目标都是产生氮气而不是氮氧化物。

基于胺的再生捕获技术（通常称为乙醇胺工艺）用于从烟道气中去除二氧化碳，已被用于提供高纯度二氧化碳，用于进一步的工业用途以及提高石油采收率（EOR，Speight，2014a）。

由于天然气的组成和成分的数量是多变的，因此在处理天然气时存在许多可变因素。很难定义特定工艺的精确应用领域。必须考虑几个因素（不一定按重要性排序）：（1）气体中污染物的类型；（2）气体中污染物的浓度；（3）所需的污染物去除程度；（4）去除酸性气体需要的选择性；（5）待处理气体的温度；（6）待处理气体的压力；（7）待处理气体的体积；（8）待处理气体的成分；（9）气体中二氧化碳—硫化氢的比率；（10）工艺经济性和环境问题，硫回收的可取性。然而，用于排放物控制的一般工艺（在另一种更具体的环境中通常称为烟道气脱硫工艺）有 4 种：吸附、吸收、催化氧化和热氧化（Soud 和 Takeshita，1994；Mokhatab 等，2006；Speight，2014a）。

工艺选择性指的是，相对于（或优先于）另一种酸性气体组分，工艺去除某种酸性气体组分的偏好或倾向。例如有些工艺同时去除硫化氢和二氧化碳,其他工艺仅用于去除硫化氢。与去除二氧化碳相比,硫化氢脱除的工艺选择性,以确保产品中这些组分的浓度最低,因此需要考虑气体流中的二氧化碳对硫化氢的影响。

7.2.1 天然气流

天然气也能产生对环境有害的排放物。虽然天然气的主要成分是甲烷,但也有一氧化碳(CO)、硫化氢(H_2S)和硫醇(RSH)等成分,以及痕量的其他排放物,如羰基硫(COS)。甲烷具有可预见和有价值的最终用途使其成为一种理想的产品,但在某些情况下,它被认为是一种污染物,已被确定为温室气体。

脱硫工艺必须非常精确,因为天然气只含有少量含硫化合物,必须将其减少几个数量级。大多数天然气消费者对气体中硫化氢的含量要求是低于4ppm。此外,含有硫化氢的天然气的一个特征是也含二氧化碳(按体积含量计算通常在1%~4%范围内)。在天然气不含硫化氢的情况下,其二氧化碳含量可能也相对更低。

在实践中,通常在井口处或附近安装加热器和洗涤器。洗涤器主要用于去除沙子和其他大颗粒杂质,加热器确保气体的温度不会下降得太低。对于含有少量水的天然气,当温度下降时,往往会形成天然气水合物。这些水合物是固态或半固态化合物,类似于冰状晶体。如果水合物积聚,就会阻碍天然气通过阀门和集输系统(Zhang 等,2007)。为了减少水合物的出现,通常在集气管道任何可能形成水合物的地方安装小型天然气加热装置。

虽然天然气水合物通常被认为是油田和气田开发中(主要是在深水钻井作业中以及研究多相生产和运输技术时)可能遇到的麻烦,但可用于安全和经济地存储天然气(主要是在寒冷的国家)。在偏远的海上地区,天然气运输中使用水合物目前也被认为是液化或压缩工艺更经济的替代方案(Lachet 和 Béhar,2000)。

7.2.2 原油气流

为了加工和运输相关的溶解天然气,必须将其从石油中分离。天然气与油的分离通常使用安装在井口处或附近的设备来完成。用于从石油中分离天然气的实际工艺以及所使用的设备可能差别很大。尽管不同地理区域具有管道质量的干燥天然气几乎相同,但来自不同地区的原料天然气在成分上会有所不同(第1章 天然气发展历程和应用),因此分离要求可能会强调或降低可选分离工艺的重要性。

在许多情况下,天然气溶解在地下石油中的主要原因是地层压力。当天然气和石油被开采出来时,由于压力降低,天然气可能会自行分离;就像打开一罐汽水会释放出其中溶解的二氧化碳。在这种情况下,石油和天然气的分离相对容易,并且两种碳氢化合物被分别输送进行进一步加工。最基本的分离器类型称为常规分离器。它由一个简单的密闭罐组成,其中通过重力分离较重的液体(如石油)和较轻的气体(如天然气)。

在某些情况下,需要专门的设备来分离石油和天然气。低温分离器就是其中一种这样的设备,它最常用于生产高压气体以及轻质原油或凝析油的井中。这些分离器利用压差来冷却湿天然气并分离油和凝析油。湿气进入分离器,通过热交换器稍微冷却,然后气体通过高压液体容器(通常称为分液罐),将所有液体移至低温分离器中。之后气体通过阻流机制流入该低温分离器,阻流机制使气体在进入分离器时膨胀。气体的这种快速膨胀使得分离器中的温度降低。液体去除后,干燥气体通过热交换器返回,并被进入的湿气加热。通过改变分离器各个部分的气体压力，可以改变温度，从而使油和一些水从湿气流中冷凝出来。这种基本的压力—温度关系也可以反向运作，从液态油流中提取气体。

从环境保护的角度，关心的不是气体用途，而是当这些气体被排入大气时对环境的影响。除了酸性气体对设备的腐蚀之外，含硫气体逸出到大气中最终会导致酸雨的形成，即硫的氧化物（SO_2 和 SO_3）。类似地含氮气体还可以产生亚硝酸和硝酸（通过形成氧化物 NO_x，其中 $x=1$ 或 2），这是酸雨的另一个主要成因。炼厂废水中的二氧化碳和碳氢化合物的释放也会影响臭氧层的特性和完整性。

最后，另一种酸性气体，氯化氢（HCl），虽然通常被认为不是主要排放物，但在生产过程中，它经常伴随着原油产出的矿物质和盐水中出现，并且越来越多人认可氯化氢是酸雨的成因之一。然而，氯化氢可能产生严重的局部效应，因为它不需要参与任何进一步的化学反应就可以变成酸。在生成氯化氢的区域，如果大气条件有利于积聚烟囱排放物，雨水中的盐酸量可能相当高。

7.2.3 其他气流

气体加工从产生的气体中去除一种或多种组分以备使用。为了满足管道、安全、环境和质量规范而去除的常见成分包括硫化氢、二氧化碳、氮气、较高分子量的烃类化合物和水。用于处理气体的技术随着需要去除的组分以及气流的性质（如温度、压力、组分和流速）而变化。

将生物气或任何其他非常规气流加工去除杂质时，目标是生产一种可与天然气流混合且没有潜在不相容情况的气体，这样非常规气流的生产者可以利用当地的天然气分输网络输送。如果水（H_2O）、硫化氢（H_2S）和悬浮微粒的含量较高，或者在气体需要完全净化的情况下，需要将这些杂质去除。二氧化碳的去除频率较低，但也必须将其分离以获得达到管道质量的气体。如果要在没有深度净化的情况下使用气体，有时会通过与天然气共同燃烧来改善燃烧效率。经过加工（净化）后满足管道质量要求的非常规气体可称为加工天然气。这种形式的天然气可用于任何使用天然气的应用中。

另外，消解产生的原料（未处理的）生物气约含60%（体积分数）的甲烷、29%（体积分数）的二氧化碳和微量硫化氢。垃圾填埋气是由在沼气池厌氧条件下分解湿有机废物产生的，可能含有与生物气相同的成分，但与生物气一样，不同成分的比例取决于原始资源的成分和气体生产时的环境参数（第1章 天然气发展历程和应用），目前已经存在将生物气转化为生物甲烷的工艺（Ryckebosch 等，2011）。

正如从储层中开采的天然气一样，非常规气流也必须经过处理，以去除杂质、凝析液和悬浮微粒，其处理系统取决于最终用途：（1）在锅炉、熔炉或窑炉中直接使用的气体需要的处理最少；（2）在发电中使用的气体通常需要更深入的处理。处理系统分为初级处理加工和二级处理加工。初级加工系统可脱除水分和悬浮微粒。气体冷却和压缩在初级加工中也很常见。二级处理系统采用多种物理和化学清洗工艺，具体取决于最终用途。可能需要去除的两种成分是硅氧烷衍生物和硫化物，它们对设备有损害并且会显著增加维护成本。吸附和吸收是二级处理工艺中最常用的技术，如硅氧烷衍生物的脱除工艺（Yao 等，2016）。

这些杂质的存在可以减少一些脱硫（酸性气体去除）工艺，因为一些工艺去除了大量的酸性气体，但没有达到足够低的浓度。另外，也有一些设计不是用来去除（或不能去除）大量酸性气体的工艺，但当气体中酸性气体处于中低等浓度时，这些工艺也能够将酸性气体杂质去除至非常低的水平（Katz，1959；Mokhatab 等，2006；Speight，2014a）。为实现气体净化而开发的工艺包括从简单的一次性洗涤操作到复杂的多步循环系统（Mokhatab 等，2006；Speight，2014a）。在许多情况下，由于需要回收用于去除污染物的材料，有时甚至需要以原始或变化的形式回收污染物，使得工艺变复杂（Katz，1959；Kohl 和 Riesenfeld，1985；Newman，1985；Mokhatab 等，2006；Speight，2014a）。

一般通过将硫化氢和二氧化碳吸收到含水的醇胺溶液中来去除酸性气体。该方法适用于高压气流和具有中等至高浓度酸性气体成分的气流。在某些情况下也可以使用物理溶剂如甲醇或塞勒克索尔（Selexol）工艺去除酸性气体。如果气流中二氧化碳的浓度很高，例如在二氧化碳驱油气藏的气流中，在应用其他方法之前，膜技术作为预处理步骤可处理大量二氧化碳。对于含有少量硫化氢的气流，清除剂是一种经济有效的脱除硫化氢的方法。

利用吸收作为有机蒸汽的主要控制技术受到若干因素的制约。其中一个因素是是否有合适溶剂。挥发性有机化合物必须可溶于吸收液，即使如此，对于任何给定的吸收液，只能去除可溶的挥发性有机化合物。可用于挥发性有机化合物的常用溶剂包括水、矿物油或其他非挥发性石油。影响吸收作为有机排放物控制适用性的另一个因素是特定有机/溶剂系统中汽液平衡数据的可用性。

用水饱和的气流需要脱水来增加气体的热值并防止管道腐蚀和固态水合物的形成。在大多数情况下，使用乙二醇进行脱水，通过降低压力和加热可以使富含水的乙二醇再生（图 7.2）。另一种可行的脱水方法是使用分子筛将气体与固体吸附剂接触来脱水。分子筛可将水去除至低温分离工艺所需的极低水平。

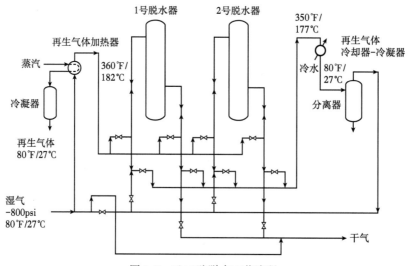

图 7.2 乙二醇脱水工艺流程

蒸馏利用重质烃和氮气沸点不同的特征将其进行分离。分离氮气和甲烷所需的低温通过膨胀器冷却和膨胀气体来实现。任何较高分子量烃类的去除都取决于管道对于质量的要求，而深度净化则基于生产 NGL 所需的经济和工艺参数。

7.3　工艺变化

气体加工是一系列复杂的单元工艺，旨在通过分离杂质和各种非甲烷气体（本书上下文中的各类非甲烷气）、非甲烷烃衍生物和污染物流体来净化受污染的气流，以生产特定规格的产品。当在井口进行加工时，目标是生产具备管道质量的干燥气流，以便将气体（通过管道）输送到最近的加工设施。

对于从一口或多口生产井中开采的天然气，由于其成分取决于地下沉积的类型、深度和位置以及该地区的地质情况，因此井口加工是天然气技术的不可缺少的一部分。如果钻井产气的同时也生产原油，其中开采的天然气（伴生气或溶解气）与天然气藏或凝析气藏中的非伴生气相比，中低分子量烃类衍生物的比例更高。此外，除了水、二氧化碳（CO_2）和硫化氢（H_2S）等常见污染物外，一些非甲烷成分还具有经济价值，可加工成高纯度产品和（或）出售。一个全面运营的天然气加工厂提供管道质量的干燥天然气，这些天然气可用于住宅、商业和工业消费者的燃料。

下面介绍和定义本章两个经常使用的术语：吸收和吸附。

吸收是一种吸收气体最终分布在整个吸收剂（液体）中的方法。该工艺仅取决于物理溶解度，并且可包括液相中的化学反应（化学吸附）。常用的吸收介质是水、胺水溶液、烧碱、碳酸钠和非挥发性烃油，具体取决于要吸收的气体类型。通常采用的气液接触器设计是板式塔或填充床。

填充床洗涤器由一个腔体组成，该腔体包含各种形状的填料层，例如拉西环、螺旋环或鞍形，其为液体—颗粒接触提供了较大的表面积。填料由金属丝网保持器固定在适当位置，并由靠近洗涤器底部的平板支撑，洗涤液均匀地引入填料上方并向下流过填料床。液体覆盖在填料上形成薄膜。要吸收的污染物必须可溶于吸收液。在垂直设计（填料塔）中，气流沿腔室向上流动（与液体反向流动）。在某些情况下，填料床是水平设计的，以便气流穿过填料流动（横向流动）。

在填料床洗涤器中，气流被迫沿着一条迂回的路径通过填料，使大部分悬浮微粒接触填料。填料上的液体收集悬浮微粒并沿着腔体向塔底部的排水管流动。捕沫器（除雾器）通常位于填料和洗涤液供应之上或之后。所有洗涤液和夹带在排出气流中的润湿微粒都将被除雾器去除并通过填料床返回排水管。

工艺过程中建议注意一些事项，因为高浓度的微粒物会堵塞床层，需限定这些装置只能在气流粉尘负荷相对较低的情况下运行。与其他洗涤器设计相比，填料更难以接近和清洁，因此堵塞是填料床洗涤器的一个严重问题。移动床洗涤器可采用低密度塑料球填充，低密度塑料球可在填料床内自由移动，同时由于填料的移动性增加，不易堵塞。

吸收通过在液体中溶解（物理现象）或通过与试剂反应（化学现象，有时称为化学吸附）来实现（Barbouteau 和 Dalaud，1972；Ward，1972）。化学吸附工艺将二氧化硫吸附到碳表面上，二氧化硫在碳表面被氧化（通过烟道气中的氧气）并吸收水分，使硫酸浸渍到吸附剂中和吸附剂上。

物理吸收取决于气流和液体溶剂的性质（如密度和黏度）以及气体和液体中污染物的

具体特征（如扩散率和平衡溶解度）。这些性质与温度有关，较低的温度通常有利于溶剂吸收气体。可以通过以下三种方式增强吸收：（1）加大接触表面积；（2）提高液气比；（3）提高气流浓度。化学吸收可能受到反应速率的限制，限制速度的通常是物理吸收速率，而不是化学反应速率。

吸附不同于吸收，它是一种物理化学现象，其中气体浓缩在固体或液体的表面以去除杂质。通常碳是吸附介质，可以在解吸后再生（Fulker，1972；Speight，2014a）。吸附的物质数量与固体的表面积成比例，因此吸附剂通常为单位质量具有更大表面积的颗粒状固体。捕获的气体可以用热空气或蒸汽解吸，以便回收或热分解。

进入气体净化设施的气流，其成分和质量各不相同（第2章 天然气成因和开采以及第3章 非常规天然气）。自19世纪50年代中期以来，人们使用各种类型的加工厂从开采出的原油中提取液体，如天然汽油。然而，多年来，天然气并不是一种广受欢迎的燃料。在20世纪早期之前，大部分天然气都是燃烧或简单地排放到大气中，这主要是因为当时的管道技术只允许非常短距离的运输。

随着天然气加工业的发展（第5章 天然气开采、储存和运输），美国主要的州内和州际干线输送系统接收和运输的天然气必须达到管道公司规定的质量标准。这些质量标准因管道而异，通常取决于管道系统的设计、下游互连管道及其客户群。一般来说，这些标准规定天然气必须：（1）在特定的热含量范围内（1035Btu/ft^3±50Btu/ft^3）；（2）在指定的烃露点温度水平下（第9章 凝析油）输送，低于该温度，混合物中的任何蒸发的气体和液体均有在管道压力下冷凝的趋势；（3）硫化氢、二氧化碳、氮气、水蒸气和氧气等元素的含量不能超过微量；（4）不含可能对管道或其辅助运行设备有害的颗粒固体和液态水。

天然气存在几种不同的水露点规范。水露点规范是在天然气销售合同中规定的，或者是由运输、加工或存储要求给出的。为了生产液化天然气，水的规格要求非常严格，通常使用的规范是气体中含0.1ppm（摩尔分数）的水。由于水在烃类液体中的溶解度较低，液化石油气（LPG）产品中对水的规格要求较低。

无论是在现场还是在加工/处理厂，气体加工设备需确保这些要求能够得到满足。在大多数情况下，加工设备从气流中提取污染物和较高分子量的烃（NGL）。然而，在某些情况下，较高分子量的烃可以混合到气流中，使其在可接受的热含量（Btu）范围内。无论情况如何，用于运输以及家用和商用炉中使用的气体都需要处理。因此，天然气加工始于井口，必须提供多种加工工艺选项（即使每个选项的适用程度可能不同），以适应开采气体中成分的差异（图7.1）。

少数情况下，在井口或现场设施中可生产管道质量的天然气，天然气直接输送到管道系统。在其他情况下，特别是在生产非伴生天然气的情况下，在井口附近安装了被称为橇装装置的现场或租赁区设施，将原料天然气脱水（去除水）并去污（去除污垢和其他外来物质），使之成为可接受的管道质量的气体，直接输送到管道系统。橇装装置通常是专门定制的，用于加工该区域生产的天然气类型，相对于将天然气输送到较远的大型工厂进行加工，这是一种相对便宜的替代方案。

气体加工（Mokhatab等，2006）包括从甲烷中分离各种烃类化合物、非烃类化合物（如二氧化碳和硫化氢）和流体（表7.1）。主干运输管道通常对允许进入管道的天然气的构成加以限制。这意味着天然气在可以运输之前必须经过净化。虽然乙烷、丙烷、丁烷和戊烷必须从天然气中脱除，但这并不意味着它们都是废弃物。

气体必须进行加工（精炼），以确保使用的天然气清洁燃烧和环境可接受。消费者使用的天然气几乎完全由甲烷组成，但在井口从储层开采出来的天然气绝不是纯净的（第3章 非常规天然气）。

伴生气（第1章 天然气发展历程和应用）即油井的气体，可以独立于地层中的石油存在（游离气），也可以溶解在原油中（溶解气）。非伴生气，即产自气井或凝析油井的气体是游离天然气以及半液态烃凝析油。无论天然气的来源是什么，一旦与原油（如果存在）分离，它通常与其他烃类化合物混合存在；其他烃类化合物主要是乙烷、丙烷、丁烷和戊烷。事实上，天然气凝析液（NGL）是非常有价值的天然气加工副产品（表7.2）。NGL包括乙烷、丙烷、丁烷、异丁烷和天然汽油，它们单独出售并具有多种不同的用途；包括提高油井采收率，为炼油厂或石化厂提供原料，以及作为能源。

表7.2 天然气凝析液分子式及用途

天然气凝析液（NGL）	分子式	用途	其他用途
乙烷	C_2H_6	生产乙烯 发电	塑料 防冻剂 洗涤剂
丙烷	C_3H_8	加热燃料 运输石化原料	塑料
丁烷衍生物 （正丁烷、异丁烷）	C_4H_{10}	石化原料 汽油混合原料	塑料 合成橡胶
凝析油	C_5H_{12}和沸点更高的烃	石化原料 汽油添加剂 重质原油稀释剂	溶剂

将天然气加工到优质管道气的实际做法通常包括4个去除各种杂质的主要工艺：（1）除水；（2）去除液体；（3）浓缩；（4）分馏；（5）将硫化氢转化为硫的工艺（克劳斯工艺）（第8章 天然气净化工艺）。

在许多情况下，井口处的减压将导致气体与油的自然分离（使用传统的封闭油罐，其中重力将气态烃从沸点较高的原油中分离）。然而，在某些情况下，需要采用多级油气分离工艺将气流与原油分离。这些气油分离器通常是封闭的圆柱形容器，水平安装，一端有入口，顶部有排气口用于除气，底部有出油口用于除油。通过多个步骤的交替加热和冷却（通过压缩）流体来完成分离；如果存在水和凝析油，也会在工艺进行中被提取出来。

根据温度、压力和水蒸气浓度，最大水沉淀温度将对应于水露点、霜点或水合物点。在保守的设计中，水蒸气浓度的规格应基于最大沉淀温度，而不是传统的水露点温度。因此，精确转换水蒸气浓度和水沉淀温度至关重要。

在加工的某个阶段，气流流向包含一系列过滤管的单元。随着单元内气流的流速降低，由于重力作用，剩余污染物完成主要分离。当气流经过滤管时，发生较小颗粒的分离，在管道中它们结合成较大的颗粒，流入该单元的下部。此外，当气流继续通过该滤管时，产生离心力，进一步去除任何剩余的水和小的固体微粒。

7.4 固相清除

微粒物质控制（粉尘控制）（Mody 和 Jakhete，1988）一直是工业的主要关注点之一，因为微粒物质的排放很容易通过粉煤灰和烟灰的沉积以及能见度的降低来观察。微粒物质由微小的固体颗粒或液滴组成，有的足以进入肺部并引起健康问题。氮氧化物（NO_x）和硫氧化物（SO_x）都与微粒物质的形成有关，其他过程也可能有助于微粒物质的形成。除了健康问题，微粒在大气中释放时会导致能见度降低和雾霾。

灰烬是由煤中的无机杂质（第3章 非常规天然气）在燃烧和气化过程中形成的。其中一些杂质反应形成微小固体，在燃烧或气化产生合成气的情况下，这些固体可以悬浮在废气中。在后种情况下，离开气化炉的原料合成气含有细灰和（或）炉渣，需要在将气体送至下游进一步加工之前将其去除。大部分微粒物质可以使用干式微粒清除系统［如过滤器和（或）旋风分离器］去除。

通过使用不同类型的设备可以实现不同的控制范围。在对特定工艺排放的微粒物质进行适当表征后，可以选择适当的设备，确定尺寸，进行安装和性能测试。微粒物质控制装置的一般分类如下：（1）旋风集尘器；（2）静电除尘器；（3）织物过滤器；（4）砂床过滤器；（5）湿法洗涤；（6）干法净化。

旋风集尘器是惯性集尘器中最常见的一种，并且可以有效地去除较粗的微粒物质，其去除效果取决于去除物的质量。将气流和颗粒切向地引入圆筒中，从而使其进行旋转运动。离心力将颗粒带向圆筒壁，进入涡流室，然后到达集尘室。旋风分离器和其他质量力分离器的特征在于分割粒径。质量分离器对于所述的分割粒径具有50%的去除效率。直径大于分割粒径的颗粒以较高的速率去除，较小颗粒的去除效率较低。

在该装置运行过程中，载有颗粒的气流切向地进入上部圆柱形部分并向下通过锥形部分。为运载气体进行涡流状旋转提供路径而产生的离心力使颗粒迁移。颗粒被推至筒壁上并通过倒锥形顶点处的密封容器去除。反向涡旋向上移动通过旋风分离器并通过顶部中心开口处排出。

旋风分离器对粗颗粒效率高，但对亚微米颗粒的影响很小。旋风分离器在许多气体处理设备中的主要应用是作为预捕集器。在循环流化床锅炉中约900℃（1650°F）的旋风分离器是一种特殊的应用方式。除可以将旋风分离器作为预捕集器外，也可使用百叶窗式除尘器作为替代，其运转时具有明显的受控偏转。在除尘过程中可使用一些小直径的高效旋风分离器。该设备可以并联或串联布置，以提高效率并降低压降。这些微粒去除装置的工作原理是将气流中的颗粒物质与液体接触。从原理上讲，颗粒掺入液浴中或更大的液体颗粒中，更容易收集。

静电除尘器或织物过滤器可去除微粒物质，烟道气脱硫装置可捕获化石燃料（特别是煤炭）所产生的二氧化硫。静电除尘器的工作原理是向进入的气流中的颗粒施加电荷，然后通过高压场将其收集在带相反电荷的板上。对于粒径大于约 $1\mu m$ 的粒子，电场荷电的方法较好；对于粒径小于约 $0.2\mu m$ 的微粒，扩散荷电是优选的方法。这种现象是静电除尘器

对于粒径约 $0.5\mu m$ 的颗粒通常具有较低去除效率的原因之一。干式静电除尘器对具有高电阻率的粉尘敏感,因为在除尘器的粉尘可能产生火花,但是高压脉冲可降低这种风险。

高电阻率的颗粒在收集过程中是最困难的。采用三氧化硫(SO_3)等调质剂降低电阻率。重要参数包括电极的设计、收集板的间距,空气通道的最小化和收集电极的振打技术(用于去除颗粒)。正在研究的技术包括使用高压脉冲能量来增强粒子电荷、电子束电离和宽板间距。电除尘器在最佳条件下的效率可达>99%,但在新情况下的性能仍难以预测。

织物过滤器通常采用非一次性滤袋设计。最常见的黏附分离器是织物过滤器,通常有大面积的编织或针刺织物,烟气必须通过这些织物,在通过过程中,利用偏转(质量力)、拦截、扩散(黏附力)和电场力来移除颗粒。正是这些力的结合使得这种类型的过滤器具有独特性能,即对于大多数种类的粉尘而言具有几乎100%的去除效率,与粒径无关(正确设计、操作和维护的情况下)。

当粉尘排放物通过过滤介质(通常是棉花、聚丙烯、聚四氟乙烯或玻璃纤维)时,颗粒物质在袋子表面上收集起来,形成粉尘层。织物过滤器通常基于过滤袋的加工机理进行分类。织物过滤器的收集效率可高达99.9%,其优势显而易见。织物过滤器使用普通织物可以在高达 $200 \sim 250$℃ ($390 \sim 480$℉)条件下运行,更高的温度需要特殊材料。在织物上形成的粉尘层通常通过摇动、脉冲或通过反转气流有规律地除去。

沙床过滤器坚固且能够承受极端条件,也使用质量力来去除颗粒。当颗粒在通过砂床的过程中发生偏转时,它们会黏附在表面上并被收集。精心设计的砂床过滤器的分割粒径约为 $1\mu m$,可以去除粗颗粒的主要部分。分级效率曲线通常很陡,因此小于 $1\mu m$ 的颗粒的去除效率是有限的。通过在砂床中引入静电场,可以改善小颗粒有害物质的去除效率。

湿法洗涤(第6章 天然气加工历史)涉及使用逆流喷雾液体从空气流中去除颗粒的装置。装置配置包括板式洗涤器、填充床、孔口洗涤器、文丘里洗涤器和喷雾塔,单独使用或以不同方式组合使用。用水蒸气使烟道气饱和是非常重要的,这样颗粒可以吸收水分,从而增加尺寸和重量。当水蒸气凝结在小颗粒上时,饱和后的冷凝对颗粒去除起到另一种改善作用。通过优化设计和提高烟道气湿度,可以在回收低温热量的同时大大改善小颗粒的去除效率。

干法洗涤(更准确地称为干法吸收)涉及气流中的杂质与注入的吸收剂之间的吸附和化学反应。反应产物是干燥的,并在除尘器中去除。与湿法洗涤相比,干法吸收是一个相对较新的工艺。自气体加工工业的早期以来,人们就一直知道可使用氧化铝(Al_2O_3)和木炭等材料吸附,但直到20世纪早期(或者是最近认为的20世纪中期),在干燥相和半干相中吸收才出现,其中反应产物渗透到吸收剂的内部。干法吸收原理还包括一些变体,如半干、喷雾干燥、湿法干燥和干法干燥工艺。干法吸收的原理相对简单,只要过滤器预涂一种比表面积比较大的吸收剂,气流通过预涂过滤器,不需要的杂质与吸收剂反应并同时去除颗粒,取出滤饼,预涂膜重复使用。

如果气流中含有氯化氢、氟化氢或二氧化硫(在许多生物气气流中都有),可以使用两种主要的吸收剂:(1)氢氧化钙 [$Ca(OH)_2$],也称为熟石灰;(2)碳酸氢钠($NaHCO_3$),也称小苏打。在消解过程中,氢氧化钙具有相当大的比表面积。碳酸氢钠的比表面积较低,但是当它被加热到 $150 \sim 160$℃ ($300 \sim 320$℉)并且脱水后留下具有大比表面积的碳酸钠

（Na_2CO_3）。即：

$$2NaHCO_3 \longrightarrow Na_2CO_3 + CO_2 + H_2O$$

氢氧化钙吸收效率的好坏取决于一定的温度，温度与烟道气中的湿度相关，因为氢氧化钙必须能够吸收以浆料形式添加的水、湿润粉末中的水或湿润烟道气中的水。由添加碳酸氢钠产生的碳酸钠具有很强的反应性，不依赖于水或湿度。因此，在 150～300℃（300～570℉）的温度范围内，无论气流中是否含水，它都可用于吸收二氧化硫、氯化氢或氟化氢以及这些气体的混合物。

其他方法包括使用高能输入的文丘里洗涤器或静电洗涤器（其中颗粒或水滴带电荷）和流量力/冷凝洗涤器（其中湿热气体与冷却液体接触或向饱和气体中注入蒸汽）。在后一种洗涤器中，水蒸气向携带颗粒的冷水表面运动（扩散电泳），而水蒸气在颗粒上的冷凝导致颗粒尺寸增加，从而促进细颗粒的收集。泡沫洗涤器是湿法洗涤器的一种改进，其中载有颗粒的气体通过泡沫发生器，气体和颗粒被泡沫的小气泡包围。

一些相对较新的脱水方法包括在超音速气流中使用高离心力进行等熵冷却和分离。为了估计这些技术的极限，重要的是要有模型来计算天然气中水合物、冰和水在工作温度和压力下平衡时的水蒸气浓度。简而言之，等熵过程是理想的热力学过程，它既是绝热过程同时又是可逆的。

7.5 脱水

通常天然气藏储层总是与水相关联的，因此储层中的气体是水饱和的。当气体被开采出来时，水也会被开采出来，有些水是直接从储层中开采出来的。其他水由于开采过程中压力和温度的变化形成冷凝水与气体一同产出。水是气流中常见的杂质，为了防止水凝结和形成冰或天然气水合物（$C_nH_{2n+2} \cdot xH_2O$），脱水是非常必要的。

与天然气相关的大部分水都是在井口或井口附近通过简单的分离方法来去除。然而，去除溶解在天然气中的水蒸气需要更复杂的处理。这种处理包括使天然气脱水，通常涉及以下两个工艺之一：吸收或吸附。值得注意的是，合成气（syngas）中也可能存在水，在将合成气用于合成烃类衍生物或甲醇之前，也必须脱水（Sharma 等，2013）。

液相水会导致管道和设备中的腐蚀问题，特别是当气体中存在二氧化碳和硫化氢时更严重。天然气中的水在运输和加工过程中会产生问题，其中最严重的是形成天然气水合物，它们是一类称为笼合物或包合物的化合物的代表。天然气和原油通常存在于与原生水接触的储层中。即使在温度高于水冰点的情况下，水也可与低分子量天然气结合形成固态水合物。水合物会阻塞运输管线，堵塞防喷器，危害深水平台和管道的安全，导致油管和套管坍塌，并污染热交换器、阀门和膨胀机。而且与天然气和冷凝水接触的材料发生腐蚀，特别是当气体中存在二氧化碳和硫化氢时，也是石油和天然气工业中的常见问题。最简单的脱水方法（冷冻或低温分离）是将气体冷却到至少等于或（优先）低于露点的温度，如乙二醇脱水工艺（图 7.2）或乙二醇制冷工艺（图 7.3）（Geist，1985）。

除了从湿气流中分离原油和一些凝析油之外，还必须去除大部分伴生水。当脱水剂带走水蒸气时就会发生吸附，水蒸气从气流中冷凝并收集在表面上时也是发生吸附。

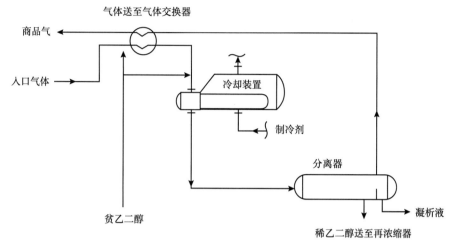

图 7.3　乙二醇制冷工艺示意图

评估气流脱水系统的第一步是通过公认的标准测试方法确定气体的含水量（Nadkarni，2005；ASTM，2017；Speight，2018）。设计酸性气体脱水设施并估算装置进气分离器中含硫气体的出水量时，这些数据是最重要的。当天然气被输送至脱硫装置（即除去二氧化碳和硫化氢的装置）时，通常使用水溶剂。去除二氧化碳和硫化氢的脱硫气体经水饱和，脱硫副产物酸性气体也经水饱和。在天然气输送过程中，水的进一步冷凝是容易出现问题的，因为水会增加管道内的压降并且经常导致腐蚀问题。因此在将天然气出售给管道公司之前应该先脱水，由于这些原因，天然气和酸性气体的含水量是一个重要的工程考虑因素。

当含有游离水的气体或液体经历特定的温度/压力条件时，就会形成水合物。脱水是从生产的天然气中除去这种游离水，可通过几种方法完成。其中包括使用乙二醇（乙二醇注射）系统作为吸收工艺。该工艺从气流中去除水和其他固体。或者可以使用吸附脱水，利用含有硅胶和活性氧化铝等干燥剂的干床脱水塔进行萃取（图 7.4）。

脱水是指从天然气和 NGL 中去水的过程，从而：（1）防止在加工和运输设施中形成天然气水合物和游离水冷凝；（2）符合含水量规范；（3）防止腐蚀。在大多数天然气脱水情况下，单靠冷却是不够的，并且大多数情况下，用在野外作业不切实际。其他脱水工艺使用：（1）吸湿性液体，如二甘醇（DEG）或三甘醇（TEG）——实际上，乙二醇可直接注入制冷装置的气流中；（2）固体吸附剂或干燥剂，如氧化铝（Al_2O_3）、硅胶（SiO_2）和分子筛等。

一般可通过使气体或液体脱水，来防止冷凝水相（液相或固相）的形成。在某些情况下，脱水可能不实际或经济上不可行。在这些情况下，化学抑制是防止水合物形成的有效方法，该方法使用热力学抑制剂或低剂量水合物抑制剂（LDHI）注射的方式完成。

热力学抑制剂是传统的抑制剂方法（即乙醇或甲醇之一），其能降低水合物形成的温度。低剂量水合物抑制剂是动力学水合物抑制剂或抗凝聚剂，它们不会降低水合物形成的温度，但会减小水合物的影响。例如动力学水合物抑制剂降低水合物形成的速率，在一定持续时间内抑制水合物的生成，而抗凝聚剂不抑制水合物的形成，而是将其晶体大小限制

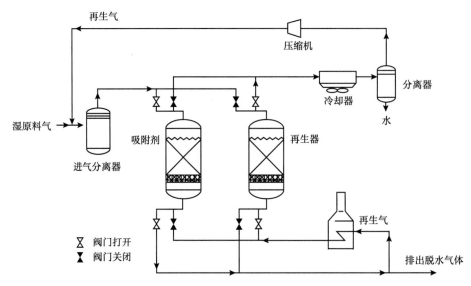

图 7.4　固体干燥剂脱水工艺示意图（GPSA，1998）

在亚毫米级。

抑制剂必须存在于湿气冷却至水合物温度的那一刻才有效。在制冷设备中，通常将乙二醇抑制剂喷洒在气体交换器的管板面上，使得它可以与气体一起流过导管。当水冷凝时，抑制剂便能与水混合，从而防止水合物的形成。注入抑制剂的方式必须能够将抑制剂有效分配到的冷却器和热交换器中的每个导管或板表面，这些冷却器和热交换器的设置运行温度低于气体水合物温度。

动力学水合物抑制剂以 0.1%~1.0%（质量分数）聚合物浓度存在于游离水中时可抑制水合物形成。在最大推荐剂量下，抑制效果表示为气体系统中的过冷 -2℃（29℉）。相比较而言，甲醇或乙二醇在水相中的浓度范围通常可能需要为 20%~50%（质量分数）时才能达到此效果。

天然气脱水最常用的三种方法是：乙二醇进行物理吸收、固体上进行吸附（例如分子筛/硅胶）以及冷却与化学注入（乙二醇/甲醇）相结合的冷凝。TEG 脱水是用于满足管道销售规范的最常用方法。吸附工艺用于获得低温处理所需的极低的水蒸气浓度（0.1ppm 或更低）。

目前已经开发了几种工业规模的气体脱水方法。脱水的三种主要方法是：（1）直接冷却；（2）吸附；（3）吸收。分子筛（沸石）、硅胶（SiO_2）和铝土矿是吸附工艺中使用的干燥剂。铝土矿主要由铝矿石三水铝矿 $[Al(OH)_3]$、勃姆石 $[\gamma\text{-}AlO(OH)]$ 和水铝石 $[\alpha\text{-}AlO(OH)]$ 与针铁矿 $[\alpha\text{-}FeOH(OH)]$ 和赤铁矿（Fe_2O_3）两种铁氧化物混合而成。在吸收过程中，最常用的干燥剂是二甘醇和三甘醇。通常采用吸收/汽提循环去除大量水分，低温系统采用吸附用来达到低含水量。

综上所述，天然气、伴生凝析油和天然气凝析液的脱水技术包括：（1）使用液体干燥剂吸收；（2）使用固体干燥剂吸附；（3）使用氯化钙 $CaCl_2$ 脱水；（4）通过冷冻脱水；（5）通过膜渗透脱水；（6）通过汽提脱水；（7）通过蒸馏脱水。

在这些不同的气体脱水工艺中，吸收是最常用的技术，其中气流中的水蒸气被液体溶剂吸收。乙二醇是最广泛使用的吸收液体，因为它们的性质接近于商业应用标准。已发现几种适用于商业应用的乙二醇。TEG 是目前最常用天然气脱水的液体干燥剂，因为它具有大多数商业适用性的理想标准。

其他更方便的脱水方法包括：（1）吸湿性液体（例如二甘醇或三甘醇）；（2）固体吸附剂或干燥剂（例如氧化铝、硅胶和分子筛）。乙二醇可以直接注入制冷装置的气流中。

7.5.1　吸收

吸收不同于吸附，因为它不是一种物理化学表面现象，而是一种最终将吸收的气体分布在整个吸收剂（液体）中的方法。该工艺仅取决于物理溶解度，并且可包括液相中的化学反应（化学吸附）。常用的吸收介质是水、胺水溶液、烧碱、碳酸钠和非挥发性烃类油，具体取决于要吸收的气体类型。通常采用的气液接触器设计为板柱或填充床（Mokhatab 等，2006；Speight，2014a）。吸收是通过溶解（物理现象）或通过反应（化学现象）来实现的（Barbouteau 和 Dalaud，1972；Ward，1972；Mokhatab 等，2006；Speight，2014a）。化学吸附工艺将二氧化硫吸附到碳表面上，在碳表面使其氧化（通过烟道气中的氧气氧化）并吸收水分，从而使硫酸浸渍到吸附剂中和吸附剂上。

液体吸收工艺［通常采用低于 50℃（120°F）的温度］可分为物理溶剂工艺或化学溶剂工艺。前一种工艺使用有机溶剂，并且通过低温或高压或两者一起来增强吸收。溶剂的再生通常很容易完成（Staton 等，1985；Mokhatab 等，2006；Speight，2014a）。在化学溶剂工艺中，酸性气体的吸收主要通过使用胺或碳酸盐等碱性溶液来实现（Kohl 和 Riesenfeld，1985）。通过使用减压或高温可以实现再生（解吸），从而可以从溶剂中剥离酸性气体。

用于排放控制工艺的溶剂应具有以下特点：（1）高酸性气体吸收能力；（2）溶解氢的倾向低；（3）溶解低分子量烃的倾向低；（4）在操作温度下具有低蒸气压以使溶剂损失最小化；（5）黏度低；（6）热稳定性低；（7）对气体组分没有反应性；（8）污染倾向低；（9）腐蚀倾向低，（10）经济上可接受（Mokhatab 等，2006；Speight，2014a）。

胺洗涤涉及胺与任何酸性气体的化学反应，释放出可观的热量，并且必须补偿热量的吸收。胺衍生物如乙醇胺（单乙醇胺，MEA）、二乙醇胺（DEA）、三乙醇胺（TEA）、甲基二乙醇胺（MDEA）、二异丙醇胺（DIPA）和二甘醇胺（DGA）已用于商业应用（Katz，1959；Kohl 和 Riesenfeld，1985；Maddox 等，1985；Polasek 和 Bullin，1985；Jou 等，1985；Pitsinigos 和 Lygeros，1989；Mokhatab 等，2006；Speight，2014a）。

酸性气体在低分压下的化学反应可用简单公式表示：

$$2RNH_2 + H_2S \longrightarrow (RNH_3)_2S$$
$$2RHN_2 + CO_2 + H_2O \longrightarrow (RNH_3)_2CO_3$$

酸性气体在高分压下，这些反应会形成其他产物：

$$(RNH_3)_2S + H_2S \longrightarrow 2RNH_3HS$$
$$(RNH_3)_2CO_3 + H_2O \longrightarrow 2RNH_3HCO_3$$

该反应速度极快，硫化氢的吸收仅受传质的限制；而对二氧化碳而言并非如此。溶液的再生导致二氧化碳和硫化氢几乎完全解吸。单乙醇胺、二乙醇胺和二异丙醇胺的比较表明，单乙醇胺是三者中最便宜的，但反应和腐蚀的热量最高；二异丙醇胺的情况则相反。

乙二醇脱水是吸收脱水的一种，该工艺中的主要试剂 DEG（$HOCH_2CH_2CH_2CH_2OH$）对水具有化学亲和力，可从气流中脱水。在该工艺中，液体干燥剂脱水器的作用是从气流中吸收水蒸气，乙二醇脱水涉及使用乙二醇溶液在接触器中与湿气流接触，乙二醇溶液通常是 DEG 或 TEG（$HOCH_2CH_2CH_2CH_2CH_2CH_2OH$）。乙二醇溶液吸收湿气中的水分，一旦吸收水分，乙二醇混合物的密度增加（变得更重）并下沉到接触器的底部，在那里（混合物）被去除。然后将已除去大部分水分的天然气输送出脱水器。乙二醇溶液，承载从天然气中分离出来的所有水分，通过专门设计的锅炉可仅蒸发溶液中的水。水（100℃，212℉）和乙二醇（204℃，400℉）之间的沸点差异使得从乙二醇溶液中去除水相对容易，从而使乙二醇可以在脱水工艺中重复使用。

除了从湿气流中吸收水分外，乙二醇溶液偶尔还会携带少量甲烷和湿气中的其他化合物。过去，这种甲烷只是从锅炉中排出。除了会损失一部分提取出来的天然气外，这种排放还会造成空气污染和温室效应。为了减少甲烷和其他化合物的损失，使用闪蒸罐分离器—冷凝器在乙二醇溶液到达锅炉之前去除这些化合物。从本质上讲，闪蒸罐分离器由降低乙二醇溶液压力的装置组成，可使甲烷和其他烃类汽化（闪蒸）。

脱水后，乙二醇溶液进入锅炉，锅炉也可以安装空气或水冷冷凝器，用于捕获乙二醇溶液中可能残留的任何有机化合物。乙二醇的再生（汽提）受温度限制：二甘醇和三甘醇会在各自的沸点或之前分解。由于其高沸点和分解温度，三甘醇在常压汽提塔中更容易再生。推荐使用干燥气体或真空蒸馏汽提热三甘醇的技术。实际上，吸收系统可以回收90%～99%（体积分数）的甲烷，否则这些甲烷会在扩散到大气中时燃烧。

在除去硫化氢的同时，可以从气流中去除水。为了防止对无水催化剂的损害并防止在低温下形成烃类水合物（例如 $C_3H_8 \cdot 18H_2O$），必须进行脱水处理。乙二醇胺工艺是一种广泛使用的脱水和脱硫工艺，其中处理溶液是乙醇胺和大量乙二醇的混合物。该混合物通过吸收器和再生器循环，其循环方式与乙醇胺在 Girbotol 工艺中循环的方式相同。通过吸收器的烃气体中的水分可被乙二醇吸收；乙醇胺则吸收硫化氢和二氧化碳。处理后的气体离开吸收器的顶部；用过的乙醇胺—乙二醇混合物进入再生塔，热量将吸收的酸性气体和水排出。

7.5.2 吸附

通过将水吸附到固体吸附剂上去来除水（通常称为固体干燥剂脱水）是气流脱水的另一种工艺选择。吸附是一种物理化学现象，其中气体浓缩在固体或液体的表面以除去杂质，这是固体干燥剂脱水系统的基本原理。吸附是指固体干燥剂表面与气体中水蒸气之间的一种附着力。在吸引力的作用下，水形成一层极薄的薄膜附着在干燥剂表面，但没有化学反应。

该工艺通常由两个或多个吸附塔组成，其中填充有固体干燥剂。典型的干燥剂包括活性氧化铝或颗粒状硅胶材料。湿天然气从上往下通过这些塔。当湿气通过干燥剂材料的颗粒时，水会保留在这些干燥剂颗粒的表面上。通过整个干燥剂床，几乎所有的水都被吸附在干燥剂材料上，留下干燥的气体从塔底排出。

固体干燥剂脱水器通常比乙二醇脱水器更有效。为了减小固体干燥剂脱水器的尺寸，通常使用乙二醇脱水装置来除去大量水。乙二醇装置可以将气流的含水量从大约 100ppm 降低到大约 60ppm，这可以用来减少固体干燥剂数量的方法。这些类型的脱水系统最适合于在非常高的压力下的大量气体，因此通常安装在压气站下游的管道上。需要两个或更多的塔，因为在使用一段时间后，特定塔中的干燥剂变得水饱和。为了"再生"干燥剂，使用高温加热器将气体加热到非常高的温度。将这种加热的气体通过饱和的干燥剂床，使干燥剂塔中的水气化蒸发，从而使其干燥并能够实现进一步的天然气脱水。

固体干燥剂工艺交替和周期性地进行，每个床经历连续的吸附和解吸步骤。在吸附步骤期间，待处理的气体被送到吸附床上，吸附床选择性地保留水。当床饱和时，输入热气体以再生吸附剂。在再生之后和吸附步骤之前，必须先冷却床。通过冷气体来实现冷却床。加热后，可以使用相同的气体再次进行再生。在这种情况下，循环操作中需要 4 个床来连续地干燥气体。两个床在吸附或气体干燥循环中同时操作，一个床在冷却循环中，一个床在再生循环中。在最简单的情况下，一个床以吸附模式操作，而第二个床以解吸模式操作，并且两个床周期性地切换（Rojey 等，1997）。

吸附剂装置广泛用于在焚烧之前提高低浓度气体的浓度，除非入口气流中的气体浓度非常高。吸附也用于减少气体中的气味问题。吸附系统的使用存在一些限制，但一般认为最主要的限制是要求尽量较少微粒物质或液体（例如水蒸气）的冷凝，因为这些物质可能掩盖吸附表面并大大降低其效率（表 7.1）。因此，在任何气体加工厂中，不仅需要知道进入装置的气体的成分，还需要知道加工厂的个装置中进入（和离开）气体的成分，气相色谱分析等方法对于气体成分识别尤其有用（Nadkarni，2005；ASTM，2017；Speight，2018）。这种类型的分析数据可以防止装置工艺过载和（通过去除腐蚀性成分）减少设备腐蚀的可能性。

市面上有各种固体干燥剂可供特定的用途。一些仅适用于气体脱水，而另一些则既可以脱水又可以去除重质烃组分。对于用于气体脱水的固体干燥剂，需要具备以下特性（Daiminger 和 Lind，2004）：

（1）具有高吸附容量，这会降低所需的吸附剂量，允许使用较小的容器。

（2）具有高选择性，可以最大限度地减少有价值组分的去除并降低总体运营费用。

（3）容易再生，其中包括相对低的再生温度以最小化总体能量需求。

（4）具有良好的机械性能（例如高抗压强度、低磨损、低粉尘形成和高抗老化稳定性），这有助于降低吸附剂更换的频率。

（5）具有无腐蚀性、无毒、化学惰性和高堆积密度的特征，并且在吸附和解吸水时没有显著的体积变化。

在常见的干燥剂中，硅胶（SiO_2）和氧化铝（Al_2O_3）具有良好的吸水能力（质量分数可高达 8%）。铝土矿（粗氧化铝，Al_2O_3）可吸附高达 6%（质量分数）的水，分子筛可吸附高达 15%（质量分数）的水。二氧化硅对硫化氢具有高耐受性并且可防止分子筛床被堵塞，因此通常选择二氧化硅用于含硫气体的脱水。硅胶是一种广泛使用的干燥剂，其特点为：（1）比分子筛更容易再生；（2）吸水能力强，可以在水中吸附高达自身重量 45%的水。

氧化铝保护层（通过磨蚀作用作为保护剂，可以称为磨损催化剂）（Speight，2000）可以放置在分子筛的前面以去除含硫化合物。吸附工艺通常采用下流式反应器，吸附剂向上流动再生，冷却方向与吸附方向相同。

固体干燥剂装置的购买和运营成本通常高于乙二醇装置，它们的应用通常限于具有高硫化氢含量、水露点要求非常低以及需同时控制水和烃露点的气体。在存在制冷温度的工艺中，为防止水合物和冰的形成，固体干燥剂脱水通常优于常规甲醇注入的方式（Kindlay和Parrish，2006）。

7.5.3 分子筛工艺

分子筛属于铝硅酸盐一类，其可产生最低水露点，可用于同时使干燥气体和液体脱硫（Maple和Williams 2008）。分子筛通常用于脱水器，脱水器安装在用于回收乙烷和其他天然气凝析液的装置之前。这些装置在非常低的温度下运行，需要非常干燥的进料气体以防止水合物的形成。分子筛可脱水至-100℃（-148℉）露点。水露点低于-100℃（-148℉）的部分可以通过特殊设计和确定的操作参数来实现（Mokhatab 等，2006；Speight，2014a）。

分子筛对于从气流中去除硫化氢（以及其他含硫化合物）具有高度的选择性，并且具有持续的高吸收效率。分子筛也是一种有效的脱水方法，因此其可提供一种同时脱气和脱硫的工艺。然而，含水量过高的气体可能需要在上游先进行脱水。

分子筛工艺类似于氧化铁工艺（第8章 天然气净化工艺），床的再生通过在床上通过加热的清洁气体来实现。随着床层温度的升高，可将吸附的硫化氢释放到再生气流中。含硫流出物再生气体被送到火炬塔，在再生过程中可能损失高达2%的气体。部分天然气也可能由于分子筛的吸附而损失。

在该工艺中，烯烃和芳烃等不饱和烃组分容易被分子筛强烈吸附。分子筛易受乙二醇等化学物质的影响，在吸附步骤之前需要采用彻底的气体净化方法。或者，可以通过使用保护床层来提供一定程度的保护，保护床层中，在气体与筛子接触之前将较便宜的催化剂置于气流中，从而保护催化剂免于中毒。这个概念类似于石油工业中使用保护床层或磨损催化剂（Speight，2000）。

虽然双床吸附剂处理器更加普遍（一个床从气体中去除水，另一个床经历交替加热和冷却），有时也使用三床系统：一床吸附，二床加热，三床冷却。三床系统的另一个优点是可以方便地转换为双床系统，从而可以维护或更换第三个床，从而确保操作的连续性并降低昂贵的工厂停工的风险。

分子筛是一种用途广泛的吸附剂，因为它们可以根据不同的应用场合制造特定的孔径。分子筛具有以下特点：（1）脱水能力强，能够将含水量脱水至小于1ppm；（2）优异的硫化氢去除能力；（3）能脱除二氧化碳；（4）能去除较高分子量的烃类衍生物。

7.5.4 膜工艺

膜分离工艺用途非常广泛，可用于处理各种原料，为从天然气中去除和回收高沸点烃（NGL）（Foglietta，2004）以及净化生物气等提供了便利的解决方案（Schweigkofler和Niessner，2001；Popat 和 Deshusses，2008；Deng 和 Hagg，2010；Matsui 和 Imamura，2010）。合成膜由多种聚合物制成，包括聚乙烯、醋酸纤维素、聚砜和聚二甲基硅氧烷等（表7.3）（Isalski，1989；Robeson，1991）。制造膜的材料对膜所能提供的性能起着重要作用（表7.4）。为了工艺优化，膜应具有高渗透性和足够的选择性。将膜的性能与系统的操作条件（如压力和气体成分）相匹配也是同样重要的。

表7.3 用于生产膜的聚合物结构示例

名称	结 构 式
聚乙烯	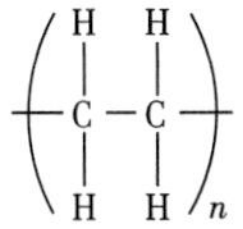
醋酸纤维素	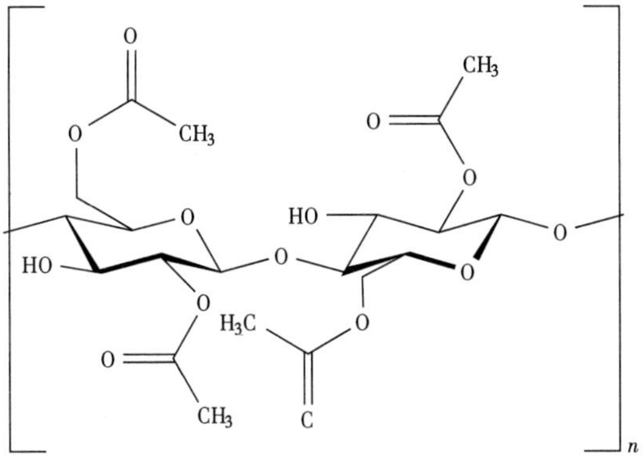
聚砜	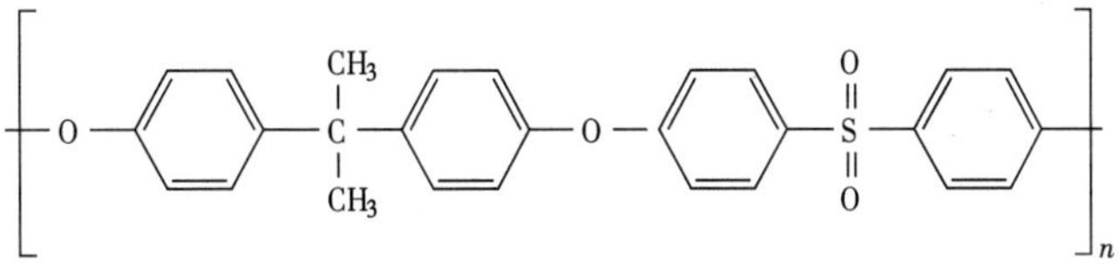
聚二甲基硅氧烷	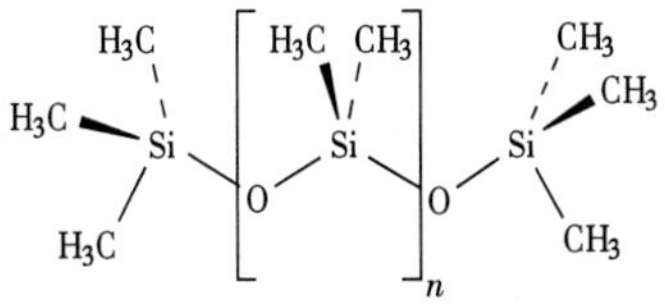

表7.4 膜的一般分类方案

材料（合成）	整体结构
聚合物	对称的
无机物	不对称的
陶瓷	符合的
金属	
碳	
混合物	
纳米复合材料	
混合基质	

膜材料可以是聚合物、无机物或前面提到的两种物质的混合物。不同的材料各有利弊。与无机膜相比，聚合物膜制造成本更低，因此得到广泛的应用（Scholes 等，2012）。对于大多数聚合物膜来说，在渗透性和选择性这两个主要性能参数之间存在折中平衡，称为罗伯逊上限（Robeson，2008，1991）。

研究人员已经研究了大量不同的膜材料来分离 CO_2 和 CH_4。1991 年以前开发的大多数材料的性能都在 1991 年的上限之下。在过去的 20 年中，已经做出了巨大努力来提高膜的气体渗透性和选择性，1991 年以后开发的新材料使得上限向前推进并达到了一个新的上限，即 2008 年的罗伯逊上限。也有一些性能优于罗伯逊上限的膜，如混合基质膜、促进输送固定位点载体膜、热重排聚合物和高自由体积聚合物。

感兴趣的膜材料包括纳米复合材料、混合有机/无机材料的复合材料和化学惰性材料。感兴趣的特殊工艺/系统包括用于分离生物基产物的膜、用于氢分离和纯化的膜以及用于工业应用的膜。气体分离膜依赖于气体混合物中的组分与膜材料之间相互化学或物理作用的差异。这种差异导致其中一种成分比另一种成分更快透过膜（图 7.3）。气体吸收膜用作气流和液流之间的接触装置。膜一侧的吸收液选择性地从膜另一侧的气流中去除某些组分，从而完成分离（Sanchez 等，2001；Mokhatab 和 Towler，2007）。

分离工艺基于高通量膜，其能选择性地渗透较高沸点的烃（与甲烷相比），并能在再压缩和冷凝后作为液体回收。因为聚合物膜技术在各种工业（即石油化学工业）中已经较为成熟，因此它是从烟道气中分离二氧化碳的常用方法。理想的聚合物膜具有高选择性和渗透性。聚合物膜是由溶液扩散机制主导系统的实例。膜上有孔，气体可以在其中溶解（溶解度），而分子可以从一个腔移动到另一个腔（扩散）。

二氧化硅膜可以具有高均匀性（整个膜具有相同的结构），这些膜的高孔隙度伴随着高渗透性。合成膜具有光滑的表面，可在表面上进行改性，从而大大提高选择性。通过（在表面上）加入胺使二氧化硅膜表面功能化，使其能够有效地从烟道气流中分离二氧化碳（Jang 等，2011）。

沸石（结晶硅铝酸盐矿物）具有分子大小的孔且为规律性重复结构，也可用于生产可使用的膜。这些膜根据孔径和极性选择性地分离分子，因此对特定的气体分离工艺具有高度可调性。通常，较小的分子和具有较强沸石吸附性能的分子以较高的选择性吸附在沸石膜上。分子大小和吸附力的区分能力使得沸石膜成为从天然气中分离二氧化碳的理想选择。

7.6　液体脱除

直接从井中开采出来的天然气含有许多天然气凝析液，这些天然气凝析液通常被去除。在大多数情况下，天然气凝析液作为单独的增值产品具有更高的价值，从气流中除去它们是经济可行的。天然气凝析液的去除通常在相对集中的加工厂中进行，使用的技术与天然气脱水中使用的技术类似。回收液态碳氢化合物是天然气销售的必要条件。建造液体回收（或液体去除）装置的理由取决于富气（含有较高分子量烃）和贫气之间的价格差异，以及萃取液的附加值。

大多数天然气经过加工从天然气流中除去较重的烃类液体。这些较重的烃类液体，通常称为天然气凝析液，包括乙烷、丙烷、丁烷和天然汽油（凝析油）。从天然气中回收天然气凝析液不仅对于控制天然气流的烃露点而言必要（以避免在运输过程中不安全地形成液相），而且还产生了一项收入来源，天然气凝析液作为单独的可销售产品，通常比作为天然气流的一部分明显具有更高的价值。

天然气凝析液的较低沸点成分，如乙烷、丙烷和丁烷，可以作为燃料或原料出售给炼油厂和石化厂，而较重的部分可以用作汽油调和原料。将天然气凝析液作为液体和燃料出售之间的价格差异（通常称为"收缩值"）往往决定了气体加工装置所需的回收水平。无论经济动机如何，气体通常必须经过加工以满足安全输送和燃烧的规范。回收的天然气凝析液在进入天然气凝析液运输设施之前还需进行处理以满足商业规范。

7.6.1　气油分离

为了加工和运输伴生的溶解天然气，第一步必须是将气体从原油中分离。天然气与油的分离通常使用安装在井口处或附近的设备来完成。从天然气中分离石油的实际工艺以及所使用的设备可能有很大的差别。尽管不同区域对干燥管道质量天然气的规范可能相同（或几乎相同），但来自不同地区的原料天然气可能具有不同的成分和分离要求（第1章　天然气发展历程和应用）。最基本的分离器被称为传统分离器，它由一个封闭的容器罐组成，其中利用重力分离较重的液体（如油）和较轻的气体（如天然气）。

低温分离器就是这种类型的分离器，其通常用于生产高压气体以及轻质原油或凝析油的井。这些分离器使用压差来冷却湿天然气并分离油和凝析油。

在该工艺中，湿气进入分离器，通过热交换器稍微冷却。然后气体通过高压液体分液罐，该分液罐将所有液体移入低温分离器，气体通过阻流机制流入该低温分离器，阻流机制使气体在进入分离器时膨胀。气体的这种快速膨胀使得分离器中的温度降低。液体去除后，干燥气体通过热交换器返回，并被进入的湿气加热。通过改变分离器各个部分的气体压力，可以改变温度，从而使油和一些水从湿气流中冷凝出来。

7.6.2　萃取

处理天然气凝析液有两个基本步骤：（1）从天然气中提取液体；（2）将这些天然气凝析液分离为它们的基本成分。这两个过程约占天然气凝析液总产量的90%（体积分数）。

从天然气流中去除天然气凝析液有两种主要技术：（1）吸收工艺；（2）深冷膨胀机工艺；（3）膜工艺。从天然气流中提取天然气凝析液既能产生更清洁、更纯净的天然气，同时天然气凝析液本身也是更有价值的烃类化合物。

7.6.2.1　吸收工艺

提取液体的吸收方法与脱水采用的吸收方法非常相似。主要区别在于在吸收天然气凝析液时，需要使用吸收油而不是乙二醇。这种吸收油对天然气凝析液的亲和力与乙二醇对水的亲和力大致相同。吸收油在吸收任何天然气凝析液之前，被称为贫吸收油。当天然气通过吸收塔时，与吸收油接触，从而吸收大部分的天然气凝析液。富含天然气凝析液的富吸收油通过底部离开吸收塔。富吸收油是吸收油、丙烷、丁烷、戊烷和其他重质烃的混合物。该富油被送入贫油蒸馏器，在那里将混合物加热到高于天然气凝析液沸点的温度，但低于油的沸点温度。该工艺可从天然气流中回收约75%（体积分数）丁烷衍生物和85%~90%（体积分数）戊烷衍生物以及更高分子量的烃。

吸油工艺涉及贫油（或汽提油）与进入的湿气逆流接触，其温度和压力条件设定为最大限度地溶解油中的可液化成分。富含天然气凝析液的富吸收油（有时也称为饱和油）通过底部离开吸收塔。上述基本吸收工艺可以通过改进来提高效率，或针对特定天然气凝析液的提取。在制冷油吸收方法中，将贫油通过制冷实现冷却，天然气流中丙烷的体积回收率可达90%以上，乙烷的体积回收率约为40%。使用该方法，其他较高沸点天然气凝析液的体积回收率可接近100%。

另外，吸收方法使用吸收油将甲烷与天然气凝析液分离。当气流通过吸收塔时，吸收油（贫油）吸收大量的天然气凝析液。含有天然气凝析液的吸收油（富油）从塔底排出，然后将富油送至蒸馏器，在蒸馏器内将混合物加热至天然气凝析液的沸点温度以上，同时将油保持为液态。吸收油被循环利用，而天然气凝析液被冷却并被送至分馏塔（参见第7.5节）。

另一种经常使用的吸收方法是制冷油吸收法，该方法将贫油冷却而不是加热，这一特点使得其能够提高回收率。

7.6.2.2 深冷膨胀机工艺

低温工艺也用于从天然气中提取天然气凝析液。虽然吸收方法可以提取几乎所有较高分子量的天然气凝析液，但较轻的烃如乙烷往往更难以从天然气流中回收。在某些情况下，简单地将较低分子量的天然气凝析液留在天然气流中是经济的。如果提取乙烷和其他较轻的烃是经济的，则需要低温工艺来获得高回收率。从本质上讲，低温工艺包括将气流的温度降至约-85℃（-120℉）。快速降温使乙烷和其他烃类衍生物在气流中冷凝，但甲烷保持气态形式。

在深冷膨胀机工艺中，利用涡轮膨胀机形成必要的制冷和非常低的温度，可以实现乙烷和丙烷等轻质组分的高回收率。制冷工艺包括将气流的温度降低到大约-85℃（-120℉），有很多方法可以实现这一功能，涡轮膨胀机过程（其中使用外部制冷剂来冷却气流）最有效。

在此工艺中，首先使用分子筛将天然气脱水，然后冷却（图7.5）。之后将含有大部分

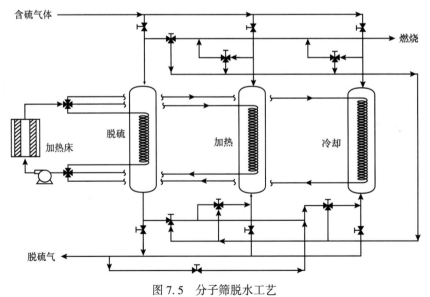

图7.5 分子筛脱水工艺

重质馏分的分离液体脱甲烷，涡轮机可以使气体冷却并膨胀。从膨胀机出口出来的是两相流，其被送至脱甲烷塔的顶部。它是一种分离器，其中：（1）液体回流至塔，分离器蒸汽与脱甲烷塔中汽提的蒸汽相结合，并与原料气交换；（2）被膨胀压缩机再压缩的部分加热气体，在单独的压缩机中进一步再压缩到所需的输气压力。该工艺可回收原气流中90%～95%体积含量的乙烷。此外，膨胀涡轮机能够将天然气流膨胀时释放的一些能量转换成对气态甲烷流出物进行再压缩的能量，从而节省了与提取乙烷相关的能源成本。与其替代方法——吸收方法相比，低温方法在提取较低沸点成分（如乙烷）方面的效果更好。

7.6.3　分馏

分馏是利用气流中各类烃的不同沸点来分离剩余气流中存在的各种天然气凝析液的工艺。分馏是一种单元操作，其中分离的难度与组分的相对挥发性和产物所需的纯度直接相关。该工艺分阶段进行，单气流通过几个塔上升时，加热装置提高气流的温度，使各种液体分离并进入特定的储罐中。

在将天然气凝析液与天然气流分离后，必须将混合物分解成其基础组分才能使用。也就是说，含有不同天然气凝析液的混合物流必须经过分离。完成该任务的工艺称为分馏，分离是基于天然气凝析液中不同烃类化合物的沸点不同来实现的。本质上讲，分馏是在各种烃类化合物分阶段逐一沸腾的过程中进行的。

分馏塔的名称可以说明它的用途，因为它通常以沸腾的烃来命名。该工艺分阶段进行，逐渐蒸发烃。从气流中去除较轻的天然气凝析液开始，整个分馏工艺分为几个步骤。分馏器按以下顺序使用：（1）脱乙烷塔，将乙烷与天然气凝析液流分离；（2）脱丙烷塔，将丙烷与已脱乙烷的流体分离；（3）脱丁烷塔，从已经脱乙烷和丙烷的流体中去除丁烷异构体，将戊烷衍生物和高分子量烃类衍生物留在天然气凝析液流内的。还有一个丁烷分离器（脱异丁烷塔），它将异丁烷和正丁烷分离。

分馏与那些液体去除工艺非常相似，但其去除目标往往更具体，因此需要将分馏工艺归入一个单独的类别。分馏工艺是指首先去除较重要的产物流，或从较重的液体产物中去除所有不需要的轻质馏分。

在该工艺中（图7.6），将热量引入蒸馏容器以产生汽提蒸气，汽提塔蒸气通过塔上升

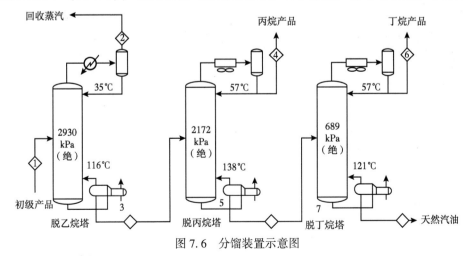

图 7.6　分馏装置示意图

与下降的液体接触。离开塔顶部的蒸气进入冷凝器,在那里通过某种类型的冷却介质去除热量。液体作为回流返回塔中,以限制顶部重组分的损失。塔盘或填料等内部构件促进了塔中液体和蒸气流之间的接触。为了有效分离,需要气相和液相的紧密接触。进入分离阶段的蒸气将被冷却,较重组分发生冷凝。将液相加热,较轻的组分蒸发气化。因此,较高分子量的组分在液相中浓缩并最终成为底部产物。轻组分不断地在气相中富集,形成塔顶馏出物。

离开塔顶部的蒸气可以完全或部分冷凝。在全冷凝器系统中,进入冷凝器的所有蒸气均冷凝成液体,返回塔的回流物具有与馏出物或塔顶产物相同的成分。在部分冷凝器中,只有一部分进入冷凝器的蒸气冷凝成液体。在大多数部分冷凝器中,仅冷凝足够的液体作为塔的回流。在某些情况下,冷凝的液体比回流所需的要多,并且将存在两种塔顶产物,一种是具有与回流相同成分的液体,另一种是与液体回流平衡的蒸气产物。

三塔系统最常见的产品是商业丙烷、商业丁烷和天然汽油。在该系统中,脱乙烷塔必须正常工作以除去不能在这三种产品中出售的所有成分。无论采用何种方式从天然气或汽油中去除液体,如果要生产满足任何严格规范的产品,必须进行分馏。所需分馏塔的数量取决于要生产的产品数量和用作进料液体的特性。单塔系统通常从塔底生产一种规格产品,而进料中的所有其他组分从顶部排出。

对于包含多个塔的系统,在完成任何一个产品的分析之前,应该对每个塔中希望得到的产物进行拆分,以确保不同塔的拆分目标都能有一个产生令人满意的产品。不能指定相邻成分之间的完美分离,因为在实际的塔中难以实现这一情况。例如在丙烷的生产中,丙烷中可能存在少量乙烷和丁烷,但在这种情况下,丙烷仍须满足必要的纯度规范。

不论通过哪一种工艺来净化烃类气体,气体净化都是气体精制的重要组成部分,特别是在生产液化石油气(LPG)方面。LPG是丙烷和丁烷的混合物,是一种重要的家用燃料,也是石化产品制造的中间材料(Speight,2014a,2017)。必须避免在LPG中存在乙烷,因为这种较轻的烃在环境温度下无法在压力下液化,并且倾向于在LPG容器中表现出异常高的压力。此外,LPG中还必须避免存在戊烷,因为该烃(在环境温度和压力下为液体)可能会在气体管道中分离成液态。

在分馏塔中使用各种类型的塔盘:泡罩塔盘、筛盘和浮阀塔盘。由于泡罩的上升方式,它是唯一可以防止液体通过蒸气通道渗漏(逸出)的塔盘。筛盘或浮阀塔盘通过蒸气速度控制渗漏。泡罩塔盘具有最高的调节比,设计比例为8:1到10:1,几乎所有的乙二醇脱水塔都采用泡罩塔盘。

通常气体加工厂中的许多分馏塔都配备有塔盘。塔盘塔可选择使用填料,填料塔可在整个塔中而不是在特定水平上实现蒸气相和液相之间的接触。通常有三种类型的填料塔:(1)随机填料,其中离散的填料以随机的方式倾倒在塔壳中——填料具有各种设计,并且每种设计具有特定的表面积、压降和效率特征;(2)结构填料,其具有特定的几何形状——这种填料可以是编织式网状填料,也可以是分段床式填料;(3)使用开放式网格结构排列的填料网格——这种类型的填料已经应用于真空操作和低压降应用中,尽管在高压应用中很少使用这一类型的填料。

7.7　脱氮

　　天然气中经常含有大量的氮气，从而降低了天然气的热值，为此开发了几种用于从天然气中脱氮的装置，但必须注意的是脱氮需要液化和分馏整个气流，这可能会影响工艺经济性。在许多情况下，含氮天然气与具有较高热值的气体混合，并根据热值（Btu/ft³）以较低的价格出售。

　　许多天然气储量中很大一部分气体含氮量较高，是低质（低热值）气体。含氮量超过约6%的气体必须进行脱氮处理。在许多情况下，对于含氮的天然气，由于缺乏合适的脱氮技术，其储量目前无法开采。

　　甲烷和氮气的分离对任何技术都具有挑战性，因为这些气体在大小、沸点和化学性质上都是相似的。低温蒸馏和变压吸附（PSA）等常规工艺用于脱氮（表7.5），但这些技术的应用并不普遍，因为从低质气体中脱氮的成本增加了天然气的加工成本和运营成本，使其经济性减弱。大多数实施脱氮的工厂都是基于双重用途建造的，如生产氮气和生产用于提高采收率的二氧化碳。

　　一旦将硫化氢和二氧化碳处理到可接受的水平，气流将被送至脱氮装置（NRU），在那里使用分子筛床进一步脱水。在NRU中，气流通过一系列通道通过一个塔和一个铜焊铝板翅式热交换器，其中氮气被低温分离并排出。

表7.5　目前天然气脱氮的工艺（膜技术与研究公司，1999）

工艺	分离方法	应用
低温蒸馏	在低温下冷凝和蒸馏	通常应用于高流速气流
变压吸附	甲烷吸附	一般应用于中低速气流
贫油吸收	在制冷烃类液体中吸收甲烷	适合含氮量高的气流
氮吸收	在螯合溶剂中选择性吸收氮	不需要进行甲烷再压缩

　　另一种类型的NRU通过使用吸收剂溶剂将甲烷和较重的烃从氮气中分离。在多个气体减压步骤中，通过降低加工气流的压力，从溶剂中闪蒸出吸收的甲烷和较重的烃。来自闪蒸再生步骤的液体作为贫溶剂返回甲烷吸收塔的顶部。如果气体中含有氦气的话，可以通过各种技术将其从气流中提取出来，这些技术包括：（1）膜扩散技术；（2）PSA技术；（3）低温技术。在这些技术中，低温工艺是最经济的方法，并且通常用于从天然气或含有低纯度氦的其他流中以高回收率和高纯度生产氦（Froehlich和Clausen，2008）。

　　膜系统可以从原料天然气中生产管道质量的气体和富氮燃料。该工艺依赖于专有的膜，这种膜对甲烷、乙烷和其他烃的渗透性明显高于对氮气的渗透性。将含有8%~18%氮气的气体压缩并通过第一组膜组件。含有4%氮的渗透物被送到管道中；将富氮残余气体传送到第二组膜组件。这些模块产生含有50%氮气的残余气体和含有约9%氮气的贫氮渗透物。残余气体用作燃料；将渗透物与进入的进料气体混合以进一步回收。膜工艺将气体分成两股气流。第一股气流是含氮量低于4%的产品气体，输送至管道；第二股气流是含有30%~50%氮的气流，用于为压缩机发动机提供燃料。在一些情况下，会产生第三股气流，该气流含有60%~85%的氮，被烧掉或重新注入。

在典型的两步工艺中,使用天然气压缩机将含有10%~15%氮气的进料气体压缩至800~1200psi。如果来自这一组膜组件的渗透物中氮含量过高,无法输送至管道中,气体再循环至压缩机之前以进行进一步处理。该工艺实现了管道产品中燃料气体热值的80%~90%回收率。回收率取决于进气成分,可实现高达95%或更高的回收率(http://www.mtrinc.com/Pages/NaturalGas/ng.html)。

7.8 酸性气体脱除

除了脱水和脱NGL之外,气体加工中一个最重要的部分是去除硫化氢和二氧化碳。从一些井开采出的天然气含有大量的硫化氢和二氧化碳,通常称为酸性气体。酸性气体是不受欢迎的,因为它所含的硫化物对呼吸是极其有害的,甚至是致命的,而且这种气体也可能具有极强的腐蚀性。从酸性气体中去除硫化氢的方法通常称为天然气脱硫。酸性气体脱除(即从天然气流中去除二氧化碳和硫化氢)可通过以下一种或两种方法实现:(1)吸收;(2)吸附。

例如,从天然气中捕获二氧化碳可以通过溶剂洗涤、膜或低温蒸馏等技术来实现。通过吸附工艺捕获二氧化碳能量消耗较小,而且维护要求较低,具有降低能量需求和运行成本的潜力。一般认为物理吸附剂和PSA方法适合于在较高的二氧化碳分压条件下捕获二氧化碳。该应用中使用的高压和高流量与其他广泛使用PSA的应用不同(Grande等,2017)。

按照目前的实践,酸性气体脱除工艺涉及将污染物选择性地吸收到液体中,该液体逆流通过气体。然后将吸收剂从气体组分中提取出来(再生)并再循环到吸收塔中。在实践中,工艺设计将有所不同,可采用多个吸收塔和多个再生塔。

液体吸收工艺[通常采用低于50℃(120℉)的温度]可分为物理溶剂工艺或化学溶剂工艺。前一种工艺使用有机溶剂,并通过低温或高压或两者兼而有之的方式来增强吸收。溶剂的再生通常很容易完成(Staton等,1985)。在化学溶剂工艺中,酸性气体的吸收主要通过使用胺或碳酸盐等碱性溶液来实现(Kohl和Riesenfeld,1985)。通过降压和高温从溶剂中汽提酸性气体,实现再生(解吸)。

吸附剂装置广泛用于在焚烧之前提高低浓度气体的浓度,除非入口气流中的气体浓度非常高。吸附也用于减少气体中的气味问题。吸附系统的使用存在一些限制,但一般认为最主要的限制是要求尽量较少微粒物质和液体(例如水蒸气)的冷凝,因为这些物质可能掩盖吸附表面并大大降低效率。

7.8.1 乙醇胺工艺

天然气脱硫的主要工艺(图7.7)与乙二醇脱水和通过吸收去除天然气凝析液的工艺非常相似。只不过在脱硫工艺中,使用胺(乙醇胺)溶液来去除硫化氢(胺工艺)。酸性气体通过含有乙醇胺溶液的塔。主要使用两种胺溶液,即MEA和DEA。这两种以液态形式存在的化合物均会在天然气通过时吸收含硫化合物。排出的气体几乎不含硫化物,从而失去其酸性气体的特征。与提取天然气凝析液和乙二醇脱水的工艺一样,使用的胺溶液可以再生以便再利用。

虽然大多数脱硫都采用胺吸收工艺,但也可以使用海绵铁等固体干燥剂来去除硫化氢和二氧化碳。

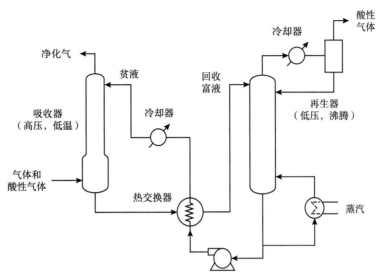

图 7.7 胺(乙醇胺)工艺

　　胺衍生物如一乙醇胺(MEA)、DEA、TEA、MDEA、DIPA 和 DGA 是商业应用中使用最广泛的胺(表 7.6)(Katz,1959;Kohl 和 Riesenfeld,1985;Maddox 等,1985;Polasek 和 Bullin,1985;Jou 等,1985;Pitsinigos 和 Lygeros,1989;Mokhatab 等,2006;Speight,2014a)。根据这些胺衍生物与二氧化碳和硫化氢之间的相互作用和去除能力来选择它们。

表 7.6 气体加工的胺溶液

胺溶液	分子式	缩写	分子量	相对密度	熔点℃	沸点℃	闪点℃	相对容量%
乙醇胺(单乙醇胺)	$HOC_2H_4NH_2$	MEA	61.08	1.01	10	170	85	100
二乙醇胺	$(HOC_2H_4)_2NH$	DEA	105.14	1.097	27	217	169	58
三乙醇胺	$(HOC_2H_4)_3N$	TEA	148.19	1.124	18	335[①]	185	41
二甘醇胺(羟基乙醇胺)	$H(OC_2H_4)_2NH_2$	DGA	105.14	1.057	−11	223	127	58
二异丙醇胺	$(HOC_3H_6)_2NH$	DIPA	133.19	0.99	42	248	127	46
甲基二乙醇胺	$(HOC_2H_4)_2NCH_3$	MDEA	119.17	1.03	−21	247	127	51

①含分解作用。

　　该反应速度极快,硫化氢的吸收仅受传质的限制;而对二氧化碳并非如此。

　　溶液的再生导致二氧化碳和硫化氢几乎完全解吸。通过比较单乙醇胺、二乙醇胺和二异丙醇胺得出,单乙醇胺是三者中最便宜的,但反应和腐蚀的热量最高;二异丙醇胺的情况则相反。

　　乙醇胺和磷酸钾的工艺是目前应用最广泛的工艺。乙醇胺工艺,称为 Girbotol 工艺,从液态烃以及天然气和炼油厂气体中去除酸性气体(硫化氢和二氧化碳)。Girbotol 工艺使用乙醇胺($H_2NCH_2CH_2OH$)的水溶液,在低温下与硫化氢反应,在高温下释放硫化氢。使用乙醇胺溶液填充吸收器的塔,通过该塔吸入酸性气体。净化后的气体从塔顶排出,乙醇胺溶液携带吸收的酸性气体从塔底排出。乙醇胺溶液进入再生器塔,其中热量使酸性气体从溶液中逸出。乙醇胺溶液恢复到其原始状态后,从再生器塔的底部到达吸收塔的顶部,而酸性气体从再生器的顶部释放。

7.8.2 碳酸盐洗涤和水洗工艺

在化学转化工艺中,气体排放物中的污染物转化为不令人反感的化合物,或者比原来的成分更容易从气流中去除。已经开发了许多通过碱性溶液的吸收作用从气流中去除硫化氢和二氧化硫的工艺。

碳酸盐洗涤是一种化学转化工艺,在碳酸盐工艺中,硫化氢和二氧化硫通过与碱性溶液反应而从气流中去除(Mokhatab 等,2006;Speight,2014a),其中利用碳酸钾吸收二氧化碳的速率随温度升高而增加的原理。研究表明,在反应可逆性温度附近,该工艺效果最好:

$$K_2CO_3 + CO_2 + H_2O \longrightarrow 2KHCO_3$$
$$K_2CO_3 + H_2S \longrightarrow KHS + KHCO_3$$

水洗结果与碳酸钾洗涤结果相似(Kohl 和 Riesenfeld,1985)。水洗工艺去除酸性气体的过程是纯物理的,并且对烃类的吸收也相对较高。在再生过程中,烃类与酸性气体同时释放。一些气流(特别是生物气气流)中含有的典型水溶性气体有:二氧化硫、氯化氢、氟化氢和氨。其他水溶性气体也可能存在,但浓度非常低,这些可溶性气体可以用湿法或干法工艺去除。

在湿相中吸收水溶性气体是一项传统技术。具有较大气液接触面积的湿法洗涤器(如喷雾式、塔盘式,柱式或板式洗涤器)是合适的设备,其与去除超微颗粒的方法大致相同。吸收可以是物理的或化学的,但即使吸收是纯物理的(例如氯化氢的吸收),在中和过程中总是涉及化学反应。

使用磷酸钾的工艺称为磷酸盐脱硫,其使用方式与 Girbotol 工艺相同,可以从液体烃和气流中去除酸性气体。处理溶液是磷酸钾(K_3PO_4)的水溶液,该水溶液通过吸收塔和再生塔循环,其循环方式与乙醇胺在 Girbotol 工艺中的循环方式大致相同;溶液通过加热再生。

其他工艺包括使用浓缩的氨基酸水溶液去除硫化氢和二氧化碳的阿尔卡齐德(Alkazid)工艺。该热碳酸钾工艺可将天然气和炼厂气的酸含量从 50% 降低至 0.5%,并且其操作装置与胺处理装置相似。改良砷碱工艺(Giammarco-Vetrocoke 工艺)也用于去除硫化氢和二氧化碳。在硫化氢去除部分,试剂由碳酸钠或碳酸钾组成,含有亚砷酸盐衍生物和砷酸盐衍生物的混合物;二氧化碳去除部分使用由三氧化二砷或亚硒酸或亚碲酸活化的碱金属碳酸盐热水溶液。

7.8.3 金属氧化物工艺

对气体进行处理以除去酸性气体成分(硫化氢和二氧化碳),通常通过天然气与碱性溶液的接触来完成。最常用的处理溶液是乙醇胺或碱性碳酸盐的水溶液,尽管近年来已经开发了相当多的其他处理剂(Mokhatab 等,2006;Speight,2014a)。这些新型的处理剂大多依赖于物理吸收和化学反应。当只需要大量去除二氧化碳或只需要部分去除时,热碳酸盐溶液或物理溶剂是最经济的选择。

最著名的硫化氢去除工艺基于硫化氢与氧化铁的反应（通常也称为海绵铁工艺或干燥箱工艺），其中气体通过浸渍有氧化铁的木屑床来去除硫化氢。

该工艺是几种基于金属氧化物的工艺之一，通过与固体化学吸附剂的反应从气流中清除硫化氢和有机硫化物（硫醇）（Kohl 和 Riesenfeld，1985；Mokhatab 等，2006；Speight，2014a）。该工艺受金属氧化物与硫化氢反应形成金属硫化物这一化学反应控制。在再生过程中，金属氧化物与氧反应生成元素硫和再生金属氧化物。

氧化铁工艺（也称为海绵铁工艺）是最古老，且至今仍是应用最广泛的天然气和 NGL 脱硫的分批工艺（Duckworth 和 Geddes，1965；Anerousis 和 Whitman，1984；和 Zapffe，1963）。该工艺在 19 世纪开始使用。在该工艺中（图 7.8），酸性气体向下通过床。在使用连续再生的情况下，加工酸性气体之前会将少量空气添加到酸性气体中。该空气用于连续再生已与硫化氢反应的氧化铁，延长给定塔的运行寿命，但可能会减少给定重量的床所能去除的硫的总量。

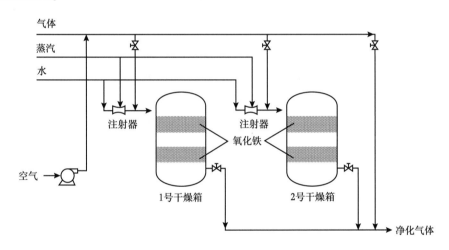

图 7.8　氧化铁（海绵铁）工艺

该工艺通常最适用于含有中低等浓度（300ppm）硫化氢或硫醇的气体。该工艺往往具有高度选择性，通常不会去除大量的二氧化碳。因此，该工艺产生的硫化氢通常是高纯度的。铁海绵脱酸性气体工艺的使用基于固体脱硫剂表面对酸性气体的吸附，然后氧化铁（Fe_2O_3）与硫化氢发生化学反应：

$$2Fe_2O_3 + 6H_2S \longrightarrow 2Fe_2S_3 + 6H_2O$$

该反应需要弱碱性水且温度需低于 43℃（110°F），应定期检查反应床碱度（pH+8~10），通常每天检查一次。通过向水中注入烧碱来维持 pH 值水平。如果气体中含有的水蒸气不够，则可能需要将水注入到入口气流中。

硫化氢与氧化铁反应生成的硫化铁可被空气氧化生成硫，并再生氧化铁：

$$2Fe_2S_3 + 3O_2 \longrightarrow 2Fe_2O_3 + 6S$$

$$S_2 + 2O_2 \longrightarrow 2SO_2$$

再生过程是放热的，必须缓慢引入空气，才能使反应热消散。如果快速引入空气，反应热可能会点燃反应床。在再生过程中产生的一些元素硫残留在反应床中。在几次循环之后，残留的元素硫将在氧化铁上形成饼，降低反应床的反应性。通常，在 10 次循环后，反应床必须移除，置换新的反应床。

从气流中去除大量的硫化氢需要一个连续的工艺，如 Ferrox 工艺或 Stretford 工艺。Ferrox 工艺与氧化铁工艺的化学原理相同，只是它是液态和连续的。Stretford 工艺使用含有钒盐和蒽醌二磺酸的溶液（Maddox，1974）。大多数硫化氢去除工艺（图 7.9）返回的仍然是硫化氢，但如果涉及的数量不足以安装硫黄回收装置（通常是克劳斯装置），则必须选择直接产生元素硫的工艺。

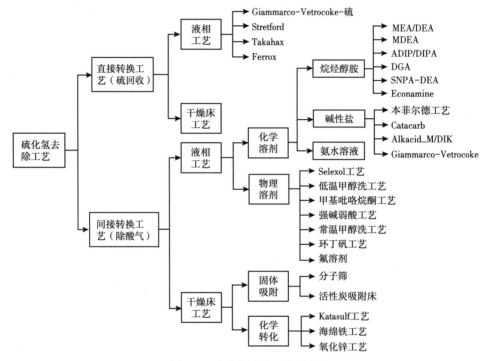

图 7.9 硫化氢去除工艺示例

氧化铁工艺是几种基于金属氧化物的工艺之一，该工艺通过与固体化学吸附剂的反应从气流中清除硫化氢和有机硫化物（硫醇）（Kohl 和 Riesenfeld，1985；Mokhatab 等，2006；Speight，2014a）。氧化铁通常不可再生，尽管有一些部分可能再生，但在每个再生循环中都会失去活性。大多数工艺受金属氧化物与硫化氢反应形成金属硫化物这一化学反应控制。在再生过程中，金属氧化物与氧反应生成元素硫和再生金属氧化物。除了氧化铁外，其他用于干法吸附工艺的主要金属氧化物是氧化锌。

7.8.4 催化氧化工艺

催化氧化是一种化学转化工艺，主要用于破坏挥发性有机化合物和一氧化碳。该工艺系统中，在催化剂存在下的情况下，在 205~595℃（400~1100℉）的温度范围内操作。如果没有催化剂，系统将需要更高的温度。通常，所用的催化剂是各种贵金属的组合，以各种造型（如蜂窝状）放置在陶瓷基体上，以增强表面接触。

催化系统通常根据反应床的类型分为固定床（或填充床）和流化床（流动床）。这些系统通常对大多数挥发性有机化合物具有非常高的破坏效率，最终形成二氧化碳、水和不同量的氯化氢（来自卤代烃）。如果进入的空气流中存在重金属、磷、硫、氯和大多数卤素等化学物质，会对系统产生损害，并会污染催化剂。

不使用催化剂的热氧化系统也涉及化学转化（更准确地说是化学破坏），其操作温度高于815℃（1500℉），较催化系统的操作温度高220~610℃（395~1100℉）。

7.8.5　分子筛工艺

分子筛对于从气流中去除硫化氢（以及其他硫化物）具有高选择性，并且具有持续的高吸收效率。它们也是一种有效的脱水方法，从而为同时脱水和脱硫提供了一种工艺。但含水量较高的气体可能需要进一步（上游）脱水（Mokhatab 等，2006；Speight，2014a）。

分子筛工艺与氧化铁工艺类似。床的再生是通过加热的清洁气体通过床来实现。随着床的温度升高，会将吸附的硫化氢释放到再生气流中，之后将酸性流出物再次送至火炬塔，在再生过程中可能损失高达2%体积的气体，分子筛对烃组分的吸附也可能造成部分损失（Mokhatab 等，2006；Speight，2014a）。

在该工艺中，烯烃和芳烃等不饱和烃类组分容易被分子筛强烈吸附。分子筛易受乙二醇等化学物质的破坏，在吸附步骤之前需要进行彻底的气体加工。或者可以通过使用保护床来提供一定程度的保护，在保护床中，在气体与分子筛接触之前将较便宜的催化剂置于气流中，从而保护催化剂免于中毒。这个概念类似于原油工业中使用的保护床层或磨损催化剂（Speight，2000）。

7.9　富集

富集的目的是生产可供出售的天然气和浓缩油罐油品。油罐油品与天然原油相比含有更多的轻质烃液体，并且残余气体更干燥（更稀薄，即具有较少的高分子量烃）。因此该工艺的本质是将烃类液体与甲烷分离以产生贫干燥气体。

当轻质烃液体没有单独的市场，或者 API 重度增加可使每单位体积原油的价格以及储罐油的体积大幅增加时，使用原油浓缩。一种非常方便的富集方法是改变油气分离器（捕集器）的数量和操作压力。然而，必须认识到，分离器压力的改变或操纵会影响气体压缩操作，并且会影响其他处理步骤。

使用减压（真空）系统也是一种去除轻馏分的方法。通常在低压下实现轻馏分的汽提，之后汽提原油的压力升高，使得油起到吸收剂的作用。原油通过这一过程富集，然后分阶段或使用分馏（精馏）将其降到大气压。

7.10　其他成分

天然气是以烃类气体为主的气体混合物。纯净的天然气无色无味。它是最清洁的化石燃料，二氧化碳排放量最低，因此是重要的燃料来源，也是化肥和石化产品的主要原料。

处理天然气以分离出符合规格质量的烃类组分是一项挑战，并取得了良好的成功。此外许多气流还含有氦、汞、天然放射性物质（NORM）的残留物。这些成分为天然气加工带来了进一步的挑战，因为如果不去除，并且留在气体加工产品中，可能对环境和人类健康造成危害。

7.10.1　氦气

气流中经常会存在氦气（Rogers，1921），从天然气中回收氦气通常可以分为两个不同的过程，这两个过程可能发生在同一个物理位置。第一阶段提取天然气流中的粗氦（即，按体积计 50%~80%）。第二阶段，将粗氦纯化成气态和液态的商品级，即 A 级（99.996%）氦气或液氦产品。氦通常是从天然气中分离出来的，这是脱氮过程的一部分。脱氮是为了提高天然气的热值。氦气可以通过 PSA 装置中的膜扩散从天然气流中提取。

由于氦气（2268.9℃，2452.1℉）、氮气（2195.8℃，2320.4℉）、氢气（2252.9℃，2423.2℉）、甲烷（2164.0℃，2263.2℉）和其他组分之间的沸点温度差异，可基于蒸馏、冷凝或冷凝和蒸馏的低温工艺集成，从天然气流中提取氦气。通过蒸馏工艺，大部分甲烷和其他烃类作为塔底产物被回收，剩余的塔顶气体即为氦气、氮气和氢气的混合物，可以通过低温冷凝工艺进一步分离（Xiong 等，2017）。

氦的净化方法对于生产其他主要氦产品：低温液氦也很重要。在液化之前，通过使用液氮温度和高压下的活性炭吸收剂或 PSA 工艺（第 8 章 天然气净化工艺）来净化氦气。低温吸附可以产生纯度 99.9999% 的氦气，而 PSA 工艺可以接近 99.99% 的纯度回收氦气。PSA 装置对于气态氦可能相对便宜，但如果需要生产液化氦，通常更昂贵。

7.10.2　汞

汞是一种高毒性元素，常见于各种气流中，湿法洗涤器仅能有效去除可溶性汞物质，如氧化汞（Hg^{2+}）。元素形式的汞蒸气（零价 Hg^{0}）不溶于洗涤器浆液中，不能被去除。因此需要额外的零价汞转化工艺来完成汞捕获。在某些情况下可以将卤素添加到气流中。但是最好不使用添加剂，因为任何残留的添加剂材料都可能引起进一步的气体净化问题。

气流中的汞可以以三种形式出现：（1）颗粒汞；（2）气态氧化汞；（3）气态金属汞。天然气流中的汞主要以元素汞的形式存在。汞也可能以其他形式存在：无机物（如 $HgCl_2$）、有机物（如 CH_3HgCH_3 和 $C_2H_5HgC_2H_5$）和有机离子（如 $ClHgCH_3$）化合物。由于汞金属的价值，以及汞会损坏铝制热交换器造成灾难性故障，所以需要回收（去除）气流中的汞。汞与铝会形成汞合金，导致机械故障和气体泄漏。

当气流中存在氯化物时，如来自城市固体废物处理厂的气流，氧化部分主要是氯化汞（$HgCl_2$）。颗粒汞可在良好的除尘器中去除，而氧化汞可在湿法和干法洗涤器中去除。湿法洗涤器的设计必须确保去除的氧化汞不会还原成金属形式，然后从液体中蒸发。如果气流中存在氯化氢，则通常需要具有低 pH 值的预洗涤器。含有添加剂——活性炭的干法洗涤器是最常见的添加剂，它既能去除氧化汞，又能去除金属汞，并且可在高效的除尘器中去除颗粒汞。氧化汞通常是气流中汞的主要存在形式。

美国正迅速部署从烟道气中去除汞的技术。通常作为烟道气脱硫工艺的一部分，通过吸附剂吸收或通过在惰性固体中捕获来实现脱汞（Scala 等，2013）。这种洗涤可以导致硫回收，用于进一步的工业用途（Mokhatab 等，2006；Speight，2014a）。但是还有其他方法可以从气流中去除汞。

一种选择是使用膜去除汞（Scholes 和 Ghosh，2017）或使用复合膜吸附剂工艺去除汞（Corvini 等，2002）或使用多床工艺（Savary 和 Travers，2003；Savary，2004）。吸附剂（由 UOP 制备）可用于在现有分子筛吸附装置中有效脱汞。由于低温装置需要干燥的进口气流，因此在大多数具有 NGL 回收的装置中已经存在分子筛干燥器。UOP 吸附剂是分子筛颗粒或珠粒的外表面含有银的分子筛产品。工艺流体（气体或液体）中的汞与银结合，得到无汞干燥流体（图 7.10）（Corvini 等，2002）。在现有干燥器中添加一层吸附剂，可以在不需要更大的干燥器的情况下去除设计的水负荷和汞。

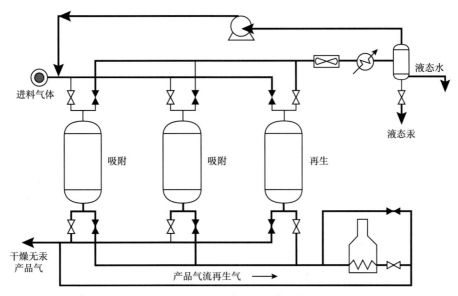

图 7.10　UOP 脱汞和回收工艺

再生脱汞吸附剂不仅可以干燥这些气流，而且可以将汞去除至每立方米 $0.01\mu g$ 以下的水平。由于用于脱汞的吸附位点与脱水位点是分离的，并且添加在脱水位点之上的，因此通过用合适的吸附剂替换一部分脱水级分子筛可完成脱汞，不需要增加干燥器床的尺寸就可以脱水和脱汞。在传统的干燥器再生温度下，汞可以从吸附剂中完全除去。采用传统气体干燥器技术可从吸附剂中再生汞和水，并且当进料气体中的汞含量较高时，可通过冷凝从再生气中去除汞和水。

7.10.3　放射性残留物

在天然气回收过程中，天然存在的放射性物质（通常称为 NORM）的浓度可能会升高。镭-226 和镭-228 等同位素以及子产物如铅-210 也可能出现淤积油田坑、储罐和潟湖中的污泥中。天然气流中的氡气集中在气体加工活动中。氡衰变为铅-210，然后衰变为铋-210 和钋-210，并在衰变为铅-206 后稳定。氡衰变元素在入口管线的内表面、与丙烯相关的处理装置、泵和阀门、乙烷和丙烷加工系统内形成有光泽的薄膜。在某些情况下，切割和钻孔油田管道、清除油罐和矿井中的固体以及翻新气体加工设备可能会使员工接触到 α 放射性核素水平增加的颗粒，如果吸入或摄入，可能会造成健康风险。

在钻井过程中，包含在油气藏中的盐水溶液（地层投注）被泵送到地表。水从石油和天然气中分离，进入储罐或矿坑（在那里称为产出水），并且随着地层中的油和气被除去，大部分水被泵送到地表。虽然铀和钍不溶于水，但这些元素的放射性衰变产物可溶于盐水中。衰变产物也可能保留在溶液中或沉淀形成污泥，沉积在储罐和坑中或在管道内和钻井设备上形成矿物质垢。

与衰变产物相关的危害包括吸入和摄入途径，以及在大量积垢处会有外照射。在天然气生产之前、期间或之后，一旦检测到 NORM，都应采取措施向美国环境保护局（或相关州或地区当局）报告，环保局提出下一步行动方案。

7.11 硫化氢转化

硫化氢的处理是许多气体加工面临的问题。由于硫化氢的燃烧产物之一是高毒性的二氧化硫（SO_2），因此出于安全和环境考虑，不允许将硫化氢作为燃料气体成分或作为火炬气成分燃烧，它具有毒性。

如前所述，通常通过乙醇胺工艺从气流中去除硫化氢，然后加热使乙醇胺再生并形成酸性气体流（也称为尾气流）。在此基础上，对酸性气流进行处理，使硫化氢转化为元素硫和水。大多数现代炼厂中使用的转化工艺是克劳斯工艺或其变体。

7.11.1 克劳斯（Claus）工艺

硫化氢是一种来自原油的有毒气体，在焦化、催化裂化、加氢处理和加氢裂化过程中也会产生硫化氢，如何处理硫化氢是许多炼厂面临的问题。

克劳斯（Claus）工艺（图 7.11）包括将约 1/3 的硫化氢燃烧成二氧化硫，然后二氧化硫与剩余的硫化氢在活性氧化铝固定床和钴钼催化剂存在的条件下反应，形成元素硫（Maddox，1974）。

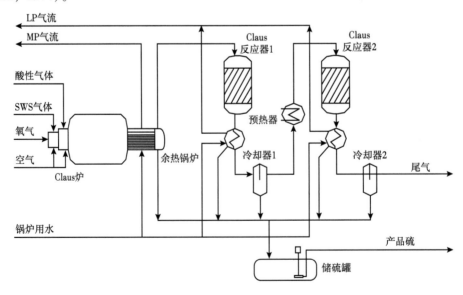

图 7.11 克劳斯工艺示意图

$$2H_2S+3O_2 \longrightarrow 2SO_2+2H_2O$$

$$2H_2S+SO_2 \longrightarrow 3S+2H_2O$$

在转换反应器中，采用不同的工艺流程配置来实现正确的硫化氢/二氧化硫比率。

总的来说，在克劳斯（Claus）工艺中，96%~97%的硫化氢可以转化为元素硫。如果这还不能满足空气质量规定，则使用克劳斯工艺尾气处理器基本上从克劳斯装置中去除尾气中剩余的全部硫化氢。尾气处理器可采用专有溶液吸收硫化氢，然后转化为元素硫。

7.11.2 斯科特（SCOT）工艺

斯科特（SCOT）装置（壳牌克劳斯废气处理装置）也用于尾气处理，它使用一个加氢处理反应器，然后进行胺洗涤，以氢的形式将硫回收和循环至克劳斯装置（Nederland，2004）。

在该工艺中，尾气（含有硫化氢和二氧化硫）与氢气接触并在加氢处理反应器中还原形成硫化氢和水。催化剂通常是氧化铝上的钴或钼。然后将气体在水接触中冷却。含硫化氢的气体进入胺吸收器，胺吸收器通常处于与其他炼厂胺系统分离的系统中。将它们分开的目的有两个：（1）尾气处理器经常使用与炼厂其他部分不同的胺；（2）尾气通常比炼厂燃料气体（关于污染物）更清洁，分开的系统降低了斯科特（SCOT）装置的维护要求。选择用于尾气系统的胺对硫化氢更具选择性，并且不受废气中高浓度二氧化碳的影响。

加氢处理反应器将废气中的二氧化硫转化为硫化氢，然后在液体气体吸收器中与斯特雷特福德（Stretford）溶液（钒盐、蒽醌二磺酸、碳酸钠和氢氧化钠的混合物）接触。以钒作为催化剂，硫化氢与碳酸钠和蒽醌磺酸逐步反应生成元素硫溶液。该溶液进入罐中，在罐中加入氧气来再生反应物。使用一个或多个泡沫罐或浆料罐从溶液中撇去产品硫，溶液被再循环到吸收器中。

其他尾气处理方法包括：烧碱洗涤、聚乙二醇处理、赛列托克斯（Selectox）工艺和亚硫酸盐/亚硫酸氢盐尾气处理。

参 考 文 献

ASTM, 2017. Annual Book of Standards. ASTM International, West Conshohocken, PA.

Anerousis, J. P. , Whitman, S. K. , September 1984. An Updated Examination of Gas Sweetening by the Iron Sponge Process. Paper No. SPE 13280. SPE Annual Technical Conference and Exhibition, Houston, TX.

Barbouteau, L. , Dalaud, R. , 1972. In: Nonhebel, G. (Ed.), Gas Purification Processes for Air Pollution Control. Butterworth and Co, London (Chapter 7).

Bartoo, R. K. , 1985. In: Newman, S. A. (Ed.), Acid and Sour Gas Treating Processes. Gulf Publishing, Houston, TX.

Corvini, G. , Stiltner, J. , Clark, K. , 2002. Mercury Removal from Natural Gas and Liquid Streams. Report No. UOP 4022. UOP LLC, Des Plaines, IL. <https: //www. uop. com/? document 5 mercury-removal-from-natural-gas-and-liquid-streams&download 5 1. .

Curry, R. N. , 1981. Fundamentals of Natural Gas Conditioning. PennWell Publishing Co, Tulsa, OK.

Daiminger, U. , Lind, W. , 2004. Adsorption-based processes for purifying natural gas. World Refining 14 (7), 32-37.

Deng, L. , Hagg, M. B. , 2010. Techno-economic evaluation of biogas upgrading process using CO_2 facilitated transport membrane. Int. J. Greenhouse Gas Control 4 (4), 638-646.

Duckworth, G. L., Geddes, J. H., 1965. Natural gas desulfurization by the iron sponge process. Oil Gas J. 63 (37), 94-96.

Foglietta, J. H., 2004. Dew point turboexpander process: a solution for high pressure fields. In: Proceedings. IAPG Gas Conditioning Conference, Neuquen, Argentina (October 18).

Froehlich, P., Clausen, J., 2008. Large scale helium liquefaction and considerations for site services for a plant located in Algeria. In: Advances in Cryogenic Engineering: Transactions of the Cryogenic Engineering Conference (CEC), vol. 53, pp. 985-992.

Fulker, R. D., 1972. In: Nonhebel, G. (Ed.), Gas Purification Processes for Air Pollution Control. Butterworth and Co, London (Chapter 9).

GPSA, 1998. Engineering Data Book, eleventh ed. Gas Processors Suppliers Association, Tulsa, OK.

Gary, J. G., Handwerk, G. E., Kaiser, M. J., 2007. Crude Oil Refining: Technology and Economics, fifth ed. CRC Press, Taylor & Francis Group, Boca Raton, FL.

Geist, J. M., 1985. Refrigeration cycles for the future. Oil Gas J. 83 (5), 56-60.

Grande, C. A., Roussanaly, S., Anantharaman, R., Lindqvist, K., Singh, P., Kemper, J., 2017. CO_2 capture in natural gas production by adsorption processes. Energy Procedia 114, 2259-2264.

Hsu, C. S., Robinson, P. R. (Eds.), 2017. Handbook of Crude Oil Technology. Springer International Publishing AG, Cham.

Isalski, W. H., 1989. Separation of Gases. Monograph on Cryogenics No. 5. Oxford University Press, Oxford, pp. 228-233.

Jang, K. -S., Kim, H. -J., Johnson, J. R., Kim, W., Koros, W. J., Jones, C. W., et al., 2011. Modified mesoporous silica gas separation membranes on polymeric hollow fibers. Chem. Mater. 23 (12), 3025-3028.

Jou, F. Y., Otto, F. D., Mather, A. E., 1985. In: Newman, S. A. (Ed.), Acid and Sour Gas Treating Processes. Gulf Publishing Company, Houston, TX (Chapter 10).

Katz, D. K., 1959. Handbook of Natural Gas Engineering. . McGraw-Hill Book Company, New York.

Kindlay, A. J., Parrish, W. R., 2006. Fundamentals of Natural Gas Processing. CRC Press, Taylor & Francis Group, Boca Raton, FL.

Kohl, A. L., Riesenfeld, F. C., 1985. Gas Purification. , fourth ed. Gulf Publishing Company, Houston, TX.

Lachet, V., Be'har, E., 2000. Industrial perspective on natural gas hydrates. Oil Gas Sci. Technol. 55, 611-616.

Maddox, R. N., 1974. Gas and Liquid Sweetening, second ed. Campbell Publishing Co, Norman, OK.

Maddox, R. N., 1982. Gas Conditioning and Processing. vol. 4. Gas and Liquid Sweetening. Campbell Publishing Co, Norman, OK.

Maddox, R. N., Bhairi, A., Mains, G. J., Shariat, A., 1985. In: Newman, S. A. (Ed.), Acid and Sour Gas Treating Processes. Gulf Publishing Company, Houston, TX (Chapter 8).

Maple, M. J., Williams, C. D., 2008. Separating nitrogen/methane on zeolite-like molecular sieves. Microporous Mesoporous Mater. 111, 627-631.

Matsui, T., Imamura, S., 2010. Removal of siloxane from digestion gas of sewage sludge. Bioresour. Technol. 101 (1), S29-S32.

Membrane Technology and Research, Inc., 1999. Nitrogen Removal from Natural Gas. Contract Number DE-AC21-95MC32199-02. <http://www.osti.gov/bridge/servlets/purl/780455-PcnOK0/webviewable/780455.pdf>.

Mody, V., Jakhete, R., 1988. Dust Control Handbook. Noyes Data Corp, Park Ridge, NJ.

Mokhatab, S., Towler, B. F., 2007. Nanomaterials hold promise in natural gas industry. Int. J. Nanotechnol. 4 (6), 680–690.

Mokhatab, S., Poe, W. A., Speight, J. G., 2006. Handbook of Natural Gas Transmission and Processing. . Elsevier, Amsterdam.

Nadkarni, R. A. K., 2005. Elemental Analysis of Fuels and Lubricants: Recent Advances and Future Prospects. Publication No. STP1468. ASTM International. West Conshohocken, PA.

Nederland, J., November 2004. Sulphur. University of Calgary, Calgary, AB.

Newman, S. A., 1985. Acid and Sour Gas Treating Processes. Gulf Publishing, Houston, TX.

Nonhebel, G., 1964. Gas Purification Processes. . George Newnes Ltd, London.

Parkash, S., 2003. Refining Processes Handbook. Gulf Professional Publishing, Elsevier, Amsterdam.

Pitsinigos, V. D., Lygeros, A. I., 1989. Predicting H_2S-MEA equilibria. Hydrocarbon Process. 58 (4), 43–44.

Polasek, J., Bullin, J., 1985. In: Newman, S. A. (Ed.), Acid and Sour Gas Treating Processes. . Gulf Publishing Company, Houston, TX (Chapter 7).

Popat, S. C., Deshusses, M. A., 2008. Biological removal of siloxanes from landfill and digester gases: opportunities and challenges. Environ. Sci. Technol. 42 (22), 8510–8515.

Robeson, L. M., 1991. Correlation of separation factor versus permeability for polymeric membranes. J. Membr. Sci. 62, 165.

Robeson, L. M., 2008. The upper bound revisited. J. Membr. Sci. 320, 390–400.

Rogers, G. S., 1921. Helium-Bearing Natural Gas. USGS Professional Paper No. 121. United States Geological Survey, Reston, VA.

Rojey, A., Jaffret, C., Cornot-Gandolphe, S., Durand, B., Jullian, S., Valais, M., 1997. Natural Gas Production, Processing, Transport. Editions Technip. Institut Français du Petrole, IFP Publications, Paris.

Ryckebosch, E., Drouillon, M., Vervaeren, H., 2011. Techniques for transformation of biogas to biomethane. Biomass Bioenergy 35 (5), 1633–1645.

Sanchez, C., Soler-Illia, G. J. A. A., Ribot, F., Mayer, C. R., Cabuil, V., Lalot, T., 2001. Designed hybrid organic-inorganic nanocomposite from functional nanobuilding blocks. J. Mater. Chem. 13, 3061–3083.

Savary, L., 2004. From purification to liquefaction: gas processing technologies. In: Proceedings. 12th GPA-GCC Technical Conference, Kuwait.

Savary, L., Travers, P., 2003. Axens multibed system – an improved technology for natural gas purification. In: Proceedings. 11th GPA-GCC Technical Conference, Muscat, Oman.

Scala, F., Anacleria, C., Cimino, S., 2013. Characterization of a regenerable sorbent for high temperature elemental mercury capture from flue gas. Fuel 108, 13–18.

Scholes, C. A., Ghosh, U. K., 2017. Review of Membranes for Helium Separation and Purification. Membranes. < https: //www. ncbi. nlm. nih. gov/pubmed/28218644 > (accessed 16. 01. 18) . < www. mdpi. com/journal/ membranes>.

Scholes, C. A., Stevens, D. W., Kentish, S. E., 2012. Membrane gas separation applications in natural gas processing. Fuel 96, 15–28.

Schweigkofler, M., Niessner, R., 2001. Removal of siloxanes in biogases. J. Hazard. Mater. 83 (3), 183–196.

Sharma, S. D., McLennan, K., Dolan, M., Nguyen, T., Chase, D., 2013. Design and performance evaluation of dry cleaning process for syngas. Fuel 108, 42–53.

Soud, H., Takeshita, M., 1994. FGD Handbook. No. IEACR/65. International Energy Agency Coal Research,

London.

Speight, J. G. , 2000. The Desulfurization of Heavy Oils and Residua, second ed. Marcel Dekker Inc, New York.

Speight, J. G. , 2014a. The Chemistry and Technology of Petroleum, fifth ed. CRC Press, Taylor & Francis Group, Boca Raton, FL.

Speight, J. G. , 2014b. Oil and Gas Corrosion Prevention. Gulf Professional Publishing, Elsevier, Oxford.

Speight, J. G. , 2017. Handbook of Crude Oil Refining. CRC Press, Taylor & Francis Group, Boca Raton, FL.

Speight, J. G. , 2018. Handbook of Natural Gas Analysis. . John Wiley & Sons Inc, Hoboken, NJ.

Staton, J. S. , Rousseau, R. W. , Ferrell, J. K. , 1985. In: Newman, S. A. (Ed.), Acid and Sour Gas Treating Processes. Gulf Publishing Company, Houston, TX (Chapter 5) .

Ward, E. R. , 1972. In: Nonhebel, G. (Ed.), Gas Purification Processes for Air Pollution Control. Butterworth and Co, London (Chapter 8) .

Xiong, L. , Peng, N. , Liu, L. , Gong, L. , 2017. IOP Conf. Ser. : Mater. Sci. Eng. 171, 012003. <http: //iop-science. iop. org/article/10. 1088/1757-899X/171/1/012003>.

Yao, P. , Boardman, G. D. , Li, E. T. , 2016. Research progress for removing siloxane from bio-gas by adsorption. Chem. Ind. Eng. Prog. 35 (2) , 604-611.

Zapffe, F. , 1963. Iron sponge process removes mercaptans. Oil Gas J. 61 (33) , 103-104.

Zhang, L. Q. , Shi, L. B. , Zhou, Y. , 2007. Formation prediction and prevention technology of natural gas hydrate. Nat. Gas Technol. 1 (6) , 67-69.

延 伸 阅 读

Kohl, A. L. , Nielsen, R. B. , 1997. Gas Purification. . Gulf Publishing Company, Houston, TX.

8 天然气净化工艺

8.1 简介

天然气加工（天然气精炼）时，通常需要集成几种工艺来去除油、水、硫、氦和二氧化碳等以及天然气凝析液（第 7 章 天然气加工工艺分类）等。通常需要在井口或井口附近安装洗涤器和加热器，主要用于去除沙子和其他大颗粒杂质。加热器确保天然气的温度不会降低太多，而与气流中的水蒸气形成水合物（第 1 章 天然气发展历程和应用）。

许多化学工艺可用于加工或精炼天然气，在选择精炼工艺序列时仍然存在许多变量，这些变量决定了所采用的工艺或方法流程，在选择时必须考虑几个因素：（1）天然气中污染物的类型和浓度；（2）污染物的去除程度；（3）去除的酸性气体类型；（4）需加工气体的温度、压力、体积和成分；（5）天然气中的二氧化碳/硫化氢比率；（6）硫回收的预期效果，这是由工艺经济性或环境问题所决定的。

除硫化氢和二氧化碳外，天然气还可能含有其他污染物，如硫醇（RSH）和羰基硫（COS）。当存在这些杂质时，由于一些工艺去除了大量的酸性气体（尽管没有达到足够低的浓度），可以省略一些脱硫（酸性气体去除）工艺，也有一些工艺不是设计用于去除（或不能去除）大量酸性气体的，但当酸性气体处于中低等浓度时，这些工艺也能将酸性气体杂质去除至非常低的水平。

工艺选择性是指工艺更优先（或偏向）于去除某种酸性气体组分。例如一些工艺可以同时除去硫化氢和二氧化碳，而其他工艺设计为仅去除硫化氢。考虑工艺的选择性十分重要，比如与去除二氧化碳工艺相比，选择去除硫化氢工艺能确保产品中这些成分的浓度最低，因此需要考虑二氧化碳对硫化氢的影响。

本章的重点是工艺的选择，这是销售给消费者的管道产品（甲烷）不可或缺的一部分。

8.2 乙二醇工艺

吸收脱水是使用液体干燥剂从气体中除去水蒸气。虽然许多液体具有从气体中吸收水分的能力，但最适合用于商业脱水目的的液体应具有以下特性：（1）高吸收效率；（2）相对容易和经济的再生能力；（3）无腐蚀性及无毒性；（4）高浓度使用时不存在操作问题；（5）不与气体的烃类组分相互作用，也不会被酸性气体污染。

乙二醇类是最广泛使用的吸收液体，因为它们具有接近满足商业应用标准的性质。乙二醇衍生物，特别是乙烯乙二醇（EG）、二甘醇（DEG）、三甘醇（TEG）和四甘醇（TREG）是不同程度上满足这些标准最适合的吸收液体。由于氢氧键、水和二醇在液相中显示出完全的互溶性，并且它们的蒸气压非常低。三甘醇工艺较为常用（图 8.1）（Chukwuma 和 Jacob，2014）。在抑制作用不可行或不实用的情况下，必须脱水。液体和固体干燥剂都可用于这一个过程，液体干燥剂脱水通常具有更好的经济性。

液体干燥剂脱水设备操作和维护简单，可以轻松实现无人自动化操作，例如在远程生产井中实施乙二醇脱水。液体干燥剂可用于含硫气体，但由于酸性气体在干燥剂溶液中的溶解性，因此需要在设计中采取额外的预防措施。在酸性气体含量非常高和相对较高的压力下，乙二醇也可以"溶解"在气体中。当露点温度降低至15~49℃（59~120℉）时，通常需要使用乙二醇衍生物。DEG，TEG 和 TREG 也用作液体干燥剂，但 TEG 在天然气脱水中最为常见。

在三甘醇处理工艺（图8.1）中，湿气首先进入进气分离器以除去气流中所有的液态烃衍生物，随后气体流入吸收器（接触器），在那里与贫三甘醇逆流接触并被其干燥。三甘醇还吸收再沸器中与水一起蒸发的 VOC。吸收器中的干燥天然气通过气体/乙二醇热交换器，再进入销售管线。离开吸收器的湿气或富三甘醇气体穿过蓄能器中的线圈，在那里由热的贫乙二醇预热。在乙二醇热交换器之后，富乙二醇进入汽提塔并沿填充床向下流入再沸器。当再沸器上升高于填充床时，再沸器中产生的蒸汽吸收乙二醇中的水分和 VOC，并且水蒸气和解吸的天然气从汽提塔的顶部排出。热再生的贫三甘醇从再沸器流出到蓄能器（调压室）中，在那里通过与返回的富乙二醇交叉交换实现冷却，随后将其泵送至乙二醇/气体热交换器并返回吸收器顶部。

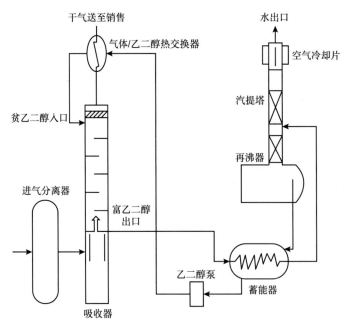

图 8.1 三甘醇脱水系统（Manning 和 Thompson，1991）

通常，湿气和乙二醇之间的接触可以在任何气液接触装置中进行，并且主要为吸收/汽提过程，类似于吸油作用。湿气在吸收器中被脱水，而汽提塔重复生成无水三甘醇。由于一些三甘醇可以反应并形成更高分子量的产物，因此乙二醇气流应该不间断地输入，产物应该通过所示的过滤器或通过蒸馏的气流来除去。

化学脱水（例如乙二醇吸收）和物理脱水（例如，吸附）技术之间的明显区别在于化学脱水是使用化学品使气体饱和，原则上这两种技术都可以除去气体中所有的水，但是处理后所得到的天然气的相态是不同的。尽管用于吸收的化学物质通常蒸气压比较低，并且在每立方米气体中只有相对少量的化合物冷凝，但在设计管道和工艺设备时必须考虑冷凝的影响。

乙二醇衍生物对水具有化学亲和力并可以从气流中除去水。在该过程中，液体脱水器被用于从气流中吸收水蒸气。乙二醇脱水使用乙二醇溶液，通常为 DEG 或 TEG，其被送入接触器中与湿气流接触。乙二醇溶液将从湿气中吸收水分，一旦被吸收，乙二醇颗粒就会变重并沉入接触器的底部，在那里被除去。随后，已除去大部分水分的天然气将被输送出脱水器。将含有水的乙二醇溶液通过一个特制的锅炉，该锅炉设计用于仅蒸发溶液中的水。水（100℃，212℉）和乙二醇（204℃，400℉）之间的沸点差异使得从乙二醇溶液中去除水相对容易，从而使乙二醇可以在脱水过程中重复使用。

除了从湿气流中吸收的水外，乙二醇溶液偶尔还带有少量甲烷和湿气中的其他化合物。过去这种甲烷和化合物只是简单地从锅炉中排出。除了损失一部分天然气外，还会造成空气污染和温室效应。为了减少甲烷和其他化合物的损失，闪蒸罐分离器—冷凝器在乙二醇溶液到达锅炉之前会除去这些化合物。闪蒸罐分离器由降低乙二醇溶液流压力的装置组成，可以使甲烷和其他烃类衍生物蒸发（闪蒸）。然后乙二醇溶液进入锅炉，锅炉也可以安装空气或水冷冷凝器，用于捕获可能残留在乙二醇溶液中的任何残留的有机化合物。乙二醇的再生（汽提）受温度的限制，二甘醇和三甘醇在达到各自的沸点或之前分解。推荐使用干燥气体（例如，较高分子量的烃蒸气，Drizo 方法）或真空蒸馏技术来汽提热三甘醇。

8.3 乙醇胺工艺

大多数天然气中存在的酸性气体成分（硫化氢和二氧化碳），有必要去除它们。目前所应用的酸性气体去除方法包括酸性气体与固体氧化物（例如氧化铁）的化学反应或者有选择性地将污染物吸收到与气体逆流通过的液体（例如乙醇胺）中。随后剥离吸收剂的气体组分（再生）并将其再循环到吸收器中。工艺设计并不是一成不变的，并且在实践中，可能会采用多个吸收塔和多个再生塔。但是根据实际应用可能会使用特殊的溶液：如胺的混合物；含有物理溶剂的胺类，如环丁砜和哌嗪；以及已经用酸（如磷酸）部分中和的胺（Bullin，2003）。

为了满足产品气体规格的要求，根据原料气的组成和操作条件，可以选择使用不同的胺衍生物，根据中心氮原子被有机基团取代的程度，胺可以被划分为伯胺、仲胺与叔胺，伯胺与硫化物，二氧化碳（CO_2）和羰基硫（COS）直接发生反应。

伯胺的实例包括一乙醇胺（MEA）和其专有的二甘醇胺（DGA）。仲胺与硫化氢、二氧化碳以及羰基硫直接发生反应。最常见的仲胺是二乙醇胺（DEA），但是二异丙醇胺（DIPA）是已用于胺处理的另一个仲胺例子。叔胺直接与硫化氢发生反应，并间接与二氧化碳和羰基硫反应。叔胺的最常见的例子是甲基二乙醇胺（MDEA）和活化的甲基二乙醇胺。

在炼油厂中，可以将其他气流（工艺气体）添加到要加工的天然气中以实现共同加工，而这些炼油厂可能含有硫醇衍生物（RSH）、二硫化碳（CS_2）或羰基硫（COS），含硫气体中酸性气体的浓度是选择合适的脱硫工艺的重要考虑因素。一些方法适用于除去大量酸性气体，而其他的方法具有将酸性气体组分的浓度降低至百万分之一（ppm）的能力，无论气流中的非烃成分范围如何，脱硫过程都应确保产品气体符合管道规格或工艺规范。

最常用的气体处理技术是首先引导气流通过含有胺（乙醇胺）溶液的塔。通过与溶剂溶液中的物质发生化学反应，这些过程可以从气流中除去硫化氢和二氧化碳。在许多的可用溶剂中，醇胺衍生物由于具有反应性和低成本，因此是最普遍接受的溶剂并被广泛应用于从天然气流中除去硫化氢和二氧化碳。烷醇胺处理工艺特别适用于酸性气体分压低或浓度低的情况。醇胺衍生物是具有轻微刺激性气味的无色液体。除三乙醇胺外，所有醇胺衍生物均在低于其正常沸点（335℃，636℉）下分解。

用于气体清洁的胺衍生物从天然气中吸收硫化合物，并且可以重复使用。在脱硫之后，气流被引导到下一个装置，其包含一系列过滤管。在装置中随着气流的速度减小，在重力作用下剩余污染物发生初次分离。当气体流过过滤管时，较小颗粒的发生分离，在那里它们结合成较大的颗粒并流入该装置的下部。进而当气流继续通过一系列的过滤管时会产生离心力，进一步除去所有剩余的水和小的固体颗粒物质。

气体净化工艺流程通常包括从简单的一次性洗涤操作到复杂的多级循环系统（Mokhatab 等，2006；Speight，2014）。在许多情况下由于需要回收用于去除污染物的材料或回收污染物，这也增加了工艺的复杂性（Kohl 和 Riesenfeld，1985；Newman，1985）。

适当选择胺会对脱硫装置的性能和成本产生重大影响。对于某一个脱硫实践，选择胺时需要考虑许多因素（Polasek 和 Bullin，1994；Bullin，2003）。同样评价气体处理系统中使用胺的类型也需要大量的考虑。由于仅仅一个问题的疏忽就可能导致操作出现问题，因此考虑胺在化学和类型上的所有特征及其重要。在研究每个问题时，了解每种胺溶液的基本特征非常重要。

在天然气脱硫中最普遍使用的是伯胺（MEA）和仲胺（DEA）。尽管二乙醇胺系统可能不如某些化学溶剂那样有效，但由于它的标准组件很容易获得，因此它安装起来可能更便宜，而且操作和维护成本可能更低（Arnold 和 Stewart，1999；Jenkins 和 Haws，2002）。一乙醇胺是一种稳定的化合物，在没有其他化学物质的情况下，在高达沸点的温度下不会发生降解或分解，并且容易与硫化氢和二氧化碳反应，从而发生如下反应：

$$2(RNH_2)+H_2S \Longleftrightarrow (RNH_3)_2S$$
$$(RNH_3)_2S+H_2S \Longleftrightarrow 2(RNH_3)HS$$
$$2(RNH_2)+CO_2 \Longleftrightarrow RNHCOONH_3R$$

通过改变系统温度，这些反应可逆。一乙醇胺还可与 COS 和 CS_2 反应形成不能再生的热稳定盐。另外，二乙醇胺比一乙醇胺碱性弱，因此二乙醇胺体系通常不会遇到相同的腐蚀问题。二乙醇胺与硫化氢和二氧化碳发生反应如下：

$$2R_2NH+H_2S \Longleftrightarrow (R_2NH_2)_2S$$
$$(R_2NH_2)_2S+H_2S \Longleftrightarrow 2(R_2NH_2)HS$$
$$2R_2NH+CO_2 \Longleftrightarrow R_2NCOONH_2R_2$$

这些反应可逆，二乙醇胺与 COS 和 CS_2 反应形成可在汽提塔中再生的化合物。

8.3.1 Girdler 工艺

天然气的胺（乙醇胺）洗涤涉及胺与任意酸性气体的化学反应，其释放出可观的热量，必须进行相应的热量吸收。胺衍生物如一乙醇胺（MEA）、二乙醇胺（DEA）、三乙醇胺、甲基二乙醇胺（MDEA）、二异丙醇胺（DIPA）和二甘醇胺（DGA）已用于商业用途（Kohl 和 Riesenfeld，1985；Speight，2014，2017；Polasek 和 Bullin，1994）。

相对于二氧化碳，MDEA 工艺对硫化氢具有更高的选择性，该工艺在天然气工业中变得流行。这种高选择性可以降低溶剂循环速率，并为硫回收装置（SRU）提供更多的硫化氢。甲基二乙醇胺与硫化氢的反应几乎是瞬间发生的，其与二氧化碳的反应要慢得多。甲基二乙醇胺与二氧化碳的反应速率比乙醇胺与二氧化碳的反应速率慢。

二乙醇胺还可以除去羰基硫和二硫化碳，在无大量溶液损失的情况下，与羰基硫化物和二硫化碳一起可部分作为再生化合物。

各种特种胺之间的一个关键区别是对硫化氢具有的选择性。与同时去除硫化氢和二氧化碳的通用胺（如单乙醇胺和二乙醇胺）不同，一些产品很容易将硫化氢去除至达到规格要求的水平，但同时会保留一定量的二氧化碳。在 20 世纪 70 年代中期开发甲基二乙醇胺工艺时，它主要用于气体的脱硫，并不需要完全除去二氧化碳或仅除去一部分的二氧化碳。利用甲基二乙醇胺的产品可以带来更多的节能效果。例如允许二氧化碳保留在处理过的气体中将减少再生的胺中酸性气体的量，从而减少了所需的能量。

与甲基二乙醇胺一起使用的一系列化学催化剂为从含硫甚至高含硫天然气体中去除全部或部分酸性气体提供了最具成本效益的解决方案。即使是最先进的活性甲基二乙醇胺气体处理技术，在处理非常高酸性天然气体或伴生气方面也存在局限性；特别是对于大量酸性气体去除过程中酸性气体需要用于循环或通过再回注处理时。活化的甲基二乙醇胺工艺可能是目前最具成本效益的解决方案，可满足完全去除二氧化碳和去除大量硫化氢和二氧化碳等最广泛的应用，甚至可用于酸性气体再注入项目（Lallemand 和 Minkkinen，2001）。

无论是使用哪种胺水溶液作为脱硫剂，胺脱硫装置的一般工艺流程图变化很小（图 8.2）。含有硫化氢和二氧化碳的含硫气体几乎总是通过入口分离器（洗涤器）进入设

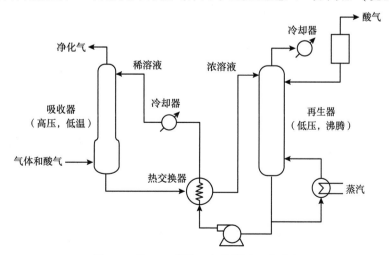

图 8.2　胺（乙醇胺）气体脱硫工艺流程

备以除去任何游离液体或夹带的固体。随后含硫气体进入吸收塔的底部并向上流过吸收器，与胺水溶液紧密逆流接触，在该过程中胺从气流中吸收出酸性气体成分。离开吸收器顶部的脱硫气体通过出口分离器，随后流入至脱水装置（和压缩装置，如果需要的话），之后再考虑其是否达到出售的标准。

在许多装置中，为了回收可能已在吸收器胺溶液中溶解或浓缩的烃类衍生物，需要将富胺溶液从吸收器的底部送至闪蒸罐。当压力降低时，小部分酸性气体也会闪蒸。较重的烃衍生物仍然保持为液体，但会与含水胺分开，形成单独的液体层。由于烃衍生物的密度低于含水胺，因此它们形成上部液体层，并且可以从顶部被撇去。因此应该预先做出相应的安排以除去这些液态烃衍生物。通常在半满条件下操作时，闪蒸罐中为胺溶液的保留时间设计为 2~3min（Arnold 和 Stewart，1999）。

在进入汽提塔顶部之前预热浓溶液，胺—胺热交换器作为保温装置并降低该过程的总热量需求。对于加热后的浓溶液，一部分被吸收的酸性气体将从汽提塔顶部塔盘上闪蒸出来，而其余部分向下流过汽提塔，与再沸器中产生的蒸气反向接触。再沸器蒸气（主要是蒸汽）从浓溶液中汽提酸性气体，之后酸性气体和蒸汽离开汽提塔的顶部并从塔顶通过冷凝器，在该过程中大部分的蒸汽被冷凝和冷却。酸性气体在分离器中被分离出并被点燃或加工，而冷凝的蒸汽将返回汽提塔的顶部作为回流气体。

将来自汽提塔底部的稀胺溶液泵送并通过胺—胺热交换器，随后通过冷却器，然后引入吸收塔顶部。胺冷却器用于将贫胺溶液的温度降低至 100°F。由于温度的影响，稀胺溶液的较高温度将导致在蒸发过程中损失过量的胺，并且还降低溶液的酸性气体携带能力。

二乙醇胺（DEA）的沸点比单乙醇胺更高，因此需要其他回收方法以防止胺的热降解，例如真空蒸馏。此外，二乙醇胺具有较慢的降解速率，因此在大多数情况下，回收 DEA 溶液是不实际、不经济或不必要的。通过机械和碳过滤以及向系统中添加苛性碱或苏打灰来中和热稳定的胺盐来保持溶液纯化。

在除去硫化氢的同时，可以从烃类气体中去除水分。以防止对无水催化剂的损害并防止在低温下形成烃水合物（如 $C_3H_8 \cdot 18H_2O$），去除水分是必要的。广泛使用的脱水和脱硫方法是乙二醇和乙醇胺方法，在该方法中使用乙醇胺和大量乙二醇的混合物来处理溶液。以乙醇胺（Girbotol）工艺中相同的循环方式，混合物循环通过吸收器和再活化剂。乙二醇吸收通过吸收器的烃气体中的水分，而乙醇胺吸收硫化氢和二氧化碳。经处理的气体离开吸收器的顶部；废乙醇胺与乙二醇混合物进入再活化塔，在那里高温会驱除其吸收的酸性气体和水。

使用乙醇胺和磷酸钾的工艺方法目前获得了广泛应用。乙醇胺工艺，称为 Girbotol 工艺，可以从液态烃衍生物以及天然气和炼油伴生气体中除去酸性气体（硫化氢和二氧化碳）。Girbotol 使用乙醇胺的水溶液作为处理溶液。乙醇胺是一种有机碱，具有在冷却条件下与硫化氢反应而在高温下释放硫化氢的可逆性。将乙醇胺溶液填充至吸收塔，通过该塔吸入酸性气体。净化后的气体与乙醇胺溶液分别从塔的顶部与底部离开。乙醇胺溶液随后进入再活化塔，在那里高温会使酸性气体从溶液中脱离。恢复到其原始状态的乙醇胺溶液将从再活化塔的底部离开到达吸收塔的顶部，并且酸性气体从再活化塔的顶部释放出来。

最后，在胺吸收工艺（乙醇胺工艺）中，胺吸收剂逆流通过塔盘或填充塔以使胺溶剂和酸性气体之间紧密接触，从而使得硫化氢和二氧化碳分子可以从气相转换为液相溶液。在塔盘柱中，通常使用 2~3in 高的堰板使塔盘上的液位得以保持。气体从塔盘下方通过塔盘中的开口（例如孔眼、泡罩或阀门）向上传递，并在液体中分散成气泡，最终形成泡沫。气体从泡沫中脱离，穿过蒸汽腔，为夹带的胺溶液提供使其回落到塔盘上的液体中并通过下一个塔盘的时间。在填充塔吸收装置中，液体溶剂通过在填料上形成薄膜而分散在气流中，为二氧化碳和硫化氢从气体转移到液体溶剂提供大的表面积，脱硫的程度在很大程度上取决于塔盘的数量或吸收器中可用填料的高度。

在大多数情况下，捕沫器垫安装在吸收器的气体出口附近（顶部塔盘和垫之间的距离为 3~4ft）以捕获夹带的溶剂，出口气液分离罐，一个类似于气体进料的入口分离器的装置，被用于收集溶剂残留物。为了使胺的蒸发损失最小，一些接触器在吸收器顶部具有 2~5 个塔盘组成的水洗装置，通常存在于低压单乙醇胺系统中。

8.3.2 Flexsorb 工艺

Flexsorb SE 工艺是基于一系列位阻胺的水溶液或其他物理溶剂的一种工艺。位阻胺是一种仲胺，具有一个与氮基团相连的大型烃基团。其大分子结构阻碍了二氧化碳接近胺，并且分子结构越大，二氧化碳越难接近胺。它们以氨基甲酸酯形式的产物并不稳定，并且易于恢复到叔胺中碳酸盐的形式。与叔胺类似，它们浓度可以高达 1mol/mol，而不是达到像伯胺和仲胺的典型浓度——0.5mol/mol。Flexsorb SE Plus 是一种对硫化氢具有很强选择性的溶剂，已在多个工厂中用于尾气处理或贫酸气体浓缩。

Flexsorb 工艺中有两种类型的混合受阻胺或物理溶剂。其中，Hybrid Flexsorb SE 工艺采用 Flexsorb SE 胺、水和某一可变物理溶剂的溶液。而 Flexsorb PS 溶剂则包括了不同的受阻胺、水和物理溶剂。据消息称，有 5 家工厂正在按此工艺进行操作运营。

8.3.3 Adip 工艺

Adip 工艺是再生胺工艺，可用于去除天然气、炼油厂气和合成气中的硫化氢和二氧化碳。该工艺使用仲胺、二异丙醇胺或叔胺以及甲基二乙醇胺的水溶液。该工艺中能够使用的胺溶液的浓度（质量分数）可以达到 50%，可以将硫化氢降低至低硫含量。该方法还可用于除去液化石油气或天然气液体中的硫化氢、二氧化碳和羰基硫，使其含量达到较低的水平。

Adip-X 工艺是一种再生胺工艺，非常适合大规模和深度去除气流中的二氧化碳。该方法使用叔胺、甲基二乙醇胺和添加剂的水溶液。

8.3.4 Purisol 工艺

通过 N-甲基吡咯烷酮的物理吸收作用，Purisol 工艺用于从天然气、可燃气体和合成气体中去除酸性气体。该工艺也会使高浓度的二氧化碳减少。在该过程中，要冷却原料气流，并在预洗中除去有机硫化合物。硫化氢的去除是通过在主吸收器中使用已经低于环境温度的热再生低浓度溶剂完成的。无论多低含量的 N-甲基吡咯烷酮，都可以通过反水洗在主吸收器中除去。

8.4 物理溶剂工艺

目前使用最广泛的两种用于气体净化的物理溶剂方法分别为 Selexol 和 Rectisol 工艺

(Kohl 和 Riesenfeld, 1985; Epps, 1994)。工艺溶剂是聚乙二醇的二甲醚的混合物 [CH₃(CH₂CH₂O)$_n$CH₃]，其中 n 介于 3 和 9 之间。溶剂具有化学和热稳定性，并且具有低蒸气压，这些特征降低了其在处理气体中的损失。该溶剂对二氧化碳、硫化氢和羰基硫具有高溶解度。相对于二氧化碳，它对硫化氢具有明显的选择性。

物理溶剂的主要优点是：（1）相对于羰基硫和二氧化碳，对硫化氢的高选择性；（2）高酸性气体分压下的高装载量；（3）溶剂稳定性；（4）低热量要求，这是由于大多数溶剂均可以通过简单的减压得以再生。物理溶剂的性能可以很容易被预测。化合物在溶剂中的溶解度与其在气相中的分压直接成正比，因此，物理溶剂工艺的性能是随着气体压力的增加得到改善的。为了充分利用物理溶剂的高硫化氢/二氧化碳选择性以及高水平的二氧化碳回收率，可以对工艺进行配置。

在 Selexol 工艺中，溶剂由具有化学惰性且不会降解的聚乙二醇的二甲醚组成。该工艺还会除去羰基硫、硫醇衍生物、氨、氰化氢和金属羰基衍生物。多种类的流程方案可使该工艺实现优化与节能，而酸性气体的分压是该工艺的关键驱动力。标准的加料条件为 300~2000psi（绝）的压力，以及 5%~60%（体积分数）以上的酸（二氧化碳加硫化氢）含量。产品规格取决于实际应用，可实现酸性气体含量从百万分之一到百分之一的水平。

Selexol 工艺可以通过多种方式配置，具体取决于硫化氢/二氧化碳选择性的水平、硫去除的深度、大量二氧化碳的去除需求以及气体是否需要脱水（图 8.3）。来自低压闪蒸的气流与来自再生器的酸性气体混合，然后将该组合的气流送至 SRU。硫化氢含量如果过低，将不能使用传统的 Claus 工艺。

Selexol 工艺可以配置成既向 Claus 装置提供富酸性原料气，又可以去除大量二氧化碳。

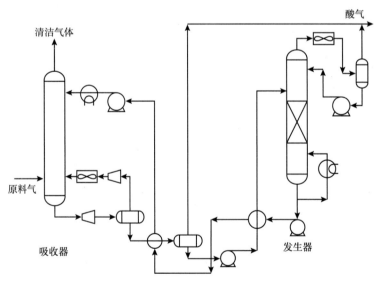

图 8.3　Selexol 工艺示意图

8.4.1　Rectisol 工艺

Rectisol 工艺是最广泛使用的物理溶剂气体处理工艺，用于在低温下通过使用有机溶剂去除酸性气体。通常情况下，使用甲醇去除硫化氢、羰基硫、二氧化碳以及有机和无机杂质。该工艺可以生产硫含量低于 0.1ppm 且二氧化碳含量低至 ppm 水平的清洁气体。与其他工艺相比，该工艺的主要优点是使用了廉价、稳定且易于获得的溶剂，是一种非常灵活但功效偏低的工艺。

该工艺流程是在 240~262℃ （240~280℉） 的温度下使用冷冻甲醇（木精，CH_3OH）实现的。在此温度下，甲醇对硫化氢的选择性约为对二氧化碳选择性的 6 倍，略低于 Selexol工艺在其通常的操作温度下的选择性。在其经典的工艺操作温度下，硫化氢和羰基硫在甲醇中的溶解度高于 Selexol 工艺，并且可以实现非常深度硫去除。与二氧化碳相比，对硫化氢的高选择性，以及去除羰基硫的能力，是该工艺的主要优点。其主要缺点是需要冷却溶剂，这导致了该过程具有较高的建设和运营成本。

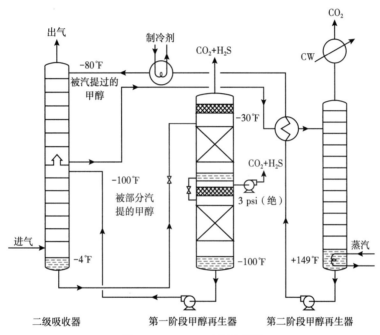

图 8.4 Rectisol 工艺示意图

由图 8.4 可见，根据操作要求，Rectisol 工艺有许多可能的工艺配置。不同的工艺设计既用于选择性地去除硫化氢和二氧化碳，也可用于非选择性地去除二氧化碳和硫化氢。

该方法用于除去大量二氧化碳，而几乎所有的硫化氢和羰基硫的去除都发生在吸收器的底部。甲醇溶剂在第一阶段的吸收器中与进料气体接触，并在减压作用下，经过两次闪蒸被汽提。再生溶剂几乎不含硫化合物，但会含有一些二氧化碳。离开第一级溶剂再生器的酸性气体可以用于 Claus 工艺。为了去除剩余的硫化合物和二氧化碳，设计了第二阶段的吸收。来自第二级吸收器底部的溶剂在蒸汽加热的再生器中被深度汽提，并在冷却和冷藏后返回吸收塔的顶部。

8.4.2 Sulfinol 工艺

Sulfinol 工艺开发于 20 世纪 60 年代早期，是一种使用胺和物理溶剂混合物的组合工艺。其溶剂由胺水溶液和环丁砜组成。该方法用于去除天然气、合成气和炼油气体中的硫化氢、羰基硫、硫醇衍生物、其他有机硫化合物以及全部或部分二氧化碳。根据炼油厂燃料和管道气体的要求，该工艺可以将处理过的气体中的总硫化合物降低到超低的含量（ppm）水平。为达到管道标准，该工艺的一种改进的应用方法是选择性地去除硫化氢、羰基硫、硫醇衍生物和其他有机硫化合物，同时仅吸收部分二氧化碳。利用天然气液化装置深度去除二氧化碳，通过溶剂的快速再生去除大量二氧化碳可以通过另一项应用实现。使用一套完整的 Sulfinol 工艺系统，可以方便地实现 Sulfinol/Claus/SCOT 顺序的集成工艺。其中，Sulfinol 工艺实现选择性去除硫化氢，而 SCOT 工艺可以处理 Claus 废气。

环丁砜混合溶剂由会发生化学反应的链烷醇胺、水和物理溶剂环丁砜（四氢噻吩二氧化物）组成。实际的化学配方是针对每种具体应用定制的。与胺水工艺不同，该工艺可去除羰基硫、硫醇衍生物和其他有机硫化合物使产物的总硫含量达到严格的规格标准。该工艺可以广泛适应处理压力和污染物浓度。产物容易达到炼油厂燃料气体和气体管道规格，例如 40ppm（体积分数）的总硫浓度和 100ppm（体积分数）的氢硫化物。

该工艺在许多方面与常见的胺工艺是相同，其设备组件也与胺工艺中装置具有相似性。主要的区别在于，传统的胺工艺采用相当稀释的胺水溶液，通过化学反应去除酸性气体，而 Sulfinol 系统使用高浓度胺和物理溶剂的混合物，通过物理和化学方法去除酸性气体反应。在各个实际应用中，胺和物理溶剂的浓度随进料气体的类型而改变。常见的 Sulfinol 混合物包括 40%胺（也称为二异丙醇胺）、40%环丁砜（有机溶剂）和 20%水。

Sulfinol 工艺对大多数酸性气体具有良好的亲和力，并且在再生器中能够在减压和加热时释放这些气体。当在合适的条件下，它去除酸性气体量是 20%MEA 溶液的 2 倍。

Sulfinol-D 工艺使用二异丙醇胺，而 Sulfinol-M 使用甲基二乙醇胺。与直链胺水溶液相比，混合溶剂在高酸性气体分压下可以负载更多的溶剂，具有更高的羰基硫和有机硫化合物的溶解度。

Sulfinol-D 工艺主要用于选择性去除硫化氢，也需要部分去除有机硫化合物（硫醇，RSH 和二硫化碳），通常应用于天然气和炼油厂。依靠环丁砜的物理溶解性和由二异丙醇胺诱导的部分水解而形成的硫化氢，Sulfinol-D 工艺配置还能够去除一些羰基硫，但是 Sulfinol-D 工艺并不能保证羰基硫被完全去除。与使用其他伯胺和仲胺（MEA 和 DEA）的溶剂不同，Sulfinol-D 被认为不会被这些硫化合物降解。

当需要更高程度的硫化氢选择性时，可以使用 Sulfinol-M 工艺。Sulfinol-M 中的硫化氢选择性受两个因素控制：一是硫化氢与甲基二乙醇胺的相对反应速率；二是硫化氢和二氧化碳在溶剂中的物理溶解度。

8.5　金属氧化物工艺

使用固体来给气体脱硫（通常采用间歇式工艺）是基于固体脱硫剂表面上对酸性气体的吸附能力或者酸性气体与该脱硫剂表面上某些组分发生反应。这些固体工艺通常最适合用于含有中低等浓度的硫化氢或硫醇衍生物的气体。固体工艺往往具有高选择性，并且通常不会除去大量的二氧化碳。因此出自该工艺的再生硫化氢通常具有高纯度，压力对脱硫剂的吸附能力的影响相对较小。

8.5.1　海绵铁工艺

海绵铁工艺（也称为干燥箱工艺）是硫化氢清除工艺的一种，是最古老的但仍然使用最为广泛的天然气和液化天然气脱硫工艺（Anerousis 和 Whitman，1984）。该工艺自 19 世纪开始应用，并已在欧洲和美国使用了 100 多年。硫化氢清除适用于低浓度的硫化氢，因为在这种条件下使用常规的化学吸收和物理溶剂是不经济的。近年来，硫化氢清除技术得到了扩展，市场上出现了许多新材料，而另一些材料被停产。该工艺的简单性，低成本和相对较低的化学（氧化铁）成本使该工艺仍然是去除硫化氢的理想解决方案。另一个优点是压力对脱硫剂的吸附能力的影响相对较小。使用海绵铁工艺脱硫是基于酸性气体会在固体脱硫剂表面发生吸附所实现的。

在这个工艺过程中（图 8.5），含硫气体应向下通过填充床。在预计使用连续再生的情况下，在处理含硫气体之前要将少量空气添加到气体中。这些空气可以使与硫化氢反应的氧化铁连续再生，从而延长一个特定塔的运行寿命，但同时可能会减少某一个特定重量的床能够除去硫的总量。含氧化铁的容器数量可以从 1 个到 4 个不等。在双容器工艺中，其中一个容器在工艺中负责从含硫气体中除去硫化氢，而第二个容器将处于再生循环或用于更换海绵铁床。

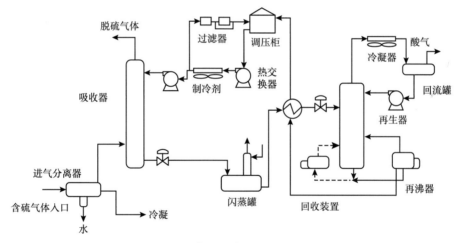

图 8.5　典型海绵铁工艺流程图

当使用周期性再生时，只有到填充床饱和硫并且硫化氢开始出现在脱硫后的气流时，填料塔才开始运行。此时将容器移除，并使空气循环通过填充床从而使氧化铁再生。无论使用何种再生方法，一个给定的氧化铁床都将逐渐失去活性并最终被替换。因此，设计反应器时应考虑尽量减少更换填充床中海绵铁的难度，因为更换填充床是很危险的。当丢弃填充床时，填充床暴露在空气中会导致温度急剧升高，并导致床的自燃，所以将填料塔打开暴露在空气时必须小心。在开始更换操作之前，应将整个填充床弄湿。在一些工艺中，可选择通过向含硫气流中注入少量空气，以使海绵铁连续再生。空气使铁的硫化物再生，而硫化氢则被氧化铁除去。从填充床再生的角度，该方法不如批次处理法有效，并且还需要更高压力的空气流（Arnold 和 Stewart，1999）。

海绵铁由浸渍有水合氧化铁的木屑组成，木屑的作用是作为活性氧化铁粉末的载体。硫化氢的去除是通过其与氧化铁发生反应生成铁的硫化物而实现的。该方法通常最适用于含有中低等浓度（300ppm）的硫化氢或硫醇的气体。这个过程往往具有高度的选择性，并且通常不会去除大量的二氧化碳，因此来自该工艺的硫化氢气流往往具有高纯度。使用海绵铁法加工酸性气体是基于固体脱硫剂表面对酸性气体的吸附，然后是氧化铁（Fe_2O_3）与硫化氢的化学反应：

$$2Fe_2O_3+6H_2S \longrightarrow 2Fe_2S_3+6H_2O$$

该反应需要的条件包括微碱性溶液、温度低于43℃（110℉），并且填充床的碱性需要定期检查，通常为每天一次。为了使 pH 值保持在为 8~10，需要向其中注入烧碱的水溶液。如果气体中的水蒸气不足，则可能需要将水注入进口气流中。

硫化氢与氧化铁反应生成的硫化铁可以用空气进行氧化从而生成硫并使氧化铁再生：

$$2Fe_2S_3+3O_2 \longrightarrow 2Fe_2O_3+6S$$
$$S+O_2 \longrightarrow SO_2$$

氧化铁再生步骤即与氧气的反应是放热的，必须缓慢引入空气，以便可以使反应热散失。反之空气迅速被引入，则有可能把填充床点燃。在氧化铁再生步骤中生成的一些元素硫滞留在填充床中，在几个循环后，这些硫会在氧化铁之上结成块，使填充床的活性降低。通常情况下，在大约 10 个循环之后（取决于气流的硫含量），必须除去原有的填充床，并且将新床引入反应器中。

氧化铁反应器采用了从传统箱式容器到静态塔式净化器的多种配置。采用工艺与应用决定了所选择的配置。由于静态塔式净化器较长的床层深度可提供更高的效率，并且总压降仅仅占可用压力的一小部分，因此其应用于高压条件。静态塔式净化器还可以配备塔盘来消除压实作用，来使该工艺用于低压条件。传统的箱式工艺由大型矩形容器组成，可以嵌入地面，也可以支撑在支架上以节省占地面积。这些容器由多层组成，典型的床层深度至少为 2ft。

每个填充床可以除去大约 90% 的硫化氢，但是元素硫堵塞的发生导致必须要更换填充床，而连续使用填充床通常是不经济的。从气流中除去大量的硫化氢需要连续的工艺，例如 Ferrox 工艺或 Stretford 工艺。Ferrox 工艺与氧化铁工艺具有相同的化学过程，只是它是流动的和连续的。Stretford 方法则使用含有钒盐和蒽醌二磺酸的溶液（Maddox，1974）。

天然气在通过海绵铁填充床时应该是湿的，这是因为床的干燥会导致海绵铁失去反应能力。如果气体尚未饱和水或者进水流的温度高于 50℃（约 120℉），则要在接触器顶部喷洒含有碳酸钠的水，以保持在反应中所需的水分和碱性条件。

海绵铁工艺的优点包括：（1）在不去除二氧化碳的情况下完全去除中低浓度的硫化氢；（2）对于小到中等气体量，与其他工艺相比需要的投资相对较少；（3）在任何工作压力下都是同样有效的；（4）可用于去除硫醇衍生物或将其转化为二硫化物（RSSR）。另外，海绵铁工艺的缺点是：（1）它是一个批处理工艺，需要重复安装设备或中断脱硫气体的流动；（2）在高温下操作时或在水合物形成范围内的压力和温度下容易生成水合物；（3）该工艺能有效地除去特意加入用于添味的乙硫醇；（4）当夹带的油或馏出物涂覆海绵铁时，将导致需要更为频繁的更换海绵铁填充床。

Slurrisweet 工艺使用氧化铁浆料,除了更多的氧化铁（Fe_3O_4）以磁铁矿形式出现,它与干氧化铁工艺类似。氧化铁颗粒的任何起泡和沉降问题均可以通过分别使用具有添加剂和分散剂的硅基消泡剂解决。此外还可通过在容器上使用环氧树脂涂层来抑制腐蚀。当硫化氢摩尔分数到达 5% 时注入空气,可延长批次处理的寿命并使废化学品更加稳定（Schaack 和 Chan,1989a）。

氧化铁悬浮液,如氧化铁浆料,依靠水合氧化铁作为活性再生剂。氧化铁悬浮液在碱性环境中与碱性化合物反应,随后硫化氢与氧化铁反应形成硫化铁（Kohl 和 Nielsen,1997）。然后通过通气使铁再生,反应如下:

$$H_2S+Na_2CO_3 \longrightarrow NaHS+NaHCO_3$$

$$Fe_2O_3+3NaHS+3NaHCO_3 \longrightarrow Fe_2S_3+3Na_2CO_3+3H_2O$$

氧化铁悬浮液工艺是螯合铁工艺的先驱。

8.5.2 吸附工艺

吸附（或固体床）脱水工艺使用固体干燥剂从气流中除去水蒸气。用于气体脱水的固体干燥剂通常是可以再生的,因此可以在多个吸附脱水循环中使用。事实上,从天然气中吸附水的固体干燥剂有很多种,最常用的是氧化铝硅胶和硅铝胶。

氧化铝是一种水合形式的铝氧化物（Al_2O_3）,是一种最廉价的吸附剂。它的工作原理是在加热条件下与水分子结合形成它的水合氧化物（$Al_2O_3 \cdot 3H_2O$）。它可以大幅降低露点温度,使其达到−100℉,但是它的再生需要更多的热量。它是碱性的,不能应用于酸性气体或酸性化合物（用于处理井）存在的条件下。该干燥剂对较高分子量烃衍生物具有很高的吸附倾向,并且在再生过程中这些衍生物难以除去。它具有良好的耐液体性,但由于流动气体的机械搅拌,抗崩解性很弱。

硅胶和硅铝胶是通过化学反应制备的粒状无定形固体。由硫酸和硅酸钠反应制成的凝胶称为硅胶,几乎仅由二氧化硅（SiO_2）组成。铝胶主要由一些水合形式的三氧化铝（Al_2O_3）组成。硅铝胶则是硅胶和铝胶的组合。凝胶可使气体脱水至 10ppm,并且在所有干燥剂中再生最为容易。它们也会吸附高分子量烃衍生物,但在再生过程中相对更容易释放。由于这些凝胶是酸性的,它们可以处理酸性气体,但不能处理碱性物质,如苛性碱或氨。尽管并没有与硫化氢发生反应,但是硫可以沉积并阻塞表面,因此凝胶用于气流中硫化氢的含量小于 5%~6%（体积分数）的情况下。

固体干燥剂或吸收剂通常用于低温过程中的气体脱气。固体吸附剂的使用已经扩展到为液体脱水。固体吸附剂从烃流中去除水,并在再生步骤中在较高温度下将其释放到另一个气流中。在干燥剂填充床中,吸附物组分会以不同的速率被吸附。在该过程开始后不久,会出现一系列的吸附区。连续吸附区前缘之间的距离代表了吸附给定组分所用的床的长度。在吸附区后面,进入容器的组分已从气体中被移除;而在该区域之前,该组分的浓度为零。注意吸附顺序:甲烷和乙烷几乎瞬间被吸附,接着是分子量较高的烃衍生物,最后是位于最后吸附区的水。几乎所有的烃衍生物都在 30~40min 后被除去,之后脱水开始。如果时间足够,水会取代吸附剂表面上的烃衍生物。随着脱水循环开始,当气体流过填充床时,床会为甲烷所饱和。随后乙烷取代甲烷，接着丙烷被吸附。最后，水将取代所有的碳氢化合物衍生物。为了获得良好的脱水效果，在出口气体含水量达到不可接受的水平之前，应将填充床替换为再生模式。床的再生包括两个步骤，首先循环热的脱水气体以除去吸附的水，随后循环冷气使床冷却。

固体干燥剂通常用于由两个或多个塔以及相关的再生设备组成的脱水系统，例如双塔变压吸附系统（Grande 等，2017）。在运行中，一个塔在天然气中吸收水的同时，另一个塔被再生和冷却（图8.6）。被再生的塔首先要使用热气体驱除吸附剂中的吸附水，然后用未加热的气流使塔冷却。在运行的塔变得水饱和之前，切换两个塔。在这种配置中，部分干燥气体用于再生和冷却，并再循环到入口分离器。

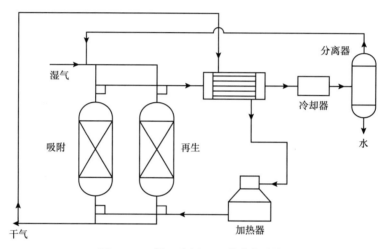

图 8.6 双塔（变压）吸附脱水系统

固体干燥剂装置的购置和操作成本通常高于乙二醇装置，并且这些设备的使用通常局限应用于以下气体：（1）高硫化氢含量的气体；（2）需要非常低的水露点温度时；（3）需同时控制水和烃的露点温度；（4）特殊情况，如含氧气体。在用到低温冷冻的工艺中，为了防止形成水合物和冰，通常认为固体干燥剂脱水要优于常规甲醇注入法。固体干燥剂也经常用于液态天然气的干燥和脱硫。

8.5.3 其他工艺

干吸附工艺被用于清除气流中的硫化氢和有机硫化合物（硫醇），这一过程是通过与固载介质的反应实现的。这些过程尽管有一部分可再生的，但通常是不可再生的，即在每个再生循环中都会失去活性。大多数干燥的吸附过程受金属氧化物与硫化氢反应控制，该反应生成金属硫化物。对于可再生反应，金属硫化物可以与氧气发生反应生成元素硫和一种再生金属氧化物。铁和锌是用于干吸附工艺的主要金属。

干吸附工艺可分为两个亚类：氧化成硫和氧化成硫氧化物。由于这些工艺都依赖氧化，因此工艺条件下不能被氧化的气体成分不会被除去（Kohl 和 Riesenfeld，1985）。这在处理生物气体时是有利的，因为仅有硫化氢、硫醇衍生物，和在某些情况下二氧化碳会去被除，并伴随由于吸附而导致甲烷的微量损失。硫氧化成硫氧化物的主要产物是二氧化硫。因为这是一种受限制的废气，会腐蚀和抑制燃料电池膜并且需要额外的气体处理以达到空气排放标准，对设备构成威胁，因此不会用其处理气体。

氧化锌也可用于净化气体。在升高的温度（205~370℃，400~700℉）下，氧化锌反应速率很快，因此提供了一个短的传质区，从而缩短了未使用床层的长度，提高了效率。在工作温度下，氧化锌吸附剂的最大载硫量为每千克吸附剂吸附 0.3~0.4kg 硫。增强形式的氧化锌工艺（Puraspec 工艺）可以在较低的温度（38~205℃，100~400℉）下更有效地运行，这是由于孔隙率增加和密度降低导致每磅氧化锌可具有更高的载硫量。在该工艺中，化学吸附剂的固定床可有效地从湿的或干的碳氢化合物中完全不可逆地选择性去除杂质，并且不会发生原料损失。如果需要较低的系统压降，则可以使用径向流反应器设计方案。该工艺在较高的操作温度（205~370℃，400~700℉）下显示出更高的效率（Carnell，1986；Spicer 和 Woodward，1991；Carnell 等，1995；Rhodes 等，1999）。

在浆料工艺中，氧化锌浆料反应器由一个简单的垂直气泡接触器组成，气体提供充足的搅动以保持氧化锌颗粒悬浮在分散剂之外（Kohl 和 Nielsen，1997）：

$$ZnO+H_2S \longrightarrow ZnS+H_2O$$
$$ZnO+H_2S \longrightarrow Zn(OH)(HS)$$

大部分硫化氢被转化为硫化锌，而硫醇锌[Zn(OH)(HS)]仅仅是次要产物。硫醇锌会在反应器中形成淤泥，并有助于泡沫的形成（GPSA，1998）。

浆料工艺是作为海绵铁的替代品而开发的。氧化铁浆料曾被用于选择性地吸收硫化氢（Fox，1981；Kattner 等，1988；Samuels，1988）。这些工艺的化学成本要高于海绵铁工艺，但由于这些工艺在接触塔清洁和再装料上较为容易并且成本较低，因此部分成本可以被抵消。即使使用后的化学废品是无害的，但获得处置这些化学品的批准也是旷日持久的。这种工艺的一个例子是 Sulfa-Check 方法，该方法可以在含有二氧化碳的情况下从天然气中选择性地除去硫化氢和硫醇衍生物（Dobbs，1986），过程中要使用亚硝酸钠（NaNO_2）。

最初的工艺是在特制的一步式单容器中完成的，该过程中会使用亚硝酸钠水溶液作为缓冲从而将 pH 值稳定在 8 以上。此外，还有足够的强碱将新的原料的 pH 值提高到 12.5。由于反应几乎是瞬间的，因此在接触短时间内不会影响硫化氢的去除效果。氢氧化钠和亚硝酸钠在这些过程中作为消耗品，是不能再生的。与硫化氢的这个反应会生成硫元素、氨和苛性钠：

$$NaNO_2+3H_2S \Longleftrightarrow NaOH+NH_3+3S+H_2O$$

确实存在能够生成氮氧化物的其他反应（Burnes 和 Bhatia，1985），并且气体中的二氧化碳与氢氧化钠反应生成碳酸钠和碳酸氢钠。产生的废溶液是含有细硫颗粒的钠盐和铵盐混合溶液（Manning 和 Thompson，1991）。

Chemsweet 工艺是从天然气中去除硫化氢的一种分批工艺（Manning，1979）。该工艺选择的化学品是氧化锌（ZnO）、乙酸锌[(CH_3COO)_2Zn，ZnAc_2]、水和分散剂的混合物，其中分散剂用于使氧化锌颗粒保持悬浮状态。当一份化学品与 5 倍的水混合时，乙酸盐会被溶解并提供可控的锌离子源，其与硫化氢溶于水中时形成的二硫化物和硫化物离子瞬间发生反应。除去硫化氢的化学反应，氧化锌还补充了乙酸锌。发生反应如下：

脱硫反应：

$$ZnAc_2+H_2S \Longrightarrow ZnS+2HAc$$

再生反应：

$$ZnO+2HAc \Longrightarrow ZnAc_2+H_2O$$

总反应

$$ZnO+H_2S \Longrightarrow ZnS+H_2O$$

天然气中二氧化碳的存在对该过程影响不大，这是由于 Chemsweet 浆料的 pH 值足够低，即使二氧化碳与硫化氢的比例很高，也可以防止二氧化碳被大量吸收（Manning 和 Thompson，1991；Kohl 和 Nielsen，1997）。

乙酸锌的加入建立了更加可控的反应。乙酸锌溶解至平衡以产生锌离子，然后锌离子与硫化氢反应，生成硫化锌和乙酸。乙酸的加入会使更多的锌分离，从而控制了溶液中锌离子的浓度（Kohl 和 Nielsen，1997）。虽然锌浆厂操作简单并且易于安装，但是该工艺反应物成本高、处理硫化锌废料困难。

SulfaTreat 工艺（图 8.7）也是一种从天然气中选择性去除硫化氢和硫醇的批组式工艺。该过程是干燥的，不使用料液，并且可用于适合批量处理天然气的实际应用。SulfaTreat 系统是在多孔固体材料上使用氧化铁的最新发展。与海绵铁工艺不同，SulfaTreat 材料是非自燃的，并且在相同的体积或质量的基础上比海绵铁具有更高的容量。

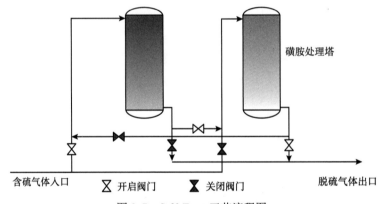

图 8.7　SulfaTreat 工艺流程图

在该工艺中，入口气流通过一个小型入口分离器进入装置，以分离出任何夹带的液体、盐水和气流中的各种液态烃。随后含硫原料气进入接触器的顶部，在那里 SulfaTreat 产品（具有均匀孔隙率和渗透性的干燥、颗粒状、自由流动的材料）仅与含硫化合物发生反应，消除了与二氧化碳的任何副反应，但也可能会降低其效率。随着 SulfaTreat 床被干燥，反应速度会降低。为了达到最佳效率，可能需要测量气体的含水量，并将足够量的水注入气体中，以维持气体达到水饱和的程度并且保证在出口气中存在游离水。

SulfaTreat 工艺的化学成分类似于海绵铁工艺的化学成分：

$$Fe_3O_4+4H_2S \longrightarrow 3FeS+3H_2O+S$$

$$Fe_3O_4+6H_2S \longrightarrow 3FeS_2+4H_2O+2H_2$$

$$Fe_2O_3+3H_2S \longrightarrow Fe_2S_3+3H_2O$$

另一种固定床干法吸附工艺应用了类似于碱洗方法（Sofnolime 方法）中的氢氧化物介质（Kohl 和 Nielsen，1997）。这是一种干法工艺，应用了含颗粒状固体氢氧化物的增效混合剂。该介质能够除去硫化氢、二氧化碳、羰基硫、二氧化硫和有机硫化合物，反应如下：

$$2NaOH+H_2S \longrightarrow Na_2S+H_2O$$

$$Ca（OH）_2+CO_2 \longrightarrow CaCO_3H_2O$$

该工艺可以去除硫化氢和二氧化碳，但高二氧化碳含量的气流（例如生物气）会将介质耗尽，填充床的顶部和底部各有一层陶瓷球层形成支撑，并且流动方向向上。

虽然不是严格意义上的金属氧化物工艺，但工作溶液的无害分类导致人们更愿意开发铁螯合物溶液（Kohl 和 Nielsen，1997）。这里有两个工艺值得注意：（1）LO-CAT 工艺；（2）SulFerrox 工艺。LO-CAT 工艺和 SulFerrox 工艺二者主要的区别在于容器配置、铁浓度以及用于优化工艺的专属螯合物和添加剂（Dalrymple 和 Trofe，1989）。螯合铁溶液的主要优点体现在反应物具有催化性质、占地面积小以及回收硫元素的能力（Muely 和 Ruff，1972）。

该技术使用铁螯合型催化剂，其作用原理是通过将三价铁离子还原成亚铁离子而将硫化氢转化为元素硫，通过与空气接触使三价铁离子再生，从而发生反应：

$$2H_2S+O_2 \longrightarrow 2H_2O+2S$$

$$4Fe^{3+}+2H_2S \longrightarrow 4Fe^{2+}+2S+4H^+$$

$$4Fe^{2+}+O_2+H_2O \longrightarrow 4Fe^{3+}+4OH^-$$

当气流含有足够的氧气（硫化氢浓度的 50%）时，氧化和再生反应可以在同一容器中进行。标准的操作系统包括三个容器：（1）预接触器；（2）吸收塔；（3）氧化器。虽然有机螯合剂可在很广泛的 pH 值范围内使铁离子保持稳定，但是氧化阶段的反应速率仍然取决于 pH 值，因此螯合铁溶液的 pH 值应保持在 6~10 范围内。

$BioDeNO_x$ 工艺是一种从烟道气中去除氮氧化物的生物工艺。铁螯合物有选择性地吸收氮氧化物，原理是在微生物的存在下与乙醇共同作用将这些氮氧化物还原为氮元素。该工艺使用湿气洗涤器使循环液体与烟道气进气接触并吸收氮氧化物（NO_x）。在洗涤器下方的集液槽中，被吸收的氮氧化物被生物作用还原为氮，同时乙醇也会被消耗，从而使铁螯合物溶液再生。烟气中存在的氧气和酸性化合物，如氯化氢和氟化氢，会使一部分铁螯合物氧化成三价铁（Fe^{3+}）。为了消除这种氧化的三价铁材料，需要清洁和补充铁螯合物。为了最大限度地减少铁螯合物消耗，可以安装纳米过滤器，并使装置的排出物通过过滤器以实现回收螯合物。

另一种生物型工艺是 THIOPAQ 工艺，其涉及高压天然气、合成气、燃料气流、来自胺再生的酸性气体和废碱处理。该工艺是通过使用硫细菌（硫杆菌）将硫化氢氧化成元素硫。所使用的硫细菌是天然存在的细菌，未经过基因改造。在该工艺中，需要将气流送至苛性碱洗涤器，在那里硫化氢发生反应生成硫化钠，当生物反应器中供应空气时，生成的硫化钠会进一步被细菌转化为元素硫和苛性碱。硫颗粒覆盖有一层（生物）大分子聚合物，其可以使硫保持在一种乳状悬浮液状态，不会引起结垢或堵塞。生成的硫黄悬浮液可以浓缩成含有 60%（质量分数）硫黄的滤饼。该滤饼可直接用于农业用途，或作为制造硫酸的原料，或者生物硫悬浮液可通过熔化进一步纯化成优质硫，从而达到 Claus 硫的规格要求（http：//www. paqell. com/thiopaq/about-thiopaq-o-and-g/）。

8.6 甲醇基工艺

历史上甲醇是天然气加工行业中最通用的溶剂之一，甲醇是第一种商业有机物理溶剂，并已用于抑制水合物、脱水、气体脱硫和液体回收（Kohl 和 Nielsen，1997）。这些应用中的大多数涉及低温，在这个条件下，与其他表现出高黏度问题甚至出现固化现象的物理溶剂，甲醇的物理性质是有利的。在低温下操作往往会抑制甲醇最显著的缺点，即高溶剂损失。此外，甲醇相对便宜且易于生产，使甲醇溶剂成了气体处理应用中的非常具有吸引力的选择。

除蒸气压外，甲醇相对于其他溶剂具有更有利的物理性质。低温下甲醇的低黏度的优势体现在冷却注射装置压力降低的改善和热量传导的提高。对于其他溶剂，甲醇具有低得多的表面张力。而高表面张力加剧接触器中的发泡问题。甲醇工艺很可能不会受发泡问题的影响，高蒸气压是甲醇的主要缺点，可以达到乙二醇或胺的几倍。为了最大限度地减少甲醇损失并增强水和酸性气体的吸收，吸收器或分离器的温度通常要低于−20℉。

由于会引起溶剂的高损耗，最初甲醇的高蒸气压看起来是一个显著的缺点。高蒸气压也具有明显的优点，由于高蒸气压，甲醇在进入冷箱前会完全混合在气流中。由于乙二醇不会完全蒸发，为了防止冻结，可能需要在冷箱中安装特殊喷嘴并且将其安装在合适的位置。将溶剂转移到其他下游工艺的过程也会引起重大的问题。由于甲醇比乙二醇、胺和其他物理溶剂（包括贫油）更易挥发，因此在这些下游工艺的再生步骤中通常会排出甲醇。汽提塔会将甲醇浓缩在塔顶的冷凝器中，在那里可以将甲醇除去并进一步提纯。不幸的是，在将乙二醇转移到胺装置过程中，乙二醇会发生浓缩并可能会降解，该过程可能会稀释胺溶液。

甲醇被进一步单独利用于 Rectisol 工艺，而其与甲苯的混合物被用来更有选择性地去除硫化氢以及将二氧化碳排放到塔顶产物中（Ranke 和 Mohr，1985）。羰基硫在甲苯中比在甲醇中更易溶，因此甲苯具有额外的优势。Rectisol 工艺主要用于从煤、油和石油残渣的部分氧化过程产生的气流中去除二氧化碳和硫化氢（以及其他含硫物质）。甲醇吸收这些不需要成分的能力使其成为首选的天然溶剂。但是在低温下，甲醇对气流中的碳氢化合物同样具有高亲和力，例如丙烷比甲醇更易溶于甲醇。Rectisol 工艺可分为二级法和直通法两个版本。二级法工艺的第一步是在变换前脱硫，该过程硫化氢和二氧化碳的浓度分别约为 1% 和 5%（体积分数）。在原料气脱硫后，甲醇的再生作用会生成高硫原料以实现硫的回收。直通法仅适用于高压状态氧化产物。当硫化氢相对于二氧化碳含量不理想时，直通法也适用于两种气体含量在 1:50 左右的情况（Esteban 等，2000）。

在许多气体处理装置中，使用烷烃醇胺（单—二乙醇胺）与甲醇混合物的物理或化学组合提纯方法比使用单一物理溶剂更为成功。该混合溶剂的主要优点在于其具有物理溶解组分和良好的物理吸收能力以及胺拥有化学反应能力。化学上较为活跃的胺与低沸点极性物理溶剂如甲醇的组合在吸收二氧化碳和硫组分方面具有以下主要优点：（1）产物气体中硫含量低；（2）纯化气体中的二氧化碳含量低；（3）通过吸收可去除微量组分，例如氰化氢、羰基硫、硫醇衍生物和更高分子量的烃衍生物；（4）由甲醇较低的沸点（低于水）决定的相对低的再生温度；（5）溶剂是无腐蚀性的，因此可以使用碳钢设备。

最近，开发出来了一种新的使用甲醇的工艺，该工艺具有同时完成脱水、去除酸性气体和控制烃露点温度的能力（Rojey 和 Larue，1988；Rojey 等，1990）。其中，IFPEXOL-1工艺用于脱水和控制烃露点温度，而 IFPEXOL-2 工艺用于去除酸性气体。IFPEXOL-1 方法的创新是一部分饱和水入口进料从低温分离器的水溶液中回收甲醇。这种方法解决了大型设施中甲醇注入的一个主要问题，即通过蒸馏回收甲醇。除了这个非常简单的发现之外，该工艺的低温部分与基本的甲醇注入工艺非常相似。作为对该工艺的一项改进，可以水洗从低温分离器中流出的烃类液体，以达到提高甲醇回收率的效果。除了工作温度之外，用于酸性气体去除的 IFPEXOL-2 工艺与胺类工艺非常相似。为了减少甲醇的损失，吸收器的运行温度要低于 220℉，并且再生器的运行压力约为 90psi。为了回收甲醇，需要对再生器冷凝器施加冷却。这个过程通常依照 IFPEXOL-1 工艺，因此吸收过多的碳氢化合物并不是一个大问题（Minkkinen 和 Jonchere，1997）。

8.7 碱洗工艺

碱洗工艺通常被划为基于洗涤器的工艺大类（例如，化学洗涤器和气体洗涤器），这是一组多样化的气体清洁工艺，可用于从工业废气中去除一些颗粒物质和气体（图 8.8）。传统上洗涤器这一术语用于表示使用液体洗涤去除气流中污染物的装置。最近该术语还用于

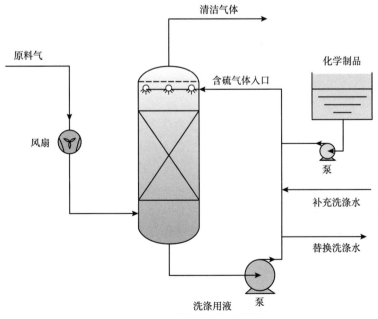

图 8.8　一种气体洗涤流程图

描述将干试剂或浆料注入污染气流中以洗掉酸性气体的系统。

该工艺去除污染物的效率可以通过增加气流在洗涤器中的停留时间，或通过使用喷嘴或填充塔增加洗涤器溶液的表面积来改善。湿式洗涤系统可以进一步增加处理气流中水的比例。通过烟气冷凝，湿式洗涤器还可用于从热气体中回收热量。在这个操作中，需要将洗涤器排出的水通过冷却器循环到洗涤器顶部的喷嘴，而热气体从底部进入洗涤器，而且如果气体温度高于水的露点温度，则需要在最初通过蒸发水滴使其冷却。进一步冷却会导致水蒸气冷凝，从而引起循环水量的增加。

8.7.1 碱洗

只有当硫化氢是少量存在并且具有处理废溶液的合适方法时，通过苛性碱洗涤去除硫化氢的操作经济上才是合算的（Kohl 和 Nielsen，1997）。其化学反应简单，并且其有效性在某种程度上取决于气流中硫化氢的浓度。发生反应：

$$NaOH + H_2S \longrightarrow NaHS + H_2O$$

$$2NaOH + H_2S \longrightarrow Na_2S + H_2O$$

$$2NaOH + CO_2 \longrightarrow Na_2CO_3 + H_2O$$

碳酸盐清洗是一种温和的碱性工艺，通过从气流中去除酸性气体（如二氧化碳和硫化氢）来实现控制排放的目的（Speight，2014，2017），并利用了碳酸钾吸收二氧化碳的速率随温度升高的原理。已经证明该方法在反应可逆性温度附近效果最好：

$$K_2CO_3 + CO_2 + H_2O \longrightarrow 2KHCO_3$$

$$K_2CO_3 + H_2S \longrightarrow KHS + KHCO_3$$

在 Benfield 工艺中，在吸收塔中使用了含 Benfield 添加剂的碳酸钾溶液洗涤进料中的酸性气体，以改善工艺性能并避免腐蚀。

就结果而言，水洗类似于用碳酸钾洗涤（Kohl 和 Riesenfeld，1985），并且还可以通过减压实现解吸。该工艺过程中的吸收是纯物理性质的，并且还存在相对高的烃衍生物被吸收，其与酸性气体同时被释放出来。

8.7.2 热碳酸钾工艺

热碳酸钾工艺已成功用于从许多气体混合物中除去大量的二氧化碳。它已被用于为同时含有二氧化碳和硫化氢的天然气脱硫。该工艺不适用于含有很少或不含二氧化碳的含硫气体混合物，这是因为如果不存在二氧化碳，二硫化钾非常难以再生。

该方法有优点，也存在缺点。优点是：（1）它是一种采用廉价化学品的连续循环系统；（2）该系统是一种等温系统，在系统中酸性气体的吸收和解吸都是在尽可能的恒定高温下进行的，因此在流体循环系统中不需要热交换设备；（3）与胺工艺设备相比，它只需要更小的蒸汽速率就可以通过汽提完成解吸。它的缺点是：（1）在商业化标准下，该工艺不能将硫化氢含量降低到许多管道规格的程度；（2）与其他酸性气体去除工艺类似，该工艺易于腐蚀；（3）该工艺也容易出现与悬浮固体和发泡有关的问题。

使用磷酸钾的方法被称为磷酸盐脱硫，并且其脱硫方式与 Girbotol 方法相同，即从液态烃衍生物以及气流中除去酸性气体。该方法采用的处理溶液为磷酸三钾（K_3PO_4）的水溶液，其通过吸收塔和活化塔再循环，循环方式与乙醇胺在 Girbotol 工艺中循环的方式大致相同，此外该溶液以加热的方式完成再生。

8.7.3 其他工艺

其他工艺的一种为 Alkazid 工艺（图 8.9），其使用浓缩的氨基酸水溶液去除硫化氢和二氧化碳。热碳酸钾工艺（图 8.10）可以将天然气和精炼气体中的酸含量从 50% 降低至 0.5%，并且该工艺可以使用一套与胺处理相似的装置完成。

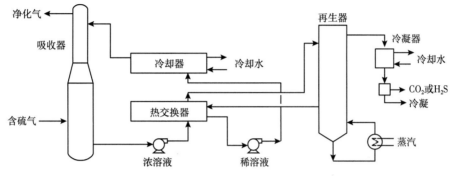

图 8.9　Alkazid 工艺流程图

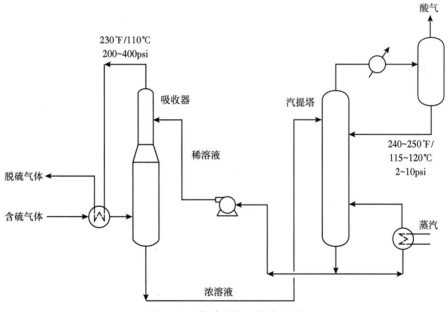

图 8.10　热碳酸钾工艺流程图

Giammarco-Vetrocoke 工艺用于去除硫化氢和二氧化碳（图 8.11）。在硫化氢去除部分中，反应试剂由碳酸钠或碳酸钾组成，其中含有亚砷酸盐与砷酸盐的混合物。二氧化碳去除部分，则使用由三氧化二砷、亚硒酸或亚碲酸活化的热碱金属碳酸盐水溶液。

Catacarb 工艺使用一种改良的钾盐溶液，其中含有稳定且无毒的催化剂和腐蚀抑制剂。在该方法中，催化剂被用于活化碳酸盐溶液以吸收和解吸二氧化碳，克服了碳酸盐洗涤的

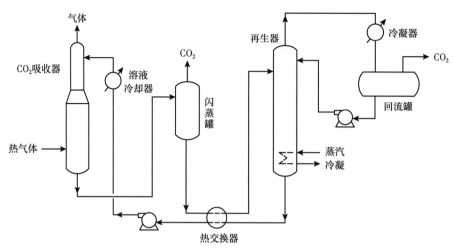

图 8.11　Giammarco–Vetrocoke 工艺流程图

上述缺点。根据待处理气流的组成，此过程中还可以选择使用其他几种催化剂和抑制剂。该方法还能够除去痕量的其他酸性气体，例如羰基硫、二硫化碳和巯基衍生物。

通过使所有硫醇硫化合物失去活性，Merox 工艺（图 8.12）（UOP，2003）被用于处理最终产物。该工艺可用于处理液化石油气、天然汽油和具有更高分子量的组分。其处理方法是在单个多级萃取塔中使用高效塔盘使含有硫醇（RSH）的酸性原料与苛性钠（NaOH）发生萃取反应：

$$RSH+NaOH \Longleftrightarrow NaSR+H_2O$$

萃取出的以硫醇钠衍生物（NaSR）形式存在的硫醇被催化氧化生成不溶于水的二硫化物衍生物（RSSR）：

$$4NaSR+O_2+sH_2O \longrightarrow 2RSSR+4NaOH$$

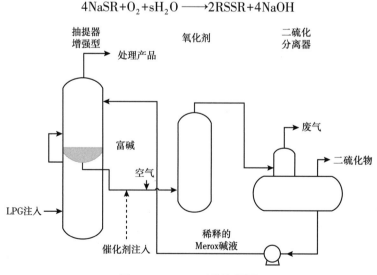

图 8.12　Merox 工艺流程图

生成的二硫化物油将被倒出并转移至燃料中或在加氢处理器中进一步处理。而再生的苛性碱将被再循环至萃取塔。

Merox 溶液可以以非常高的效率去除液体中的硫醇。如果需要更完全的去除，Merox 还提供了固定床催化转化流程可将硫醇转化为二硫化物。因为硫醇衍生物可通过萃取除去，因此低沸点原料如液化石油气的处理并不需要脱硫，而含有较高分子量硫醇的其他原料（如天然气液体）可能需要 Merox 萃取工艺与脱硫工艺的组合工艺。

Sulfa-Check 工艺使用亚硝酸钠（$NaNO_2$）作为碱工艺的基础试剂。采用 Sulfa-Check 工艺处理具有较高氧气含量的气流时，在气流中将会产生一些氮氧化合物（NO_x）。

8.8 膜工艺

在气体分离中，膜技术的使用仍然仅限用于去除二氧化碳（Alderton，1993）。膜技术的进步使膜在天然气领域的其他应用中开始具有竞争力。新的膜材料和新的配置表现出优异的性能，并提高了其在除去天然气污染物操作中的稳定性。新的膜技术的目标是实现三种物质的分离：氮气、二氧化碳/硫化氢和液态天然气（Baker 等，2002；Baker 和 Lokhand-wala，2008）。该工艺采用了两步膜系统设计：甲烷选择性膜并不需要在低温下操作，并且投资和操作成本经济上都可接受。

与其他技术（如吸收和吸附过程）相比，使用膜技术具有几个优点。举例来说，高填充密度使在小体积组件中有机会获得大的膜面积，这将使用具有更小空间和重量的膜装置即可获得同等产量，因此可以减少投资。此外，与吸收过程相比，由于不使用化学品，该工艺更加环保。除了前面提到的优点之外，膜还具有降低操作成本、没有移动部件以及适合于偏远地区的优点。更好的可移动性使该技术有望用于海上和海底实践（Jahn 等，2012；Tierling 等，2011）。

用于从天然气中去除二氧化碳的几种选择性膜已经在陆上或海上平台安装使用。对于小型气田并且气流中二氧化碳含量低的条件，膜系统的工作效率很高，并且产物中二氧化碳的含量可以非常接近管道规格要求（2%）。但是对于较大气田并且原料气体中二氧化碳含量较高的条件，经膜处理的气流仍然具有高二氧化碳含量（例如，6%）并且需要进一步处理。对于小型气田，与吸收工艺相比，膜技术在经济上具有竞争力，而对于大型气田，吸收仍然更为有利。由于平台上的重量和尺寸的限制，膜工艺对于海上或海底的操作可能更为有利。

与硫化氢去除相比，针对二氧化碳去除的膜工艺已得到了更为广泛的研究。已形成了几种用于去除二氧化碳的商业化膜工艺（Jahn 等，2012）。这些膜可以适用于进料气流中含有大量的二氧化碳（例如，3%~90%）。此外，膜系统具有处理进气量每天发生大改变的可能（例如，进气量每天在 $3×10^6 ~ 700×10^6 ft^3$ 范围变化）。

用于天然气工业的新膜技术已经被开发出来（Lokhandwala 和 Jacobs，2000）。例如，允许冷凝蒸气（例如 C_{3+} 烃衍生物、芳族衍生物和水蒸气）渗透，但同时阻挡不可冷凝的气体（例如甲烷、乙烷、氮气和氢气）的膜。在过去的 15 年中，全球化学加工行业已安装了 50 多套膜系统。主要应用领域为氮气去除、天然气液体回收以及用于控制燃气轮机和发动机的相关天然气和燃气的露点控制（Hall 和 Lokhandwala，2004）。

在另一个工艺（Lokhandwala，2000）中，描述了一种基于膜技术精炼含有 C_{3+} 烃衍生物或酸性气体的天然气的方法。经过处理的天然气可用作气体动力设备的燃料，包括压缩机、天然气田或加工厂中使用。如果需要，该工艺也可用于生产液态天然气。

在选择去除二氧化碳的膜材料时，需要考虑的重要因素是高二氧化碳高渗透性和高二氧化碳（相对甲烷）选择性，以及较高的热稳定性和机械稳定性（George 等，2016；Sridhar 等，2007）。醋酸纤维素/三乙酸酯和聚酰亚胺膜是最常用的商业天然气脱硫膜。近年来，大量用于二氧化碳—甲烷分离的膜材料已经在实验室规模上被开发和测试，既包括无机材料，也包括聚合物膜材料。

用于处理天然气的常规聚合物膜面临了若干挑战，通常包括污染、物理老化和塑化（Adewole 等，2013）。在膜工艺操作之前对天然气进行适当的预处理对于避免因污染导致的性能下降非常重要。在石油和天然气工业加工中使用的不同添加剂对膜具有破坏作用，并且进料中的颗粒和黏性物质会阻挡膜孔隙。从天然气中去除二氧化碳过程中，主要的污染物是较高分子量的烃衍生物，BTEX（苯、甲苯、乙烯苯和二甲苯）和硫化氢。膜系统中较高分子量烃衍生物的存在降低了膜渗透比，这是由于烃衍生物会缓慢地覆盖在膜的表面上（George 等，2016）。由于水蒸气会导致膜膨胀，从而改变它们的性能，因此对于一些聚合物膜来说，控制气体的湿度也很重要（George 等，2016）。

无机膜也曾经被研究用于气体分离。与聚合物膜相比，无机膜可具有更高的选择性和渗透性。一般而言，无机膜对恶劣环境以及高温和高压下也具有优异的耐受性（George 等，2016；Jusoh 等，2016）。

8.9　分子筛工艺

分子筛可用于从气流中除去硫化合物。该工艺可以选择性地去除硫化氢以使其满足 4ppm 的标准。筛床可以设计成脱水和脱硫同时进行，分子筛工艺还可用于从气流中去除二氧化碳。

分子筛是碱金属（钙或钠）铝硅酸盐的结晶形式，与天然黏土非常相似。它们具有高度多孔性，狭窄的孔径范围和巨大的表面积。通过离子交换加工，分子筛是最昂贵的吸附剂，并且在其表面上具有高度局部化的极性电荷，可作为非常有效的极性化合物（例如水和硫化氢）吸附位点。分子筛是碱性的并且可受到酸的侵蚀，但是特殊的耐酸分子筛可用于处理非常酸性的气体。

在分子筛中，在已定的结构下，孔隙的开口具有相同的尺寸，并且尺寸是由晶体的分子结构和晶体中存在的分子大小决定。分子筛合成过程中会出现结晶水，而孔隙就是通过去除这些结晶水得到的。分子筛与任何典型的固体吸附剂相同，都具有大表面积特点，分子筛还具有高度局部化的极性电荷。这些局部电荷的存在是极性或可极化化合物可以非常强地吸附在分子筛上的原因。这也导致分子筛对这些物质的吸附能力比其他吸附剂高得多，特别是在较低的浓度范围下。

由于孔径范围较窄，吸附物的分子尺寸决定了分子筛对它的选择性，较大分子量的吸附物，例如较高分子量的烃衍生物，倾向于不被分子筛所吸附。分子筛再生温度非常高，并且生成的产物含水量可以低至 1ppm。分子筛是一种能够实现同时脱水和脱硫的方法，因此是含硫气体清洁的最佳选择。

对于从气流中去除硫化氢（以及其他硫化合物），分子筛具有高选择性以及持续的高吸收效率。由于分子筛还是一种有效的除水方法，因此成为一种同时脱气和脱硫的工艺，具有过高含水量的气体仍然可能需要在之前脱水。分子筛工艺（图8.13）与氧化铁工艺类似。其通过在填充床上通过加热的清洁气体来实现床的再生。

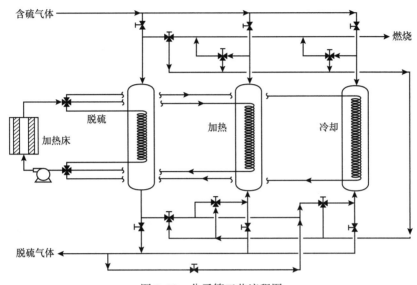

图 8.13　分子筛工艺流程图

随着填充床温度升高，它会将吸附的硫化氢释放到再生气流中。流出的含硫再生气体被送到火炬塔，在这个再生过程中可能损失高达2%的气体。通过筛子吸附烃组分也可能会损失一部分天然气。在该工艺中，不饱和烃组分，例如烯烃和芳族化合物，会被分子筛强烈地吸附。分子筛易在诸如乙二醇等化学物质的作用下中毒，因此在吸附步骤之前需要使用彻底的气体清洁方法。另一个选择是，通过使用保护床提供一定程度的保护，即在气体与筛子接触之前将一种较便宜的催化剂置于气流中，从而保护分子筛催化剂免于中毒。这个与石油工业中使用的保护床或磨损辅助催化剂类似（Speight，2014，2017）。

分子筛床的再生作用会将硫化氢浓缩成一小股再生气流，必须要将这股气流进行加工处理或送去废弃。在再生循环期间，在再生气体中硫化氢将显示出浓度的峰值，该峰值约为入口气流中硫化氢浓度的30倍。

8.10　硫回收工艺

硫在天然气中和原油中主要分别以硫化氢和含硫化合物的形式存在，而原油中的含硫化合物在处理加工的过程中也会被转化为硫化氢（Speight，2014、2017）。通过气体处理方法，即可从天然气或炼油伴生气中除去硫化氢以及可能存在的二氧化碳。来自酸性气体处理单元的旁流主要由硫化氢或二氧化碳组成。二氧化碳通常排放到大气中，但有时也回收用于二氧化碳驱油。硫化氢可以输送到焚烧炉或火炬塔，在那里会将硫化氢转化为二氧化硫。向大气中释放硫化氢可能受到环境法规的限制。这些限制中包含有很多具体限制条件，并且会定期修改可允许的排放量限制。在任何情况下，在再生循环中可以排出或燃烧的硫化氢的量都会受到环境法规的严格限制。

大多数硫回收工艺使用化学反应来氧化硫化氢并生成元素硫。这些工艺通常是基于硫化氢和氧气或硫化氢和二氧化硫的反应。这两种反应都生成水和元素硫。这些方法是得到许可的并需要使用专门的催化剂和溶剂，并且这些工艺可直接用于地下产出的天然气。在遇到大流量的情况下，更常见的工艺是将产出的气流与化学或物理溶剂相接触，并对再生步骤中释放的酸性气体使用直接转化工艺。

8.10.1 Claus 工艺

从含硫气流中回收硫通常使用著名的 Claus 工艺，其利用硫化氢和二氧化硫的反应〔在 Claus 炉中由硫化氢与空气和（或）氧气燃烧产生〕生成元素硫和水：

$$2H_2S(g) + SO_2(g) \longrightarrow (3/n)S_n(g) + 2H_2O(g)$$

该反应是一种放热的、热力学平衡限制反应，需要保持低温以达到较高的反应转化率，这导致了较低的反应速率并且需要使用催化剂。为了抵消高转化率下的严格平衡限制，催化转化反应通常在多级固定床吸附反应器中进行（Sassi 和 Gupta，2008）。

从酸性气体中回收元素硫，目前 Claus 硫回收工艺（图 8.14）是应用最广泛的技术（Maddox，1974）。世界上大部分硫是由来自气体处理的酸性气体。常规的三级 Claus 装置可以达到 98% 的硫回收效率，由于环境法规变得更加严格，硫回收工厂需要使回收硫的效率达到 99.8% 以上。为了满足这些更严格的法规，Claus 工艺经历了各种修改和拓展。

对 Claus 装置的拓展修改被认为是独立于 Claus 工艺的操作，它通常被称为尾气处理工艺。当 Claus 工艺不经济或不能满足所需的规格时，可以使用其他的硫回收工艺取代 Claus 工艺。这种工艺通常用于小规模的工厂，或者当酸性气体中硫化氢含量低于 Claus 装置或某个改进版本工艺的要求。

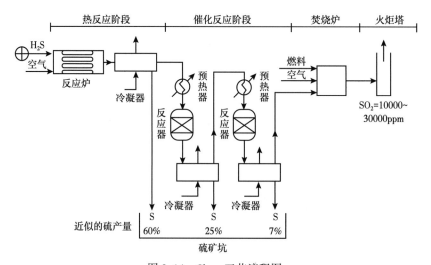

图 8.14 Claus 工艺流程图

Claus 工艺的化学过程包括将部分硫化氢氧化成二氧化硫，以及促进硫化氢和二氧化硫反应生成元素硫的催化反应。该反应过程分阶段进行，反应如下：

热反应阶段

$$2H_2S+3O_2 \longrightarrow 2SO_2+2H_2O$$

热反应与催化反应阶段

$$SO_2+2H_2S \longrightarrow 3S+2H_2O$$

在该过程中，从酸性气体去除过程流出的酸性气体、来自酸性水汽提塔顶部的气体和少量来自尾气处理单元的再循环气体，在 Claus 反应炉中与足够的空气或氧气燃烧，其产物为具有化学计量比为 2:1 的硫化氢（H_2S）与二氧化硫（SO_2）的气体混合物，以便在后续反应中转化成硫和水。通过上述反应可直接在炉中以加热的方式生成大量的硫［约占回收的总硫量的 67%（质量分数）］。当热炉废气在废热锅炉中冷却时，气态硫将被冷凝并从气体中除去。从右侧反应实现的硫的去除为下一步催化反应阶段提供了动力。催化反应阶段可以在越来越低的温度下发生，也有利于硫更完全地转化。将气体重新加热并使其进入第一催化反应器，在那里剩余气体以较高的转化率（约 75%）被转化，随后施加冷却，使硫冷凝并将其除去。

该方法的第一阶段是通过在反应炉中用空气燃烧酸性气流从而将硫化氢转化为二氧化硫和硫。该阶段为反应中的下一催化阶段提供二氧化硫。为了实现硫化氢更彻底的转化，可增加催化阶段的数量。每个催化阶段包括一个气体再热器、一个反应器和一个冷凝器。在每个阶段之后，需要使用冷凝器以冷凝硫蒸气，并将硫与主气流分离开来。两个催化阶段可以达到 94%~95% 的转化效率，而三个催化阶段可以达到高达 97% 的转化率。产生的废气则会被焚烧或送到另一个处理单元进行尾气处理，然后排放到大气中。

反应生成的产物硫被冷却及冷凝，并产生低压蒸汽。冷凝后的硫产物被以熔融态形式储存在地下硫矿坑中，然后泵送到卡车装载运输。从最后一个阶段的硫冷凝器流出的 Claus 尾气被送至尾气处理单元，从而实现在其废置丢弃之前除去其中未被转化的 H_2S、SO_2 和 COS。硫的回收率取决于如下参数：（1）进料气体的组成；（2）催化剂的老化；（3）反应阶段的数量。对于两级装置，Claus 装置一般的硫回收效率为 90%~96%，而对于三级装置则为 95%~98%。由于平衡限制和其他硫的损失，Claus 装置的总硫回收效率通常不超过 98%。

Claus 装置废置的废气称为尾气，在过去是将其燃烧以使其中未反应的硫化氢转化为二氧化硫，然后再排放到大气中，因此它具有非常高的毒性上限。而且，随着环境保护压力所造成硫转换标准的不断提高，导致开发了大量的基于不同的概念的 Claus 尾气净化装置，以去除尾气中最后剩余的那些硫（Gall 和 Gadelle，2003）。

开发氧吹制 Claus 工艺最初目的是为了增加常规 Claus 装置的生产能力并提高具有低硫化氢含量气体的火焰温度。该方法还用于为硫回收装置增加容量和操作灵活性，在这些装置中原料气的流量和组成（例如那些炼油厂中常见的组分）是可以改变的。

在 Selectox 工艺中，在第一级热反应器（反应炉）中用催化氧化反应代替了 Claus 工艺，来实现将稀酸溶液中的硫化氢气体转化为液态硫。催化氧化反应器可以在比反应炉低得多的温度下运行，并且可以在具有低硫化氢含量的气流条件下保持更稳定的火焰温度。

Recycle Selectox 工艺是一个全催化过程，在该过程中的任何时候，都没有用到火焰。该工艺中使用一种特殊的催化剂床替代传统 Claus 装置中的酸性气体燃烧器。催化剂床的顶部几英寸填充有催化剂，在那里提高了硫化氢氧化生成二氧化硫的选择性。催化床的剩余部分填充有 Claus 催化剂，在那里将完成80%的 Claus 反应。这些反应具有高度放热特点，因此要求监测进料气体的硫化氢浓度以避免过热。

一般来说，Claus 硫回收装置通常可以实现较高的硫回收效率。对于含酸量较低的气流，两级装置（两个催化反应器床）的回收率通常为93%，而三级装置得回收率可达96%。对于酸性气体浓度较高的气流，两级装置的回收率通常为95%，而三级装置通常为97%。由于 Claus 反应是一种平衡反应，在传统的 Claus 装置中，完全去除硫化氢和二氧化硫是不实际的。此外，酸性气体中污染物的浓度也会限制回收的效率。对于需要较高的硫回收水平的设施，Claus 装置通常配备尾气净化装置，以延长 Claus 反应或捕获未转化的硫化合物，以将其循环至 Claus 装置。

最后，从 Claus 装置流向硫坑的液态硫通常含有 $250 \sim 350$ppm（体积分数）的硫化氢，并且这些硫中的溶解气体会通过使用活性气液接触系统将其释放。在此操作中，来自矿坑的硫被泵入脱气塔，在那里它与固定催化剂床上的热压缩空气反向接触。脱气后的硫将被送回硫坑。

SuperClaus 工艺包括一个热反应阶段，以及随后的3个或4个催化反应阶段，硫的去除是通过在各阶段之间的冷凝器实现的。前两个或前三个反应器中填充有标准 Claus 催化剂，而最后一个反应器则填充选择性氧化催化剂。在热反应阶段，酸性气体与低于化学反应配比的受限制的空气燃烧，使得从最后一个 Claus 反应器离开的尾气通常含有 $0.5\% \sim 0.9\%$（体积分数）的硫化氢。SuperClaus 工艺的操作遵循两个主要原则：（1）在 Claus 设备中使用过量的硫化氢以抑制 Claus 尾气中的二氧化硫含量；（2）在水蒸气和过量氧气存在的条件下，在催化工艺作用下将剩余的硫化氢氧化，以实现将硫化氢转化为元素硫。

DynaWave 湿气洗涤器是一种在湿气环境中进行脱硫的反向喷射洗涤器，可用在 Super-Claus 工艺和焚烧炉之后。在该过程中，洗涤液被注入后，通过一个非限制性喷嘴与进入的焚烧炉废气形成反向流动。含有腐蚀性试剂的液体与从下部而来的气体发生碰撞，形成具有高传质速率的极端动荡区域（泡沫区）。骤冷、二氧化硫去除和颗粒物质的去除都在该区域中发生。清洁、饱和的气体和带电液体将继续通过分离容器。饱和气体继续通过容器到除雾装置。液体下降到容器槽中以便再循环回到反向喷嘴。在容器槽中，使用空气氧化将亚硫酸钠（Na_2SO_3）转化为硫酸钠（Na_2SO_4）。

在 Clauspol 工艺中，Claus 尾气与低压降填充塔中的有机溶剂发生反向接触。硫化氢和二氧化硫在溶剂中被吸收，并发生 Claus 反应生成液态元素硫，该反应可通过廉价的可溶解催化剂促进。溶液被泵送至接触器周围后，通过热交换器除去反应热，以保持高于硫熔点的恒定温度。由于硫在溶剂中的溶解度有限，纯液体硫与溶剂会发生分离并可以从接触器底部的沉降部分将其回收。该工艺可使硫的回收率达到99.8%，并可通过调整接触器的尺寸来控制回收率。

硫酸合成法是 Claus 法回收硫的一种替代方法，在该方法下，硫化氢首先在反应炉中燃烧生成二氧化硫，然后二氧化硫转化为三氧化硫（SO_3），随后用水或可循环的稀硫酸洗涤三氧化硫，从而得到浓度98%的浓硫酸。发生如下反应：

$$2SO_2+O_2 \longrightarrow SO_3$$

$$SO_3+H_2O \longrightarrow H_2SO_4$$

在该工艺中，自最后一个反应器床流出的气体会进入吸收塔，在那里已生成的三氧化硫在循环流动的浓硫酸（98%）环境下与过量的水发生反应，生成更多的硫酸。此过程会逐渐提高硫酸的浓度，因此需要加入水以使硫酸的体积浓度保持在98.5%。二氧化硫催化氧化生成三氧化硫是一个高放热反应，随着温度升高到约425℃（800℉），反应平衡变得越来越不利于三氧化硫的形成。因此，特制的催化转化器（反应器）被设计为多级反应器床装置，在每个床之间进行空气冷却以便控制温度。

8.10.2 氧化还原工艺

液体氧化还原硫回收工艺是液相氧化工艺，其使用稀释的铁或钒的水溶液，并依靠酸性气流的化学吸收选择性地去除硫化氢。这些工艺可用于规模较小或稀释的硫化氢气流，从酸性气体中回收硫，或者在某些情况下，它们可用于代替酸性气体去除过程。温和的碱性稀溶液洗涤从入口进入的气流中的硫化氢，并且催化剂将硫化氢氧化成元素硫。消耗的催化剂会通过与氧化剂中的空气接触而再生。可以通过浮选或沉降从溶液中除去硫，这取决于选用的工艺。

Selectox工艺的原理是用催化氧化步骤代替Claus工艺中的第一级热反应器（反应炉）。催化氧化反应器可以在比反应炉低得多的温度下运行，并且可以在具有低硫化氢含量的气流条件下保持更稳定的火焰温度。

该工艺提供了两个版本以供选择：第一种选择是直通法，用于处理硫化氢浓度高达5%的酸性气体，当原料气中的硫化氢含量为2%~5%（体积分数）时，而硫的回收率可达84%~94%（质量分数）；第二种方法是处理硫化氢浓度为5%~100%（体积分数）气体的可循环工艺，该方法从Selectox反应器冷凝器回收气体，以冷却反应器从而使出口温度不超过370℃（700℉）。为了使碳钢反应器可用于该过程，该工艺对温度设定了限制。

在Selectox反应器中大约80%（体积分数）的硫化氢被转化为硫。其反应属于典型的Claus类型：第一反应的主要是将硫化氢转化为二氧化硫，然后硫化氢与二氧化硫反应形成元素硫。其余的硫在常规的Claus阶段被回收。Selectox工艺用于处理硫化氢浓度为50%的酸性气体时，可以实现高达98%（质量分数）的硫回收效率。只有通过尾气处理才能获得更高的硫回收率，例如Beavon Stretford Reactor（BSR）/Selectox工艺。

在BSR/Selectox尾气处理工艺中，气体首先在BSR中加氢形成硫化氢，然后进入另一个Selectox反应器，有研究称BSR/Selectox工艺的硫回收率高达99.3%（质量分数）。

8.10.3 湿法氧化工艺

湿法氧化工艺基于还原氧化（氧化还原反应）化学原理，在含有氧载体的碱性溶液中将硫化氢氧化成元素硫。钒和铁是目前使用的两种氧载体。使用钒载体的最佳实例是Stretford工艺。而使用铁载体工艺最突出的例子为LO-CAT工艺和SulFerox工艺。

由于钒溶液具有毒性，因此现在很少应用钒作为载体的Stretford工艺，更多是以铁为载体的工艺。

LO-CAT 工艺和 SulFerox 工艺的原理基本相同。SulFerox 工艺与 LO-CAT 工艺的不同之处在于前者的氧化和再生步骤在分开的容器中进行，并且硫自过滤器中回收，进而熔化并送至硫储存装置。此外，SulFerox 工艺使用了更高浓度的铁螯合剂（Sulferox 工艺使用质量分数 2%~4% 的铁螯合剂，而 LO-CAT 工艺使用质量分数 0.025%~0.3% 的铁螯合剂）。这两种工艺都能够回收高达 99% 以上的硫。然而，使用 Claus 尾气处理工艺需要将尾气中的所有二氧化硫水解成硫化氢，这是由于二氧化硫会与氢氧化钾（KOH）缓冲碱溶液发生反应并生成硫酸钾（K_2SO_4），而这将消耗缓冲溶液，并使其迅速饱和。

8.10.4 尾气处理工艺

天然气尤其是原油的硫含量日益增高，随着燃料中硫含量的浓缩，炼油厂和气体处理器被迫要获得额外的硫回收能力。与此同时，许多国家的环境监管机构将继续颁布更严格的石油、天然气和化学加工设施的硫排放标准。开发和实施可靠且具有成本效益的技术来满足这些要求是有必要的。为了应对这一趋势，一些为了符合最严格法规而开发的新技术已经出现。对于 Claus 装置，两级装置的一般硫回收效率为 90%~96%（质量分数），三级装置则为 95%~98%（质量分数）。而大多数环境机构要求硫的回收效率在 98.5%~99.9%，因此需要降低 Claus 装置尾气中的硫含量。尾气处理是去除硫回收之后的气体中的剩余硫化合物。来自典型 Claus 工艺的尾气，无论是传统的 Claus 工艺还是该工艺的扩展版本，通常含有少量但数量不定的羰基硫、二硫化碳、硫化氢和二氧化硫以及硫蒸气。此外，尾气中可能还存在氢气、一氧化碳和二氧化碳。

为了除去尾气中剩余的硫化合物，必须首先将所有含硫物质转化为硫化氢，然后将其吸收到溶剂中并将清洁气体排出或者再循环进行进一步处理。

8.10.5 加氢和水解工艺

当要求硫回收率 99.9% 时，则必须将 Claus 尾气中的羰基硫、二硫化碳、二氧化硫和硫蒸气还原为硫化氢。通常硫回收水平由尾气焚烧炉中允许的硫排放量确定。当下游酸性气体去除工艺不能将羰基硫去除到足以满足清洁燃料气体硫排放规定时，则在原始合成气中就要完成羰基硫的还原。当温度升高时，这些硫化合物在催化床上通过氢化或水解作用被还原成硫化氢。

在这些工艺中，元素硫和二氧化硫主要通过氢化还原，而羰基硫和二硫化碳主要水解成硫化氢。当存在过量的氢时，硫和二氧化硫几乎会完全转化为硫化氢。

氢既可以从外部来源供应，也可以已经存在于 Claus 尾气中，或者通过在反应炉中使燃料气体部分氧化获得。通过一个直连的燃烧器将尾气预热至反应器温度，然后将燃料气体直接燃烧到尾气中。该燃烧器还可用于通过燃料气体的部分燃烧来供应所需的氢气。

当在 Claus 装置中使用高浓度氧气时，没有外部氢源的情况下，尾气中通常存在足够的氢气进行还原。Claus 尾气中通常有足够的水蒸气用于水解反应。

SCOT 工艺（壳牌 Claus 尾气处理工艺）开发于 20 世纪 70 年代早期，由催化加氢/水解步骤和胺洗涤装置组成（图 8.15）。在该工艺中，来自 Claus SRU 的尾气在进入加氢反应器之前在直连燃烧器中加热，在那里所有硫物质都被转化为硫化氢（H_2S）。随后通过产生低压蒸汽冷却加氢反应器的流出物，接着通过冷却水交换进行额外冷却。用胺在反向流动填充的吸收器中除去已被冷却的尾气残余硫化氢。在排放到大气之前，吸收器顶部处理后的尾气需要焚烧。在与来自再生器的热贫溶剂进行热交换之后，将来自胺吸收器的富溶剂泵送至再生器。通过蒸汽再沸器，从塔盘式再生器中的溶剂中汽提酸性气体。在与富溶剂和冷却水进行热交换后，来自再生器底部的热贫溶剂被泵送回吸收器以降低其温度。为了完成硫回收，将来自胺再生器塔顶馏出物的酸性气体再循环回 Claus 装置。发生反应为：

$$SO_2 + 3H_2 \longrightarrow 2H_2O + H_2S$$

$$S_8 + 8H_2 \longrightarrow 8H_2S$$

$$COS + H_2O \longrightarrow CO_2 + H_2S$$

$$CS_2 + 2H_2O \longrightarrow CO_2 + H_2S$$

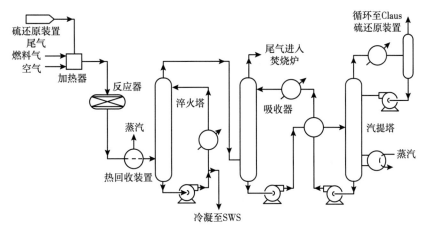

图 8.15　SCOT 工艺流程图

当尾气中也存在一氧化碳时，也可能发生以下反应：

$$SO_2 + 3CO \longrightarrow COS + 2CO_2$$

$$S_8 + 8CO \longrightarrow 8COS$$

$$H_2S + CO \longrightarrow COS + H_2$$

$$H_2O + CO \longrightarrow CO_2 + H_2$$

最后的反应（转移反应）非常迅速，并且一氧化碳的存在似乎不利于前三个反应。

在反应器中还原后，将 Claus 尾气在淬火柱中冷却并用磺胺醇溶液洗涤。将清洁的尾气送入 Claus 加热器，而使富含酸性气体的溶液在汽提塔中再生。为了进一步转化硫化氢，需要将汽提塔顶部的酸性气体再循环回 Claus 装置工厂。吸收器在接近大气压条件下操作，并且胺溶剂不会负载过多的酸性气体。与高压操作不同，由于溶液中没有高负载，因此不需要中间闪蒸容器，负载酸性气体的溶液会直接进入汽提塔。

早期的 SCOT 装置在 Sulfinol（Sulfinol-D）溶液中使用了二异丙醇胺。后来基于甲基二乙醇胺的磺胺（磺胺醇-M）被用来加强硫化氢的去除并选择性排斥吸收剂中的二氧化碳。

为了使处理过的气体实现尽可能低的硫化氢含量，Super-SCOT 配置被引进。在该工艺中，加载的 Sulfinol-M 溶液分两个阶段再生。部分汽提的溶剂进入吸收器的中间位置，而完全汽提的溶剂则进入吸收器的顶部。进入吸收塔顶部的溶剂要冷却至低于传统 SCOT 工艺中使用的溶剂。

SCOT 工艺可以用各种方式进行配置。例如，如果在两个装置中使用了相同的溶剂，则它可以与上游工序中的酸性气体去除装置集成一体。另一种配置是将上游工艺的气体清理装置与 SCOT 装置串联起来。将来自上游工艺的气体处理装置的贫硫化氢酸气体被送到具有两个吸收器的 SCOT 装置中。在第一个吸收器中，贫硫化氢-贫酸气体被富集，而第二个吸收器处理 Claus 尾气。两种 SCOT 吸收器都使用了普通的汽提塔，并且在后一种配置中，不同的溶剂可既用于上游工艺，也可用于 SCOT 装置。

8.11　工艺选择

上述的每一种处理工艺对于某些应用都具有相对的优势，因此，在选择适当的工艺时，应考虑以下实际情况（Morgan，1994；GPSA，1998）：（1）尾气净化要求；（2）酸性气体中杂质的类型和浓度；（3）残留气体的规格；（4）酸性气体的规格；（5）含硫气体能达到的温度和压力以及脱硫气体输送所需的必要温度和压力；（6）待处理气体的体积。（7）气体的烃成分；（8）去除酸性气体所需的选择性。

天然气加工技术在过去 40 年中发生了巨大变化，并朝着 21 世纪天然气加工的主要趋势迈进。这些技术的出现可以对几个变量进行更严格的优化，例如：操作灵活性和加工产出的气体类型。自 1980 年以来，人们越来越关注热力学效率以及更好地利用制冷和再压缩技术，从而带来了液态天然气强化回收工艺的发展。

最佳工艺的选择将取决于入口气体的情况和组成、燃料和能源的成本、产品规格和与之相关的产品价值。

在选择气体处理工艺时，可以根据气体成分和操作条件多次简化决策。酸性气体的高分压（50psi）提高了使用物理溶剂的可能性。而当进气中存在大量高分子量烃类衍生物时，则不能使用物理溶剂。对于酸性气体的低分压和出气规格要求不高的情况，通常可以使用胺来进行适当的处理。

一般来说，90% 以上的陆上井口应用批次处理工艺和胺工艺。当操作成本较低和控制化学成本时，优先选择胺工艺，此时的高设备成本是合理的。原料气的硫含量是关键因素，当原料气中硫含量低于 20lb/d 时，批次工艺更经济，而硫含量超过 100lb/d 时，推荐使用胺溶液工艺（Manning 和 Thompson，1991）。

气体加工工艺通常并不是一个典型的从气流中把氦气抽提（分离）出来的工艺。目前，有许多技术可用于从含氦气体混合物中分离和回收氦气。这些技术包括膜技术、变压吸附技术和低温技术（Mukhopadhyay，1980；Froehlich 和 Clausen，2008；Lim 等，2013）。在这些技术中，低温工艺是最经济的方法，通常用于从天然气流或含有低纯度氦的其他气流中以高回收率或高纯度生产氦气。然而，由于甲烷、氮气、氢气和氦气的标准沸点温度，可以使用基于冷凝的蒸馏法或由冷凝、蒸馏和低温组成的集成工艺从天然气流中提取氦气。为了满足高纯度产品的要求，通过蒸馏工艺将甲烷和氮气分离，使甲烷和其他烃类衍生物成为底部产物，而塔顶气体，即氮气、氦气和氢气的混合物，可以进一步通过低温冷凝过程分离。

参 考 文 献

Adewole, J. K., Ahmad, A. L., Ismail, S., Leo, C. P., 2013. Current challenges in membrane separation of CO_2 from natural gas: a review. Int. J. Greenhouse Gas Control 17, 46-65.

Alderton, P. D., October 27, 1993. Natural gas treating using membranes. In: Proceedings. 2nd GPA Technical Meeting, GCC Chapter, Bahrain.

Anerousis, J. P., Whitman, S. K., 1984. An updated examination of gas sweetening by the iron sponge process. SPE 13280. In: Proceedings. SPE Annual Technical Conference & Exhibition, Houston, Texas.

Arnold, K., Stewart, M., 1999. Surface Production Operations: Vol. 2: Design of Gas-Handling Systems and Facilities, second ed. Gulf Professional Publishing, Houston, TX.

Baker, R. W., Lokhandwala, K. A., 2008. Natural gas processing with membranes: an over-view. Ind. Eng. Chem. Res. 47 (7), 2109-2121.

Baker, R. W., Lokhandwala, K. A., Wijmans, J. G., Da Costa, A. R., 2002. Two-Step Process for Nitrogen Removal from Natural Gas. United States Patent 6, 425, 267.

Bullin, J. A., September 25-27, 2003. Why not optimize your amine sweetening unit? In: Proceedings. GPA Europe Annual Conference, Heidelberg, Germany.

Burnes, E. E., Bhatia, K., 1985. Process for Removing Hydrogen Sulfide from Gas Mixtures. United States Patent, 4, 515, 759.

Carnell, P. J. H., 1986. Gas sweetening with a new fixed bed adsorbent. In: Proceedings. Laurance Reid Gas Conditioning Conference, University of Oklahoma, Norman, Oklahoma.

Carnell, P. J. H., Joslin, K. W., Woodham, P. R., 1995. Oil Gas J., 52.

Chukwuma, N., Jacob, G., 2014. Optimization of triethylene glycol (TEG) dehydration in a natural gas processing plant. Int. J. Res. Eng. Technol. 3 (6), 346-350.

Dalrymple, D. A., Trofe, T. W., 1989. An overview of liquid redox sulfur recovery, Chem. Eng. Prog., March. pp. 43-49.

Dobbs, J. B., March 1986. One step process. In: Proceedings. Laurence Reid Gas Conditioning Conference, Norman, Oklahoma.

Epps, R., February 27-March 2, 1994. Use of Selexol solvent for hydrocarbon dewpoint control and dehydration of natural gas. In: Proceedings. Laurance Reid Gas Conditioning Conference, Norman, Oklahoma.

Esteban, A., Hernandez, V., Lunsford, K., March 2000. Exploit the benefits of methanol. In: Proceedings. 79th GPA Annual Convention, Atlanta, Georgia.

Fox, I., 1981. Process for Scavenging Hydrogen Sulfide from Hydrocarbon Gases. United States Patent, 4, 246, 274.

Froehlich, P., Clausen, J., 2008. Large scale helium liquefaction and considerations for site services for a plant located in Algeria. In: Proceedings. Advances in Cryogenic Engineering, Transactions of the Cryogenic Engineering Conference (CEC), vol. 53, pp. 985-992.

GPSA, 1998. Hydrocarbon treating, Engineering Data Book, eleventh ed. Gas Processors Suppliers Association, Tulsa, OK.

Gall, A. L., Gadelle, D., February, 2003. Technical and commercial evaluation of processes for Claus tail gas treatment. In: Proceedings. GPA Europe Technical Meeting, Paris, France.

George, G., Bhoria, N., Al Hallaq, S., Abdala, A., Mittal, V., 2016. Polymer membranes for acid gas removal from natural gas. Sep. Purif. Technol. 158, 333-356.

Grande, C. A. , Roussanaly, S. , Anantharaman, R. , Lindqvist, K. , Singh, P. , Kemper, J. , 2017. CO_2 capture in natural gas production by adsorption processes. Energy Procedia 114, 2259–2264.

Hall, P. , Lokhandwala, K. A. , March 2004. Advances in membrane materials provide new gas processing solutions. In: Proceedings. GPA Annual Convention, New Orleans, Louisiana.

Jahn, J. , Van Den Bos, P. , Van Den Broeke, L. J. , 2012. Evaluation of membrane processes for acid gas treatment. In: Proceedings. SPE International Production and Operations Conference & Exhibition. Society of Petroleum Engineers, Richardson, TX, pp. 14–16.

Jenkins, J. L. , Haws, R. , 2002. Understanding gas treating fundamentals. Pet. Technol. Q. 61–71.

Jusoh, N. , Yeong, Y. F. , Chew, T. L. , Lau, K. K. , Shariff, A. M. , 2016. Current development and challenges of mixed matrix membranes for CO_2/CH_4 separation. Sep. Purif. Rev. 45, 321–344.

Kattner, J. E. , Samuels, A. , Wendt, R. P. , 1988. J. Pet. Technol. 40 (9), 1237.

Kohl, A. L. , Nielsen, R. B. , 1997. Gas Purification. Gulf Publishing Company, Houston, TX. Kohl, A. L. , Riesenfeld, F. C. , 1985. Gas Purification, fourth ed. Gulf Publishing Company, Houston, TX.

Lallemand, F. , Minkkinen, A. , May 23, 2001. High sour gas processing in an ever-greener world. In: Proceedings. 9th GPA GCC Chapter Technical Conference, Abu Dhabi.

Lim, W. , Choi, K. , Moon, I. , 2013. Current status and perspectives of liquefied natural gas (LNG) plant design. Ind. Eng. Chem. Res. 52, 3065–3088.

Lokhandwala, K. A. , 2000. Fuel Gas Conditioning Process. United States Patent 6, 053, 965.

Lokhandwala, K. A. , Jacobs, M. L. , March 2000. New Membrane Application in Gas Processing paper presented at the GPA Annual Convention, Atlanta, GA.

Maddox, R. N. , 1974. Gas and Liquid Sweetening, second ed. Campbell Petroleum Series, Norman, OK.

Manning, F. S. , Thompson, R. E. , 1991. Oil Field Processing of Petroleum. Vol. 1: Natural Gas. Pennwell Publishing Company, Tulsa, OK.

Manning, W. P. , 1979. Chemsweet, a new process for sweetening low-value sour gas. Oil Gas J. 77 (42), 122–124.

Minkkinen, A. , Jonchere, J. P. , May 6, 1997. Methanol simplifies gas processing. In: Proceedings. 5th GPA-GCC Chapter Technical Conference, Bahrain.

Mokhatab, S. , Poe, W. A. , Speight, J. G. , 2006. Handbook of Natural Gas Transmission and Processing. Elsevier, Amsterdam.

Morgan, D. J. , November 30, 1994. Selection criteria for gas sweetening. In: Proceedings. GPA Technical Meeting, GCC Chapter, Bahrain.

Muely, W. C. , Ruff, C. D. , 1972. New method for mercaptan & H_2S removal from gases and liquids. Paper Trade J. 34–36.

Mukhopadhyay, M. , 1980. Helium sources and recovery processes with special reference to India. Cryogenics 244–246.

Newman, S. A. (Ed.), 1985. Acid and Sour Gas Treating Processes. . Gulf Publishing Company, Houston, TX.

Polasek, J. , Bullin, J. A. , 1994. Selecting amines for sweetening units. In: Proceedings. GPA Regional Meeting, Tulsa, Oklahoma.

Ranke, G. , Mohr, V. H. , 1985. The Rectisol wash new developments in acid gas removal from synthesis gas. In: Newman, S. A. (Ed.), Acid and Sour Gas Treating Processes. Gulf Publishing Company, Houston, TX.

Rhodes, E. F. , Openshaw, P. J. , Carnell, P. J. H. , 1999. Fixed-bed technology purifies rich gas with H_2S, Hg. Oil Gas J. 58.

Rojey, A., Larue, J., 1988. Integrated Process for the Treatment of a Methane-Containing Wet Gas in Order to Remove Water Therefrom. United States Patent 4, 775, 395.

Rojey, A., Procci, A., Larue, J., 1990. Process and Apparatus for Dehydration, Deacidification, and Separation of Condensate from a Natural Gas. United States Patent 4, 979, 966.

Samuels, A., 1988. Gas Sweetener Associates. Technical Manual, 3-88, Metairie, Louisiana.

Sassi, M., Gupta, A. K., 2008. Sulfur recovery from acid gas using the Claus process and high temperature air combustion (HiTAC) Technology. Am. J. Environ. Sci. 4 (5), 502-511.

Schaack, J. P., Chan, F., 1989a. Formaldehyde-methanol, metallic-oxide agents head scavenger list. Oil Gas J. 87 (3), 51-55.

Schaack, J. P., Chan, F., 1989b. Caustic-based process remains attractive. Oil Gas J. 87 (5), 81-82.

Speight, J. G., 2014. The Chemistry and Technology of Petroleum, fifth ed. CRC Press, Taylor & Fancies Group, Boca Raton, FL.

Speight, J. G., 2017. Handbook of Petroleum Refining. CRC Press, Taylor & Fancies Group, Boca Raton, FL.

Spicer, G. W., Woodward, C., 1991. H2S control keeps gas from big offshore field on spec. Oil Gas J. 76.

Sridhar, S., Smitha, B., Aminabhavi, T. M., 2007. Separation of carbon dioxide from natural gas mixtures through polymeric membranes - a review. Sep. Purif. Rev. 36, 113-174.

Tierling, S., Jindal, S., Abascal, R., 2011. Considerations for the use of carbon dioxide removal membranes in an offshore environment. In: Proceedings. Offshore Technology Conference. OTC, Brazil.

UOP, 2003. Merox Process for Mercaptan Extraction. UOP 4223-3 Process Technology and Equipment Manual, UOP LLC, Des Plaines, Illinois.

延 伸 阅 读

Xiong, L., Peng, N., Gong, L., 2017. Helium extraction and nitrogen removal from LNG boil-off gas. In: Proceedings. IOP Conf. Series: Materials Science and Engineering, vol. 171, Conference 1. IOP Publishing, Philadelphia, Pennsylvania. http://iopscience.iop.org/article/10.1088/1757-899X/171/1/012003.

9 凝析油

9.1 简介

原始烃类混合物向圈闭运移过程中，在压力和温度作用下，随着时间的推移通过热力学变化形成了油气藏（第 2 章 天然气成因和开采）。和原油一样，气井在生产井的整个生命周期内，流体成分可能不同（Whitson 和 Belery，1994；Speight，2014a），一旦井底流动压力降至露点压力以下，凝析气井的凝析油生产率会显著降低（Wheaton 和 Zhang，2000；Fahimpour 和 Jamiolahmady，2014）。此外，储层的压力和温度随着深度增加，它们之间的相互关系将影响流体中的轻质和重质组分特征（Wheaton，1991）。通常烃类混合物中低沸点成分含量随温度和深度的增加而增加，油藏条件接近临界点时，可能形成凝析气藏。

天然气藏也分为三种类型：干气气藏、湿气气藏和反凝析气藏（第 1 章 天然气发展历程和应用）。干气气藏是指在油田整个生命周期内，储层、井筒和采油分离设备中仅生产单一气体组分，有些液体可以在天然气厂加工回收。湿气气藏是在其整个生命周期内射孔井眼产出单一气体组分的气藏，凝析油可在流向地表的过程中形成，也可在伴生气分离设备中形成（Thornton，1946）。

凝析气田通常是单一气态烃类衍生物的地下聚集，包括低沸点烃衍生物（C_5—C_8 烃衍生物）和少数分子量较高的成分（通常为 C_9—C_{12} 烃衍生物）。在地层压力等温下降的情况下，部分凝析油组分将以凝析气的形式冷凝。当气藏中每立方米凝析气的相对含量不低于 5~10g 时，通常称为凝析气藏。凝析气藏可在任何合适的圈闭地层中形成，并可以分为两种类型：（1）与原油储层分离的、在地表下超过 10000ft 处形成的原生凝析气藏；（2）由原油组分部分气化形成的次生凝析气藏。根据热压条件分为饱和凝析气田（地层压力等于初始凝析压力）和不饱和凝析气田（地层压力高于初始凝析压力）。

凝析油（有时称为石脑油、低沸点石脑油或轻石油）含有大量的 C_{5+} 组分（通常可达 C_8 或 C_{10} 组分，取决于来源），在储层条件下表现出反凝析现象，也就是说随着压力的降低，油气藏中的液体会增加［低至约 2000psi（绝）］，这样会造成大量凝析油储量的损失，在低压这些储量下只有通过重新加热才能被部分采出。

石脑油也是炼厂生产的一种烃类产品，特别是低沸点石脑油（也称为轻石脑油），与天然汽油和伴生气凝析油具有一定程度的互换性。大多数石脑油是在精炼工艺第一步——蒸馏过程中从原油中提炼出来的。低沸点石脑油主要由戊烷烃衍生物和己烷烃衍生物与少量高分子量烃衍生物组成。凝析油可以通过分离器（小型独立原油蒸馏塔）进行加工，根据凝析油沸程不同，将其分离为低沸点天然气凝析液（NGL）和高沸点烃类衍生物，所得的清洁凝析油产物既可用作炼油厂改变工艺的原料，也可用作石化产品的原料。低沸点石脑油馏分的性质与典型的伴生气凝析油和天然汽油相似，在本章中将进行比较分析。

反凝析气藏最初只包含单相流体，当储层压力降低时，储层中的单相流体变为两相（凝析油和天然气）。随着管道和分离过程中压力和温度的变化，会生成更多的凝析油。从油藏角度来看，在考虑其生产特点、压力特性和开采潜力后，可以采用类似方式处理干气和湿气。研究反凝析气藏，必须考虑凝析油产量随储层压力下降的变化、井筒附近液体饱和度增加而造成油气井产能降低以及两相流对井筒水力学的影响。

通过本章的回顾，天然气可以从三种类型的气井中产生，具体是：（1）油井，油井中生产的天然气被称为伴生气，伴生气可以与地下地层中的原油独立存在，或者溶解在原油中，而从油井产生的凝析油通常被称为伴生气凝析油；（2）干气井，通常只生产不含任何烃类液体的原始天然气，这种气体称为非伴生气，干气中的凝析油也可以在天然气加工厂被提取，通常称为天然气加工厂凝析油；（3）凝析气井，也就是生产原始天然气和 NGL 的井，这种气体也称为伴生气，也可称为湿气（第 2 章 天然气成因和开采和第 4 章 天然气成分和性质）。

凝析气（或凝析油）一词通常用于表示产自气井，由低沸点烃组成的所有液体（表 9.1 和表 9.2）。凝析气藏一词应仅适用于由于反凝析而在储层中形成凝析油的油气藏。一般认为湿气气藏在储层中含有单相气体，而反凝析气藏则可能不是单相气体。湿气气藏通常生产低沸点液体，其重量与反凝析油类似，但产量低于约 $20bbl/10^6 ft^3$。

表 9.1 凝析油典型物理化学性质

性质	注释/值
外观	琥珀色至深褐色
物质形态	液态
气味	取决于是否存在硫化氢
蒸气压（37.8℃，100℉），psi（绝）	5~15（Reid VP）
初沸点/沸程，℃（℉）	−29~427（−20~800）
水溶性	可忽略不计
相对密度（水＝1）（15.6℃，60℉）	0.6~0.8
体积密度，lb/gal	6.25
挥发性有机化合物含量（体积分数），%	50
蒸发率（醋酸正丁酯＝1）	1
闪点，℃（℉）	−46（−51）
爆炸下限（空气中的体积分数），%	1.1
爆炸上限（空气中的体积分数），%	6.0
自燃温度，℃（℉）	310℃（590℉）

表 9.2 孟加拉国 Bibiyana 气田凝析油性质（Sujan 等，2015）

性质	值	方法
成分（蒸馏）		
石脑油（体积分数），%	50	
煤油（体积分数），%	23	
柴油（体积分数），%	24	

性质	值	方法
15℃下的密度，kg/L	0.8184	ASTM-D1298
API 重度，°API	43	ASTM D287
运动黏度（70℉），cSt	1.43	ASTM D445
运动黏度（122℉）	0.999	ASTM D445
倾点，℃	<-20	ASTM D97
苯胺点，℃	43	ASTM D611
闪点，℃	22	ASTM D93
含硫量（质量分数），%	0.25	ASTM D129
残碳（质量分数），%	1.50	ASTM D189
含灰量（质量分数），%	0.0075	ASTM D482

用于讨论天然气凝析油的术语尚未被正式接受为标准术语，而且往往是对凝析油的一般描述而不是化学描述。例如，馏分油和凝析油都可用于描述天然气回收过程中产生的低沸点液体。一般来说，在一些井中，凝析油与大量气体一起采出，它是一种水白色或浅黄色液体，其外观类似于汽油或煤油。这种液体被称为馏分油，因为它与炼厂从原油中蒸馏挥发性组分而得到的产品相似。此外，这种液体也被称为凝析油，因为它是由井内生产的气体冷凝后形成的。

凝析油与常规原油的本质区别在于：（1）原油的颜色通常为深绿色至黑色，而凝析油通常几乎无色；（2）原油中通常含有一些石脑油，这些石脑油通常被错误地称为汽油，凝析油的沸程范围与原油的低沸点石脑油馏分几乎相同；（3）原油通常含有深色、高分子量的非挥发性成分，而凝析油不含任何深色和高分子量的非挥发性成分；（4）原油的 API 重度（即单位体积的重量或者说密度）通常小于 45°API，而凝析油的 API 重度通常在 50°API 或 50°API 以上（Speight，2014a，2015）。尽管湿气和反凝析油之间的差异显著，但湿气和干气之间的差别要小得多。对于湿气和干气，油藏工程计算均基于单相储层。唯一问题是在物质平衡或井筒液压等计算中，需要考虑是否有足够的产液量。相态反转系统需要使用状态方程进行更复杂的计算，该方程取决于实验室分析研究产生的数据。

当油气藏投产时，实验室测试分析在确定流体类型及其主要物理化学特征方面起着重要作用（Speight，2014a，2015）。通常这些信息是通过对储层流体样品进行压力—体积—温度（PVT）分析以及与相变行为和其他现象有关的其他物理分析，特别是黏度—温度关系来获得的（Whitson 等，1999；Loskutova 等，2014）。传统的生产测量，如中途测试（DST）是唯一在完井后可以立即测量的参数（Breiman 和 Friedman，1985；Kleyweg，1989；Dandekar 和 Stenby，1997）。

从油藏工程角度看，在凝析气藏中必须解决的问题是：（1）油气藏生命周期内凝析油产量的变化；（2）井筒附近气/油两相流体如何影响气体产量（Whitson 等，1999）。这两个问题都与流体系统的 PVT 特性密切相关（尽管产率受相对渗透率影响的影响更大）。

在凝析气藏的开发过程中，数据分析非常重要。凝析气藏中的成分分级对于生产井的布置方式设计、估算现场体积和储量以及预测流体垂向运移（地层之间）和水平运移（断块之间）非常重要（Organick 和 Golding，1952；Niemstschik 等，1993）。对于钻探在构造高点且仅钻遇到接近饱和气体的油气井，需要对潜在原油储量进行预测。在这种情况下，准确的采样和分析（尽管使用标准测试方法）（Speight，2015，2018）和 PVT 建模至关重要（Pedersen 和 Fredenslund，1987；McCain，1990；Marruffo 等，2001）。PVT 模型应能够准确地描述关键相态、体积和黏度特征，这些特征决定了天然气、石油的产出速率和最终采收率。

一个 PVT 模型可能无法以相同的精度准确地描述所有 PVT 特性。基于状态方程的模型通常难以匹配相态反转现象（气体的成分变化和液体析出），特别是当系统接近临界状态时，或者在露点以下发生少量冷凝时（尾状相态反转行为）。此外，通常凝析油藏的黏度难以预测，并且一次黏度测量通常无法完成（有时称为调优）黏度模型的建立。因此，在给定的油田开发条件下，重要的是确定哪些 PVT 特性对于油藏的精确工程设计和油气井性能最为重要。不同油田对不同的 PVT 特性需要不同的精度，取决于油田开发策略（衰竭与气体循环）、低渗透率或高渗透率、饱和或高度欠饱和、地理（海上或陆上）以及可用的评价井和开发井的数量。

对凝析气藏工程重要的 PVT 特性包括：Z 因子、气体黏度、凝析油成分（C_{7+}）随压力的变化以及油和任何析出液体的黏度（Lee 等，1966；Hall 和 Yarborough，1973）。对于通过压力衰竭来生产的油气藏而言，这些性质尤其重要。对于正在进行气体循环的凝析气藏，将露点以下气体循环中形成的相变行为进行量化（蒸发、冷凝和近临界混溶）也很重要。

对于任意的储层流体评估实验，获得以下的初步测量值非常重要：（1）庚烷和高沸点成分（C_{7+}）的数量；（2）原始流体的分子量；（3）最大反凝析量（MRC）；（4）露点压力（p_d）（Nemeth 和 Kennedy，1967；Breiman 和 Friedman，1985；Potsch 和 Brauer，1996；Dandekar，和 Stenby，1997；Elsharkawy，2001；Marruffo 等，2001）。大多数以上属性对于开发凝析气藏极其重要，在早期获得这些数据将有助于开发工程师研究油藏，从而确保有效开采并最大限度地采出油藏中液体。使用这些关联性所需的唯一参数是生产早期流体的气体凝析率（GCR）（Paredes 等，2014），提供输入数据便可获得令人满意的结果，经验方程对所有凝析气藏都是有效的，但为了改善相关性，仍然提出了可应用范围。

9.2　凝析油类型

下列所述的烃类产品多年来一直作为原料用于炼厂升级工艺汽油调合和石化工艺原料，以及其他用途。凝析油家族——伴生气凝析油、天然气加工工厂凝析油（天然汽油）和低沸点石脑油中的所有这些产品一般来说都由相同的烃组分组成，只有伴生气凝析油是直接从井口生产的，没有进一步加工。

9.2.1　天然气凝析油

天然气凝析油是一种烃类液体的低密度混合物，而不是天然气体。天然气凝液通常是低沸点烃类衍生物（如乙烷、丙烷和环境温度和压力下为气体的丁烷异构体），以气态形式存在于未加工的天然气中。在一定压力下，如果温度降到烃类露点温度以下，则未加工的天然气中的一些低分子量烃类衍生物将冷凝成液态。

通常天然气凝析油可与大量天然气一起开采，并在大气温度和井口产气压力条件下储存。从油藏中开采出的原始（未精制）凝析油，从地下采出时是各种烃类化合物的混合物，包括天然气凝析液、戊烷衍生物（C_{5s}）、己烷衍生物（C_{6s}）以及庚烷（C_7）至癸烷（C_{10}）或甚至十二烷（C_{12}）碳数范围内的高分子量烃类衍生物混合物（这取决于凝析油的来源）。

9.2.2   伴生气凝析油

如果不在井口或井口附近加以稳定，在井口处产出的伴生气凝析油会以一种未加工（未精制）液体形式存在。伴生气凝析油的 API 重度范围很大，从 45°API 到 75°API 不等。在美国许多地方，尤其是靠近美国墨西哥湾沿岸的鹰滩（Eagle Ford）和其他页岩盆地，都会生产伴生气凝析油。

伴生气凝析油的 API 重度为 45~75°API。具有高 API 重度（颜色通常为透明或半透明）的伴生气凝析油含有大量的 NGL（包括乙烷、丙烷和丁烷）并且不含分子量较高的烃衍生物。具有较低 API 重度（约 45°API）的伴生气凝析油看起来更像原油，并且高分子量烃衍生物（C_7，C_{8+}）的浓度要高得多。这两者之间的各种凝析油颜色各不相同。

由于具有高蒸气压，较高 API 重度的凝析油较为难处理，通常在井口处加以稳定。在井口工艺中（与更详细的工艺相比）对 NGL 的处理，可能只是将凝析油通过一个大型水箱（图 9.1）或一系列水箱的组成稳定器，使高蒸气压（图 9.2）成分（NGL）蒸发并收集。这样就形成了一种稳定的凝析油，其蒸气压较低，更容易处理（特别是必须用卡车或铁路运输时）。

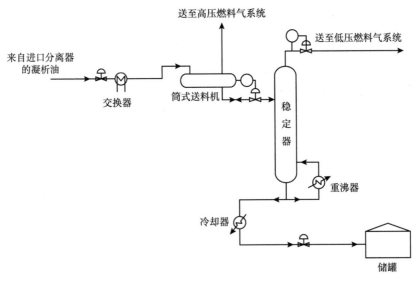

图 9.1　分馏法稳定凝析油的单塔工艺

9.2.3   天然气加工厂凝析油

天然气加工厂凝析油是 NGL 加工厂的产物，几乎相当于天然汽油。天然气加工厂凝析油一词可用于替代天然汽油这一术语，其烃类组成与伴生气凝析油相似，即戊烷衍生物（C_{5s}）、一些己烷衍生物（C_{6s}）和少量高分子量烃衍生物。由于它来自加工厂，因此天然

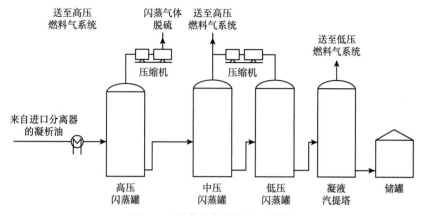

图9.2　闪蒸稳定凝析油示意图

气加工厂凝析油被认为是加工产品而不是天然产品。

此外，由于天然气加工厂凝析油（或天然汽油）是加工厂的产品，天然汽油（由规格定义）的质量范围比伴生气凝析油的质量范围小。这两种产品在某些市场上（例如用于原油调合和用作油砂沥青的稀释剂时）可以互换使用（Speight，2014a，2017）。

9.2.4　天然汽油

天然汽油是烃类（从天然气中提取）的混合物，其主要由戊烷衍生物和较高沸点的烃组成。初期天然汽油的唯一用途是作为发动机燃料或作为发动机燃料中的混合剂，后来将天然汽油的各个组分分离，即异丁烷衍生物、正丁烷衍生物、戊烷衍生物和异戊烷衍生物，作为重整、烷基化、合成橡胶和其他石化产品的基本原料。

炼油厂液化气是在原油精炼过程中回收的各种烃的混合物。这些材料主要由丙烷和丁烷衍生物组成，与天然气相比，它们富含有丙烯和丁烯等烯烃衍生物，可以在环境温度和中等压力下储存和处理。

9.2.5　低沸点石脑油

低沸点石脑油（有时称为轻石脑油）是另一种烃产品，在某种程度上也可与天然汽油和伴生气凝析油互换。低沸点石脑油在性质上与伴生气凝析油和天然汽油类似，但由于低沸石脑油是通过炼油厂蒸馏或冷凝分离过程生产出来的，因此它被认为是精炼产品，大多数石脑油是在炼油工艺的第一步——蒸馏过程中从原油中提炼出来的（Speight，2014a，2017）。轻石脑油主要由戊烷和己烷衍生物以及较少量的高分子量烃衍生物组成。

石脑油的另一来源是冷凝物，其可通过独立的小型原油蒸馏塔（有时称为分离器）加工，使石脑油可与冷凝物中更易挥发的成分和高沸点的烃衍生物分离。石脑油产品既可用作炼油厂改质工艺的原料，也可用作石化产品生产的原料（Sujan 等，2015）。

所有上述低沸点烃混合物经常用作原料，用于炼油厂改质工艺、汽油调合和石化工艺的原料以及其他用途。

9.3　生产

各类油气藏的开采方法应根据油气藏条件下凝析油的特性确定。也必须考虑其他因素，例如气体丰度、储量规模、井产能、油藏类型以及凝析油的赋存方式等。市场环境和其他经济因素也很重要。由于天然气市场不断扩大，以及费托（Fischer-Tropsch）工艺可将气体转化为液体燃料的前景，许多运营商将需要在保持压力开采和销售之间做出选择或妥协，这一选择可以使用已知的评估方法智能地完成。

目前凝析气田（天然气馏分油）在美国路易斯安那州和得克萨斯州墨西哥湾沿岸十分常见，且凝析气田并不局限于这些地区。随着钻井深度增加，极大地提高了凝析气田发现频率和它们在石油工业中的经济重要性。特别是在过去的 10 年中，凝析油开采中的各个阶段都有很多的认识和论述。

将天然气凝析油与原始天然气分离需要许多不同的设备。在本例中（图 9.3），将气井或一组井的原始天然气原料冷却，在压力下使气体温度降低到烃露点以下，从而使大部分凝析油气冷凝，然后将气体、液体冷凝物和水的原料混合物送至高压分离器容器，在那里分离并去除水和原始天然气。来自高压分离器的原始天然气被送到主气体压缩机，随后气体冷凝物通过节流控制阀流到低压分离器，控制阀两端的压力降低导致冷凝物发生部分气化（闪蒸）。从低压分离器提取的天然气被送到增压压缩机，增压压缩机提高气体压力并通过冷却器后将其送到主气体压缩机，主气体压缩机将来自高压和低压分离器的气体压力提高到适当的压力，再通过管道将其输送到天然气加工厂。

在加工厂，原始天然气被脱水，并从气流中除去酸性气体以及其他杂质，之后乙烷、丙烷、丁烷异构体、戊烷衍生物以及任何其他高分子量烃衍生物也被脱除，并作为有价值的副产品回收（第 7 章 天然气加工工艺分类）。从高压和低压分离器中分离出来的水可能需要进行处理以除去硫化氢（H_2S），然后才能将水处理到地下或重复使用。部分原始天然气可以再注入生产层，以帮助维持储层压力。

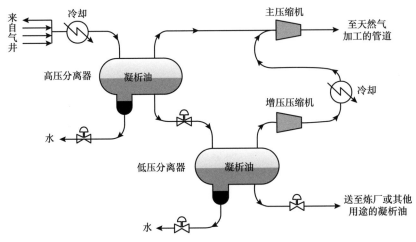

图 9.3   凝析油分离工艺实例

由于某些凝析油的压力敏感性，凝析油的生产可能比较复杂。在生产过程中，如果油藏压力降至露点压力以下，则存在凝析气从气态变为液态的风险。如果想要气体产量优于液体产量，则可以通过注入流体来维持油藏压力。

9.4　凝析油稳定性

凝析油比原油轻，分子量比 NGL 高，自然形态下存储和运输都可能有危险，因此往往需要使其稳定以确保符合安全规范，安全性通常通过蒸气压测量判断。此外，凝析油通常被认为是一种非常优质的轻质原油。与典型的原油相比，凝析油需要的精炼工艺更少，因此非常经济。由于凝析油的精炼工艺不太复杂，而且作为各种产品混合原料的潜力很大，因此它是一种需求量很大的资源。

从井中采出时，凝析油分离和进一步使用的主要问题是挥发性成分。例如烃类气体：甲烷、乙烷、丙烷和丁烷异构体，它们可以溶解在凝析油中。在一些情况下，从天然气中回收的凝析油可以不经过进一步处理而运输，但是经常进行稳定处理，然后混合到原油中并作为原油出售。对于原料凝析油，除了工艺要求之外，对产品规格没有要求。

凝析油稳定是指增加凝析油中的中间组分（C_3—C_5 烃衍生物）和较高分子量组分（C_6 和 C_{6+} 烃衍生物）的工艺。该工艺主要是为了降低凝析油的蒸气压，确保将液体闪蒸到大气储罐时不产生气相，该工艺是将非常轻质的烃类气体，特别是甲烷和乙烷与较重的烃组分（C_{3+}）分开。

凝析油稳定的一个实例是使用闪蒸流程去除较低沸点的烃衍生物。例如，在生产分离过程中，经过脱气和脱水之后，加压的液体凝析油进入冷凝稳定器并流过交换器，在该交换器中使用热的、稳定的凝析油来预热未稳定的凝析油。预热之后，未稳定的凝析油流过管线加热器，被加热到 95~120℃（205~250℉）的稳定温度。加热后的不稳定凝析油送至冷凝分离器中以 35~45psi（表）进行闪蒸，以去除低密度烃蒸气和任何剩余水分。稳定的凝析油流过板式换热器进行冷却，然后常压存储。来自凝析油分离器的蒸气通过空冷冷凝器送至 NGL 分离器，冷凝的丙烷和丁烷在此被回收。

液体凝析油产品将被注入管道或运输压力容器中，由于管道或运输压力容器具有明确的压力限制，因此稳定的液体凝析油必须符合蒸气压力规格。凝析油可以含有高百分比的中间组分，由于其黏度较低且与水的密度差异较大，可以很容易与水分离。因此每口气井的生产设施都应考虑凝析油稳定问题，可以通过闪蒸或分馏来实现稳定。

9.4.1　闪蒸

通过闪蒸来稳定凝析油是一种简单的操作，只需要两个或三个闪蒸罐。该工艺类似于利用蒸气相和冷凝相之间的平衡原理进行分级分离。当蒸气相和冷凝相在温度和压力下处于平衡时，会发生平衡蒸发。

在该工艺中（图 9.1 和图 9.2），来自入口分离器的冷凝物在通过交换器后进入高压闪蒸罐，闪蒸罐压力保持在 600psi（绝）。之后压力下降至 300psi（绝）左右，有助于闪蒸大量较轻的馏分，轻质馏分再压缩后加入酸性蒸气流，蒸气进一步加工之后纳入销售气体，或者再循环到储层中，用作气举以生产更多的原油。来自高压罐底部的液体流向 300psi（绝）中压闪蒸罐，在该罐中释放出额外的甲烷和乙烷，底部产物再次流向至 65psi（绝）的低压罐中。为了确保有效分离，冷凝液在储存前应以尽可能低的压力在汽提塔容器中脱气，这样减少了储罐中冷凝物的过量闪蒸，并降低了所需的惰性气体覆盖压力。

9.4.2 分馏稳定

在这种单塔工艺（图9.1）中，低沸点成分如甲烷、乙烷、丙烷和丁烷异构体被去除并回收，而保留在塔底的残留物（在工艺条件下是非挥发性的）主要由戊烷和较高分子量的烃组成。因此底部产物是一种不含气态组分的液体，能够在大气压下安全存储。

该工艺简单，是炼油厂常压塔蒸馏原油的派生工艺，采用回流蒸馏的原理。因此，当液体在塔中下降时，低沸点成分减少，而高沸点成分浓度增加。在塔底部，一些液体循环通过再沸器给塔加热，随着气体从一个塔盘上升到另一个塔盘，越来越多的重馏分从各个塔盘的气体中脱离出来，轻质馏分逐渐增加，重质馏分逐渐减少。

来自稳定器的塔顶气很少能符合天然气市场的市场规格，通过一个背压控制阀被送至低压燃料气系统，该背压控制阀将塔压保持在设定值。离开塔底的液体在不断升高的温度下经历了一系列分级闪蒸去除轻质组分，然后轻质组分从塔顶排出，这些液体必须冷却到足够低的温度，以防止蒸气在冷凝储罐中气化排放到大气中。

在某些情况下，塔式工艺可以作为非回流塔操作，其操作比回流塔操作更简单，但效率较低，因为带有回流的凝析油稳定塔可从气流中回收更多中间组分。

9.4.3 凝析油存储

一旦凝析油稳定下来，在销售前需要储存，通常存储在凝析油储罐中，储罐一般为浮顶式（内外部）。不符合规格的凝析油可以送到固定顶储罐（立式和卧式），通过循环泵将其再循环到凝析油稳定装置（如果工厂中存在该装置）。

呼吸损耗的排放是由烃类蒸气造成的，这些气体是由温度或压力变化引起的膨胀或收缩而从储罐中释放出来的。操作损耗表示由于储罐本身在填充或排空时引起的液位变化而产生的排放。对于浮顶储罐，呼吸损耗是通过边缘密封、甲板配件和甲板接缝蒸发损失造成的。当液面下降时，会发生回收损耗，浮顶会因此降低。一些液体残留在罐壁的内表面上，并在罐清空时蒸发。对于具有柱支撑固定顶的内部浮顶罐，一些液体也黏附在柱上并蒸发。蒸发损耗一直存在，直到储罐装满并且外露部分被覆盖。

9.5 属性

简单地说，凝析油是轻烃液体的混合物，由烃类蒸气冷凝而成，主要是丁烷、丙烷和戊烷与一些较重的碳氢化合物衍生物和相对较少的甲烷或乙烷。天然气凝析液（NGL）是在油气藏开采出的烃类气体在加工工艺中冷凝而成的烃类液体，天然汽油是从天然气中提取的液态烃衍生物的混合物，适合用于调合各种最终销售的汽油（Speight，2014a，2017）。

通常认为凝析油是一组不易被纳入主流产品的烃类化合物的集合。其他定义将凝析油定义为介于原油和NGL之间的液态烃（表9.3）。从技术上讲，所有凝析油都类似于天然汽油，是NGL中沸点最高的。凝析油一词可以指由类似烃化合物组成的几种产物。与石脑油一样，凝析油的主要用途包括以下领域：（1）汽油和其他液体燃料的混合原料；（2）溶剂的混合原料。

炼油厂生产石脑油有以下几种方法，包括：（1）直馏、裂化和重整馏分，或甚至原油的分馏；（2）溶剂萃取；（3）裂化馏分的加氢；（4）不饱和化合物（烯烃）的聚合；

（5）烷基化工艺。具有低至高沸程（0～200℃，32～390℉）的石脑油通常是来自以上几种方法产物的组合，并且可能含有天然（非热能）凝析油中不常见的成分（例如烯烃，甚至二烯烃）。有时根据使用属性，将凝析油、NGL 和天然汽油与石脑油相结合，以补充汽油生产中液体流的组成和挥发性要求。石脑油的用途与石脑油配方中使用的许多其他材料相容，包括凝析油和天然汽油。因此，必须仔细测量和控制给定馏分的溶剂性质。在大多数情况下，挥发性很重要，并且由于石脑油在工业和回收厂中的广泛使用，工厂设计需要一些其他基本信息。

当气流中存在冷凝液体（例如凝析油）时，分析就会更复杂。在凝析油存在的情况下，除了体积分析之外，还可能对表面组成分析（通常与体积相的组成非常不同）。鉴定混合物的成分可以通过物理方法，即物理性质的测量；纯化学方法，即化学性质的测量；或更常见的物理化学手段。如果成分是完全未知的，气体分析就可能更危险和困难。当已知某些主要成分时，或已知成分被去除，则分析的准确性将提高（并且可能更容易完成分析）；这在水蒸气存在的情况下尤为重要，当分子行为可能使光谱分析复杂化时，水蒸气可能会凝结在仪器上。相关性质更全面的清单和描述可在其他地方获得（Speight，2018）。

最后，石油溶剂一词通常与石脑油同义使用。石脑油也可以通过焦油砂沥青、煤焦油和油页岩干酪根热处理来生产和通过木材的破坏性蒸馏来获得，也可以是合成气［煤气化产生的一氧化碳和氢气的混合物和（或）生物气或其他原料］通过费托工艺转化而成的液体产品（Davis 和 Occelli，2010；Chadeesingh，2011；Speight，2011，2013，2014a，2014b）。出于这个原因，在本书的背景下，本章仅讨论炼油厂原油加工中产生的低沸点石脑油馏分（Speight，2014a，2015，2017，2018；Hsu 和 Robinson，2017）。

表 9.3 美国不同州对凝析油的定义

州	定义①
科罗拉多州	在储层条件下为气态，在温度或压力降低时变为液态的烃类化合物；戊烷和高分子量烃的混合物
路易斯安那州	保护专员划分的非原油井的液体产量
蒙大拿州	蒸汽或气体在离开储层或仍在储层时冷凝而成的液体。凝析油通常被称为馏分油、滴油或白油
北达科他州	由于储层中气态石油烃类化合物的压力或温度降低而发生冷凝而在地表回收的液态烃类化合物
俄克拉何马州	一种液态烃类化合物，在没有其他说明的情况下，凝析油在地表以液态形式生产，在储层中以气态形式存在，API 重度大于或等于 50°API
南达科他州	液态烃类化合物，最初在储层中为气态
得克萨斯州	凝析油是从气井中生产的液体。气井是每生产一桶液体可以生产超过 $10×10^4 ft^3$ 天然气的井
怀俄明州	伴生气凝析油：指在矿区上或进入天然气加工设施之前，从天然气生产流的其他组分中分离出来的液态烃类化合物

①由于这些定义可能会发生变化，任何希望进一步（在技术或法律意义上）对其做出定义的人都应该查阅国家主管部门以及 EIA 的定义。

9.5.1 化学成分

就成分而言，天然气凝析油是烃类液体的低密度混合物，以气态的形式存在于许多天然气田中。天然气凝析油也称为凝析油，或天然气凝析物，有时也称为天然汽油，因为它含有石脑油沸程内的烃衍生物（正烃和其他烃异构体）（表9.4和表9.5）。在一定压力下，如果温度降低至烃露点温度以下，原始天然气中的一些气体组分将冷凝成液态（Elsharkawy，2001）。因此凝析油是很难归入主流的烃衍生物，而是被定义为原油和NGL之间的液态烃衍生物。现实情况是大多数凝析油与原油显著不同，凝析油与NGL也不同，而仅与NGL中沸点最高的天然汽油类似。另外，凝析油和天然汽油通常与石脑油的低沸点馏分相当。

通常石脑油是从原油中提炼出来的一种中间烃液流，一般经过脱硫，催化重整，生产出高辛烷值石脑油，然后再混合到组成汽油的流体中。由于原油成分和质量的变化以及炼油厂操作的差异，很难（或者不可能）为石脑油这个词提供一个明确的单一定义，因为每个炼油厂生产一种特定地点的石脑油——通常具有独特的沸程（独特的初始沸点和最终沸点）以及其他物理性质。在化学基础上，（石油）石脑油难以精确定义，因为除了沸程内（C_5—C_8 或 C_5—C_{10}沸程）的石蜡衍生物的潜在同分异构体之外，石脑油还可能含有不同比例的不同成分（石蜡衍生物、环烷衍生物、芳香族衍生物和烯烃衍生物）。

表9.4　产品类型和蒸馏范围

产品	碳下限	碳上限	沸点下限		沸点上限	
			℃	℃	℉	℉
炼厂气	C_1	C_4	−161	−1	−259	31
液化石油气	C_3	C_4	−42	−1	−44	31
石脑油	C_5	C_{17}	36	302	97	575
汽油	C_4	C_{12}	−1	216	31	421
煤油/柴油	C_8	C_{18}	126	258	302	575
航空涡轮燃料	C_8	C_{16}	126	287	302	548
燃料油	C_{12}	>C_{20}	216	421	>343	548
蜡	C_{17}	>C_{20}	302	>343	575	>649
沥青	>C_{20}		>343		>649	
焦炭	>C_{50}		>1000		>1832	

表9.5　碳原子数量和同分异构体数量的增加

碳原子数	同分异构体数量
1	1
2	1
3	1
4	2
5	3
6	5
7	9
8	18

续表

碳原子数	同分异构体数量
9	35
10	75
15	4347
20	366319
25	36797588
30	4111846763
40	62491178805831

在炼油厂，石脑油被当作一种未精制或精制的低沸点馏分，沸点通常低于 250℃ (480 ℉)，但通常具有相当宽的沸程，这取决于生产石脑油的原油以及生产石脑油的工艺。原油蒸馏得到的 0～100℃ (32～212 ℉) 馏分被称为轻质直馏石脑油，而 100～200℃ (212～390 ℉) 馏分被称为重质直馏石脑油。流体催化裂化器的产物流通常分成三个部分：(1) 沸腾，105℃/220 ℉ 是轻质流化催化裂化 (FCC) 石脑油；(2) 沸点为 105～160℃ (220～320 ℉) 的馏分为中间 FCC 石脑油；(3) 沸点为 160～200℃ (320～390 ℉) 的馏分被称为重质 FCC 石脑油 (Occelli，2010)。这些沸程可能因炼油厂而异，甚至在炼油厂内部，当原油原料发生变化或原油混合物用作炼油厂原料时也会引起不同。

石油醚溶剂是指特定沸程的石脑油溶剂，也称里格罗因 (Ligroin)。石油溶剂是从石脑油中获得的，并用于工业过程和配方的特殊液态烃馏分，这些馏分也称为工业石脑油。其他溶剂包括细分为工业酒精 (在 30～200℃/86－392 ℉ 蒸馏) 和石油溶剂油 (蒸馏范围为 135～200℃/275～392 ℉ 的轻质油)。石脑油作为溶剂的特殊价值在于其稳定性和纯度。

更严苛的法规要求需要更好的测试方法来控制汽油的生产和销售。为满足空气质量标准，在汽油中添加乙醇和醚作为重要的混合成分，因此必须修改一些现有的测试方法并开发新的工艺。要降低制造成本，加上监管要求，促进了更经济的测试方法的应用，包括快速筛选程序和在线分析仪的广泛使用。在 20 世纪 50 年代早期，人们探索并使用质谱、红外光谱和紫外光谱等仪器分析技术来进行烃类成分和结构的分析。从 20 世纪 50 年代中期开始，出版物文献中开始出现气相色谱内容，这项新技术很快被用于分析各种烃类化合物流。随着商业仪器的开发，气相色谱的应用迅速发展，从开始到现在，已经出版公布了大量的信息资料。近年来，诸如红外和近红外等更快速的光谱测定方法，以及气相色谱—质谱 (GCMS) 等联用分析技术已成功用于标定低沸点馏出物。

烃中的芳香族成分的比例是影响油各种性质 (包括其沸程、黏度、稳定性以及油与聚合物的相容性) 的关键，对于天然气凝析油尤其如此，其中的芳香族成分可能会影响与其他炼厂液体的相容性。通过标准试验方法测定的芳香族氢和芳香族碳的含量，可用于评价加工条件的变化而引起的烃油芳香族含量的变化，并可建立以烃油芳香族含量为关键指标的加工模型。现有的估算芳香族成分含量的方法是物理测量，如折射率、密度、平均分子量或红外吸收率，并且通常取决于是否有合适的标准。这些方法不需要已知芳族氢或芳族碳含量的标准，适用于各种烃类液体，但需要注意的是烃类液体在环境温度下必须溶于氯仿。

在油藏中，组分随深度变化而变化（Speight，2014a），这是因为由重力引起的组分分离导致了组分变化，重力分离的结果是，随着 C_{7+} 摩尔分数（和露点压力）的增加，天然气凝析油在更深处变得更浓稠（Whitson 和 Belery，1994）。然而，并非所有油田都表现出等温模型预测的随深度变化的成分变化梯度。实际上，有些油田在深度较大处几乎没有梯度，而其他油田的成分梯度大于等温模型预测的结果（Høier 和 Whitson，1998）。与恒定成分的计算相比，C_{7+} 组成随深度的变化将明显影响初始地表凝析油的计算。

硫化物最常通过用碱液、脱硫液、氯化铜或类似的处理剂进行化学处理，最终去除或转化为无害形式（Speight，2014a，2017）。加氢精制工艺（Speight，2014a、2017）也经常用于代替化学处理。当用作溶剂时，凝析油和天然汽油可与石脑油混合（受不相容限制）（第 6 章 天然气加工历史）（Speight，2014a），之所以选择它作为混合原料是因为含硫组分的含量较低，这种混合物中芳香族衍生物的含量也较低，可能具有轻微的气味，但芳香族衍生物增加了混合物的溶剂能力，如果没有指定需要生产无气味产品，则可能无须从混合物中（或在调合操作之前）去除芳香族衍生物。

9.5.2 物理性质

凝析油的物理性质取决于其中存在的烃类衍生物的类型。通常芳香烃衍生物的溶剂溶解能力最强，直链脂肪族化合物的溶剂溶解能力最弱。溶剂性质可以通过估计各种烃类化合物的含量来评价，该方法可以指示凝析油溶剂能力，其基础是芳香族组分和环烷类组分具有溶解能力，而石蜡族组分所没有溶解能力。

当发现油气藏时，重要的是了解流体类型以及它们的主要物理化学特征，通常通过对油气藏中具有代表性的流体样品进行 PVT 分析来获得。在大多数情况下，进行 PVT 分析可能需要几个月的时间（Paredes 等，2014），完井后，唯一可以立即测量的参数是常规的生产测量，在某些情况下，这种生产测量可以通过使用特殊的测试或测量设备（如 DST）在完井前完成。

物理性质的初始值很重要，例如：庚烷和较重组分的摩尔分数（C_{7+} 的摩尔分数）、原始流体的分子量（MW）、最大反凝析量（MRC）和露点压力（p_d）。大多数这些特性对于开采凝析气藏而言非常重要，将使工程师能够进行油藏研究，从而确保有效开采，并最大限度地提高油藏液体的最终采收率。

油藏中存在的流体是由原始烃类混合物从储层岩石向圈闭运移过程中，随时间的推移而发生的一系列压力和温度的热力学变化的结果。储层压力和温度随深度增加而增加，二者的相互关系将影响流体可能含有的轻质和重质组分的特征。通常，烃类混合物中低沸点成分的含量随温度和深度的增加而增加，可能导致储层接近临界点，凝析气藏包含在这类流体中（Ovalle 等，2007）。

与天然气/凝析油藏管理或凝析气藏储量预测相关的研究需要某些流体性质。这些研究通常必须在实验室数据可用之前开始，或者可能在实验室数据不可用时开始。这些性质包括储层流体的露点压力、凝析油产率随储层压力下降的变化，以及储层压力下降时储层气体相对密度的变化（Gold 等，1989）。对于这些属性，还没有发表仅基于现场数据的相关性公式。

可靠估计和描述烃类混合物性质，是石油和天然气工程分析和设计的基础。正如压力、温度和体积不是彼此独立的那样，流体性质也不是独立的。状态方程提供了估算 PVT 关系的手段，并且从中可以推导出许多其他热力学性质，通常需要组分来计算每一相的性质。

所需的现场数据包括：一级分离器初始产气 GCR，以°API 为单位的初始储罐液体 API 重度，初始储层气体的相对密度，储层温度和选定的储层压力值。露点压力相关性公式基于世界范围内 615 个的凝析油样本的数据。另外两个相关性公式基于来自 190 个凝析油样品的 851 行恒定体积消耗数据，这些数据也来自世界各地。

凝析油的来源多种多样，每一种都有其独特的成分。通常，凝析油的相对密度为 0.5～0.8，由丙烷、丁烷、戊烷、己烷和通常直至癸烷的较高分子量烃组成。具有更多碳原子的天然气化合物（如戊烷或丁烷、戊烷和其他含有更多碳原子的其他烃的混合物）在环境温度下以液体形式存在。另外，凝析油可含有其他杂质，例如：（1）硫化氢，H_2S；（2）硫醇，通常表示为 RSH，其中 R 是有机基团，如甲基、乙基和丙基等；（3）二氧化碳，CO_2；（4）具有 2～10 个碳原子的直链烷烃衍生物，表示为 C_2—C_{12}；（5）环己烷和其他环烷烃衍生物；（6）芳香族衍生物，如苯、甲苯、二甲苯异构体和乙苯（Pedersen 等，1989）。

开采凝析气藏的主要困难包括如下两点：（1）井筒附近的液体结垢导致产气能力下降，在渗透率小于 50mD 的油气藏中气体减产 100%；（2）大部分最有价值的烃组分没有被开采出来，而是留在油气藏中。用凝析油的组成分析来描述流体组成，包括气体的英式热量单位（能量含量）的计算和液体产量分离器的条件优化。此外，凝析油作为汽油厂混合组分的适用性（Speight，2014a，2015，2017）是决定凝析油与混合物组分相容性的重要方面。

已经开发了基于现场数据的天然气凝析油的相关方程，该关联式可用于预测露点压力，当储层压力低于露点压力时，地表凝析油产量下降，当储层压力低于露点压力时，储层气体相对密度下降。露点压力值是任何油藏研究的基本数据。在没有实验室数据的情况下或在获得实验室数据之前，需要对特定储层流体的露点压力进行合理准确的估算。通过来自全球的 615 种凝析油的露点压力和其他气体性质的实验室测量，建立了基于初始产气 GCR、初始储层原油相对密度和原始储层气体相对密度与露点压力的相关关系，这是首个不需要实验室测量数据的露点压力相关性方程。

为了准确预测凝析油储量，有必要估算凝析油压力降至露点压力以下之后的产量下降。在凝析油生产初期，地表产量可降低 75%，在预测凝析油的最终采收率时，必须考虑这种降低。已建立了一种地面产量相关关系，它是选定的储层压力、原始储层原油重力、原始储层气体相对密度和储层温度的函数，该数据包包括 190 个凝析油样品的实验室研究结果，这是石油文献中提出的第一个估算地表产量下降的相关性方程。

原油和凝析油、黑油和挥发油的区别在于平衡气体的含量。气体中挥发油（也称为伴生气凝析油或馏出液）的含量代表其可冷凝的液体部分，可冷凝是指在减压过程中冷凝或析出的部分，最终形成储罐液体的部分。当气体通过分离器时，可能在储层内发生冷凝。在物理上，中间烃组分，通常是 C_2—C_7，在该馏分中占主导，凝析油和湿气也含有挥发性油。挥发油通常作为原油储量和产量的一部分，不应与天然气凝析液相混淆，并且与天然气凝析液有明显区别。天然气凝析液来自天然气加工厂，因此是天然气加工厂的产品。气体的挥发油含量根据其挥发油/气比来量化，通常以 bbl（标准）/$10^6 ft^3$ 或 m^3（储罐）/m^3（分离器气体）来表示。

最后，引用与气体采样类似的原理，对凝析油的采样和分析进行了评述。（ASTM，2017；Speight，2018）。

在油田开发开始之前，取样的主要目的是获得具有代表性的样品（第5章 天然气开采、储存和运输），这些样品是在油藏初始条件下发现的任何流体（包括气体和凝析油）。由于井筒附近的两相流效应，可能难以获得具有代表性的样品。当井的流动压力低于储层流体的饱和压力时，就会发生这种情况。人们普遍认为，如果在采样过程中发生气体锥进（或液体锥进），则储层样品不具代表性。

锥进是近井区域中盖层气或底水渗入射孔带并降低石油产量的生产问题。气体锥进与气顶自由气引起的自然膨胀有明显区别，不应与之混淆。同样，不应将水锥进与由水侵带来的水/油接触面上升引起的产水混淆。锥进是一种速敏的现象，通常与高产率有关。锥进通常是近井眼现象，只有当气体和水流向井筒的压力超过其从石油中的浮力时，锥进才会发生。

无论是井底还是在地表，最具代表性的现场样品通常是在采样时储层流体为单相时的样品。即使这种情况也可能无法确保抽样具有代表性。如果遵循适当的实验室程序，在油井中的气体锥进期间获得的样品可以当作准确的现场代表性样品（Fevang和Whitson，1994）。

由于储层流体成分在断块之间是水平变化的，而且是深度的函数，因此在测试过程中，获得的储层流体样本必须能够代表所采出的流体。代表性样品的通常是能够正确反映所测深度位置储层流体成分的样品。如果对样品的代表性有任何疑问（根据上述定义），那么通常最佳方法是不使用该样品。如果使用这样的样品进行分析，则对非代表性样本进行PVT分析的有效性有待考量，因此在建立PVT模型时不应使用该实测数据。

9.5.3 颜色

凝析油通常是无色的（水白色）或接近无色的，甚至可以是浅色的（棕色、橙色或绿色），其API重度通常为40°API和60°API（表9.6）。凝析油的产量可高达300bbl/10^6ft^3。已有研究表明（Mc Cain，1990），当产量低于约20bbl/10^6ft^{3}时，即使相行为显示出反凝析行为，储层中的液体析出量可以忽略不计。

表9.6 干气、湿气和凝析油组分

组分或性质	干气（%）	湿气（%）	凝析油（%）
二氧化碳（CO_2）	0.10	1.41	2.37
氮气（N_2）	2.07	0.25	0.31
甲烷（C_1）	86.12	92.46	73.19
乙烷（C_2）	5.19	3.18	7.80
丙烷（C_3）	3.58	1.01	3.55
异丁烷（i-C_4）	1.72	0.28	0.71
正丁烷（n-C_4）	0.50	0.24	1.45
异戊烷（i-C_5）		0.13	0.64
正戊烷（n-C_5）		0.08	0.68
己烷衍生物（C_{6s}）		0.14	1.09
庚烷+（C_{7+}）		0.82	8.21

9.5.4　密度

密度（15℃下每单位体积的液体质量或单位体积流体中所含的质量）、相关术语比重（15℃下给定体积液体的质量与同等体积纯水在相同温度下质量的质量比）和相对密度（与比重相同）是石油产品的重要属性，因为它是产品销售规格的一部分，尽管它在产品组分研究中只是次要的。通常使用比重计、比重瓶或数字密度计来确定。

密度（相对密度）是流体最重要的性质（表9.7），凝析油的密度取决于烃组分的密度和相对含量。对于液体而言，密度高，意味着非常高的分子浓度和较短的分子间距离。对于气体而言，密度低，意味着为低分子浓度和大的分子间距离（Rayes 等，1992；Piper 等，1999）。

表 9.7　各种烃类的相对密度（可能是凝析油和天然汽油的成分）

烃类（相）	分子式	分子量	相对密度
苯	C_6H_6	78.114	0.877
癸	$C_{10}H_{18}$	142.285	0.73
庚烷	C_7H_{16}	100.204	0.684
己烷	C_6H_{14}	86.177	0.66
己烯	C_6H_{12}	84.161	0.673
异戊烷	C_5H_{12}	72.15	0.626
辛烷	C_8H_{18}	114.231	0.703
甲苯	C_7H_8	92.141	0.867

密度是凝析油和相关液体的重要参数，密度（相对密度）的确定可以检查凝析油的均匀性，并可以计算每加仑凝析油的质量。进行测定和计算时的温度也应该是已知的，并且应该与样品的挥发性一致。任何此类方法必须受到蒸气压力的限制，并采用适当的预防措施，以防止样品处理和密度测量过程中的蒸气损失。此外，如果样品颜色太深并且不能确定样品池中是否存在气泡时，则不应采用某些测试方法，气泡的存在会对测试数据的可靠性造成严重后果。

计算密度最重要的参数是 Z 因子，对于液相和汽相而言都是如此。天然气 Z 因子的经验相关性方程是在数字计算机出现之前发展起来的。虽然这些相关方程的使用频率在减少，但它们仍可用于快速估算 Z 因子。这些方法总是基于某种类型对应状态的发展，根据对应状态理论，对应状态的物质将表现出相同的行为（因此具有相同的 Z 因子）（Standing 和 Katz，1942；Hall 和 Yarborough，1973）。

相对密度是流体密度与参考物质密度之比，两者在相同的压力和温度下定义。这些密度通常在标准条件下［14.7psi（绝）和60℉］定义。对于凝析油、油或液体，参考物质是水。根据定义，水的相对密度是统一的，并且使用°API 度量时，水的 API 重度为 10°API。轻质原油的 API 重度大于或等于 45°API，而凝析油的 API 重度在 50~70°API。

9.5.5　露点压力

露点压力是初始液相从气相冷凝时的压力。实际上，露点压力标志着：（1）储层气相组成变化并变得更稀薄；(2) 储层中开始积聚凝析油。这两个变化可能会对储层和井的性能产生深远的影响，也可能影响不大。

实际露点压力的重要性因储层而异，但在大多数情况下，露点的准确测定并不重要。首先，在成分随压力变化(以及凝析油产量随压力的相关变化)的背景下，准确测定热力学露点压力并不是特别重要。只要在"近"热力学露点附近明确成分(C_{7+}含量)随压力的变化，就不需要了解特定露点方面的知识。当井底流动压力降至露点以下并且两相开始在井筒附近流动时，气体相对渗透率下降并且井的产能下降。

对露点压力另一个(不太常见的)的需求是，当饱和油带可能存在时，可以使用PVT模型来预测气油接触面(GOC)的存在和位置。在这种情况下，PVT模型露点应调整到精确测量的露点压力。在(PVT模型)露点压力下，预测GOC的偏差可能达数十米也不罕见。因此准确描述露点压力将对初始油气储量预测、圈定井位以及潜在的油田开发策略产生影响，在这种情况下，应该适当注意露点的准确测量和露点的精确建模。

9.5.6 易燃性

与石脑油一样，凝析油和天然汽油易燃；会从大多数地表迅速蒸发，任何时候都必须始终非常小心地加以控制。凝析油可以通过热量、火花、火焰或其他点火源(例如静电、指示灯、机械/电气设备和诸如手机的电子设备)点燃。蒸气可能会移动很长的距离到达火源，在那里它们可以点燃、回闪或爆炸。凝析油蒸气比空气重，可在低处积聚，如果容器没有适当冷却，会在火灾的高温下破裂。当暴露于高温或火中时，可能会释放出有害的燃烧/分解产物，包括硫化氢。如果凝析油含有高百分比的芳香族成分，则点燃后也可能是烟熏、有毒和致癌的。一些基于凝析油的燃料芳香族含量较低，但是许多自身芳香族衍生物含量较高或者在与芳香族石脑油共混时造成芳香族衍生物含量增高。

闪点是凝析油在大气压(760mmHg，101.3kPa)下的燃烧的最低温度，在该温度下，测试火焰将导致样品的蒸气点燃。当出现大火焰并且瞬间在样品表面上传播时，认为样品已经达到闪点。闪点数据用于运输和安全法规中，以定义易燃和可燃材料。闪点数据还可以表明在相对不挥发或不可燃材料中可能存在高挥发性和易燃成分。由于凝析油的闪点和天然汽油的闪点较低，该测试方法也可以表明在这两种液体中可能存在高挥发性和易燃成分。

烃或燃料的闪点是指在外部火源(即火花或火焰)存在条件下，烃的蒸气压足以产生蒸气，使其在空气中自燃所需的最低温度。从该定义可以清楚地看出，具有较高蒸气压的烃衍生物(较轻的化合物)具有较低的闪点。通常闪点随着沸点的增加而增加。闪点是用于安全考虑的重要参数，尤其是在高温环境中挥发性石油产品(如液化石油气、轻石脑油和汽油等)的储存和运输期间。

储罐内部和周围的温度应始终低于燃料的闪点，以避免着火点燃。闪点用于反映石油产品的火灾和爆炸可能性。闪点不应与燃点相混淆，燃点的定义是烃类化合物在被火焰点燃后持续燃烧至少5s的最低温度。对于这种材料，燃烧取决于分解的热和动力学性质、样品的质量和系统的传热特性，该方法可以在适当改进的情况下用于在大气温度和压力下呈气态的化学物质，如凝析油和天然汽油。

9.5.7 地层体积系数

地层体积系数（FVF）是指储油条件下的原油体积，与压力和温度升高时的原油体积之间的关系。对于含少量或不含溶解气的原油系统，通常的数值范围在 1.0bbl/bbl 左右，对于高挥发性油，数值接近 3.0bbl/bbl 左右。

天然气的 FVF（B_g）为储层条件下的 1lb·mol 气体的体积与标准条件下相同的 1lb·mol 气体的体积之间的比值，如下：

$$B_g = \frac{\text{储层条件下 1 单元气体体积}}{1 \text{ 单位气体体积（ft}^3\text{）}}$$

这些体积是给定条件下气体的特定摩尔体积。凝析油的地层体积系数（B_o）为储层条件下 1lb·mol 液体的体积与该液体通过表面分离设施后的体积之间的比值：

$$B_o = \frac{\text{储层条件下 1 单位液体的体积}}{\text{经过地表分离后 1 单位液体的体积}}$$

地层体积系数也可以被视为在储罐中生产 1bbl 油所需的储层流体的体积。

9.5.8 溶解度

其他适用于烃类液体的方法通常包括测定表面张力，并据此计算溶解度参数，然后得出溶解能力和相容性。采用类似的原理，用正戊烷测定润滑油中不溶物的含量，也用于液体燃料测定。所测得的不溶成分还可以帮助评估液体燃料的性能特征，以确定设备故障和管道堵塞的原因（Speight，2014a；Speight 和 Exall，2014）。

9.5.9 溶解能力

当生产者向消费者提供液态烃类时，通常要进行溶剂测试以确保给定产品的质量。在这种情况下，其目的是向炼油厂提供与凝析油和天然汽油相关的数据，以及在炼油厂使用凝析油或天然汽油作为混合料时可能带来的好处或不利影响。许多的溶剂测试具有经验性质，例如苯胺点和混合苯胺点。规范中，经常引用这些试验方法的数据和试验方法，对于溶剂的纯度，通常主要通过气相色谱检测，而相关工业通常使用各自的非标准化测试。

9.5.10 含硫量

某些凝析油和天然汽油样品中有含硫组分，使用气相色谱毛细管柱，与硫化学发光检测器或原子发射检测器耦合，可以测定单个硫组分（ASTM，2017）。对于被指定为液体燃料或用作销售的混合原料（Kazerooni 等，2016）的液态烃类，总硫含量（尤其是硫化氢含量）是一种重要的参数。

9.5.11 表面张力

当两相共存时，则存在表面张力和界面张力，两相可以是气/油，油/水与气/水。气体和原油之间的表面张力是压力、温度和每种相态组成的函数，其范围介于接近于 0 到约 34dyn/cm。界面张力是将特定相的表面保持在一起的力，通常以 dyn/cm 测量。

更具体地说，表面张力是液体表面自由能的量度，即储存在液体表面的能量。虽然它也被称为界面力或界面张力，但液体与气体接触的系统中通常使用表面张力这一名称。定性角度，表面张力被描述为作用在液体表面上的力，它倾向于使液体表面的面积最小化，并导致液体形成球形液滴。定量角度，由于其长度维度上的力（英制单位为 lbf/ft），它表示为破坏 1ft 长度的膜所需的力（以 lbf 为单位），它可以重新表述为每平方英尺的表面能量（以 lbf·ft 为单位）。

因为都涉及内聚力，所以界面张力与表面张力类似。界面张力中的主要力是一种物质的液相与另一种物质的固相、液相或气相之间的黏合力（张力）。其相互作用发生在所涉及的物质的表面，即它们的交界面。

高压下的气液界面张力通常通过悬滴装置测量（ASTM，2017）。在该技术中，将液滴悬挂于毛细管的尖端，该毛细管位于一个填充有平衡蒸气的高压可视化容器中。液滴在静态条件下的形状是由重力和表面力的平衡控制的，它与气液界面张力有关。悬滴法也可用于测量烃/水系统的界面张力。

随着凝析气藏在井筒周围的演化，凝析气井产能会明显下降。利用疏液氟化化学品改变地层矿物的润湿性，使其从强液湿状态变为中度气湿状态，已显示出减轻这种液体堵塞问题的良好效果（Fahimpour 和 Jamiolahmady，2014）。

9.5.12 蒸气压

蒸气压或平衡蒸气压被定义为在封闭系统中给定的温度下与冷凝相（固体或液体）处于热力学平衡的蒸气所具有的压力。平衡蒸气压代表了液体的蒸发速率。在常温下具有高蒸气压的物质通常被称为挥发性物质。

任何物质的蒸气压都随温度升高呈非线性地增加，液体的常压沸点（也称为正常沸点）是蒸气压等于环境大气压的温度。随着温度的升高，蒸气压就足以克服大气压，使液体上升，在该物质内部形成蒸气泡。在液体中更深位置，气泡的形成需要更高的压力，因此需要更高的温度，这是因为随着深度增加，流体压力升高直到超过大气压。对于低沸点的烃类混合物，如冷凝物，混合物中单一组分对系统中总压力的贡献的蒸气压称为分压。

液体（诸如凝析油、天然汽油和汽油之类）的蒸气压是液态烃类的关键物理测试参数。物质的蒸气压被定义为在封闭系统中蒸气相与冷凝相达到热力学平衡时蒸气的压力。雷德蒸气压是（RVP）是液体在 37.8℃（100℉）时，在 4:1 的气液比下绝对压力的测量值。真实蒸气压（TVP）是当蒸气与液体之比为 0 时混合物的平衡蒸气压，例如浮顶储罐。

通常情况下，较轻的凝析油（较高的 API 重度）由于蒸气压高而难以处理，通常在井口处稳定（通常在现场称为稳定），稳定塔可能就是一个大罐，允许高蒸气压组分（即液化天然气）蒸发并收集作为液化天然气处理。这样就形成了一种稳定的凝析油，由于蒸气压较低，更容易处理，特别是必须用卡车或铁路运输时。

天然气凝析油蒸气压的主要质量评价指标是 RVP，它是天然气凝析油、天然汽油、石脑油和汽油挥发性的常用量度，是液体在 37.8℃（100℉）下具有的绝对蒸气压力（Speight，2015，2018；ASTM，2017）。RVP 受大气压（工厂海拔）和最高环境温度的影响。为了将冷凝物储存在浮顶储罐中，将 RVP 控制在所需水平（特别是在温暖的季节）非常关键。来自储罐的凝析气的排放通常归类为由自静置损失或操作损失（有时称为换气损失，这可能令人困惑）。术语换气损失是指在储罐内的液位没有任何相应变化的情况下产生的排放。

由于样品蒸发量小以及测试设备的受限空间中存在水蒸气和空气，RVP 与液体的 TVP

略有不同。具体就是 RVP 是绝对蒸气压，TVP 是部分蒸气压。

9.5.13　黏度

流体黏度是其内部流动阻力的量度，是冷凝物流动性质的指标。最常用的黏度单位是 cP，与其他单位的关系如下：

$$1cP = 0.01P = 0.000672lb/(in \cdot s) = 0.001Pa \cdot s$$

通常认为，天然气黏度随压力和温度升高而增加（Lee 等，1966）。

9.5.14　挥发性

作为一种确定石油和石油产品沸程范围（挥发性）的方法，蒸馏自石油工业开始以来一直在使用，并且是影响产品规格的重要方面。根据蒸馏装置的设计，可以生产一种或两种石脑油蒸气：(1) 单一石脑油，其终沸点约为 205℃（400℉），与直馏汽油相似；(2) 这一馏分被分开为低沸石脑油（轻石脑油）和高沸石脑油（重石脑油）。将石脑油细分成较窄沸点的馏分，轻石脑油的终沸点是可变的，可以到 120℃（250℉）的尺度。另外，凝析油几乎总是等同于低沸点石脑油馏分。

石脑油（石脑油）是一个通用术语，蒸馏温度低于 240℃（465℉），适用于精炼的、部分精炼的或未精炼的石油产品，以及从天然气中分离出来的液体产品，是石油的挥发性馏分，用作溶剂或汽油的前体。通常质量分数不低于 10% 的物质应在 75°C（167℉）以下蒸馏，而在标准蒸馏条件下，质量分数不低于 95% 的物质应在 240℃（465℉）以下蒸馏，尽管在这个沸程范围内有不同等级的石脑油，它们具有不同的沸程（Hori，2000；Parkash 2003；Pandey2004；Gary2007；Speight，2014a，2017；Hsu 和 Robinson，2017）。本章的重点是气流当中的低沸点液体组分（凝析油、天然汽油），通常与石脑油的低沸点馏分相当（沸程 0~200℃，32~392℉）。

凝析油、天然汽油和石脑油通常用沸程范围加以区分，而沸程范围则定义为该馏分蒸馏的规定温度范围。该范围通过标准方法（ASTM，2017）确定。初始和最终沸点起保证挥发性符合要求并且不存在重质馏分的作用，由于它们都受测试程序的影响，使用公认的方法是非常必要的。沸程分布是凝析油和天然汽油最重要的物理参数之一。沸程分布的意义在于其指示出了挥发性，挥发性决定了蒸发速率，而后者是当凝析油和天然汽油用于涂料和类似应用中时的重要特性，前提是凝析油和天然汽油随时间蒸发。

混合物的成分决定了其最终用途，必须根据预期的最终用途考虑测试的应用和重要性，石脑油除了含有可能存在于石脑油沸点范围内的石蜡同分异构体外，还含有不同比例的石蜡衍生物、环烷烃衍生物、芳香烃衍生物和烯烃。石脑油在沸点范围和碳数上与汽油相似，是汽油的前体。石脑油可用作汽车燃料、发动机燃料和 jet-B（石脑油型）。

挥发性、溶剂性质（溶解能力）、纯度和气味决定了冷凝物在特定用途中的适用性。凝析油（但特指石脑油）作为战争中的燃烧装置以及光源的使用可以追溯到公元 1200 年。可以用"贫"（高石蜡含量）或"富"（低石蜡含量）描述凝析油，如石脑油。具有较高比例环烷烃含量的富石脑油在平台装置中更容易被加工处理（Parkash，2003；Gary 等，2007；Speight，2014a，2017；Hsu 和 Robinson，2017）。

如果凝析油溢出或排出至自然环境中，则标志着凝析油成分的毒性对陆地和（或）水生生物产生了威胁。重大凝析油泄漏可能对水生环境造成长期不利影响。石脑油的成分主要落在 C_5—C_{12} 碳范围内，包括了烷烃、一些环烷烃以及可能的芳族衍生物。石脑油也可能含有大量芳香成分（高达 65%），其他石油脑可含有最高可达 40% 的烯烃，除烯烃外的其他成分都是脂肪族成分，最高可达 100%。

通过气相色谱法（ASTM，2017）确定馏分油（如凝析油和天然汽油）的沸程分布不仅有助于识别成分，还有助于炼油厂的联机控制。该测试方法旨在测量凝析油和天然汽油的整个沸程（ASTM，2017），无论它们是具有高 RVP 还是低 RVP。在该方法中，需要将样品注入气相色谱柱中，该色谱柱将按照沸点顺序分离烃类衍生物。

虽然纯烃衍生物如戊烷、己烷、庚烷、苯、甲苯、二甲苯和乙苯具有固定的沸点，但凝析油和天然汽油（许多烃衍生物的混合物）的成分通常相对不容易被识别。蒸馏试验确实能有效地反映它们的挥发性，所获得的数据应包括蒸馏的起始温度和终温度，以及足够的温度和体积观测值，以便绘制特征蒸馏曲线。

当配方中含有其他挥发性液体时，这一信息尤其重要，因为产品的性能受到组分相对挥发性的影响。这方面重要性可以通过在纤维素漆中使用特别限定的沸点石脑油加以解释说明，该过程可以使用与酯、醇和其他溶剂的混合物。石脑油不作为纤维素酯的溶剂，而是作为稀释剂加入以控制混合物的黏度和流动特性。如果溶剂蒸发得太快，则可能导致表面涂层起泡，而如果溶剂蒸发不均匀，留下较高比例的石脑油，则可能发生纤维素沉淀，导致乳白色不透明，称为雾浊。由于凝析油的化学组成，其通常禁止用于这种用途，除非冷凝液可以令人满意地用作混合物，而不会对产品规格产生不利影响。

尽管很大程度上依赖蒸馏方法来评估挥发性，但一些规范中也包括了通过从滤纸或碟子中蒸发来测量干燥时间。实验室测量以蒸发速率表示，可通过参考与被测样品相似条件下的纯化合物蒸发，也可通过构建标准条件下的时间失重曲线来表示。虽然从凝析油中获得的结果可以提供有用的指导，但在评估配方时，最好尽可能对最终产品进行性能测试。

在选择特定用途的凝析油和（或）天然汽油时，需要将挥发性与使用、储存和运输过程中产生的火灾危险联系起来。该目标通常通过限制凝析油或天然汽油溶剂闪点来实现。

9.5.15 水溶性

水溶性范围包括从极低的长链烷烃到高溶解度的最简单的单芳香组分。通常芳族化合物比相同大小的烷烃、异烷烃和环烷烃更易溶解。这表明易于留在水中的组分为单环和双环芳族衍生物（C_6—C_{12}）。C_9—C_{16} 烷烃、异烷烃和单环和双环环烷烃由于其低水溶性和中高辛醇—水分配系数（$\lg K_{ow}$）和有机碳—水分配系数（$\lg K_{oc}$）值，容易被沉积物吸引。

参 考 文 献

ASTM, 2017. Annual Book of Standards. ASTM International, West Conshohocken, PA.

Breiman, L., Friedman, J. H., 1985. Estimating optimal transformations for multiple regression and correlation. J. Am. Stat. Assoc. 80 (391), 580–619.

Chadeesingh, R., 2011. The Fischer-Tropsch process. In: Speight, J. G. (Ed.), The Biofuels Handbook. The Royal Society of Chemistry, London, pp. 476–517., Part 3 (Chapter 5).

Dandekar, A. Y., Stenby, E. H., 1997. Measurement of phase behavior of hydrocarbon mixtures using fiber optical detection techniques. Paper No. SPE38845. Proceedings of the SPE Annual Technical Conference and Exhibition, San Antonio, Texas, 5–8 October, Society of Petroleum Engineers, Richardson, TX.

Davis, B. H. , Occelli, M. L. , 2010. Advances in Fischer–Tropsch Synthesis, Catalysts, and Catalysis. CRC Press, Taylor & Francis Group, Boca Raton, FL.

Elsharkawy, A. M. , 2001. Characterization of the C7 plus fraction and prediction of the dew point pressure for gas condensate reservoirs. Paper No. SPE 68776. Proceedings of the SPE Western Regional Meeting, Bakersfield, California, 26–29 March, Society of Petroleum Engineers, Richardson, TX.

Fahimpour, J. , Jamiolahmady, M. , 2014. Impact of gas-condensate composition and interfacial tension on oil-repellency strength of wettability modifiers. Energy Fuels 28 (11), 6714–6722.

Fevang, Ø. , Whitson, C. H. , 1994. Accurate in-situ compositions in petroleum reservoirs. Paper No. SPE 28829. Proceedings of the EUROPEC Petroleum Conference, London, 25–27 October, Society of Petroleum Engineers, Richardson, TX.

Gary, J. G. , Handwerk, G. E. , Kaiser, M. J. , 2007. Petroleum Refining: Technology and Economics, fifth ed. CRC Press, Taylor & Francis Group, Boca Raton, FL.

Gold, D. K. , McCain Jr. , W. D. , Jennings, J. W. , 1989. An improved method of the determination of the reservoir gas specific gravity for retrograde gases. J. Pet. Technol. 41 (7), 747–752. Paper No. SPE-17310-PA. Society of Petroleum Engineers, Richardson, TX.

Hall, K. R. , Yarborough, L. , 1973. A new equation of state for Z-factor calculations. Oil Gas J. 71 (18), 82–92.

Hori, Y. , 2000. In: Lucas, A. G. (Ed.), Modern Petroleum Technology. Volume 2: Downstream. John Wiley & Sons Inc, New York (Chapter 2) .

Hsu, C. S. , Robinson, P. R. (Eds.), 2017. Handbook of Petroleum Technology. Springer International Publishing AG, Cham.

Høier, L. , Whitson, C. H. , 1998. Miscibility variation in compositional grading reservoirs. Paper No. SPE 49269. Proceedings of the SPE Annual Technical Conference and Exhibition, New Orleans, LO, 27–30 September, Society of Petroleum Engineers, Richardson, TX.

Kazerooni, N. M. , Adib, H. , Sabet, A. , Adhami, M. A. , Adib, M. , 2016. Toward an intelligent approach for H_2S content and vapor pressure of sour condensate of South Pars Natural Gas Processing Plant. J. Nat. Gas Sci. Eng. 28, 365–371.

Kleyweg, D. , 1989. A set of constant PVT correlations for gas condensate systems. Paper No. SPE 19509. Society of Petroleum Engineers, Richardson, TX.

Lee, A. , Gonzalez, M. , Eakin, B. , 1966. The viscosity of natural gases. J. Pet. Technol. 18, 997–1000. SPE Paper No. 1340, Society of Petroleum Engineers, Richardson, TX.

Loskutova, Y. V. , Yadrevskaya, N. N. , Yudina, N. V. , Usheva, N. V. , 2014. Study of viscosity–temperature properties of oil and gas-condensate mixtures in critical temperature ranges of phase transitions. Procedia Chem. 10, 343–348.

Marruffo, I. , Maita, J. , Him, J. , Rojas, G. , 2001. Statistical forecast models to determine retrograde dew point pressure and the C71 percentage of gas condensate on the basis of pro-duction test data from Eastern Venezuelan Reservoirs. Paper No. SPE69393. Proceedings of the SPE Latin American and Caribbean Petroleum Engineering Conference, Buenos Aires, 25–28 March, Society of Petroleum Engineers, Richardson, TX.

McCain Jr. , W. D. , 1990. The Properties of Petroleum Fluids, second ed. PennWell Books, Tulsa, OK.

Nemeth, L. K. , Kennedy, H. T. , 1967. A correlation of dew point pressure with fluid composition and temperature.

Paper No. SPE-1477-PA. Society of Petroleum Engineers, Richardson, TX.

Niemstschik, G. E. , Poettmann, F. H. , Thompson, R. S. , 1993. Correlation for determining gas condensate composition. Paper No. SPE 26183. Proceedings of the SPE Gas Technology Symposium, Calgary, 28-30 June, Society of Petroleum Engineers, Richardson, TX.

Occelli, M. L. , 2010. Advances in Fluid Catalytic Cracking: Testing, Characterization, and Environmental Regulations. CRC Press, Taylor & Francis Group, Boca Raton, FL.

Organick, E. I. , Golding, B. H. , 1952. Prediction of saturation pressures for condensate-gas and volatile-oil mixtures. Trans. AIME 195, 135-148.

Ovalle, A. P. , Lenn, C. P. , McCain, W. D. , 2007. Tools to manage gas/condensate reservoirs; novel fluid-property correlations on the basis of commonly available field data. Paper No. SPE-112977-PA. SPE Reservoir Evaluation & Engineering Volume. Society of Petroleum Engineers, Richardson, TX.

Pandey, S. C. , Ralli, D. K. , Saxena, A. K. , Alamkhan, W. K. , 2004. Physicochemical characteri-zation and application of naphtha. J. Sci. Ind. Res. 63, 276-282.

Paredes, J. E. , Perez, R. , Perez, L. P. , Larez, C. J. , 2014. Correlations to estimate key gas conden-sate properties through field measurement of gas condensate ratio. Paper No. SPE-170601-MS. Proceedings of the SPE Annual Technical Conference and Exhibition, Amsterdam, the Netherlands, 27-29 October, Society of Petroleum Engineers, Richardson, TX.

Parkash, S. , 2003. Refining Processes Handbook. Gulf Professional Publishing, Elsevier, Amsterdam.

Pedersen, K. S. , Fredenslund, A. , 1987. An improved corresponding states model for the prediction of oil and gas viscosities and thermal conductivities. Chem. Eng. Sci. 42, 182-186.

Pedersen, K. S. , Thomassen, P. , Fredenslund, A. , 1989. Characterization of gas condensate mixtures, C_{71} fraction characterization. In: Chorn, L. G. , Mansoori, G. A. (Eds.), Advances in Thermodynamics. Taylor & Francis Publishers, New York.

Piper, L. D. , McCain Jr. , W. D. , Corredor, J. H. , 1999. Compressibility factors for naturally occurring petroleum gases. Gas Reservoir Eng. 52, 23-33. SPE Reprint Series Society of Petroleum Engineers, Richardson, TX.

Potsch, K. T. , Br̈auer, L. , 1996. A novel graphical method for determining dew point pres-sures of gas condensates. Paper No. SPE 36919. Proceedings of the SPE European Petroleum Conference, Milan, Italy, 22-24 October, Society of Petroleum Engineers, Richardson, TX.

Rayes, D. G. , Piper, L. D. , McCain, W. D. Jr. , Poston, S. W. , 1992. Two-phase compressibility factors for retrograde gases. Paper No. SPE-20055-PA. Society of Petroleum Engineers, Richardson, TX.

Speight, J. G. (Ed.), 2011. The Biofuels Handbook. Royal Society of Chemistry, London. Speight, J. G. , 2013. The Chemistry and Technology of Coal, third ed. CRC Press, Taylor & Francis Group, Boca Raton, FL.

Speight, J. G. , 2014a. The Chemistry and Technology of Petroleum, fifth ed. CRC Press, Taylor & Francis Group, Boca Raton, FL.

Speight, J. G. , 2014b. Gasification of Unconventional Feedstocks. Gulf Professional Publishing, Elsevier, Oxford.

Speight, J. G. , 2015. Handbook of Petroleum Product Analysis, second ed. John Wiley & Sons Inc, Hoboken, NJ.

Speight, J. G. , 2017. Handbook of Petroleum Refining. CRC Press, Taylor & Francis Group, Boca Raton, FL.

Speight, J. G. , 2018. Handbook of Natural Gas Analysis. John Wiley & Sons Inc, Hoboken, NJ.

Speight, J. G. , Exall, D. I. , 2014. Refining Used Lubricating Oils. CRC Press, Taylor & Francis Group, Boca Raton, FL.

Standing, M. B. , Katz, D. L. , 1942. Density of natural gases. Trans. AIME 146, 140-149.

Sujan, S. M. A. , Jamal, M. S. , Hossain, M. , Khanam, M. , Ismail, M. , 2015. Analysis of gas condensate and its different fractions of Bibiyana Gas Field to produce valuable pro-ducts. Bangladesh J. Sci. Ind. Res. 50 (1), 59-64.

Thornton, O. F., 1946. Gas-condensate reservoirs-a review. Paper No API-46-150. Proceedings of the API Drilling and Production Practice, New York, 1 January. API-46-150., https: //www. onepetro. org/conference-paper/API-46-150. (accessed 01. 11. 17).

Wheaton, R. J., 1991. Treatment of variations of composition with depth in gas-condensate reservoirs. Paper No. SPE 18267. Society of Petroleum Engineers, Richardson, TX.

Wheaton, R. J., Zhang, H. R., 2000. Condensate banking dynamics in gas condensate fields: compositional changes and condensate accumulation around production wells. Paper No. SPE 62930. Proceedings of the SPE Annual Technical Conference and Exhibition, Dallas, Texas, 1-4 October, Society of Petroleum Engineers, Richardson, TX.

Whitson, C. H., Belery, P., 1994. Compositional gradients in petroleum reservoirs. Paper No. SPE 28000. Proceedings of the SPE Centennial Petroleum Engineering Symposium held in Tulsa, Oklahoma, 29-31 August, Society of Petroleum Engineers, Richardson, TX.

Whitson, C. H., Fevang, Ø., Yang, T., 1999. Gas condensate PVT: What's really important and why? Proceedings of the IBC Conference on the Optimization of Gas Condensate Fields. London, UK, 28-29 January, IBC UK Conferences Ltd., London., http: //www. ibc-uk. com. (accessed 20. 10. 17).

延 伸 阅 读

DiSanzo, F. P., Giarrocco, V. J., 1988. Analysis of pressurized gasoline-range liquid hydrocar-bon samples by capillary column and PIONA analyzer gas chromatography. J. Chromatogr. Sci. 26, 258-401.

第三部分　能源安全与环境

10 能源安全与环境

10.1 简介

所有化石燃料——煤炭、原油和天然气——在燃烧提供能量时均会向大气中释放污染物。天然气被公认为是最环保的化石燃料，其主要成分是甲烷，甲烷燃烧生成二氧化碳和水。由于天然气的碳含量比一些化石燃料要低，其燃烧比煤炭或石油更清洁。天然气净化后（第 7 章 天然气加工工艺分类和第 8 章 天然气净化工艺）所含硫和氮化合物也比煤炭要少很多，并且天然气燃烧后向大气中排放的灰烬（颗粒物质）和烟灰也比煤炭或石油燃料更少。在传统的化石燃料（煤炭、原油和天然气）中，天然气的消费增长速度超过了其他化石燃料（即煤炭和石油）（BP，2017），这是由于工业和住宅供暖对天然气的需求增加、天然气发电厂的装置增加以及大型天然气藏的新发现。由于供需不平衡，21 世纪全球已经历过几次的天然气严重短缺和价格大幅上涨。

天然气是美国的第三大能源，占能源需求的 23%，仅次于原油和煤炭。到目前为止，天然气消费大户是工业消费，其次是发电的公用事业、住宅供暖和烹饪的居民消费，最后是用于建筑供暖的商业用户（Speight 和 Islam，2016）。天然气的工业用途包括制造各种各样的商品，包括塑料、肥料、胶卷、油墨、合成橡胶、纤维、洗涤剂、胶水、甲醇、醚、驱虫剂等。天然气还广泛用于发电，由于其燃烧比煤炭等化石燃料更清洁和高效，引起排放的相关问题相对较少。

尽管天然气可以用于普通的内燃机，但作为运输燃料的市场份额仍有限，主要是由于天然气的单位体积能量密度较低，除非在非常高的压力下压缩才能有所改观。美国超过 50% 的住宅使用天然气作为主要取暖燃料，由于天然气被广泛应用于发电公用事业和住宅，天然气供应的任何重大中断都会给国家的能源管理带来独特但相当严重的后果，至少短期内如此。公用事业放松管制已经在一定程度上缓解了区域能源依赖问题，这也改变了电力公用事业和天然气行业的商业惯例。放松管制允许天然气客户从当地公用事业以外的供应商购买天然气，从而为消费者提供选择，并最终改善能源成本的经济平衡。

天然气是减少污染和保持清洁健康环境的极其重要的能源（Speight，1993；Speight，2007，2014，2017，2018）。由于储量丰富（BP，2017），天然气成为美国丰富而安全的能源，尤其相对于其他化石燃料，使用天然气还具有许多环境效益。与其他化石燃料一样，燃烧天然气会产生二氧化碳，二氧化碳是一种非常重要和强效的温室气体。许多科学家认为，地球大气层中二氧化碳和其他温室气体含量的增加正在改变全球气候。然而有人提出了质疑，质疑的依据与测量冰芯中的二氧化碳（大气中二氧化碳增加的主要证据）有关（Speight 和 Islam，2016）。

与其他燃料一样，天然气在生产、储存和运输时也会影响环境。天然气主要是甲烷（另一种温室气体），因此甲烷有可能从钻井、储罐和管道泄漏到大气中。此外，天然气的勘探和钻探会对陆地和海洋生态环境产生一些影响，新技术的使用大大减少了钻井干扰区域的数量和规模（通常称为环境足迹）。卫星、全球定位系统、遥感设备以及三维和四维地震技术使得在钻井数量减少的同时仍然可以探明天然气储量。此外，采用水平钻井和定向钻井，单井可以控制更大区域的气藏（Speight，2016）。

天然气采出后（第4章 天然气成分和性质），通过精炼除去水分、其他气体、砂和其他化合物等杂质（第6章 天然气加工历史和第7章 天然气加工工艺分类）。一些碳氢化合物（乙烷、丙烷和丁烷异构体）被分离并单独出售，包括丙烷和丁烷（第7章 天然气加工工艺分类和第8章 天然气净化工艺）。其他杂质，如硫化氢也被去除并用于生产硫（第7章 天然气加工工艺分类和第8章 天然气净化工艺），再单独出售。精炼后，清洁的天然气（甲烷）通过管网输送，仅在美国管网长度就有数千英里。通过这些管道，天然气被输送到工业和家庭消费者手中（第5章 天然气开采、储存和运输）。

将化石燃料用作能源会导致许多环境问题。天然气作为最清洁的化石燃料，可以减少排放，包括最有害污染物的排放（EIA，2006）。在美国，化石燃料燃烧产生的污染物导致了许多紧迫的环境问题。与其他化石燃料相比，天然气有害化学物质较少，可以缓解一些环境问题。

天然气更易完全燃烧，杂质更少，所以更清洁。例如，在美国开采的煤炭通常含有1.6%（质量分数）的硫（消耗量加权全国平均值），电力发电厂燃烧的原油含硫量为0.5%～1.4%，柴油燃料含量低于0.05%，而目前全国汽油平均含硫量为0.034%，而用于发电的天然气硫化合物含量通常低于0.005%。

甲烷泄漏引起的问题和影响，可能超过天然气本身燃烧（和其他化石燃料燃烧）产生的二氧化碳。美国大约1/3的甲烷排放和大约4%的温室气体排放源自石油和天然气钻井、储罐、管道和天然气处理厂向大气中泄漏天然气。

但凡众多国家经济体都以化石燃料为基础，那么化石燃料就会导致环境问题。向大气中排放或泄漏的天然气会对温室气体产生显著影响，因为甲烷（天然气的主要成分）是比二氧化碳更强效的温室气体。

本章介绍了与天然气使用相关的许多环境问题，包括：（1）温室气体排放；（2）烟雾、空气质量和酸雨；（3）工业和发电排放量；（4）运输部门——天然气汽车污染。

10.2 天然气和能源安全

能源安全是指以可承受的价格以及可连续地获得能源（IEA，2018），换言之，能源安全的是确保能够获得现成的能源供应（美国能源部，2017年）。因此能源安全包含多方面：长期能源安全主要涉及及时投资，根据经济发展和环境可持续地提供能源；短期能源安全侧重于能源系统对供需平衡中的突然变化做出反应的能力。缺乏能源安全、能源供应不足、价格缺乏竞争力或价格波动过大的负面经济会造成一定的社会影响（美国能源部，2017）。

历史上，许多国家的能源安全主要与原油供应有关。以国际石油市场为例，允许价格根据供需变化进行调整，只有在极端条件下才会出现实物供应不足的情况。在许多情况下，石油政治（有时称为地缘政治）发挥了作用，从而危及原油进口的安全（Speight，2011）。供应安全问题主要与极端价格飙升造成的经济损失有关。在存在产能限制或价格无法作为短期内平衡供需的调整机制的情况下，对能源供应不足的担忧更为普遍。对化石燃料中断的脆弱性的分析（举例）不仅取决于国内储量，还取决于净进口依赖、供应商的政治稳定性等风险因素。弹性因素包括国家的入境点数量（例如港口和管道）、库存水平和供应商的多样性。

10.2.1 储量

储量是可供开采和生产的资源量，天然气的可采储量通常与经济预期紧密相关。

除南极洲外，所有大洲都有天然气储量。已探明的天然气储量约为 $6588.8 \times 10^{12} ft^3$，其中约有 $374 \times 10^{12} ft^3$ 存在于美国和加拿大（BP，2017）。天然气资源总量（与任何化石燃料或矿产资源基础一样）是由经济决定的，因此在引用资源量数据时，必须注意开采资源的成本。一般认为，天然气探明储量总量是指在现有经济和运行条件下，由地质和工程资料确定的，并有把握在未来从油藏中开采的数量。

对天然气的一个常见误解是，天然气资源正在以惊人的速度消耗，供应量正在迅速枯竭。事实上，仍可从致密气藏、页岩气藏等各种气藏中开采大量天然气。许多快速枯竭理论的支持者认为，天然气价格飙升表明天然气资源已经即将耗尽。任何大宗商品的价格飙升并不总是由资源减少引起，也可能是市场上其他力量（包括外国经济力量）作用的结果。

10.2.2 能源安全

能源安全是指某一特定国家或地区能够持续不间断地获得能源。在制定能源政策战略有关的决策中，能源供应的安全性发挥着至关重要的作用。许多国家的经济依赖于能源进口（或能源出口），其国际收支受到原油和天然气购买或销售方面的影响（Speight，2011）。

自1973年第一次阿拉伯石油禁运以来，能源安全成为美国一次又一次的政治问题。从那时起，历任总统和国会都相继呼吁结束对外国石油和天然气的依赖。国会对能源安全和能源独立的言论仍在继续，但关于如何解决这一问题的重要建议仍然很少，天然气减轻了干扰原油生产和供应的地缘政治因素。

尽管存在各种影响因素，人们希望美国天然气储量的报告数据不再是一项政治行为（Speight和Islam，2016）。能源文献和油气生产国和消费国官员的众多声明表明，能源安全是难以捉摸的。能源安全的定义范围从连续的石油供应，到能源设施的实体安全，再到支持生物燃料和可再生能源。历史上，专家和政治家将石油供应的安全性称为能源安全。直到最近，政策制定者才将天然气供应纳入能源安全的范畴。

过去10年天然气行业发生了重大变化，随着技术的快速发展，从页岩地层中开采天然气成为可能。自2000年以来，北美页岩气产量的快速增长极大地改变了全球天然气市场的格局，页岩气的出现可能是近年来全球能源市场最引人注目的发展事项。

天然气在安全方面与原油相似，但并不完全相同。与原油进口相比，天然气进口在大多数进口国中所起的作用较小，主要是因为运输液态原油和石油产品的成本低于天然气。由于输送的加压成本，天然气适合通过管道长距离运输，建管道的资金支持需要长期合同。尽管存在着原油储备在不久的将来将枯竭的悲观预测，但预计能源消费结构不会发生重大变化。到2030年原油影响将会小幅降低（最高可达32%），预计到21世纪中叶，原油、天然气和煤炭的能源消耗将会趋于均衡。

此外，从得克萨斯州东北部的巴奈特（Barnett）页岩开始，包括水平井的水力压裂在内的创新技术的应用使得页岩气产量快速增长（Speight，2016）。地质学家早就知道页岩地层的存在，对页岩气资源的了解并不是新认识，如何获取这些资源，长期以来一直被地质学界视为技术和成本问题。在过去 10 年中，创新使得成本大幅降低，使页岩气生产成为商业现实。事实上，美国的页岩气产量从 2000 年的几乎为零增加到 2010 年的超过 100×10^8 ft^3/d），预计到 2040 年产量将增加三倍以上，到 2030 年开始的十年内达到美国天然气总产量的 50%或以上。

如果天然气没有因为政府保护竞争燃料（例如煤炭）而处于不利地位，它将在未来几十年内在美国能源结构中发挥非常重要的作用。页岩气产量的上升已经对美国产生了巨大的有利影响。页岩气资源通常位于终端市场附近，在那里天然气用于燃料工业、发电和住宅供暖，既保证了供应安全，又带来了经济效益。

《2007 年能源独立和安全法案》（原名为《2007 年清洁能源法案》）是一项关于美国能源政策的国会法案。该法案的宗旨明确指出"推动美国走向更强的能源独立和能源安全，增加清洁可再生燃料的产量，保护消费者，提高产品、建筑物和车辆的效率，促进温室气体捕获和存储方案的研究与部署，改善联邦政府的能源绩效，以及其他用途。"

该法案最初试图削减对石油工业的补贴，以促进石油独立和不同形式的替代能源。在参议院反对之后，这些税收改革最终被取消，最终法案的重点是汽车燃油经济性、生物燃料的开发以及公共建筑和照明的能源效率。许多观察员过去和现在都认为，人们应该进一步认识天然气在能源安全中可以发挥的作用。事实上，从整个能源进口国的角度来看，过去 10 年内石油供应的多样化一直保持不变，而天然气供应的多样化却在稳步增加。鉴于天然气在世界能源使用中的重要性日益增加，这是总体能源安全提高的一个指标（Cohen 等，2011）。

天然气是一种极具吸引力的燃料，与石油或煤炭相比具有清洁燃烧的特点，并且由于它在能源当量基础上与石油相比具有价格优势，其吸引力正在增长。因此有人预测，未来全球天然气消费量将显著增长，天然气贸易量将通过所谓的滞留气（包括页岩气）引入市场而增长。

目前的趋势表明，天然气将逐渐成为一种全球性的商品，就像石油一样，根据运输差异进行价格调整。天然气市场全球化的结果是不可避免的；一旦这种情况发生，世界天然气价格就像今天的石油价格一样，石油和天然气的价格将会达到基于能源含量的全球等值（Deutch，2010）。

10.3 排放和污染

天然气对于减少污染和维持清洁健康环境而言，是极其重要的能源。在美国，天然气提供了丰富而安全的能源，并且与其他能源，特别是其他化石燃料相比，具有许多环境效益优势。事实上，天然气在未来全球能源中所能发挥的作用与其帮助解决环境问题的能力密不可分。随着对空气质量和气候变化的担忧日益加剧，如果用天然气替代会导致更多污染的能源，则可带来许多潜在的好处。天然气为能源系统带来的灵活性也可以使其适应多种可再生能源的增长。

天然气燃烧比其他化石燃料更清洁。与煤炭或石油相比，天然气排放的硫、碳和氮更少，燃烧后几乎没有灰烬颗粒。正是由于天然气是一种清洁燃料，天然气的使用量（特别是用于发电的天然气）增长才能如此之快，并且预计未来将进一步增长。

使用任何燃料都存在环境问题，与其他化石燃料一样，燃烧天然气会产生二氧化碳，而二氧化碳是最重要的温室气体。许多科学家认为，地球大气层中二氧化碳和其他温室气体含量的增加正在改变全球气候。

含硫化氢的天然气的另一个特征是含二氧化碳［通常为 1%~4%（体积分数）］。在天然气不含硫化氢的情况下，二氧化碳的含量也可能相对较少。脱硫工艺必须非常精确，因为天然气只含有少量的含硫化合物，必须通过脱硫工艺将其减少几个数量级。大多数消费者对天然气含硫要求低于 4 ppm。

天然气中的一些非烃组分不会被生物降解，因为这些物质不包含微生物代谢所需的化学结构。因此氢、氮和二氧化碳不易受生物降解的影响，二氧化碳还是有机化合物生物矿化的最终产物。虽然挥发性很大程度上决定了烃类气体的环境分布，但是有些成分具有足够的水溶性，它们可能以足够的含量和（或）足够的时间存在于水性环境中，从而使它们可能用于微生物代谢。通常在凝析气流中发现的较高分子量烃类衍生物（例如 C_5 和 C_6 烃类衍生物）显示出了在环境中具有天然的生物可降解性。油气开采需要环境和自然资源相关的许可证，州政府可以根据一般环境影响声明处理合规性问题，可能不需要对获得运营许可证的个别油气作业进行进一步的环境分析。

天然气虽然经常被称为相对清洁的燃料，但也能够产生对环境有害的排放物。天然气的主要成分是甲烷，也含有一氧化碳（CO）、硫化氢（H_2S）和硫醇（R-SH）等成分以及微量其他排放物。甲烷的用途使其成为一种理想的产品，但在其他一些情况下，它被认为是一种污染物，已被确定为温室气体。测试方法可以缩小到用于分析含有可忽略量己烷和高分子量烃的贫气，或者按要求测定的一种或多种组分（Speight，2018）。

至于燃烧的颗粒物（包括高碳质烟尘）的问题，颗粒物作为一种复杂的排放物，可分为悬浮颗粒物、总悬浮颗粒质或简单颗粒物。颗粒物通常不作为天然气的成分进行分析，但可以是工艺气体的成分，特别是当工艺气体是来自催化反应器的废气时更是如此。随着时间的推移，催化剂的磨损可导致细（微粒）颗粒的形成，这些颗粒将作为低浓度气体的一部分存在于反应器中。与石油炼制相关的工艺气体排放量比甲烷和二氧化碳更为广泛，通常包括工艺气体、石化气体、挥发性有机化合物（VOC）、一氧化碳（CO）、硫氧化物（SO_x）、氮氧化物（NO_x）、微粒物、氨（NH_3）和必须除去的硫化氢（H_2S）（第 4 章 天然气成分和性质）。这些废气在排放之前必须进行处理，颗粒物的排放通常是对采样过滤器收集的颗粒物进行光谱分析来确定的（Speight，2018）。

受关注的主要污染源和污染物包括储罐在灌装过程中产生的 VOC 排放、浮顶储罐的浮顶密封性、废水处理装置、Fischer-Tropsch（F-T）合成装置、甲醇合成装置和产品升级装置。其他逃逸排放源包括甲醇储存设施中甲醇蒸气污染的氮气；合成气（Syngas）生产装置以及 F-T 或甲醇合成装置中的甲烷（CH_4）、一氧化碳（CO）和氢气。

10.3.1 温室气体排放

全球变暖或温室效应是一个环境问题，由于大气中温室气体含量增加而导致了全球气候变化的可能性。温室气体存在于大气中，能够调节地球表面附近的热量。据推测，这些温室气体的增加将导致全球温度上升，这将引起许多灾难性的环境影响。

由涡轮机、锅炉、压缩机、泵和其他用于发电和发热的发动机中燃烧气体或其他烃类燃料产生的废气排放，是天然气处理设施气体排放的重要来源。在气体液化（GTL）生产设施中焚烧含氧副产物也会产生二氧化碳和氮氧化物排放。

主要的温室气体包括水蒸气、二氧化碳、甲烷、氮氧化物和一些人造化学品，如含氯氟烃（CFC）。虽然这些气体大多自然地存在于大气中，但由于人口增长导致化石燃料的广泛燃烧，这些气体的含量一直在增加。减少温室气体排放已成为世界上许多（但不是所有）国家环境计划的主要关注点。

温室气体排放的主要来源是可直接归因于化石燃料燃烧排放的二氧化碳。因此，减少二氧化碳排放可以在对抗温室效应和全球变暖方面发挥巨大作用。天然气燃烧产生的二氧化碳比石油少约30%，比煤炭少近45%。

天然气的主要成分甲烷本身就是一种非常强的温室气体，甲烷捕获热量的能力将近是二氧化碳的21倍。

甲烷的排放源包括废物管理和运营行业、农业以及原油天然气和天然气工业的泄漏和排放。人们认为，增加天然气使用量所减少的二氧化碳排放量将大大超过甲烷排放量增加的不利影响。因此，增加天然气使用量来代替其他更脏的化石燃料可以减少温室气体的排放。在描述天然气的污染性质之前，有必要回顾一下天然气的成分，以此来了解污染物的性质。

天然气主要来自常规原油和非伴生气藏，其次来自煤层、致密砂岩和泥盆系页岩，还有一些来自垃圾填埋场等次要来源。在不久的将来，天然气也可以从天然气水合物中获取，天然气水合物位于深水大陆架的海床之下，或者北极地下厚厚的永久冻土带。

虽然天然气的主要成分是甲烷（CH_4），但它可能含有较少量的其他烃类化合物，如乙烷（C_2H_6）以及丙烷（C_3H_8）、丁烷（C_4H_{10}）和戊烷（C_5H_{12}）的各种异构体，同时也含有微量的高沸点烃类，最高可达辛烷（C_8H_{18}）。非烃类气体，例如二氧化碳（CO_2）、氦气（He）、硫化氢（H_2S）、氮气（N_2）和水蒸气（H_2O）（第4章 天然气成分和性质），也可存在于天然气之中。在烃源岩及储层的压力和温度条件下，天然气可以以游离气（气泡）的形式出现，也可溶解在原油或盐水中。

允许通过管道运输的天然气至少含有80%的甲烷，最低热量为870Btu/ft^3（第4章 天然气成分和性质）。大多数管道天然气明显超过这两项最低规格。由于天然气的能量密度是迄今普通烃类燃料中最低的，因此按体积（而不是质量）计算，必须使用更多的天然气来提供给定的能量。纯化的天然气（特别是甲烷，而不是较高沸点的成分）的物理密度也低得多，其质量约为相同压力下相同体积干燥空气的一半（55%）。因此它在空气中会上浮，当其体积浓度在空气中达到5%~15%时也是可燃的。

10.3.2 空气污染物

大气主要是氮气和氧气（总量约占99%）、近1%的水和非常少量的其他气体和物质（其中一些具有化学反应性）的混合物。除了氧气、氮气、水和惰性气体之外，所有空气成分都可能引起人们的关注，因为它们对人类、动物和植物有潜在的健康影响，或者它们对气候存在影响。

气态污染物包括一氧化碳、氮氧化物、挥发性有机物（VOC）和二氧化硫，这些都是活性气体，在阳光的照射下会形成地面臭氧、烟雾和酸雨。甲烷是天然气的主要成分，不属于 VOC，因为其化学活性不如其他烃类化合物。

非气态颗粒物质由金属和诸如花粉、灰尘和较大颗粒（例如来自木柴火焰或柴油点火的烟灰）的物质组成。温室气体包括水蒸气、二氧化碳、甲烷、一氧化二氮和一系列工程化学品（如含氯氟烃）。这些气体调节着地球的温度，当大气的自然平衡受到温室气体干扰时，地球的气候就会受到影响。

通过大气中温室气体的作用，地球表面的温度保持在适宜居住的水平，温室气体有助于将太阳的热量捕获到在地球表面附近。大多数温室气体是自然产生的，但自工业革命以来，随着化石燃料和农业生产的增加，地球大气中二氧化碳和其他温室气体的浓度一直在增加。最近有人担心，如果这种增长继续有增无减，最终的结果可能是更多的热量被捕获，对地球气候产生不利影响。

尽管甲烷排放量仅占美国二氧化碳排放量的 0.5%，但其温室效应占美国排放量的 10% 左右。

水蒸气是最常见的温室气体，按质量计约占大气的 1%，其次是二氧化碳（0.04%），然后是甲烷、一氧化二氮和人造化合物，如 CFC。每种气体在大气中的停留时间不同，从二氧化碳的约 10 年到一氧化二氮的 120 年，而一些含氯氟烃的停留时间长达 5 万年。水蒸气无处不在，不断循环进出大气层。在估算这些温室气体对气候的影响时，必须考虑每种温室气体的全球变暖潜能（相对于二氧化碳的热捕获效率）和气体量。

10.3.2.1　勘探、生产和运输过程中的排放

在陆地上进行天然气藏的勘探活动时，车辆可能会对植被和土壤造成干扰。在陆地上钻探天然气井可能需要清理和平整井场周围的区域。钻井活动会产生空气污染，并可能干扰人类、野生动植物和水资源。天然气生产也会产生大量受污染的水，这些水需要特殊的处理和储存，从而不对土地和其他水域造成污染。

某些原油井生产天然气时，但其运输销售不经济或含有高浓度硫化氢（一种有毒气体），这时会让天然气在井场燃烧（点火）。天然气燃烧会产生二氧化碳、二氧化硫、氮氧化物和许多其他化合物，这取决于天然气的化学成分以及天然气在点火时的燃烧程度。由于二氧化碳的温室气体强度不如甲烷，点火燃烧比把天然气释放到空气中更安全，会保证总温室气体排放量更低。

天然气的开采和生产以及其他天然气业务确实会对环境造成影响，并受到众多法律法规的约束。在某些地区，为了保护自然栖息地、湿地和划定的荒野地区，完全禁止了天然气开发。天然气生产是一种具有潜在环境影响的工业活动，大部分环境影响可以通过应用各种标准测试方法来识别（Speight，2014，2018）。影响可能包括与钻井和钻井液处理相关的水污染、钻机和卡车内燃机造成的空气质量下降、设备运输产生的大量灰尘、噪声和照明对荒野和夜空的影响以及与支持钻井作业所需大量车辆相关的安全问题。虽然开发天然气的水平钻井和水力压裂（Speight，2016）有可能会对周围地区造成负面的环境影响，但与常规油气资源的开发相比，这种方法由于井位的灵活性更大，所以比常规直井影响更少。

某些由于成本过高而未被开采的大量天然气储量的土地（Speight，2016），可以对页岩、砂岩和碳酸盐岩地层实施水力压裂（Hydraulic fracturing，通常也称为 Fracking、Fracing 或 Hydrofracking）来进行开发。

　　哪种压裂技术适合于油井产能，很大程度上取决于储层岩石（从中开采油气）的性质，如果岩石具有低渗透率的特点，则需要先钻直井段，然后再钻水平井，长度达到数百或数千英尺（Speight，2016）。相比之下，常规油气资源岩石渗透率高，油气流在压裂强度较低的情况下也能自然流入井筒中。

　　该工艺涉及将高压液体泵送到井中以压裂岩石，从而使得天然气从岩石裂缝中逸出。使用这种技术开采天然气对环境有一定的影响，但如果使用多学科团队正确处理，可以最大限度地减少对环境的影响。相关的水平钻井和定向钻井技术使得单井天然气产量较过去提升，开发天然气田所需的井更少。但在使用水力压裂时，仍需谨慎处理。

　　缺乏多学科团队的粗陋施工、设计和维护，会增加井漏或井喷的可能性。因此，从钻井到完井，再到弃井封堵，油气井生命周期内每一个环节都必须正确对待，以减少对环境的任何威胁，这一点至关重要。此外，压裂技术需要大量的水（以及保持裂缝张开的砂或其他支撑剂），在美国的一些地区，压裂会影响到水生栖息地和水的其他用途。此外，水力压裂液可能含有潜在的危险化学物质，这些化学物质可能通过溢出、泄漏、有缺陷的井施工或其他暴露途径释放出来，从而导致周围区域受到污染。水力压裂在地表产生的大量废水可能含有溶解的化学物质和其他污染物，需要在废弃或再利用之前进行处理。由于产生的水量和处理某些废水成分固有的复杂性，废水的正确处置非常重要。

　　任何人都可以（并且应该）在天然气勘探、生产、处理和使用中发挥重要环境保护作用。天然气生产是确定天然气特征的重要组成部分，因为天然气：（1）在常温下以气态存在；（2）主要含有具有 1~4 个碳原子的烃类化合物，是天然气中的主要危害物质；（3）在进行分馏后，作为可替代产品在美国市场上公开销售。识别天然气的物理和化学特性，需要可靠的标准测试方法。

　　天然气生产的环境副作用始于天然气工业的上游部分，首先是选择具有地质潜力的地区，上游公司将收集有关地区的地质和天然气潜力的资料，并可能决定进行新的地质和地球物理研究。

　　在分析了地质和地球物理数据后，必须获得土地所有者和相关政府许可机构的许可，才能钻探和生产天然气。在进行租赁和许可决策时，通常会考虑未来开发的潜在环境影响。这些考虑因素包括钻井和相关设施（例如管道、压缩机站、水处理设施以及道路和电线）的预计数量和范围。例如铺设从井中输送天然气的管道通常需要清理土地来埋管。天然气井和管道通常需要运行设备和压缩机，这样会产生空气污染物和噪声。

　　钻探气井涉及准备井场，在必要时还需要修建一条通往井场的道路、清理场地，并用木材或砾石铺设场地。道路和场地下的土壤可能会被钻井中使用的重型设备压实，日后在耕作时需要先疏松土壤。在湿地区域，钻井通常使用安装在驳船上的钻机完成，在与最近可通航河流接壤的堤坝上凿出一个临时槽道之后漂浮到现场。与钻井直接相关的主要环境问题不是地面，而是钻井废料（废钻井液和岩屑等）的弃置问题。

　　钻探一口典型的气井（6000ft 深）会产生约 15×10^4 lb 的岩屑和至少 470bbl 的废钻井液。早期的工业实践是将废弃的钻井液和岩屑倒入沿井挖出的坑中，并在钻井完成后将其翻耕，如果作业是在海上进行的话，则将钻屑直接排入海洋。现在作业人员未经许可不得排放钻井液和固体，必须确定能否排放或运往特殊处置设施来处理。

大量天然气可从密实（低渗透性）砂岩储层（通常称为致密体）或页岩储层（通常称为页岩气）和煤层中产生，所有这些都是非常规储集岩（第1章 天然气发展历程和应用以及第3章非常规天然气）。通过应用分析程序，(Speight, 2018)，可以更好地理解开采天然气的基本物理特性以及完井作业与产能之间的关系（Speight, 2018）。利用各种分析方法，有可能找到从这些岩层中最大限度地开采天然气的方法，这些岩层，直到20世纪中后期，还是被认为是没有产能的。在资源开发过程中（开发页岩气资源时）通常（并且理当）强调水资源管理，包括加强水处理技术。对于仅仅基于情感问题而非可靠分析数据的资源开发应极为谨慎。

勘探、开发和生产活动排放少量的空气污染物，主要来自钻井平台和各种支持和施工车辆提供动力的发动机。随着钻井数量的增加，例如在墨西哥湾，勘探钻井和开发钻井产生的排放量也在增加，而支持性活动产生的排放量则没有直接增加。海上开发需要一些不同陆上的活动（即钻井平台建设和海洋支援船）。但陆上活动（包括钻井场地铺垫和道路建设），尤其是对于开发井而言，由于活动强度大，其对环境的影响要大很多倍。

排气和燃烧等做法绝不像40年前那样普遍，现在进行小规模排气和直接烧掉是受到监管的，可能发生在几个地方：井内气体分离器、井区储罐电池气体分离器或下游天然气装置。无论燃烧的原因是什么，在经济上都是浪费的，且对环境有害。在许多情况下，人们都在（或者应该）努力捕获天然气，而不是将其烧掉。

输送任何流体的管道系统都有泄漏的风险，在输送天然气时，任何泄漏都会将其泄漏到大气中。因此，在天然气生产、精炼和分输的整个过程中，都会存在损失或逸散性排放。生产运营活动占逃逸排放量的30%左右，而输送、存储和分输约占逃逸排放量的53%。

在陆上和沿海地区，钻井废弃物通常不能排入地表水，主要由运营商在其承租地点处置。如果钻井液是盐水基或油基钻井液，它们可能会对土壤和地下水造成损害，通常不允许现场处置，因此作业人员必须通过非现场处置设施处置此类废弃物。商业处置公司使用的方法包括地下注入、埋于坑中或填埋场、土地扩散、蒸发、焚烧和再利用/再循环。在具有地下盐层的区域，在人工盐穴中处理是一种新兴的、具有成本竞争力的选择。这种处置对植物和动物的生命造成的风险非常低，因为建造洞穴的地层非常稳定，并且位于所有地下淡水供应之下。对于水基钻井液废弃物，如果可以证明其对水生生物的影响很小，那么海上作业者可以将这些废弃物排入海洋中。向海洋中排放油基钻井液废弃物往往是被禁止的，通常被运至岸上进行处置。

产出水的处置通常是钻井和生产工业的一个重大问题。处置过程的不同取决于井是位于陆地上，还是在海上。大多数陆上产出水是咸水，未经处理或者泵入地下时溢洒在地面上通常会干扰植物生长。注入水会产生体积最大的废物流，并且其处置方式不实用或经济上不可行，产出水需要通过管道或其他运输方式运往场外处理设施。

近年来，诸如小井眼钻井、水平钻井、分支井钻井、连续油管钻井和改进的钻头等新钻井技术的应用，减少了钻井废弃物的总量。另一种提供防污效果的先进钻井技术是使用对环境影响较小的合成钻井液，这种钻井液可以使井筒更加清洁，侧壁坍塌更少发生。

在运输方面，天然气也可能造成环境污染。

天然气主要通过管道输送——在美国，天然气田和主要城市之间有超过100×10^{4}mile的地下管道。通过将天然气冷却至-260℉（或-162℃）可以使天然气液化。液化天然气（LNG）的体积比常温天然气的体积小615倍，并且具有和其他液体燃料一样的流动性和体积致密性。因此，液化天然气更容易存储或运输，液化天然气存放在特殊储罐中，通过卡车或轮船运输。

需要注意的是，其实在LNG运输专列的任何一点都存在气体泄漏和溢出的可能性。

10.3.2.2　天然气加工中的排放

天然气加工通常具有较低的环境风险，主要是因为天然气的成分简单且相对纯净。天然气厂的典型工艺是将比甲烷重的烃类化合物分离为液化石油气，通过从凝析液中除去较轻的烃类化合物来稳定凝析液，气体脱硫以及随后的制硫和脱水，从而避免在下游管道中形成甲烷水合物。

与天然气加工相关的潜在环境因素包括空气排放、废水、有害物质、废弃物和噪声。在空气排放方面，天然气处理设施中的无组织排放与泄漏有关，包括管道、阀门、连接器、法兰、充填、开放的管线、浮顶储罐、泵、压缩机密封、气体输送系统、减压阀、储罐、露天矿坑以及烃类化合物的装卸作业。

在天然气加工厂中确定的有害污染物（HAP）排放点是乙二醇脱水装置重沸器排气口、储罐和含有污染物（HAP）的烃类化合物流的组件发生泄漏。其他潜在的有害污染物（HAP）排放点是来自胺处理工艺和硫回收装置的尾气流。

去除不同天然气污染物的方法各不相同，如硫化氢气体、二氧化碳气体、氮气和水（第6章 天然气加工历史和第7章 天然气加工工艺分类），通常硫化氢转化为固体硫出售（第6章 天然气加工历史和第7章 天然气加工工艺分类）。同样地，碳和氮在经济可行范围内被分离销售，否则被排出，水在处理之后才排放。天然气厂内运行的压缩机与安装在其他地方的压缩机具有相似的环境影响。

有时需要将产生的气体排放到大气中或将其点火（燃烧）。在世界范围内，当从原油储层生产的伴生气的运输和销售成本超过天然气开采的净回值时，通常会排放和燃烧。

只有当胺工艺的酸性废气燃烧或焚烧时，气体脱硫装置才会产生废气排放。大多数情况下，酸性废气用作硫就近回收或硫酸厂的原料。

燃烧或焚烧时，主要污染物是二氧化硫。大多数装置采用高架无烟火炬或尾气焚烧炉来完全燃烧废气成分，包括把近100%的硫化氢转化为二氧化硫。这些装置产生的微粒、烟雾或烃类化合物很少，而且由于气体温度通常不超过650℃（1200℉），因此不会形成大量的氮氧化物。一些装置仍然使用较旧的、效率较低的废气火炬。因为这些火炬的燃烧温度通常低于完全燃烧所需的温度，所以可能会排放更多的烃类化合物、微粒以及硫化氢。

目前这种排气方式已经不像几十年前普遍，因为当时石油是主要的有价值产品，并且大部分伴生天然气没有相应的市场。

10.3.2.3　燃烧过程中的排放

从理论及大部分实践来看，天然气燃烧比其他化石燃料更清洁。与煤炭或石油相比，其排放的硫、碳和氮更少，燃烧后几乎没有灰烬颗粒。天然气的使用量（特别是用于发电的天然气）增长迅猛，并且预计未来将进一步增长，主要原因是天然气是一种清洁燃料。

相对而言，天然气是所有化石燃料中最清洁的。天然气主要由甲烷组成，燃烧的主要产物是二氧化碳和水蒸气，与我们呼吸时呼出的气体成分相同。煤炭和石油由更复杂的分子组成，具有更高的碳比和更高的氮含量和硫含量。因此燃烧时，煤炭和石油排放出的有害物质更多，包括更高比例的碳、NO_x 和二氧化硫（SO_2）。煤炭和燃料油也会将灰烬颗粒释放到环境中，这些物质不会燃烧，而是被带入大气并造成污染。而另外，天然气的燃烧释放出非常少量的二氧化硫和氮氧化物，几乎没有灰烬或颗粒物质，同时二氧化碳、一氧化碳和其他活性烃类化合物的含量也较低。

在最简单的情况下，一个纯甲烷（CH_4）分子与两个纯氧分子的完全燃烧反应产生一个二氧化碳气体分子、两个水分子蒸汽和热量。

$$CH_4 + 2O_2 \longrightarrow CO_2 + 2H_2O + 热量$$

在实际中并不总是完全燃烧，当空气供应不足时，也会产生一氧化碳和颗粒物质（烟灰）。事实上由于天然气从来都不是纯甲烷，并且存在少量的其他杂质，因此在燃烧过程中也会产生污染物，但与煤炭、石油和石油产品相比，其排放量显著减少。

由天然气燃烧产生的颗粒直径通常小于 $1\mu m$，并且由未完全燃烧的低分子量烃类组成。

工业部门和电力公用事业的污染物排放是造成美国环境问题的主要原因。使用天然气为工业锅炉和发电工艺提供动力可以显著改善这两个部门的排放情况。

在发电工艺中，天然气正在成为越来越重要的燃料。除了为发电提供高效且具有价格竞争力的燃料之外，天然气使用量的增加还可以改善发电行业的排放状况。在美国，二氧化硫排放量的67%、二氧化碳排放量的40%、氮氧化物排放量的25%以及汞排放量的34%均来自发电厂（国家环境信托基金，2002，"清理美国发电厂的空气污染"）。燃煤发电厂是这些排放物的最大贡献者，只有3%的二氧化硫、5%的二氧化碳、2%的氮氧化物和1%的汞排的排放量是来自非燃煤发电厂。

发电和工业应用需要的能源，特别是取暖，一般都使用的是化石燃料。由于天然气具有清洁能源的性质，在任何情况下使用天然气，无论是与其他化石燃料一起使用，还是代替它们，都有助于减少有害污染物的排放。

10.4　烟雾和酸雨

化石燃料燃烧过程中释放到大气中的氮和硫的氧化物（作为可溶性酸）随降雨沉积时，通常在距离排放源较远的某些位置形成酸雨。一般认为（化学热力学中），从高工业烟囱中排放出的二氧化硫和氮氧化物会形成酸性化合物。硫氧化物（通常是二氧化硫）以及氮气等气体与大气中的水反应形成酸性化合物：

$$SO_2 + H_2O \longrightarrow H_2SO_3$$
$$2SO_2 + O_2 \longrightarrow 2SO_3$$
$$SO_3 + H_2O \longrightarrow H_2SO_4$$
$$2NO + H_2O \longrightarrow 2HNO_2$$
$$2NO + O_2 \longrightarrow 2NO_2$$
$$NO_2 + H_2O \longrightarrow HNO_3$$

酸雨的 pH 值小于 5.0，主要由硫酸（H_2SO_4）和硝酸（HNO_3）组成，在没有人为污染源的情况下，雨的平均 pH 值为 6.0（微酸性；中性 pH 值为 7.0）。总之是在各种过程中产生的二氧化硫将与大气中的氧气和水反应，产生对环境有害的硫酸。类似地氮氧化物也会发生反应产生硝酸。

颗粒物排放也会导致空气质量下降，包括烟灰、灰烬、金属和其他空气中的颗粒。

另一种酸性气体，氯化氢（HCl），虽然通常不被认为是主要排放物，但它是由矿物质和生产过程中经常伴随石油的盐水产生，并且越来越被认为是酸雨的成因之一。氯化氢可能发挥严重的局部影响，因为它不需要参与任何化学反应就可以变成酸。在大气条件下易于堆积物排放的地区，氯化氢一旦产生，雨水中的盐酸含量可能相当高。

除硫化氢和二氧化碳外，天然气还可能含有其他污染物，如硫醇（R—SH）和羰基硫（COS）。这些杂质的存在可能会影响一些脱硫工艺，因为一些过程虽然能够除去大量的酸性气体，但不能达到足够低的浓度。另外，也有一些工艺不是设计用来除去（或不能除去）大量酸性气体的。只有当酸性气体的浓度为中低等时，这些工艺才能够将酸性气体去除至非常低的水平。

在全球范围内，人们担心增加任何烃类化合物燃料的使用量最终都会提升地球温度（全球变暖），因为二氧化碳会反射来自地球的红外线或热排放，阻止它们逃逸到太空（温室效应）。全球变暖是否成为现实，将取决于如何处理排放到大气中的排放物。关于全球变暖理论的优点和缺点有相当多的讨论，而且这种讨论可能会持续一段时间。大气层对污染物的容忍度是有限的，这个极限值还需要确定，必须努力减少向空气中排放有害和外来（非本地）物质。

用于从气流中去除二氧化硫的工艺有多种（Speight，2014），但利用石灰石（$CaCO_3$）或石灰浆液 [Ca（OH）$_2$] 的洗涤工艺比其他气体洗涤工艺更受关注（第 7 章 天然气加工工艺分类和第 8 章 天然气净化工艺）。大多数气体洗涤工艺旨在从气流中除去二氧化硫，一些工艺显示出了去除氮氧化物的潜力。

天然气管道和储存设施具有非常良好的安全记录。这一点非常重要，因为当天然气泄漏时，它会引起爆炸。未经处理的天然气没有气味，天然气公司会添加一种有气味的物质，这样人们就会知道是否发生泄漏，如果使用一个天然气炉，当指示灯熄灭时，就可能会闻到天然气的这种"臭鸡蛋"味。

天然气在住宅、商业和工业上有许多用途。天然气存在于地下的储层中，通常与油藏有关。公司通过使用先进的技术来帮助找到天然气藏的位置，寻找储层的证据，并在可能发现天然气的地方钻井。

天然气从地下开采出来，经过精炼，去除水、其他气体、沙子和其他化合物等杂质。一些烃类化合物被分离出来单独出售，包括丙烷和丁烷。其他杂质也被除去，如硫化氢（可精炼产生硫再单独出售）。精炼后，清洁的天然气通过管道网络传输，仅在美国就存在数千英里的管道。

全球变暖或温室效应是一个环境问题，由于大气中"温室气体"含量增加而导致的全球气候变化的可能性。大气中存在一些气体，能够调节地球表面附近的热量。科学家们推测，这些温室气体的增加将导致全球温度上升，从而将导致许多灾难性的环境影响。政府间气候变化专门委员会（IPCC）在 2001 年 2 月发布的"第三次评估报告"中预测，未来100 年全球平均气温将上升 2.4~10.4℉。

二氧化碳是主要的温室气体之一，尽管二氧化碳捕获热量的强度不如其他温室气体（使其成为效力较低的温室气体），但进入大气中的二氧化碳绝对排放量非常高，特别是来自化石燃料燃烧的二氧化碳。EIA 在其报告《2000 年美国温室气体排放》中表示，2000 年美国 81.2% 的温室气体排放可直接归因于化石燃料燃烧的二氧化碳。

美国能源情报署（EIA）的数据显示，尽管甲烷排放量仅占美国温室气体排放总量的1.1%，但是根据全球变暖的潜力，它们占温室气体排放的 8.5%。美国的甲烷排放源包括废弃物管理和运营业、农业以及石油和天然气行业的泄漏和排放。环境保护局（EPA）和天然气研究所（GRI）在 1997 年进行了一项重大研究，试图发现增加天然气使用所减少的二氧化碳排放量是否会被可能增加的甲烷排放量所抵消。该项研究的结论是，天然气使用量增加导致的排放量减少远远超过了甲烷排放量增加的有害影响。因此，增加天然气的使用量代替其他更脏的化石燃料可以减少美国温室气体的排放量。

烟雾和空气质量差是一个紧迫的环境问题，特别是对于大都市而言。烟雾的主要成分是地面臭氧，主要由一氧化碳、氮氧化物、挥发性有机化合物和阳光的热量化学反应而形成。除了产生在大城市周围常见的雾霾，特别是在夏季，烟雾和地面臭氧还会导致呼吸问题，可引起暂时的不适到长期的永久性肺损伤。造成烟雾的污染物来源很广，包括车辆排放、烟囱排放、油漆和溶剂。因为产生烟雾的反应需要热量，所以烟雾问题在夏季是最严重的。

天然气的使用不会对烟雾的形成产生重大影响，因为它排放的氮氧化物含量低，而且几乎没有颗粒物质。因此，天然气可以用来帮助那些地面空气质量差的地区减少烟雾的形成。氮氧化物的主要来源是电力设施、机动车辆和工业设备。增加天然气在发电行业的使用量，使用更清洁的天然气汽车，或增加工业天然气的使用量，都可以用来遏制烟雾的产生，特别是在最需要解决烟雾问题的城市中心。特别是在夏季，当天然气需求最低且烟雾问题最严重时，工业厂房和发电机可以使用天然气替代其他污染更严重的化石燃料，来为其运营提供燃料。这将有效减少引起烟雾的化学物质的排放，使城市中心的空气更清晰、健康。例如，1995 年天然气环境解决方案联盟的一项研究发现，在东北地区，通过发电机和工业设施季节性地改用天然气，引起烟雾和臭氧的排放物可以减少 50%~70%。

颗粒物排放也会导致空气质量下降。这些颗粒可包括烟灰、灰烬、金属和其他空气传播的颗粒。一项研究（忧思科学家联盟，1998，"汽车、卡车与空气污染"）表明，空气中颗粒物含量高的地区居民过早死亡的风险比颗粒物含量低的地区高 26%。天然气几乎不向大气中排放颗粒物，其燃烧产生的颗粒物排放比石油燃烧产生的颗粒物排放低 90%，比煤炭燃烧产生的颗粒物排放低 99%。

酸雨是影响美国东部大部分地区的另一个环境问题，它破坏了农作物、森林和野生动植物种群，并导致人类呼吸道疾病和其他疾病。当二氧化硫和氮氧化物在阳光下与水蒸气和其他化学物质发生反应，在空气中形成各种酸性化合物时，就会形成酸雨。引起酸雨的污染物为二氧化硫和氮氧化物，其主要来源是燃煤电厂。由于天然气几乎不排放二氧化硫，且其氮氧化物的排放量比煤炭少 80%，因此增加天然气的使用量可以减少引起酸雨的污染物排放。

10.5　天然气监管

无论人们从权威人士那里听到什么，容易接受天然气是危险的这一观点——当天然气与空气混合时，可以在特定的低浓度下，在爆炸下限和爆炸上限之间形成爆炸性混合物。天然气可以在泄漏点燃烧，在开放的地面设施中，气体通常会迅速扩散，在封闭系统中，简单爆炸以及沸腾液体和膨胀蒸气的爆炸会（将）造成严重的损害，后者是由于火焰撞击装有液化气体的容器而引起的，所有封闭空间的安全规范都要求充分通风，通过一系列预防措施可以防止灾难。任何对环境的严重干扰（污染），都会对生命的延续产生严重后果。

所有碳基燃料在燃烧时都会产生二氧化碳和水。由于天然气氢原子与碳原子的比例较高，其每单位能量产生的二氧化碳比分子量较高的碳氢化合物（如原油成分）或煤炭要少。而且天然气中的杂质相对容易地去除，并通过燃烧完全转化，从而降低颗粒物的排放量。但是应尽量减少向大气中释放的甲烷和乙烷。

多年来天然气行业一直受到高度监管，主要是因为它被视为自然垄断行业。在过去的30年里，人们已经从价格监管转向天然气市场自由化，这些变化导致市场竞争更加激烈，同时形成了充满活力和创新的天然气行业。

在美国，20世纪发生了天然气行业的监管和放松管制现象。由于监管和放松管制与商品的使用有关，因此本节简要回顾天然气行业的监管和放松管制。

10.5.1　历史层面

美国对天然气的监管可以追溯到该行业起源。在早期（19世纪中期），天然气供应有限，燃料气体（甲烷）是由煤炭制造的，在当地运送，通常在生产天然气的同城内运送。当地政府看到当时天然气市场的自然垄断特点，认为天然气分输是一种对公共利益有足够影响且值得监管的业务。由于向客户提供天然气需要的输送网络，因此政府决定由一家拥有单一配送网络的公司提供天然气，这比两家拥有重合输送网络和市场的公司提供天然气的成本更低。经济理论指出，一家完全控制市场、没有任何竞争的垄断企业，通常会利用自己的地位，有动机收取过高的价格。从地方政府的角度来看，解决方案是规范这些自然垄断企业的收费标准，并制定相关法规，防止它们滥用市场支配力。

随着天然气行业的发展，维持监管的复杂性也随之增加。在20世纪初期，天然气开始在城市之间运输。因此天然气市场不再按市政界限划分。第一个州内管道开始将天然气从一个城市输送到另一个城市。这种新的天然气流动性意味着地方政府无法再监督整个天然气分销链，而且市政当局之间也存在监管差距。为此，州级政府进行了干预，对新的州内天然气市场进行了监管，并确定了天然气经销商可以收取的价格，通过设立公共事业委员会和公共服务委员会来监督天然气分输。最早这样做的州是纽约州和威斯康星州，它们早在1907年就设立了委员会。

随着允许天然气通过州际管道长距离运输的技术的出现，出现了新的监管问题。与市政府无法管理超出其管辖范围的天然气分输一样，州政府也无法管理州际天然气管道。

1911年至1928年间，一些州试图主张对这些州际管道进行监管。但在一系列的裁决中，美国最高法院裁定，州政府对州际管道的监督违反了州际贸易，因为州际管道公司超出了州级政府的监管权力。如果没有任何联邦立法处理州际管道,这些裁决基本上会使州际管道完全不受监管,这是第二个监管缺口。由于担心州际管道的垄断权利以及该行业的集团化,联邦政府认为有必要介入,以填补州际管道的监管缺口。

1935 年,美国联邦贸易委员会对合并后的电力和天然气公共事业公司可能施加的市场力量表示了一些担忧。截至当时,超过 1/4 的州际天然气管道网络仅由 11 家控股公司所有,这些公司同时还控制着天然气生产、分销和发电的大部分业务。为了回应这份报告,美国国会于 1935 年通过了《公共事业控股公司法案》,限制控股公司对公共事业市场施加不正当影响的能力,但是该法律没有涉及州际天然气销售的监管。

在美国,传统上对天然气生产的监管主要发生在州一级,大多数生产天然气和原油的州颁布比联邦法规更严格的标准,以及联邦法规未涵盖区域的额外法规(如水力压裂)。在各州内,监管由一系列机构执行。

各州的具体法规差别很大,例如钻井套管的深度不同,钻井和压裂液的披露程度不同,或者对储水的要求不同。目前,许多生产天然气和原油的州都有不同的水力压裂法规,具体的法规有:(1)水力压裂液成分的披露;(2)采用合理的钻井套管防止含水层污染;(3)返排水和产出水的废水处理。由于废水大量跨州流动到具有适宜水处理地质条件的州,同时一些井场附近可能发生地震活动,通过地下注入法处理废水已成为州监管机构关注的问题。

在该领域中处理工业工艺废水的技术包括源头分离和浓缩废水的预处理。典型的废水处理步骤包括:隔油池、撇油器、溶气气浮或油/水分离器,用于分离油和可浮固体;过滤用于分离可过滤固体;流量和负载均衡;沉淀用于使用澄清器减少悬浮固体;生物处理,通常是好氧处理,用于减少可溶性有机物的生物需氧量(BOD);去除化学或生物养分以减少氮和磷;需要消毒时对废水的进行氯化处理;在指定的危险废物填埋场进行脱水和残余物处置。在以下几处可能需要额外的工程控制:(1)在废水处理系统中各操作单元产生的挥发性有机物的处理;(2)采用膜过滤或其他物理/化学处理技术去除先进的金属;(3)使用活性炭或高级化学氧化去除顽固有机物、氰化物和不可生物降解的化学需氧量(COD);(4)使用适当的技术(如反渗透、离子交换和活性炭)降低废水毒性;(5)抑制和中和有害气味。

天然气处理设施使用和制造大量有害物质,包括原材料、中间/最终产品和副产品。应妥善管理这些材料的处理、储存和运输,以避免或尽量减少这些有害物质对环境的影响。

非危险工业废物主要包括来自空气分离装置中使用过的分子筛以及生活垃圾。其他非危险废物可能包括办公室废物、包装废物、建筑砖渣和废金属。

危险废物应根据废物的特性和来源以及适用的监管分类来确定。在 GTL 设施中,危险废物可能包括:生物污泥;废催化剂;废油、溶剂和过滤器(例如活性炭过滤器和油水分离器中的油性污泥);使用过的容器和油性抹布;石油溶剂;使用过的脱硫剂;用于去除二氧化碳的废胺;实验室废弃物。

在 GTL 生产过程中,天然气脱硫反应器、重整反应器和熔炉、F-T 合成反应器,以及用于轻度加氢裂化的反应器内催化剂的定期更换可产生废催化剂。废催化剂可含有锌、镍、铁、钴、铂、钯和铜,这取决于具体的工艺。

天然气加工设施中的主要噪声来源于大型旋转机械（例如，压缩机、涡轮机、泵、电动机、空气冷却器和加热器）。在紧急减压过程中，由于释放高压气体和蒸气到大气中，可能产生较大的噪声。

在非常规天然气和原油资源的开发方面，一个主要的环境问题是对河道的潜在污染。水力压裂液除了含有 99.5%（体积分数）的水之外，还含有用于改善工艺性能的化学添加剂。添加剂种类繁多，包括酸、减磨剂、表面活性剂、胶凝剂和阻垢剂（Speight，2016）。压裂液的成分根据不同的地质特征和储层特征进行调整，以应对包括结垢、细菌生长和支撑剂输送在内的各种挑战。在过去，水力压裂工艺中使用的许多化合物，缺乏科学的最大污染物含量标准，因此很难量化它们对环境的风险。此外，压裂液化学成分的不确定性仍然存在（Centner，2013；Centner 和 O'Connell，2014；Maule 等，2013），因为其化学成分披露的要求有限。

从深层致密地层中勘探和生产天然气方面，州和联邦监管机构要求采取的措施非常有效，例如保护饮用水含水层不受污染。现有的一系列联邦法律包括了天然气开发的大部分环境问题（表10.1），但是这些法规并不能总是确保理想环境保护水平的最有效方式。因此，大多数联邦法律都有赋予州政府优先权的条款，州政府通常制定了自己的法规。根据法规，不同的州可以采用它们自己的标准，但这些标准必须至少与它们所取代的联邦原则具有同样的保护作用，因此针对当地的情况，它们可能具有更大的保护作用。

表 10.1　美国监测水力压裂项目的联邦法律示例（按字母顺序排列）

法案	目标
《清洁空气法案》	限制来自发动机、气体处理设备和其他与钻井和生产相关来源的空气排放
《清洁水法案》	监管与天然气和原油钻探和生产有关的地面排水以及从生产现场流出的雨水
《能源政策法案》	使水力压裂公司豁免某些法规的约束；可通过向监管机构提交的报告披露化学品，但在某些情况下，化学品资料可作为商业机密免于向公众披露
NEPA	要求对联邦土地上的勘探和生产进行彻底的环境影响分析
NPDES	要求跟踪压裂液中使用的任何有毒化学物质
《石油污染法案》	监管与物质或烃类化合物衍生物流入地下水位有关的地面污染风险；也受《危险品运输法案》的监管
《安全饮用水法案》	指导从天然气和原油活动向地下注入流体；披露地下注入流体的化学成分；2005 年后，参见《能源政策法案》
TSCA	建议将该法用于规范水力压裂液信息的报告

注：NEPA—《国家环境政策法》；NPDES—《国家污染物排放消减制度》；TSCA—《有毒物质控制法案》。

注意：《压裂责任和化学品意识法案》（FRAC 法案）试图将水力压裂定义为联邦政府监管的活动，作为原有《安全饮用水法案》的补充法案；在撰写本文时，本法案未发生重大变动或通过（https://www.congress.gov/bill/114th-congress/senate-bill/785/text）。

与联邦一级的"一刀切"管理相比，州政府对天然气和原油开发相关环境的监管可以更容易地处理活动的区域性和特殊性。这些因素包括：地质、水文、气候、地形、行业特征、开发历史、州法律结构、人口密度和地方经济等，因此对天然气和原油生产的监管是通过州一级的多种控制手段，对开发过程中每个阶段的详细监控。每个州都有必要的权力来规范、批准和执行所有活动——从钻井和压裂，到生产作业，到管理和处置废弃物，到废弃和堵塞生产井。这些州级权力是确保天然气和原油业务不会对环境产生不利影响的一种手段。

由于每个州的监管结构可能各不相同，不同的州采取不同的方法来监管和执行资源开发，但每个州的法律通常赋予负责天然气和原油开发的州级机构自由裁量权，来要求保护环境（包括人类健康）的必要措施。大多数州都全面禁止天然气和原油生产造成的污染。州政府的大多数要求都写入了规章制度中，但由于环境审查、现场检查、委员会听证会和公众意见，一些规章制度可能会根据具体情况添加到许可证中。

最后，在生产天然气和原油的不同州内，监管机构的组织情况差别很大。一些州有几个机构监督天然气和原油业务的不同方面（具有一些不可避免的权力重叠），特别是在保护环境方面。随着时间的推移，不同的州已经发展了不同的方法，以创建最适合消费者、非消费者和各种行业的结构。唯一不变的是在每个生产天然气和原油的州，都有一个机构负责颁发天然气和石油开发项目的许可证。在管理过程中，许可机构与其他机构合作，经常作为中央组织机构和有关天然气和原油生产活动的有用信息来源。

10.5.2 联邦法规

1938 年，随着《天然气法案》（NGA）的通过，美国联邦政府直接参与州际天然气的监管，该法案赋予了联邦电力委员会（FPC，1920 年随着《联邦水力法案》的通过该委员会创建）对州际天然气销售的管辖权。FPC 负责监管州际天然气运输的收费以及有限的认证权。

NGA 通过的理由是担心天然气行业的高度集中，以及州际管道因其市场力量而收取高于竞争性价格的垄断趋势。虽然 NGA 要求强制对管道服务实行"公正合理"的价格，但并没有明确井口天然气价格的任何具体规定。NGA 还明确表示，不能修建新的洲际管道，将天然气输送到已经有另一条管道供应的市场。1942 年，这些认证权力扩大到覆盖所有新的州际管道。这就意味着公司要想修建一条州际管道，必须首先获得 FPC 的批准。

从 1954 年到 1960 年，FPC 试图以个体为基础来处理生产者及其费率问题，每个生产者被视为一个公用事业个体，费率根据每个生产者的服务成本确定，事实证明这在行政上是不可行的，因为有太多不同的生产者和费率案例，导致了积压。因此在 1960 年，FPC 决定根据特定地区所有油井的地理区域来设定费率。到 1970 年，5 个产区中仅有两个设定了费率。更糟糕的是对于大多数地区而言，价格基本上冻结在 1959 年的水平。根据服务成本方法确定某一地区费率的问题是，每个地区井数众多且生产成本差别很大。

在 20 世纪 70 年代和 80 年代，一些天然气短缺和价格异常现象表明受监管的市场并不是消费者或天然气行业的最佳选择。在 20 世纪 80 年代和 90 年代初期，该行业逐渐放松管制，允许健康的竞争和基于市场的价格。这些举措导致天然气市场走强，降低了消费者的成本，并使得更多的天然气被发现。

自 2005 年《能源政策法案》通过以来，美国的天然气和原油产量大幅增长，这种快速增长以及持续的环境影响报告，使得人们再次呼吁联邦政府提供更多的监管或指导。这一压力导致《压裂责任和化学品意识法案》（FRAC 法案）2009 年被提交给国会，该法案将水力压裂定义为联邦政府根据《安全饮用水法案》（表 10.1）监管的活动。该法案要求能源行业公开披露水力压裂液中使用的化学添加剂。该法案没有收到任何行动，于 2011 年重新引入，此后似乎一直处于搁置状态。

在缺乏新的联邦法规的情况下，通过水力压裂生产天然气和原油的各州继续使用现有的天然气和原油以及环境法规来管理天然气和原油开发，同时各州继续引入用于水力压裂的法规（表 10.1）。现行法规由重叠的联邦、州和地方法规以及许可证制度集合而成，这些法规涵盖了天然气和原油开发和生产的不同方面，旨在将这些法规结合起来管理对周围环境的任何潜在影响，包括对水资源管理的任何影响。水力压裂工艺以前受到现行法律的监管，因此，在水资源管理、排放管理和现场活动方面，正在（必须）重新评估现有法规是否适用于水力压裂工艺。与此同时，许多州（包括怀俄明州、阿肯色州和得克萨斯州）已经实施了要求披露水力压裂液中使用材料的法规，美国内政部表示有兴趣要求对联邦土地上的现场进行类似的披露。

内政部土地管理局（BLM）提出了公共土地上天然气和原油生产的规则草案，这些草案要求披露水力压裂液中使用的化学成分。拟议条例要求在启动水力压裂项目之前，应将运行计划提交给相关当局——这将使土地管理局能够根据对当地地质的审查、对任何预期的地表扰动的审查以及对项目相关流体拟议的管理和处置方案的审查来评估地下水保护设计。此外，土地管理局将要求在增产作业之前、期间和之后提交确认井筒完整性所需的信息。在水力压裂开始之前，公司必须证明流体符合所有适用的联邦、州和地方法律、条例和法规。在水力压裂阶段结束后，项目需要出具一份后续报告总结压裂活动期间发生的实际事件，并且该报告必须包括水力压裂液的具体化学组成。

2012 年 4 月 17 日，美国环保署发布了天然气和原油行业 HAP 的新性能标准和国家排放标准。这些条例包括首个针对水力压裂气井的联邦空气标准，以及对天然气和原油工业中其他污染源的要求，目前在这些污染源不在联邦一级的监管范围内。这些标准要求在 2015 年 1 月 1 日之前开发的天然气井进行点火燃烧或绿色完井，在该日期和之后开发的井只能进行绿色完井。

简言之，绿色完井要求天然气公司在完井后立即捕获井口的天然气，而不是将其释放到大气中或燃烧天然气，绿色完井系统是在完井过程中减少甲烷损失的系统。在新的完井或修井后，必须清除井筒和地层中的碎屑和压裂液。常规的处理方法包括将钻井产物送到露天矿坑或储罐中，收集砂、岩屑和储层流体进行处置。当使用绿色完井系统时，天然气和烃类液体与其他流体物理分离（井口气体处理的一种形式）——不存在气体排放或燃烧——并且直接输送到设备中，该设备存储或运输烃类衍生物以供生产使用。此外通过使用便携式设备处理天然气和天然气凝析油，可以将回收的气体直接输送到管道作为销售天然气。使用车载或拖车安装的便携式系统通常可以回收天然气总产量的一半以上。

目前，联邦能源监管委员会（FERC）对天然气行业的监管程度较低，FERC 并不专门处理天然气问题，它负责制定天然气行业最低限度监管的主要规则。

开放天然气工业，摆脱严格的管制，提高了效率，改进了技术。现在天然气的开采比以往任何时候都更加有效、便宜和容易。为了寻找更多的天然气来满足人们日益增长的需求，需要新的技术和知识来从更难的地方开采天然气。

放松管制和使用更清洁燃料为全国各地的天然气创造了巨大的市场。不断发展的新技术使人们能够以新的方式使用天然气，天然气正成为美国和世界上许多国家的首选燃料。

参 考 文 献

BP, 2017. Statistical Review of World Energy 2016. British Petroleum, London. , https：//www. bp. com/content/dam/bp/en/corporate/pdf/energy-economics/statistical-review-2017/bp-statistical-review-of-world-energy-2017-full-report. pdf..

Centner, T. J., 2013. Oversight of shale gas production in the United States and the disclosure of toxic substances. Resour. Policy 38, 233-240.

Centner, T. J., O' Connell, L. K., 2014. Unfinished business in the regulation of shale gas production in the United States. Sci. Total Environ. 476477, 359-367.

Cohen, G., Joutz, F., Loungani, P., 2011. Measuring Energy Security：Trends in the Diversification of Oil and Natural Gas Supplies. IMF Working Paper WP/11/39. International Monetary Fund, Washington, DC.

Deutch, J., 2010. Oil and Gas Energy Security Issues. Resource for the Future. National Energy Policy Institute, Washington, DC.

EIA, February 2006. Annual Energy Outlook 2006 with Projections to 2030. Report DOE/EIA-0383. International Energy Annual. Energy Information Administration, Washington, DC.

IEA, 2018. , https：//www. iea. org/topics/energysecurity/. (accessed 21. 05. 18).

Maule, A. L., Makey, C. M., Benson, E. B., Burrows, I. J., Scammell, M. K., 2013. Disclosure of hydraulic fracturing fluid chemical additives：analysis of regulations. New Solut. 23, 167-187.

Speight, J. G., 1993. Gas Processing：Environmental Aspects and Methods. Butterworth Heinemann, Oxford.

Speight, J. G., 2007. The Chemistry and Technology of Petroleum, fourth ed. CRC-Taylor and Francis Group, Boca Raton, FL.

Speight, J. G., 2011. An Introduction to Petroleum Technology, Economics, and Politics. Scrivener Publishing, Salem, MA.

Speight, J. G., 2014. The Chemistry and Technology of Petroleum, fifth ed. CRC Press, Taylor & Francis Group, Boca Raton, FL.

Speight, J. G., 2016. Handbook of Hydraulic Fracturing. John Wiley & Sons Inc, Hoboken, NJ.

Speight, J. G., 2017. Handbook of Petroleum Refining. CRC Press, Taylor & Francis Group, Boca Raton, FL.

Speight, J. G., 2018. Handbook of Natural Gas Analysis. John Wiley & Sons Inc, Hoboken, NJ.

Speight, J. G., Islam, M. R., 2016. Peak Energy Myth or Reality. Scrivener Publishing, Beverly, MA.

US DOE, Janauary 2017. Report to Congress. Valuation of Energy Security for the United States. United States Department of Energy, Washington, DC. , https：//www. energy. gov/sites/prod/files/2017/01/f34/Valuation% 20of%20Energy%20Security%20for%20the%20United%20States%20%28Full%20Report%29_1. pdf.

附录　适用于燃气和凝析油的标准试验方法示例

ASTM D1015	Standard Test Method for Freezing Points of High-Purity Hydrocarbons
ASTM D1016	Standard Test Method for Purity of Hydrocarbons from Freezing Points
ASTM D1025	Standard Test Method for Nonvolatile Residue of Polymerization-Grade Butadiene
ASTM D1070	Standard Test Methods for Relative Density of Gaseous Fuels
ASTM D1071	Standard Test Methods for Volumetric Measurement of Gaseous Fuel Samples
ASTM D1072	Standard Test Method for Total Sulfur in Fuel Gases by Combustion and Barium Chloride Titration
ASTM D1142	Standard Test Method for Water Vapor Content of Gaseous Fuels by Measurement of Dew-Point Temperature
ASTM D1217	Standard Test Method for Density and Relative Density (Specific Gravity) of Liquids by Bingham Pycnometer
ASTM D1265	Standard Practice for Sampling Liquefied Petroleum (LP) Gases, Manual Method
ASTM D1267	Standard Test Method for Gage Vapor Pressure of Liquefied Petroleum (LP) Gases (LP-Gas Method)
ASTM D1826	Standard Test Method for Calorific (Heating) Value of Gases in Natural Gas Range by Continuous Recording Calorimeter
ASTM D1835	Standard Specification for Liquefied Petroleum (LP) Gases
ASTM D1837	Standard Test Method for Volatility of Liquefied Petroleum (LP) Gases
ASTM D1838	Standard Test Method for Copper Strip Corrosion by Liquefied Petroleum (LP) Gases
ASTM D1945	Standard Test Method for Analysis of Natural Gas by Gas Chromatography
ASTM D1988	Standard Test Method for Mercaptans in Natural Gas Using Length-of-Stain Detector Tubes
ASTM D2156	Standard Test Method for Smoke Density in Flue Gases from Burning Distillate Fuels
ASTM D2158	Standard Test Method for Residues in Liquefied Petroleum (LP) Gases
ASTM D2420	Standard Test Method for Hydrogen Sulfide in Liquefied Petroleum (LP) Gases (Lead Acetate Method)
ASTM D2421	Standard Practice for Interconversion of Analysis of C5 and Lighter Hydrocarbons to Gas-Volume, Liquid-Volume, or Mass Basis
ASTM D2505	Standard Test Method for Ethylene, Other Hydrocarbons, and Carbon Dioxide in High-Purity Ethylene by Gas Chromatography
ASTM D2593	Standard Test Method for Butadiene Purity and Hydrocarbon Impurities by Gas Chromatography
ASTM D2598	Standard Practice for Calculation of Certain Physical Properties of Liquefied Petroleum (LP) Gases from Compositional Analysis
ASTM D2650	Standard Test Method for Chemical Composition of Gases by Mass Spectrometry
ASTM D2713	Standard Test Method for Dryness of Propane (Valve Freeze Method)
ASTM D3429	Standard Test Method for Solubility of Fixed Gases in Low-Boiling Liquids
ASTM D3588	Standard Practice for Calculating Heat Value, Compressibility Factor, and Relative Density of Gaseous Fuels
ASTM D4051	Standard Practice for Preparation of Low-Pressure Gas Blends
ASTM D4084	Standard Test Method for Analysis of Hydrogen Sulfide in Gaseous Fuels (Lead Acetate Reaction Rate Method)
ASTM D4150	Standard Terminology Relating to Gaseous Fuels

ASTM D4423	Standard Test Method for Determination of Carbonyls in C4 Hydrocarbons
ASTM D4424	Standard Test Method for Butylene Analysis by Gas Chromatography
ASTM D4468	Standard Test Method for Total Sulfur in Gaseous Fuels by Hydrogenolysis and Rateometric Colorimetry
ASTM D4784	Standard Specification for LNG Density Calculation Models
ASTM D4810	Standard Test Method for Hydrogen Sulfide in Natural Gas Using Length-of-Stain Detector Tubes
ASTM D4888	Standard Test Method for Water Vapor in Natural Gas Using Lengthof-Stain Detector Tubes
ASTM D4891	Standard Test Method for Heating Value of Gases in Natural Gas and Flare Gases Range by Stoichiometric Combustion
ASTM D5134	Standard Test Method for Detailed Analysis of Petroleum Naphthas through n-Nonane by Capillary Gas Chromatography
ASTM D5504	Standard Test Method for Determination of Sulfur Compounds in Natural Gas and Gaseous Fuels by Gas Chromatography and Chemiluminescence
ASTM D5954	Standard Test Method for Mercury Sampling and Measurement in Natural Gas by Atomic Absorption Spectroscopy
ASTM D6849	Standard Practice for Storage and Use of Liquefied Petroleum Gases (LPG) in Sample Cylinders for LPG Test Methods
ASTM D7551	Standard Test Method for Determination of Total Volatile Sulfur in Gaseous Hydrocarbons and Liquefied Petroleum Gases and Natural Gas by Ultraviolet Fluorescence
ASTM D7607	Standard Test Method for Analysis of Oxygen in Gaseous Fuels (Electrochemical Sensor Method)

国外油气勘探开发新进展丛书（一）

书号：3592
定价：56.00元

书号：3663
定价：120.00元

书号：3700
定价：110.00元

书号：3718
定价：145.00元

书号：3722
定价：90.00元

国外油气勘探开发新进展丛书（二）

书号：4217
定价：96.00元

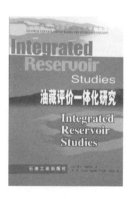

书号：4226
定价：60.00元

书号：4352
定价：32.00元

书号：4334
定价：115.00元

书号：4297
定价：28.00元

国外油气勘探开发新进展丛书（三）

书号：4539
定价：120.00元

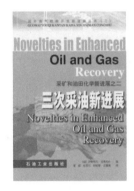

书号：4725
定价：88.00元

书号：4707
定价：60.00元

书号：4681
定价：48.00元

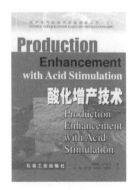

书号：4689
定价：50.00元

书号：4764
定价：78.00元

国外油气勘探开发新进展丛书（四）

书号：5554
定价：78.00元

书号：5429
定价：35.00元

书号：5599
定价：98.00元

书号：5702
定价：120.00元

书号：5676
定价：48.00元

书号：5750
定价：68.00元

国外油气勘探开发新进展丛书（五）

书号：6449
定价：52.00元

书号：5929
定价：70.00元

书号：6471
定价：128.00元

书号：6402
定价：96.00元

书号：6309
定价：185.00元

书号：6718
定价：150.00元

国外油气勘探开发新进展丛书（六）

书号：7055
定价：290.00元

书号：7000
定价：50.00元

书号：7035
定价：32.00元

书号：7075
定价：128.00元

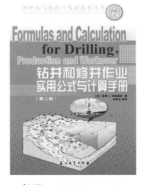

书号：6966
定价：42.00元

书号：6967
定价：32.00元

国外油气勘探开发新进展丛书（七）

书号：7533
定价：65.00元

书号：7802
定价：110.00元

书号：7555
定价：60.00元

书号：7290
定价：98.00元

书号：7088
定价：120.00元

书号：7690
定价：93.00元

国外油气勘探开发新进展丛书（八）

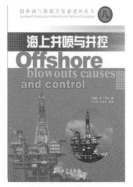

书号：7446
定价：38.00元

书号：8065
定价：98.00元

书号：8356
定价：98.00元

书号：8092
定价：38.00元

书号：8804
定价：38.00元

书号：9483
定价：140.00元

国外油气勘探开发新进展丛书（九）

书号：8351
定价：68.00元

书号：8782
定价：180.00元

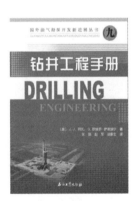

书号：8336
定价：80.00元

书号：8899
定价：150.00元

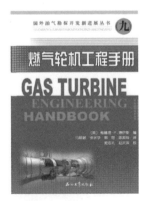

书号：9013
定价：160.00元

书号：7634
定价：65.00元

国外油气勘探开发新进展丛书（十）

书号：9009
定价：110.00元

书号：9989
定价：110.00元

书号：9574
定价：80.00元

书号：9024
定价：96.00元

书号：9322
定价：96.00元

书号：9576
定价：96.00元

国外油气勘探开发新进展丛书（十一）

书号：0042
定价：120.00元

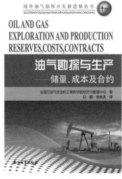

书号：9943
定价：75.00元

书号：0732
定价：75.00元

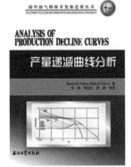

书号：0916
定价：80.00元

书号：0867
定价：65.00元

书号：0732
定价：75.00元

国外油气勘探开发新进展丛书（十二）

书号：0661
定价：80.00元

书号：0870
定价：116.00元

书号：0851
定价：120.00元

书号：1172
定价：120.00元

书号：0958
定价：66.00元

书号：1529
定价：66.00元

国外油气勘探开发新进展丛书（十三）

书号：1046
定价：158.00元

书号：1167
定价：165.00元

书号：1645
定价：70.00元

书号：1259
定价：60.00元

书号：1875
定价：158.00元

书号：1477
定价：256.00元

国外油气勘探开发新进展丛书（十四）

书号：1456
定价：128.00元

书号：1855
定价：60.00元

书号：1874
定价：280.00元

书号: 2857
定价: 80.00元

书号: 2362
定价: 76.00元

国外油气勘探开发新进展丛书（十五）

书号: 3053
定价: 260.00元

书号: 3682
定价: 180.00元

书号: 2216
定价: 180.00元

书号: 3052
定价: 260.00元

书号: 2703
定价: 280.00元

书号: 2419
定价: 300.00元

国外油气勘探开发新进展丛书（十六）

书号：2274
定价：68.00元

书号：2428
定价：168.00元

书号：1979
定价：65.00元

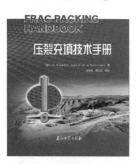

书号：3450
定价：280.00元

书号：3384
定价：168.00元

国外油气勘探开发新进展丛书（十七）

书号：2862
定价：160.00元

书号：3081
定价：86.00元

书号：3514
定价：96.00元

书号：3512
定价：298.00元

书号：3980
定价：220.00元

国外油气勘探开发新进展丛书（十八）

书号：3702
定价：75.00元

书号：3734
定价：200.00元

书号：3693
定价：48.00元

书号：3513
定价：278.00元

书号：3772
定价：80.00元

国外油气勘探开发新进展丛书（十九）

书号：3834
定价：200.00元

书号：3991
定价：180.00元

书号：3988
定价：96.00元

书号：3979
定价：120.00元

国外油气勘探开发新进展丛书（二十）

书号：4071
定价：160.00元